Monographien aus dem Gesamtgebiete der Psychiatrie **46**

Herausgegeben von
H. Hippius, München · W. Janzarik, Heidelberg
C. Müller, Prilly-Lausanne

Band 37 **Magersucht und Bulimia.** Empirische Untersuchungen zur Epidemiologie, Symptomatologie, Nosologie und zum Verlauf
Von Manfred M. Fichter

Band 38 **Das Apathiesyndrom des Schizophrenen**
Eine psychopathologische und computertomographische Untersuchung
Von C. Mundt

Band 39 **Syndrome der akuten Alkoholintoxikation und ihre forensische Bedeutung**
Von D. Athen

Band 40 **Schizophrenie und soziale Anpassung**
Eine prospektive Längsschnittuntersuchung
Von C. Schubart, R. Schwarz, B. Krumm, H. Biehl

Band 41 **Towards Need-Specific Treatment of Schizophrenic Psychoses.** A Study of Development and the Results of a Global Psychotherapeutic Approach to Psychoses of the Schizophrenia Group in Turku, Finland
By Y. O. Alanen, V. Räkköläinen, J. Laakso, R. Rasimus, A. Kaljonen

Band 42 **Schizophrene Basisstörungen**
Von L. Süllwold und G. Huber

Band 43 **Developing Psychiatry**
Epidemiological and Social Studies in Iran 1963–1976
By K. W. Bash and J. Bash-Liechti

Band 44 **Psychopathie – Soziopathie – Dissozialität**
Zur Differentialtypologie der Persönlichkeitsstörungen
Von H. Saß

Band 45 **Biologische Marker bei affektiven Erkrankungen**
Von H. E. Klein

Band 46 **Psychopharmakoendokrinologie und Depressionsforschung**
Von G. Laakmann

Gregor Laakmann

Psychopharmako-endokrinologie und Depressions-forschung

Mit 109 Abbildungen

Springer-Verlag
Berlin Heidelberg New York
London Paris Tokyo

Professor Dr. med. GREGOR LAAKMANN
Nervenklinik der Universität München
Psychiatrische Klinik und Poliklinik
Nußbaumstraße 7
D-8000 München 2

ISBN-13:978-3-642-82986-4 e-ISBN-13:978-3-642-82985-7
DOI: 10.1007/978-3-642-82985-7

CIP-Kurztitelaufnahme der Deutschen Bibliothek.
Laakmann, Gregor:
Psychopharmakoendokrinologie und
Depressionsforschung / Gregor Laakmann. –
Berlin ; Heidelberg ; New York ; London ;
Paris ; Tokyo : Springer, 1987.
(Monographien aus dem Gesamtgebiete der
Psychiatrie ; Bd. 46)
ISBN-13:978-3-642-82986-4

NE: GT

Satz: Fotosatz & Design, 8240 Berchtesgaden

2125/3130-543210

Danksagung

Herrn Professor Dr. H. Hippius möchte ich an dieser Stelle meinen besonderen Dank dafür aussprechen, daß er mir die Einrichtungen seiner Klinik zur Verfügung stellte und damit die Durchführung der gesamten Untersuchungen ermöglichte.

Herrn Professor Dr. Matussek fühle ich mich für seine stets anregende und konstruktive Kritik, die immer wieder vorgebrachte Frage nach dem theoretischen Hintergrund der Untersuchung und für die Bestimmung der Laborwerte zu großem Dank verpflichtet.

Herrn Professor Dr. Benkert, Herrn Professor Dr. Souvatzoglou, Herrn Professor Dr. von Werder und Herrn Professor Dr. Müller möchte ich meinen Dank für die Einführung in die neuroendokrinologische Forschung und ihre zahlreichen Anregungen aussprechen.

Weiter gilt mein Dank den Doktoranden B. Flach, B. Frank, T. Guillery, M. Gugath, I. Hofmann, M. Kropp, R. Meissner, T. Munz, E. Neulinger, M. Ortner, H. Schumacher, H. Schön, J. Treusch, U. Treusch, A. Weiß, M. Wittmann und K. Zygan, die mir bei der Gesamtuntersuchung geholfen haben.

Meiner Mitarbeiterin, Frau Dr. A. Hinz, danke ich für ihre Unterstützung bei der Auswertung der Untersuchungen und bei der Abfassung der Arbeit.

Herrn D. Blaschke möchte ich für seine Unterstützung bei den statistischen Berechnungen meinen Dank aussprechen.

Bei den Damen in meinem Sekretariat möchte ich mich für die Hilfe beim Schreiben der Arbeit bedanken.

Die dieser Arbeit zugrundeliegenden Untersuchungen wären ohne die großzügige Unterstützung durch die Deutsche Forschungsgemeinschaft – im Rahmen des Forschungsprogramms „Neuroendokrinologie“ – nicht möglich gewesen.

G. Laakmann

Inhaltsverzeichnis

Abkürzungsverzeichnis

ACTH	Adrenokortikotropes Hormon
AUC	Area under the curve (Fläche unter der Kurve)
BZ	Blutzucker
CI	Clomipramin
DA	Dopamin
DCI	Desmethylchlorimipramin
df	Degrees of freedom (Freiheitsgrade)
DHPG	3,4-Dihydroxyphenylglykol
DMI	Desipramin
DSI	Depressive Symptom Inventory
DSM-III	Diagnostic and Statistical Manual of Mental Disorders (Diagnostisches und Statistisches Manual psychischer Störungen)
EEG	Elektroenzephalogramm
EKG	Elektrokardiogramm
F	F-Wert
GABA	γ-aminobutyric acid
GH	Growth hormone (Wachstumshormon)
GOT	Glutamatoxalazetattransaminase
GPT	Glutamatpyruvattransaminase
5-HT	5-Hydroxytryptamin (Serotonin)
5-HTP	5-Hydroxytryptophan
HAMD	Hamilton-Depressionsskala
HPA-Achse	Human-pituitary-adrenal-Achse
HVL	Hypophysenvorderlappen
ICD	International Classification of Diseases (Internationale Klassifikation der Krankheiten der WHO)
IHT	Insulinhypoglykämietest
i. m.	intramuskulär
i. v.	intravenös
KG	Körpergewicht
L-5-HTP	L-5-Hydroxytryptophan
MAO	Monoaminoxydase
MHPG	3-Methoxy-4-Hydroxyphenylglykol
n	Anzahl
NA	Noradrenalin
NF	Nomifensin
NMN	Nikotinsäureamidmononukleotid

p	Probability (Irrtumswahrscheinlichkeit)
pg	Pikogramm
p.o.	per os
PRL	Prolaktin
r	Korrelationskoeffizient
RDC	Research Diagnostic Criteria (Forschungs-Diagnose-Kriterien)
RIA	Radioimmunoassay
s.c.	subkutan
SE	Standard error (Standardfehler des Mittelwerts)
t	Zeit
TRH	Thyreotropine releasing hormone
TSH	Thyreoid stimulating hormone
WHO	World Health Organization (Weltgesundheits-organisation)

1 Einleitung

1.1 Einleitung und Fragestellung

Im Rahmen der vorliegenden Arbeit wurde die Wirkung von Psychopharmaka auf die Hypophysenvorderlappen (HVL)-Hormonsekretion bei Probanden und depressiven Patienten untersucht.

Die Arbeit stützt sich zum einen auf pharmakologische Untersuchungsergebnisse, die darauf hingewiesen, daß die therapeutische Wirkung von Psychopharmaka auf die funktionelle Beeinflussung zentralnervöser aminerger Reizübertragung zurückgeführt werden kann, zum anderen auf endokrinologische Untersuchungen, die ergeben, daß zentralnervöse aminerge Neuronen die Sekretion der HVL-Hormone beim Menschen beeinflussen.

Obwohl weder die komplexen Vorgänge der zentralnervösen Reizübertragung und deren Beeinflussung durch Psychopharmaka noch die Wirkung aminerger Neuronensysteme auf die HVL-Hormonsekretion vollständig bekannt sind, wurde der Frage nachgegangen, ob verschieden wirkende Psychopharmaka die Sekretion der HVL-Hormone beim Menschen unterschiedlich beeinflussen, und ob anhand der HVL-Hormonsekretion Rückschlüsse auf die Wirkung der Pharmaka auf zentralnervöse aminerge Neuronen möglich sind. Speziell wurde in diesem Zusammenhang die Wirkung von verschiedenen Antidepressiva, Neuroleptika und Tranquilizern vom Benzodiazepintyp auf die Wachstumshormon(GH)-, Prolaktin(PRL)-, Adrenocorticotrope Hormon-(ACTH)- und Cortisolsekretion bei gesunden männlichen Probanden untersucht.

Die Ergebnisse aus diesen Untersuchungen werden detailliert im ersten Teil der Arbeit unter Einbeziehung anderer aus der Literatur bekannter Untersuchungsergebnisse dargestellt. Es wird versucht, die Frage zu beantworten, ob und wieweit die verschiedenen Psychopharmaka die HVL-Hormonsekretion beeinflussen, und ob sich anhand der HVL-Hormonsekretionsprofile der verschiedenen Pharmaka ein humanpharmakoendokrinologisches Untersuchungsmodell abzeichnet.

Aufbauend auf diesen Untersuchungen wird im zweiten Teil der Arbeit die Wirkung von rezeptorblockierenden Substanzen auf die antidepressivabedingte HVL-Hormonstimulation bei Probanden erforscht. Diese Untersuchungen dienten besonders dazu, genauere Hinweise auf die zentralnervöse Wirkung von Antidepressiva beim Menschen zu erarbeiten um zu eruieren, welche aminergen Neuronen bzw. Rezeptoren im Rahmen der antidepressivabedingten HVL-Hormonstimulation involviert sind.

Im dritten Teil der Arbeit wird die antidepressiva(Desipramin[DMI])-bedingte GH-Stimulation bei gesunden Probanden und depressiven Patienten verglichen, um der Frage nachzugehen, ob, ähnlich wie mit anderen GH-Stimulationstests, depressive Patientengruppen im Vergleich zu Probanden eine unterschiedliche antidepressivabedingte GH-Stimulation aufweisen. Unter Berücksichtigung der alters- und geschlechtsbedingten Unterschiedlichkeit der GH-Stimulation wurde bei gesunden Probanden und depressiven Patienten, diagnostiziert nach der Internationalen Klassifikation der Krankheiten der WHO (International Classification of Diseases; ICD) und nach dem Diagnostischen und statistischen Manual psychischer Störungen (Diagnostic and Statistical Manual of Mental Disorders; DSM-III), die DMI-bedingte GH-Stimulation verglichen. Es wird diskutiert, wieweit eine unterschiedliche GH-Stimulation bei Patienten und Probanden vorliegt, und wieweit dies unter Berücksichtigung der Ergebnisse aus den Probandenuntersuchungen auf eine zentralnervöse Störung bei depressiven Patienten zurückzuführen ist.

1.2 Wirkung von Psychopharmaka auf die zentralnervöse aminerge Reizübertragung

Bei der Erforschung der pharmakodynamischen Mechanismen von Psychopharmaka steht die Wirkung dieser Substanzen auf die zentralnervöse synaptische Reizübertragung im Mittelpunkt des Interesses. Im folgenden soll das Prinzip der synaptischen Reizübertragung mit aminergen Transmittern wie z. B. Noradrenalin (NA), Dopamin (DA) und Serotonin (5-HT) anhand einer noradrenergen Synapse nach Waldmeier (1983; Schema 1) dargestellt werden.

Der durch die elektrophysiologische Potentialumkehr im Neuron fortgeleitete Reiz führt an der synaptischen Nervenendigung des Neurons zu einer Transmitterfreisetzung in den synaptischen Spalt. Die Transmittersubstanz (z. B. NA) diffundiert durch den synaptischen Spalt zum postsynaptischen Neuron und reagiert hier mit den postsynaptischen Rezeptoren (Bindungsstellen), die ihrerseits am postsynaptischen Neuron die elektrophysiologische Potentialumkehr zur Reizfortleitung einleiten. Weiter können die Transmitter (z. B. NA) mit präsynaptischen Rezeptoren Bindungen eingehen, wobei präsynaptische Rezeptoren als Autorezeptoren inhibierend auf die Transmitterfreisetzung einwirken sollen (Starke 1977, 1979; Starke et al. 1978). Die Inaktivierung der in den synaptischen Spalt freigesetzten Transmittersubstanz erfolgt einerseits durch eine präsynaptische Wiederaufnahme („re-uptake") oder durch einen enzymatischen Abbau der Substanz und ermöglicht so eine erneute Reizüberleitung in der Synapse (Waldmeier 1983).

Eine Beeinflussung dieser aminergen Reizübertragung erscheint auf verschiedenen Wegen möglich. Im folgenden sollen für die im Rahmen der Untersuchung verwendeten Psychopharmaka die wichtigsten Wirkmechanismen auf die zentralnervöse Reizübertragung erwähnt werden.

Antidepressiva

Schon bald nach der Entdeckung der antidepressiv therapeutischen Wirkung von Imipramin (Kuhn 1957) wurde von Axelrod et al. (1961) auf die noradrenerg potenzierende Wirkung von Antidepressiva im peripheren Nervengewebe hingewiesen, was zur Entdeckung der transmitterwiederaufnahmehemmenden Wirkung (Re-uptake-Hemmung) von trizyklischen Antidepressiva führte. Einzelne Substanzen scheinen vorwie-

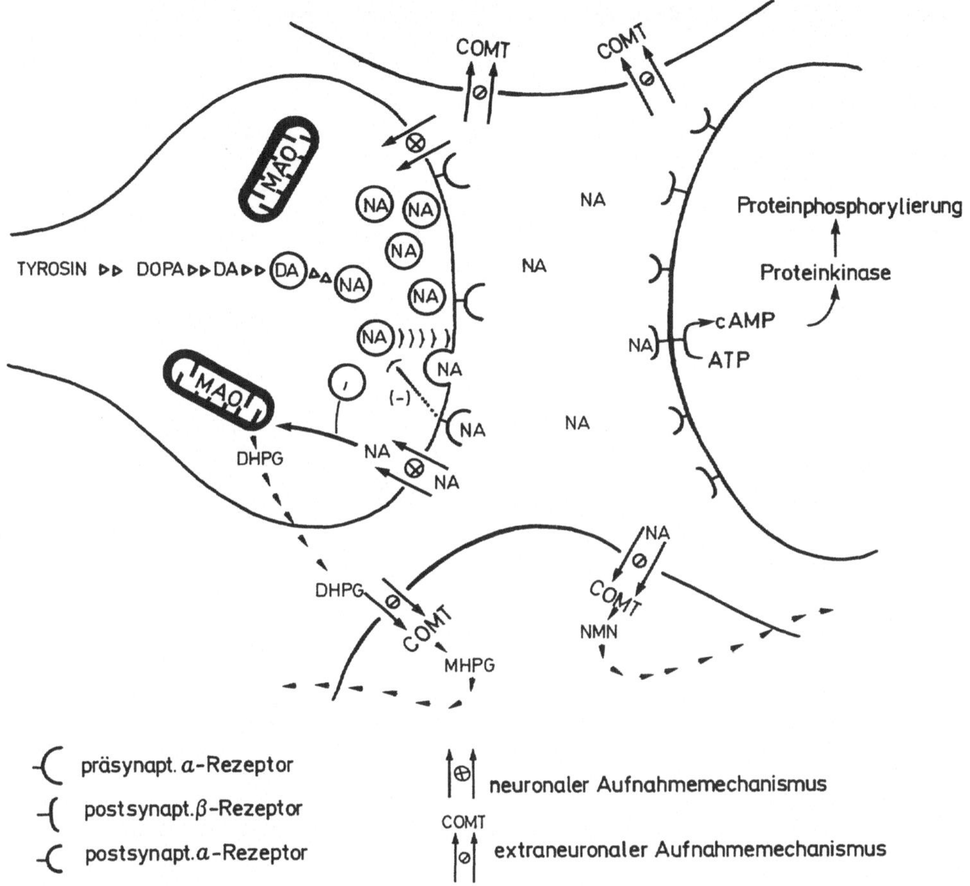

Schema 1. Noradrenerge Synapse. *Links* ist die noradrenerge (präsynaptische) Nervenendigung dargestellt, *rechts* die postsynaptische Membran eines anderen (nicht noradrenergen) Neurons. *Oben* und *unten* befinden sich nicht-neuronale Catechol-O-Methyltransferase (COMT) enthaltende Kompartimente. (Nach Waldmeier 1983)

gend die Noradrenalinwiederaufnahmehemmung (Carlsson et al. 1969 a), andere vorwiegend die Serotoninwiederaufnahmehemmung (Carlsson et al. 1969 b) zu beeinflussen.

In einer Vielzahl von Untersuchungen konnte inzwischen die Wirkung verschiedener Antidepressiva hinsichtlich ihrer transmitterwiederaufnahmehemmenden Wirkung untersucht werden (Glowinski u. Axelrod 1964; Bunney u. Davis 1965; Iversen et al. 1965; Carlsson et al. 1966; Halaris et al. 1975). An dieser Stelle soll besonders auf die Arbeiten von Hyttel (1982) eingegangen werden, in denen die NA-, 5-HT- und DA-wiederaufnahmehemmende Wirkung von verschiedenen antidepressiv wirkenden Substanzen verglichen wird. Die Resultate dieser Untersuchungen werden in Tabelle 1 (Hyttel 1982) wiedergegeben und ermöglichen die Einschätzung von Antidepressiva hinsichtlich ihrer NA-, 5-HT- und DA-wiederaufnahmehemmenden Potenz bei In-vitro-Studien am Rattenhirn.

Tabelle 1. Einfluß von Antidepressiva auf die Transmitteraufnahme

IC50 nM	5-HT	NA	DA
Citalopram-Lu 10-171	1.8	8800	41000
Indalpin-LM 5008	2.4	2400	1300
Fluoxetin-Lilly 110140	6.9	380	5000
Zimelidin-H 102/09	59	3200	27000
Norzimelidin	9.6	260	5600
Trazodon	580	11000	19000
Chlorimipramin	1.5	24	4300
Kokain	260	220	310
Trimipramin	2100	1300	6600
Amitriptylin	40	24	5400
Imipramin	35	20	18000
Doxepin	280	40	13000
Bupropion	19000	15000	600
Mianserin	1200	23	40000
Viloxazin	15000	280	56000
Nortriptylin	590	7.7	3600
Dibenzepin	32000	41	100000
Desmethylchlorimipramin	41	0.46	2200
Nomifensin	830	6.6	48
Desimipramin	210	0.97	9100
Maprotilin	3000	8.4	10000
Hydroxymaprotilin-C49-802 B-Ba	8000	1.1	21000

Folgende Strukturen des Rattengehirns wurden für die Untersuchung verwendet: 5-HT: Gesamtes Gehirn minus Zerebellum, Pons und Medulla oblongata; NA: Okzipitaler plus temporaler Kortex; DA: Corpus striatum.
Alle Ergebnisse sind das Mittel von mindestens zwei Bestimmungen, jeweils mit 5 Konzentrationen der Testsubstanzen in dreifacher Ausführung. (Modifiziert nach Hyttel 1982)

Die im Rahmen der vorliegenden Untersuchung verwendeten Antidepressiva beeinflussen unterschiedlich stark die Transmitterwiederaufnahmehemmung (Hyttel 1982). So kann Desipramin (DMI) als primär NA-wiederaufnahmehemmende Substanz mit einem geringeren 5-HT-wiederaufnahmehemmenden Effekt angesehen werden (Lidbrink et al. 1971). Clomipramin (CI) verursacht primär eine 5-HT-Wiederaufnahmehemmung, während der Metabolit Desmethylchlorimipramin (DCI) eine starke NA-Wiederaufnahmehemmung bewirkt (Hyttel 1982). Nomifensin (NF) hat neben einer starken NA-wiederaufnahmehemmenden Wirkung eine starke DA-wiederaufnahmehemmende Wirkung (Gerhards et al. 1974; Schacht et al. 1977; Hyttel 1982). Das Racemat Oxaprotilin kann als relativ selektiv NA-wiederaufnahmehemmende Substanz angesehen werden, wobei lediglich das Isomer D-Oxaprotilin diese NA-wiederaufnahmehemmende Wirkung hervorruft (Waldmeier et al. 1982). Bupropion hat im Vergleich zu NF eine geringere DA-wiederaufnahmehemmende Wirkung, die allerdings wesentlich stärker ausgeprägt ist als die NA-Wiederaufnahmehemmung (Soroko et al. 1977; Hyttel 1982). Indalpin kann als primär 5-HT-wiederaufnahmehemmende Substanz mit nur geringem NA- und DA-wiederaufnahmehemmenden Effekt angesehen werden (Hyttel 1982).

Es kann davon ausgegangen werden, daß die verschiedenen Antidepressiva die Wiederaufnahme einzelner Transmitter nicht selektiv, sondern unterschiedlich stark beeinflussen. Das breite pharmakologische Spektrum der Antidepressiva drückt sich auch in einer unterschiedlichen Affinität (Maj et al. 1984) der Substanzen zu verschiedenen Rezeptoren aus, wie z. B. zu dopaminergen Rezeptoren, noradrenergen Alpha-1- und Alpha-2-Rezeptoren, Betarezeptoren, serotonergen und histaminergen Rezeptoren (Snyder u. Yamamura 1977; Kanof u. Greengard 1978; Tran et al. 1978; Peroutka u. Snyder 1980; Maggi et al. 1980; Hall u. Ögren 1981). Tabelle 2 gibt die rezeptorbindenden Eigenschaften verschiedener Antidepressiva bei In-vitro-Studien am Rattenhirn wieder (modifiziert nach Hall u. Ögren 1981). Die Tabelle macht deutlich, daß speziell bei DMI, CI und NF die transmitterwiederaufnahmehemmende Wirkung zuerst auftritt und erst bei höheren Konzentrationen die rezeptorblockierenden Effekte. Weiter zeigen die Untersuchungen, daß neben der wiederaufnahmehemmenden Wirkung von Antidepressiva die Rezeptoraffinität, die letztlich zu einer Rezeptorblockade führen soll, bei der Interpretation der akuten Wirkung von Antidepressiva hinsichtlich ihres endokrinen Effekts zu berücksichtigen ist.

Neben der akuten Wirkung von Antidepressiva wie Transmitterwiederaufnahmehemmung und Rezeptorblockade soll die Rezeptorsensibilitätsveränderung nach längerfristiger Gabe erwähnt werden (Maj et al. 1984). Besonders in Arbeiten der Gruppe um Sulser (Vetulani u. Sulser 1975; Vetulani et al. 1976) wurde eine Desensibilisierung von Betarezeptoren nach längerfristiger Gabe von Antidepressiva gezeigt.

Die Rezeptorsensibilitätsveränderungen sind möglicherweise für die therapeutische Wirkung von Antidepressiva von entscheidender Bedeutung (Waldmeier 1981 b), da sie ähnlich wie die therapeutische Wirkung erst nach längerfristiger Gabe auftreten. Für die Interpretation der akuten Wirkung von Antidepressiva auf die HVL-Hormonsekretion scheint die längerfristig auftretende Sensibilitätsveränderung von geringerer Bedeutung zu sein.

Erwähnt werden sollen noch an dieser Stelle die Antidepressiva, die als Monoaminoxydasehemmer in den enzymatischen Abbau der Transmitter eingreifen. Der Einfluß dieser Substanzen auf die HVL-Hormonsekretion wurde in der vorliegenden Arbeit nicht untersucht.

Neuroleptika

Bei der Betrachtung der Wirkmechanismen von Neuroleptika steht die Wirkung dieser Substanzen auf die DA-Rezeptoren im Mittelpunkt des Interesses. Anden et al. (1964) fanden nach Neuroleptika eine Erhöhung des DA-Metaboliten Homovanillinsäure. Diese DA-Stoffwechselerhöhung wurde als Folge einer kompensatorischen dopaminergen Überaktivität nach Blockade von DA-Rezeptoren durch Neuroleptika interpretiert (Carlsson u. Lindqvist 1963; Carlsson et al. 1972, 1974).

In Bindungsstudien konnte gezeigt werden, daß Neuleptika die Bindung von radioaktiv markiertem DA am dopaminergen Rezeptor hemmen, und daß eine gute Korrelation zwischen dieser DA-Rezeptorblockade und der antipsychotischen Wirkung dieser Medikamente bei Patienten besteht (Burt et al. 1975). Neben der DA-Rezeptorblockade führen Neuroleptika teilweise zu einer Blockade von cholinergen, noradrenergen und histaminergen Rezeptoren (Leyson 1982).

Tabelle 2. Rezeptorbindende Eigenschaften verschiedener Antidepressiva (IC50, nM). (Nach Hall u. Ögren 1981)

Substanz	Spiroperidol (DA-Rezeptor)	WB-4101 (Alpha-1)	Clonidin (Alpha-2)	Dihydroalpre-nolol (Beta)	d-Lysergid (5-HT2)	5-Hydroxytrypt-amin (5-HT1)	Mepyramin (H1)	Quinuclidinyl-benizilate Muscarin
Amitriptylin	1070	22	550	21200	150	1520	6	69
Clomipramin	268	35	5040	38900	917	21200	64	184
Desipramin	5030	250	10600	17300	3450	16100	457	848
Imipramin	1980	97	4120	32700	1350	24600	29	181
Iprindol	18500	6810	6700	100000	5800	15200	250	2370
± Oxaprotilin	6320	350	15500	25000	3050	15800	25	650
Mianserin	4850	67	126	21900	97	1210	6	566
Nomifensin	21300	1270	4560	94700	3470	9880	8870	48800
Nortriptylin	2130	88	3870	15500	302	1000	48	180
Zimelidin	14400	1180	3350	186000	10900	33200	2900	33700

Die Untersuchungen mit den Substanzen wurden zwei- oder mehrmals am Kortex der Ratte bzw. bei Spiroperidol am Striatum vorgenommen.

Als Wirkort der Neuroleptika kann primär das dopaminerge Neuronensystem mit der Substantia nigra, dem mesolimbischen und tuberoinfundibulären dopaminergen System angesehen werden, wobei besonders die prolaktinstimulierende Wirkung der Neuroleptika im Zusammenhang mit dem tuberoinfundibulären System gesehen werden kann.

Im Rahmen der vorliegenden Studie wurden von der Vielzahl der klinisch-therapeutisch verwendeten Neuroleptika Haloperidol, ein Butyrophenonderivat, und Sulpirid, ein Neuroleptikum aus der Benzamidreihe, hinsichtlich neuroendokriner Effekte untersucht.

Tranquilizer vom Benzodiazepintyp

Die pharmakodynamische Wirkung von Benzodiazepinderivaten wird vorwiegend als gammaaminobutyracid-(GABA)-agonistisch angesehen, wobei GABAerge Neuronen im Zentralnervensystem primär als Interneuronen hemmend auf die Funktion anderer neuronaler Systeme einwirken sollen (Haefely 1978). Hierbei sollen die Benzodiazepinderivate mit Benzodiazepinrezeptoren Bindungen eingehen (Squires u. Braestrup 1977; Möhler u. Okada 1978), den GABA-Rezeptor in den Zustand einer höheren Empfindlichkeit versetzen und indirekt zu einer Potenzierung des GABAergen Systems führen (Costa et al. 1978). Weiter wird davon ausgegangen, daß GABA- und Benzodiazepinrezeptoren miteinander und mit dem „Chloridkanal" in funktioneller Wechselwirkung stehen (Karobath 1979). Der Ionenkanal für Chlorid dürfte in Abhängigkeit von der Stimulierung des GABAergen Rezeptors die Permeabilität der Zellmembran für Cl^- erhöhen und auf diese Weise zu einer verringerten elektrischen Stimulierbarkeit (Hyperpolarisation) der postsynaptischen Nervenzellen führen (Karobath 1979).

1.3 Einfluß aminerger Neuronensysteme auf die Hypophysenvorderlappen(HVL)-Hormonsekretion

Biogene Amine wie NA, 5-HT und DA beeinflussen entscheidend die Sekretion der HVL-Hormone, obwohl sie im allgemeinen nicht direkt auf die Sekretion der hormonproduzierenden Zellen in der Hypophyse einwirken (Fuxe u. Hökfelt 1969; McCann et al. 1972; Martin et al. 1977), sondern eher die hypothalamische Steuerung der HVL-Hormonsekretion regulieren. Diese hypothalamische Steuerung der HVL-Hormonsekretion wird mit Releasing- und Inhibiting-Hormonen aufrechterhalten, die mit Hilfe des Portalkreislaufs von der Eminentia mediana zum Hypophysenvorderlappen transportiert werden. Gebildet und freigesetzt werden diese Hormone von peptidergen Neuronen, die in ihrer Funktion von aminergen Neuronen beeinflußt werden können (Martin et al. 1977; Schema 2).

Im folgenden soll für die im Rahmen der Arbeit untersuchten HVL-Hormone die monoaminerge Beeinflussung zusammenfassend dargestellt werden.

Die GH-Sekretion kann sowohl durch dopaminerge, noradrenerge als auch serotonerge Neuronen stimulierend beeinflußt werden. So führt L-Dopa, die Vorstufe von NA und DA, beim Menschen zu einer GH-Stimulation (Boyd et al. 1970; Eddy et al.

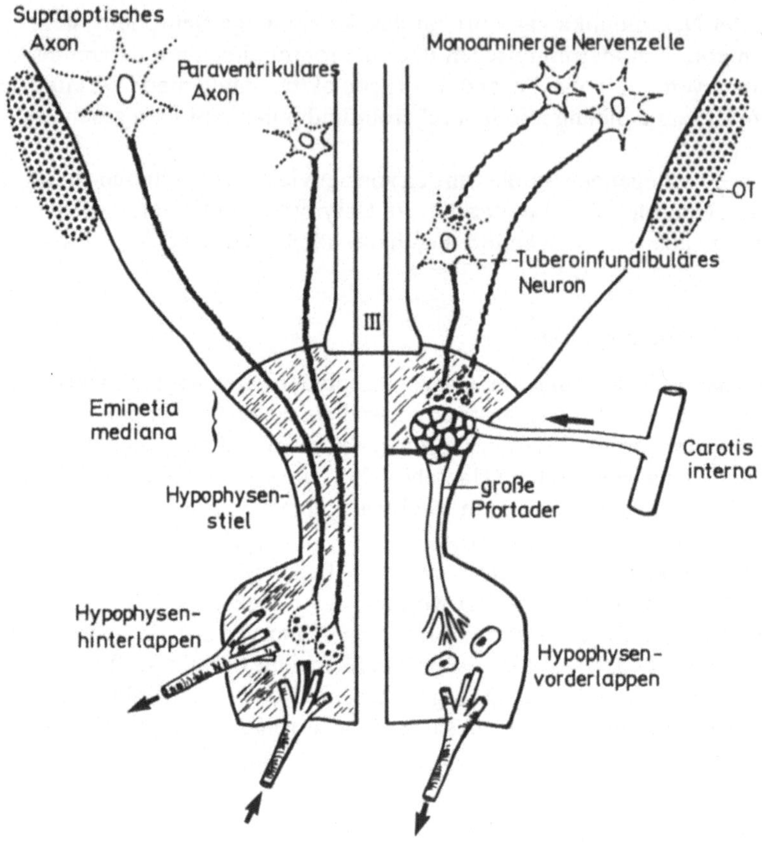

Schema 2. Diagramm der Hypophysen-Achse.
Links: Das hypothalamische Hypophysen-Hinterlappen-System. Supraoptische und paraventrikulare Axone enden an Blutgefäßen im Hypophysen-Hinterlappen.
Rechts: Das hypothalamische HVL-System. Tuberoinfundibuläre Neuronen, von denen angenommen wird, daß sie den Ursprung der hypothalamischen regulierenden Hormone darstellen, enden am kapillaren Plexus in der eminetia mediana. Das hypophysäre Pfortadersystem entsteht aus Ästen der inneren Halsschlagader, die in der Eminentia mediana ein primäres kapillares Bett bilden. Supraoptische, paraventrikulare und tuberoinfundibuläre Neuronen werden alle als neurosekretorische Zellen klassifiziert. Die Aktivität der tuberoinfundibulären Neuronen wird von monoaminergen Zellen beeinflußt. (Martin et al. 1977)

1971). NA-agonistische Substanzen wie Methylamphetamin (Rees et al. 1970), Amphetamin (Brown u. Williams 1976), Methoxamin und Phenylepinephrin (Imura et al. 1971) führen, ähnlich wie der Alpha-2-Agonist Clonidin, beim Menschen zu einer GH-Stimulation (Lal et al. 1975). DA-Agonisten wie Apomorphin (Lal et al. 1973), Bromocriptin (Camanni et al. 1975) und Lergotril (Thorner et al. 1978) führen ebenfalls zu einer GH-Stimulation beim Menschen. Die 5-HT-bedingte GH-Stimulation konnte mit Hilfe von 5-Hydroxytryptophan (5-HTP; Imura et al. 1973Takahashi et al.

1974; Wirz-Justice et al. 1976) und L-Tryptophan (E. E. Müller et al. 1974) gezeigt werden.

Auch GABAerge Substanzen rufen beim Menschen eine GH-Stimulation hervor, wie dies Untersuchungen mit Gammahydroxybutyracid (Takahara et al. 1977), Gammaaminobetahydroxybutyracid (Fioretti et al. 1978), Muscimol (Tamminga et al. 1978) und Baclofen (Koulu et al. 1979 b; Takahara et al. 1980) erkennen lassen.

Ob und in welcher Weise histaminerge oder cholinerge Neuronen die GH-Sekretion beim Menschen beeinflussen, ist unbekannt (Checkley et al. 1981).

Die PRL-Sekretion unterliegt einer primär dopaminerg vermittelten tonischen Hemmung durch den Hypothalamus (tuberoinfundibuläre dopaminerge Achse; del Pozo u. Lancranjan 1978). Dopamin (MacLeod 1976) und Dopaminagonisten wie L-Dopa (Kleinberg et al. 1971), Bromocriptin (del Pozo et al. 1972) und Apomorphin (Martin et al. 1974) führen zu einer Hemmung der PRL-Sekretion.

Der gegenteilige Effekt konnte nach verschiedenen DA-rezeptorblockierenden Neuroleptika sowohl bei Probanden als auch bei Patienten gemessen werden (Langer et al. 1977 a, b). Serotonerge Neurone scheinen die PRL-Sekretion stimulierend zu beeinflussen, wie dies nach i. v.-Applikation von L-Tryptophan (MacIndoe u. Turkington 1973) und L-5-HTP (Wirz-Justice et al. 1976) beim Menschen gemessen werden konnte. Handwerger et al. (1975) berichten jedoch, daß p. o.-Applikation von L-5-HTP zu keiner PRL-Stimulation führt. Der 5-HT-Agonist Fenfluramin bewirkt eine signifikante und dosisabhängige (Quattrone et al. 1983) PRL-Stimulation beim Menschen.

Die Wirkung monoaminerger Neuronen auf die ACTH-Sekretion soll durch teils inhibierende, teils stimulierende Effekte von Katecholaminen, Serotonin und Azetylcholin beeinflußt werden (Frohmann u. Stachura 1975; Martin et al. 1977; Imura et al. 1982). Insgesamt sind jedoch die Befunde über die ACTH-Cortisolsekretion beim Menschen in der Literatur uneinheitlich. So führen Methylamphetamin und Amphetamin (Besser et al. 1969; Rees et al. 1970) und Methoxamin, ein Alphaagonist (Nakai et al. 1973) zu einer Cortisolstimulation, der Alpha-2-Agonist Clonidin jedoch nur zu einer geringen Cortisolerhöhung (Lal et al. 1975; Balestreri et al. 1979). Ebenso zeigen L-Dopa (Eddy et al. 1971; Wilcox et al. 1975) und Apomorphin, ein DA-Agonist, (Brown et al. 1974; Lal et al. 1975) keine Cortisolsekretionsveränderung beim Menschen, während der DA-Agonist Lergotril-Mesilat eine leichte Cortisolerhöhung beim Menschen bewirken soll (Thorner et al. 1978).

Die serotonerge Beeinflussung der Cortisol-ACTH-Sekretion stellt sich ebenfalls widersprüchlich dar. So konnte nach 5-Hydroxytryptophan (5-HTP) p. o. (Imura et al. 1973) und Tryptophan p. o. (Modlinger et al. 1980) eine Cortisol-ACTH-Erhöhung gemessen werden, wohingegen mit L-Tryptophan i. v. keine Veränderung der Cortisolsekretion bewirkt (MacIndoe u. Turkington 1973) bzw. sogar eine Hemmung der basalen und der IHT-induzierten ACTH-Sekretion festgestellt werden konnte (Woolf u. Lee 1977). Eine cholinerge Stimulation der Cortisol-ACTH-Sekretion mit Acetylbetamethylcholin wurde postuliert und weiter wegen Aufhebung der dexamethasonbedingten Cortisolsuppression nach Gabe von Physostigmin (Carroll et al. 1978) angenommen.

GABAerge Neuronen dagegen scheinen vorwiegend inhibitorisch zu wirken. Tamminga et al. (1978) konnten die Cortisolsekretion durch den GABA-Agonisten Muscimol zwar nicht beeinflussen, jedoch sprechen Ergebnisse von Butler et al. (1968), die den amphetamininduzierten Cortisolanstieg mit Chlordiazepoxid hemmen konnten, und von Invitti et al. (1976), die sowohl die basale als auch die IHT-induzierte Cortisolstimulation mit Beta-4-Chlorphenyl-GABA unterdrücken konnten, dafür, daß GABA-erge Neuronen eine inhibitorische Wirkung beim Menschen ausüben.

Zusammenfassend läßt sich sagen, daß beim Menschen eher eine noradrenerge Stimulation der HPA-Achse angenommen werden kann, wobei 5-HT sowohl exzitatorische als auch inhibitorische Wirkung zugeschrieben wird. Azetylcholin scheint ein exzitatorischer Transmitter zu sein, und GABAerge Neuronen scheinen eher eine inhibitorische Wirkung zu haben.

Es kann somit festgehalten werden, daß für die Mehrzahl der HVL-Hormone beim Menschen eine deutliche sekretorische Beeinflussung durch aminerge Neuronen angenommen werden kann.

1.4 Aminerge Neuronen, HVL-Hormonsekretion und Depressionsforschung

Aufgrund von Untersuchungsergebnissen, wonach antidepressiv wirkende trizyklische Substanzen eine NA- bzw. 5-HT-Wiederaufnahmehemmung bewirken, wurde die „Katecholaminmangelhypothese“ zur Entstehung depressiver Erkrankungen formuliert. Hierbei wurde davon ausgegangen, daß durch die Transmitterwiederaufnahmehemmung eine erhöhte Konzentration von NA bzw. 5-HT im synaptischen Spalt bzw. am postsynaptischen Neuron entsteht, die letztlich den antidepressiv-therapeutischen Effekt hervorruft. Von Bunney u. Davis (1965), Schildkraut (1965) und Matussek (1966) wurde ein primärer NA-Mangel angenommen. Coppen (1967), Lapin u. Oxenkrug (1969) und van Praag (1969) dagegen postulieren primär einen Serotoninmangel bei depressiven Patienten.

Gegen die Theorie eines präsynaptischen Transmittermangels spricht besonders, daß die wiederaufnahmehemmende Wirkung trizyklischer Substanzen unmittelbar nach Einnahme der Präparate auftritt, der antidepressiv-therapeutische Effekt jedoch oft erst nach zwei bis drei Wochen Behandlungszeit deutlich wird. Weiter sind Substanzen wie Iprindol bekannt geworden, die keinen Effekt auf die Monoaminwiederaufnahmehemmung haben und trotzdem antidepressiv wirken sollen (Sulser 1981). Andere Substanzen mit NA- bzw. 5-HT-wiederaufnahmehemmender Potenz, wie Kokain und Phemoxitin, besitzen dagegen kaum eine antidepressive Wirkung (Post et al. 1974; Ghose et al. 1977).

Bei der Verabreichung von Vorstufen von NA bzw. 5-HT wie L-Dopa oder 5-HTP zeigen sich nur minimale antidepressive Effekte (Maj et al. 1984).

Da Antidepressiva neben einer Wiederaufnahmehemmung von NA und 5-HT auch eine DA-Wiederaufnahmehemmung bewirken und antagonistische Effekte auf verschiedene Rezeptortypen haben, wurden verschiedene andere Thesen zur Entstehung der Depression aufgestellt. So überlegten besonders Randrup et al. (1975) und Randrup u. Braestrup (1977), daß dopaminerge Neuronen bei der Entstehung depressiver Erkrankungen involviert sein könnten, da einige Antidepressiva, wie z. B. Nomifensin und Bupropion, die DA-Wiederaufnahme beeinflussen. Diese Theorie wird jedoch speziell durch NF in Frage gestellt, das neben einer DA- auch eine starke NA-wiederaufnahmehemmende Wirkung besitzt, und durch Amphetamin, das trotz seiner DA-wiederaufnahmehemmenden Wirkung nicht antidepressiv wirkt (Waldmeier et al. 1982).

Es erscheint wenig wahrscheinlich, daß die unterschiedlich starke anticholinerge und antihistaminerge Wirkung von Antidepressiva sowie deren Blockade von Alpha-1-, Alpha-2- und Betarezeptoren mit ihrem antidepressiv therapeutischen Effekt in Zusammenhang stehen, da selektive Rezeptorantagonisten bzw. -agonisten ähnliche Effekte hervorrufen, ohne antidepressiv zu wirken. Besonders interessant in diesem Zusammenhang ist der Befund, daß nach chronischer Verabreichung von Antidepressiva eine Empfindlichkeitsverminderung speziell von Betarezeptoren (Vetulani u. Sulser 1975; Banerjee et al. 1977; Smith et al. 1981; Vetulani 1984) nachweisbar ist. Dies führte zu der Überlegung, daß bei depressiven Patienten übersensible bzw. überaktive Betarezeptoren während der Erkrankung vorliegen, deren Sensibilität sich im Rahmen der Behandlung verringert („beta down regulation"). Trotz intensiver Forschungsaktivitäten gelang es bisher jedoch nicht, die Ursache depressiver Erkrankungen aufzuklären.

Durch die Einführung endokrinologischer Untersuchungsmethoden erhielt die Depressionsforschung in den letzten Jahren neue Impulse. Bei diesen Untersuchungen wurde vorwiegend der Frage nachgegangen, ob bei depressiven Patienten, die nach diagnostischen Kriterien in Gruppen aufgeteilt waren, entsprechend der diagnostischen Zuordnung unterschiedliche endokrine Effekte gemessen werden konnten. So konnte Gibbons bereits 1964 und später Sachar et al. (1976 b) zeigen, daß bei depressiven Patienten während der Erkrankung eine höhere Konzentration von freiem Cortisol im Serum vorliegt als nach der Genesung. Besonders intensiv wurde untersucht, ob depressive Patienten auf endokrinologische Tests anders ansprechen als gesunde Probanden. In diesem Zusammenhang ist neben dem Dexamethasonhemmtest die Untersuchung der Schilddrüsenfunktion mit dem Thyreotropin-Releasing-Hormone-(TRH)-Test und dem Wachstumshormon-(GH)-Stimulationstest zu nennen. Die meisten Untersuchungen aus diesem Bereich wurden mit dem Dexamethasonhemmtest durchgeführt, wobei Carroll (1982) und andere Arbeitsgruppen eine geringere Cortisolsuppression nach Dexamethason bei depressiven Patienten fanden. Diese geringere dexamethasonbedingte Cortisolsuppression wurde als diagnostischer Test für depressive Erkrankungen untersucht, wobei eine Sensitivität von 67% und eine Spezifität von 96% ermittelt wurden (Carroll et al. 1981). Andere Arbeitsgruppen konnten diese Ergebnisse bestätigen (Brown u. Shuey 1980; Brown u. Qualis 1981), wohingegen europäische Arbeitsgruppen ein abnormes Ansprechen im Dexamethasonhemmtest auch bei anderen psychischen Erkrankungen fanden (Holsboer et al. 1980) und die diagnostische Verwertbarkeit dieses Tests für depressive Erkrankungen anzweifelten.

Mit dem Schilddrüsenfunktionstest bei depressiven Patienten befaßten sich intensiv verschiedene Arbeitsgruppen. Bereits Prange et al. (1972) und Kastin et al. (1972) fanden eine geringere TRH-bedingte TSH-Stimulation bei endogen depressiven Patienten. Weitere Arbeitsgruppen untersuchten den TRH-Test bei mono- und bipolar endogen depressiven Patienten (Maeda et al. 1975; Takahashi et al. 1975; Bjorum u. Kirkegaard 1979; Kirkegaard 1981).

Eine andere Forschungsrichtung wendete sich der GH-Sekretion bei depressiven Patienten zu, wobei verschiedene GH-Stimulationstests durchgeführt wurden. In diesem Zusammenhang sind besonders die Insulinhypoglykämie-(IHT)-, die Amphetamin-, die L-DOPA- und die clonidinbedingte GH-Stimulation zu nennen (vgl. Kapitel 4). Vor allem mit dem IHT-, Amphetamin- und Clonidintest wurden Hinweise auf eine gestörte GH-Sekretion bei depressiven Patienten erarbeitet.

Nachdem in eigenen Untersuchungen eine antidepressivabedingte GH-Stimulation bei Probanden gefunden werden konnte, wurde im Rahmen der vorliegenden Arbeit speziell der Frage nachgegangen, ob, ähnlich wie mit anderen GH-Stimulationstests, auch nach Gabe von Desipramin bei depressiven Patienten eine Störung im Bereich der GH-Stimulierbarkeit nachgewiesen werden kann.

Die hierbei erarbeiteten Untersuchungsergebnisse werden im Rahmen der vorliegenden Arbeit detailliert dargestellt und sollen unter Berücksichtigung der inzwischen veröffentlichten Ergebnisse anderer Untersuchergruppen diskutiert werden.

2 Einfluß von Psychopharmaka auf die Hypophysenvorderlappen(HVL)-Hormonsekretion bei Probanden

Aufgrund der Vorstellung, daß Psychopharmaka den Funktionszustand zentralnervöser aminerger Neuronensysteme beeinflussen, und daß zentralnervöse aminerge Neuronensysteme die HVL-Hormonsekretion verändern können, wurde im Rahmen der vorliegenden Untersuchungen primär die Frage gestellt, ob beim Menschen nach Applikation verschiedener Psychopharmaka Unterschiede in der HVL-Hormonsekretion nachweisbar sind.

Die erarbeiteten Ergebnisse werden für die einzelnen Hormone und Psychopharmakagruppen detailliert beschrieben.

Nach Darstellung der Methoden wird in den folgenden Kapiteln die Wirkung von Antidepressiva, Neuroleptika und Benzodiazepinderivaten auf die GH-, Prolaktin(PRL)- und Cortisol-ACTH-Sekretion bei Probanden aufgezeigt und unter Einbeziehung von Untersuchungsergebnissen aus der Literatur diskutiert.

2.1 Probanden und Methoden

Die Untersuchung der Effekte von Psychopharmaka auf die HVL-Hormonsekretion wurde ausschließlich bei gesunden männlichen Probanden im Alter von 18–35 Jahren durchgeführt, um eventuelle geschlechts- bzw. altersbedingte Unterschiede der HVL-Hormonstimulation auszuschließen. Voraussetzung für die Aufnahme der Probanden in die Untersuchung war, daß alle entsprechend der Deklaration von Helsinki/Tokio (1975) ihr informiertes Einverständnis zur Durchführung der Untersuchung gaben. Weiter war Voraussetzung, daß in der klinischen Voruntersuchung keine pathologischen Befunde erhoben worden waren. Die Voruntersuchung umfaßte Anamnese, internistische und neurologische Untersuchung, EKG und EEG sowie Laborparameter (Gesamtblutbild, Bilirubin gesamt, GOT, GPT, Elektrolyte, Serumkreatinin, Harnstoff, Elektrophorese, Blutzucker, Urinuntersuchung).

Die Probanden hatten 4 Wochen vor Untersuchungsbeginn keine Medikamente eingenommen und 24 h davor keinen Alkohol getrunken. Nahrungskarenz begann nach dem Abendessen am Vorabend und endete mit Abschluß der Untersuchung. Die Untersuchungen wurden unter Grundumsatzbedingungen durchgeführt und begannen ausschließlich morgens 8.00 Uhr ± 30 min, um eventuelle zirkadiane Veränderungen der Hormonkonzentration zwischen den einzelnen Untersuchungen auszuschließen. Bei Untersuchungsbeginn wurde ein Intrakubitalkatheter gelegt, der während der Untersuchung mit physiologischer Kochsalzlösung (max. 500 ml) offengehalten wurde. Die Probanden blieben während der gesamten Zeit in einem gesonderten Untersuchungsraum im Bett liegen und wurden mittels einer Fernsehüberwachungsanlage beobachtet. Der Blutdruck wurde nach Riva Rocci automatisch gemessen. Weiter wurde die Pulsfrequenz erfaßt und die subjektive Befindlichkeit der Probanden dokumentiert.

Eine Stunde nach Untersuchungsbeginn wurde den Probanden die entsprechende Untersuchungssubstanz p. o., i. m. oder i. v. appliziert. Blut wurde zum Zeitpunkt t = –60 min und unmittelbar vor Gabe der Untersuchungssubstanz entnommen. Nach Applikation der Untersuchungssubstanz wurde in 15- bzw. 30minütigen Abständen bis 120 bzw. 240 min Blut zur Bestimmung der einzelnen Parameter entnommen. Da alle HVL-Hormone einer mehr oder weniger deutlichen streßinduzierten Stimulation unterliegen (Martin et al. 1977), wurden alle Untersuchungen placebokontrolliert durchgeführt.

Bei p. o.-Applikation wurde die Substanz in Wasser aufgelöst von den Probanden eingenommen. Die i. m.-Injektion wurde tief intraglutäal appliziert, bei i. v.-Verabreichung in 50 ml physiologischer Kochsalzlösung mit einem Perfusor innerhalb von 10 min infundiert. Die Seren wurden nach dem Abzentrifugieren bei –20° C bzw. –60° C gelagert und mit folgenden Methoden bestimmt:

GH: „CIS Human Growth Hormone Radioimmunoassay"
(Reproduzierbarkeit [CV]:
intra 7.6 %, $\bar{x}$ 5.2 ± 0.4 ng/ml,
inter 11.1 %, $\bar{x}$ 5.3 ± 0.59 ng/ml.)

PRL: „CIS Prolactin Radioimmunoassay"
(Reproduzierbarkeit [CV]:
intra 3.0 %, $\bar{x}$ 17.5 ng/ml,
inter 5.1 %, $\bar{x}$ 17.7 ng/ml.)
Umrechnungsfaktor: 30.4 IμU MRC 75/504 = 1 ng NIH-VLS2

Cortisol: DPC Doppelantikörper-PEG-Radioimmunoassay (J-125)
(Reproduzierbarkeit [CV]:
intra 2.4 %, $\bar{x}$ 20.6 ± 0.49 μg/100 ml,
inter 6.4 %, $\bar{x}$ 23.1 ± 1.48 μg/100 ml.)

ACTH n-terminale spezifische Antikörper nach Plasmaextraktion (O. A. Müller et al., 1978).

Bei der Auswertung wurden GH-Werte zwischen 0.5 und 5.0 ng/ml als Basalwerte angesehen (v. Werder 1975).

Die normale Prolaktinkonzentration beträgt beim Mann unter 400 μU/ml (Biosigma 1982).

Die ACTH- und nachfolgende Cortisolsekretion unterliegt einer zirkadianen Rhythmik, wobei die Cortisolserumkonzentration um ca. 6.00 Uhr morgens den höchsten Spiegel erreicht und im Laufe des Tages kontinuierlich abfällt (Weitzmann et al. 1971).

Der Normalwert für Cortisol beträgt 5–25 μg/100 ml (DPC 1983), für ACTH 14–55 pg/ml (O. A. Müller et al. 1978).

Die erarbeiteten Untersuchungsergebnisse werden für jedes Hormon getrennt dargestellt, wobei zuerst die Wirkung von Antidepressiva und danach von Neuroleptika und Benzodiazepinderivaten erörtert wird. Hierzu werden für jede Applikation die Verläufe der Einzelwerte und der Mittelwerte sowie die Flächen unter den Kurven („area under the curves"; AUC) ermittelt und dargestellt. Die AUCs wurden für die Zeit t = 0 bis t = 120 bzw. 240 min nach der Simpson-Regel (Bronstein und Semendjajew 1970) bestimmt. Als Streuungsmaß wird der Standardfehler des Mittelwerts (SE) angegeben.

Die Überprüfung der Unterschiede zwischen den einzelnen Applikationen auf statistische Signifikanz erfolgte beim Vergleich zweier Gruppen mittels Student-t-Test für abhängige bzw. unabhängige Stichproben, beim Vergleich mehrerer Gruppen mittels Varianzanalyse für wiederholte Messungen.

Die Überprüfung der Voraussetzung für die Durchführung einer Varianzanalyse (homogene Varianz-Kovarianz-Matrix) wurde mittels Box-Test durchgeführt, und gegebenenfalls wurden anschließend die Freiheitsgrade epsilonkorrigiert (Box 1954 a, b).

Als Meßgröße für den statistischen Test wurden die AUCs verwendet.

Um zu ermitteln, mit welcher medikamentösen Dosis im Vergleich zu Placebo erstmals ein signifikanter Unterschied in den AUCs vorhanden ist, wurde der Student-t-Test angewendet, wobei jedoch wegen der wiederholten Anwendung des t-Tests auf das gleiche Kollektiv das Signifikanzniveau nach Bonferoni (Holm 1979) korrigiert wurde. Bei allen t-Tests wurde, wenn notwendig, eine Korrektur hinsichtlich unterschiedlicher Fallzahlen und unterschiedlicher Varianz vorgenommen.

2.2 Einfluß von Psychopharmaka auf die Wachstumshormon (GH)-Sekretion

Ausgehend von der Vorstellung, daß sowohl noradrenerge, dopaminerge als auch serotonerge Neuronen die GH-Sekretion stimulierend beeinflussen können, wurde die Frage erörtert, ob verschiedene transmitterwiederaufnahmehemmende Antidepressiva beim Menschen zu einer GH-Stimulation führen können.

Nachdem in diesen Untersuchungen eine antidepressivabedingte GH-Stimulation gezeigt werden konnte, wurde weiter erforscht, ob Neuroleptika, die eine primär DA-rezeptorblockierende Wirkung haben, beim Menschen ebenfalls eine GH-Sekretionsbeeinflussung bewirken. Danach wurde untersucht, ob, ähnlich wie von anderen Untersuchern (Syvälahti u. Kanto 1975; Koulu et al. 1980; Ajlouni u. El-Khateeb 1980) angegeben, die als GABA-Agonisten angesehenen Benzodiazepinderivate einen Einfluß auf die GH-Sekretion beim Menschen ausüben.

2.2.1 Antidepressiva und GH-Sekretion

Außer der Untersuchung von Martin et al. (1977), nach der trizyklische Antidepressiva bei Patienten die nächtliche GH-Sekretion unterdrücken sollen, lag vor Durchführung der hier vorgenommenen Untersuchungen keine Arbeit über den Effekt von trizyklischen Antidepressiva auf die GH-Sekretion beim Menschen vor.

Nachdem erste Untersuchungen eine antidepressiva-(DMI)-bedingte GH-Stimulation ergaben, wurden Reproduzierbarkeit und Dosisabhängigkeit dieser GH-Stimulierbarkeit untersucht. Hiernach wurde in Vergleichsuntersuchungen mit verschiedenen Antidepressiva der Frage nachgegangen, ob unterschiedlich stark NA-, 5-HT- und DA-wiederaufnahmehemmende Substanzen eine unterschiedliche GH-Stimulation bewirken.

Im folgenden werden die Untersuchungen mit DMI, CI, NF, L- und D-Oxaprotilin, Bupropion und Indalpin dargestellt und unter Berücksichtigung neuerer Veröffentlichungen anderer Untersuchergruppen diskutiert.

2.2.1.1 Desipramin (DMI)

Als erstes wurde der Effekt von DMI auf die GH-Sekretion bei *männlichen Probanden* untersucht. DMI ist ein trizyklisches Antidepressivum, das primär die Wiederaufnahme von NA (IC50 = 0.97 nM) und sekundär die von 5-HT (IC50 = 210 nM) hemmt (Hyttel 1982).

Zunächst wurde die Wirkung von DMI in unterschiedlichen Applikationsformen (p. o. und i. m.) und danach von unterschiedlichen Dosierungen von DMI i. v. auf die GH-Sekretion untersucht. Anschließend wurden Untersuchungen zur Reproduzierbarkeit der Wirkung von DMI 75 mg i. m. und 50 mg i. v. auf die GH-Sekretion durchgeführt.

Im folgenden werden die Untersuchungsergebnisse detailliert beschrieben.

Unterschiedliche Applikationen

Bei jeweils sechs männlichen Probanden wurde die Wirkung von DMI 100 mg p. o. und DMI 75 mg i. m. im Vergleich zu Placebo p. o. und zu Placebo i. m. (NaCl 2 x4 ml) untersucht. Pro Untersuchungstag wurde den Probanden jeweils eine der Substanzen in einer Dosierung appliziert. Blut wurde zum Zeitpunkt t = –60 min und t = 0 min abgenommen und danach in 30minütigen Abständen bis t = 240 min. Zwischen den einzelnen Untersuchungen lag jeweils mindestens eine Woche.

Einzelwertkurven: Bei allen Probanden liegen die Werte vor Gabe der Untersuchungssubstanzen (mit jeweils einer Ausnahme) unter 5.0 ng/ml.
Nach Gabe von *Placebo p. o.* kommt es bei drei Probanden zu leichten GH-Anstiegen (5.9 bis 8.8 ng/ml), die bei t = 120 und t = 210 min liegen.
Nach Gabe von *Placebo i. m.* kommt es bei zwei Probanden ebenfalls zu einem leichten GH-Anstieg (7.0 ng/ml bei t = 30 min bzw. 9.4 ng/ml bei t = 180 min).
Nach Gabe von *DMI 100 mg p. o.* steigt bei allen Probanden nach der ersten Stunde, in der die GH-Werte auf Basalniveau liegen, die GH-Konzentration auf Maximalwerte zwischen 9.6 und 24.0 ng/ml an (t = 150 bis t = 180 min).
Nach Gabe von *DMI 75 mg i. m.* kommt es zwischen t = 60 und t = 90 min zu einem deutlichen GH-Anstieg (16.9 bis 24.8 ng/ml) (Abb. 1).

Mittelwertkurven: Nach *Placebo p. o.* und *Placebo i. m.* ist keine nennenswerte Veränderung der mittleren GH-Konzentration während des Untersuchungszeitraums zu beobachten.
Nach Gabe von *DMI 100 mg p. o.* kommt es bei t = 150 min und nach Gabe von *DMI 75 mg i. m.* bei t = 60 min zu einem deutlichen GH-Anstieg. Danach fällt die GH-Konzentration bis zum Untersuchungsende wieder ab (Abb. 2, Tabelle 3).

Mittlere Flächenintegrale: Die AUC nach *Placebo p. o.* unterscheidet sich im Student-t-Test hochsignifikant (p = 0.001) von der AUC nach *DMI 100 mg p. o.*
Die AUC nach *Placebo i. m.* unterscheidet sich im Student-t-Test ebenfalls statistisch hochsignifikant (p = 0.001) von der AUC nach *DMI 75 mg i. m.* (Abb. 2, Tabelle 3).

Nebenwirkungen: Ein Proband klagte nach Placebo p. o. über leichte Übelkeit. Die i. m.-Injektion von Placebo (2mal 4 ml NaCl) wird von den Probanden als schmerzhaft beklagt, bei einem Probanden kommt es zum Ende der Untersuchung zu einem starken Hungergefühl.

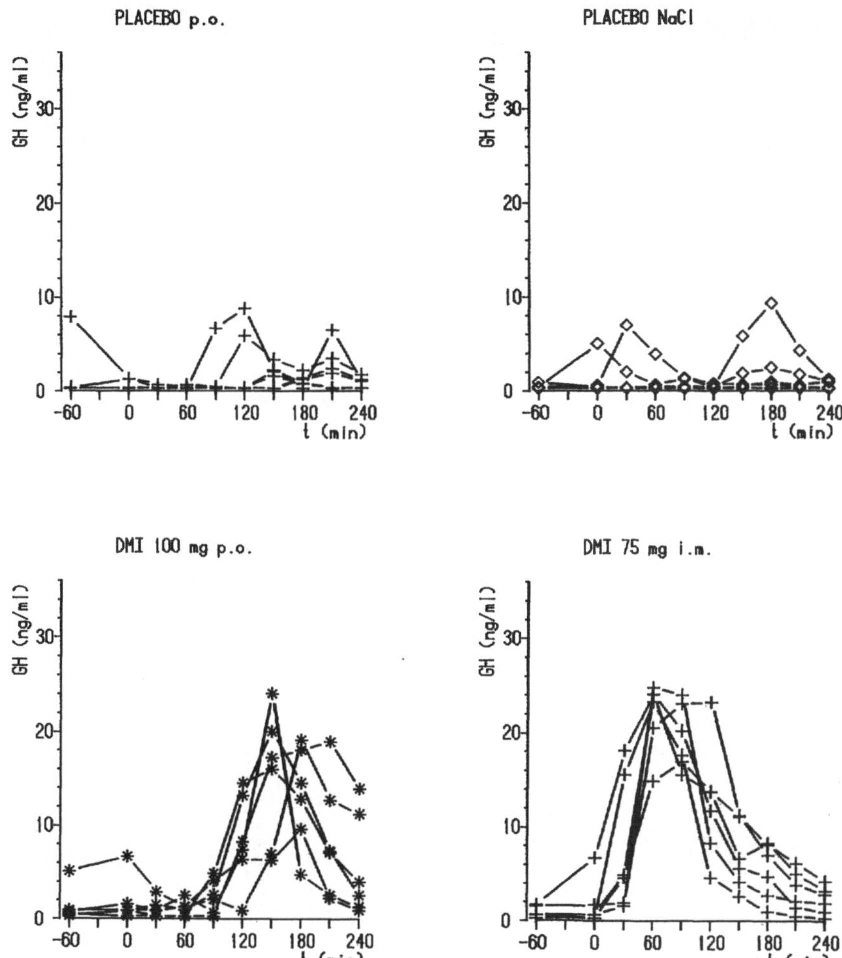

Abb. 1. GH (ng/ml) nach Verabreichung von Placebo p. o. (n = 6), Placebo i. m. (n = 6), DMI 100 mg p. o. (n = 6), DMI 75 mg i. m. (n = 6)

Nach DMI 100 mg p. o. klagte ein Proband über Schweißausbruch und ein weiterer zum Ende des Untersuchungszeitraums über Übelkeit. Alle Probanden klagten nach DMI 75 mg i. m. ebenfalls über Schmerzen an der Injektionsstelle. Ein Proband gab drei Stunden nach Untersuchungsbeginn Übelkeit an. Blutzucker- und Blutdruckveränderungen sind nicht signifikant.

Das Untersuchungsergebnis weist nach, daß DMI im Gegensatz zu Placebo p. o. und i. m. zu einer signifikanten GH-Stimulation führt, wobei die GH-Stimulation 60 min nach DMI 75 mg i. m. und 150 min nach DMI 100 mg p. o. ihr Maximum erreicht.

Die Verabreichung von NaCl 2 x 4 ml i. m. und die im Rahmen der Gesamtuntersuchung auftretenden Streßfaktoren scheinen nicht auszureichen, um eine GH-Stimu-

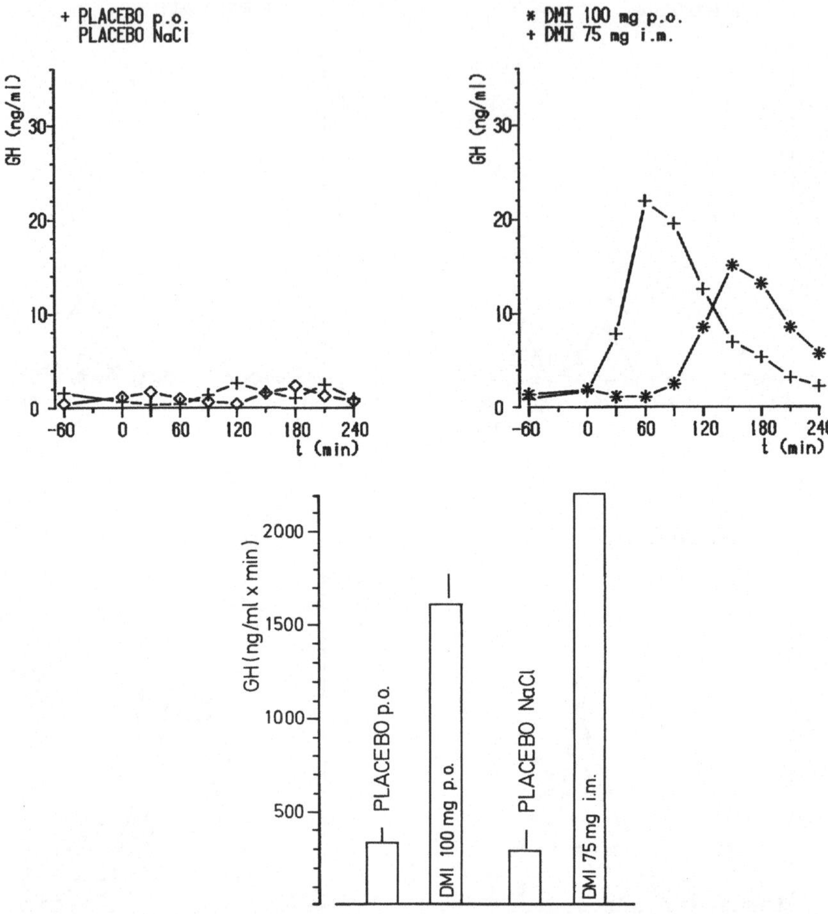

Abb. 2. GH (x̄ ± SE; ng/ml) nach Verabreichung von Placebo p. o. (n = 6), Placebo i. m. (n = 6), DMI 100 mg p. o. (n = 6), DMI 75 mg i. m. (n = 6) und die dazugehörigen Flächenintegrale (x̄ ± SE; ng/ml · 240 min)

Tabelle 3. GH-Werte (x̄ und AUC) nach Gabe von Placebo p.o., DMI 100 mg p.o. (n = 6), Placebo i.m. und DMI 75 mg i.m. (n = 6)

	x̄ ± SE (ng/ml)	t (min)	AUC/x̄ ± SE (ng/ml · 240 min)
Placebo p.o.	1.6 ± 0.5	150	339.3 ± 75.2
DMI 100 mg p.o.	15.1 ± 2.9	150	1613.8 ± 157.1
Placebo i.m.	1.0 ± 0.6	60	305.8 ± 103.9
DMI 75 mg i.m.	21.9 ± 1.5	60	2328.3 ± 137.3

lation bei den Probanden hervorzurufen, wie dies mit der Untersuchung von Placebo p. o. und Placebo i. m. nachweisbar ist. Bemerkenswert ist, daß es auch unter Placebo gelegentlich zu einer erhöhten GH-Sekretion kommt, die allerdings während des gesamten Untersuchungszeitraums zu unterschiedlichen Zeiten und auch in unterschiedlicher Höhe auftritt.

Diese Untersuchung zeigt somit erstmals einen DMI-bedingten GH-Stimulationseffekt, der substanzabhängig ist und nicht auf unspezifische Streßfaktoren zurückgeführt werden kann (Laakmann et al. 1977).

Dosisabhängigkeit der DMI-induzierten GH-Stimulation

Zur Prüfung einer eventuellen Dosisabhängigkeit der DMI-induzierten GH-Stimulation wurden sechs männlichen Probanden mit DMI in steigender Dosierung (5, 15, 25, 50 und 75 mg i. v.) und Placebo untersucht. Pro Untersuchung wurde den Probanden jeweils eine der Substanzen in jeweils einer Dosierung mit einem Perfusor innerhalb von 10 min appliziert (Infusionsbeginn nach Blutabnahme zum Zeitpunkt t = 0 min). Zwischen den einzelnen Untersuchungen lag eine Woche.

Eine Randomisierung der unterschiedlichen Dosierungen bei den einzenlen Probanden wurde nicht vorgenommen, da zum Zeitpunkt der Untersuchung keine ausreichenden Erfahrungen mit der Applikation von DMI i. v. in höheren Dosen vorlagen. Die Blutabnahme wurde zum Zeitpunkt t = –60, –30 und 0 min vor der Infusion und in viertelstündigen Abständen bis t = 120 min nach Infusionsbeginn vorgenommen.

Einzelwertkurven: Die Ausgangswerte aller Probanden *vor* Verabreichung der Untersuchungssubstanzen lagen mit einer Ausnahme unter 5.0 ng/ml.
Nach *Placebo i. v.* blieb die gemessene GH-Konzentration aller Probanden unter 5.0 ng/ml.
Nach *DMI 5 mg i. v.* kam es bei zwei, nach *DMI 15 mg i. v.* bei vier, und bei jeweils einer der Substanzen in jeweils einer Dosierung mit einem Perfusor innerhalb von 10 min appliziert (Infusionsbeginn nach Blutabnahme zum Zeitpunkt t = 0 min) zu einer deutlichen GH-Stimulation, die mit steigender DMI-Dosierung zunimmt (Abb. 3).

Mittelwertkurven: Der Vergleich der mittleren GH-Werte zeigt eine deutliche Dosisabhängigkeit zwischen DMI und GH-Sekretion, wobei die GH-Maxima 60 min nach Applikation von DMI erreicht werden (Abb. 4, Tabelle 4).

Mittlere Flächenintegrale: Die AUC nimmt mit steigender Dosierung zu und erweist sich in der einfaktoriellen Varianzanalyse für wiederholte Messungen als statistisch signifikant unterschiedlich ($F = 10.36$, $df = 1, 8$, Epsilon-korrigiert; $p \leq 0.05$).

Der Vergleich der AUCs der verschiedenen Dosierungen gegenüber Placebo mit Hilfe des Student-t-Tests (Korrektur für multiple t-Tests nach Bonferoni (Holm 1979)) zeigt, daß ab einer Dosis von *DMI 25 mg* ein signifikanter Unterschied in den GH-Flächenintegralen gegenüber Placebo nachzuweisen ist ($p \leq 0.05$) (Abb. 4, Tabelle 4).

Als Nebenwirkungen wurden nach Placebo und nach DMI 5, 15 und 25 mg i. v. keine Beschwerden von den Probanden angegeben. Bei DMI 50 und 75 mg i. v. klagten die Probanden über leichte Übelkeit und Benommenheit, die besonders bei DMI 75 mg i. v. auftrat. Eine signifikante Veränderung von Blutdruck, Pulsfrequenz und Blutzucker wurde nicht gemessen.

Das Untersuchungsergebnis dieser Teilstudie zeigt eine klare Dosisabhängigkeit der DMI-induzierten GH-Stimulation, die sowohl in den Einzel- und Mittelwertkurven als auch in den Flächenintegralen deutlich nachweisbar ist. Bemerkenswert hierbei ist, daß der zusätzliche GH-stimulierende Effekt zwischen DMI 25 und 50 mg i. v. wesentlich stärker ausgeprägt ist als zwischen DMI 50 und 75 mg i. v.

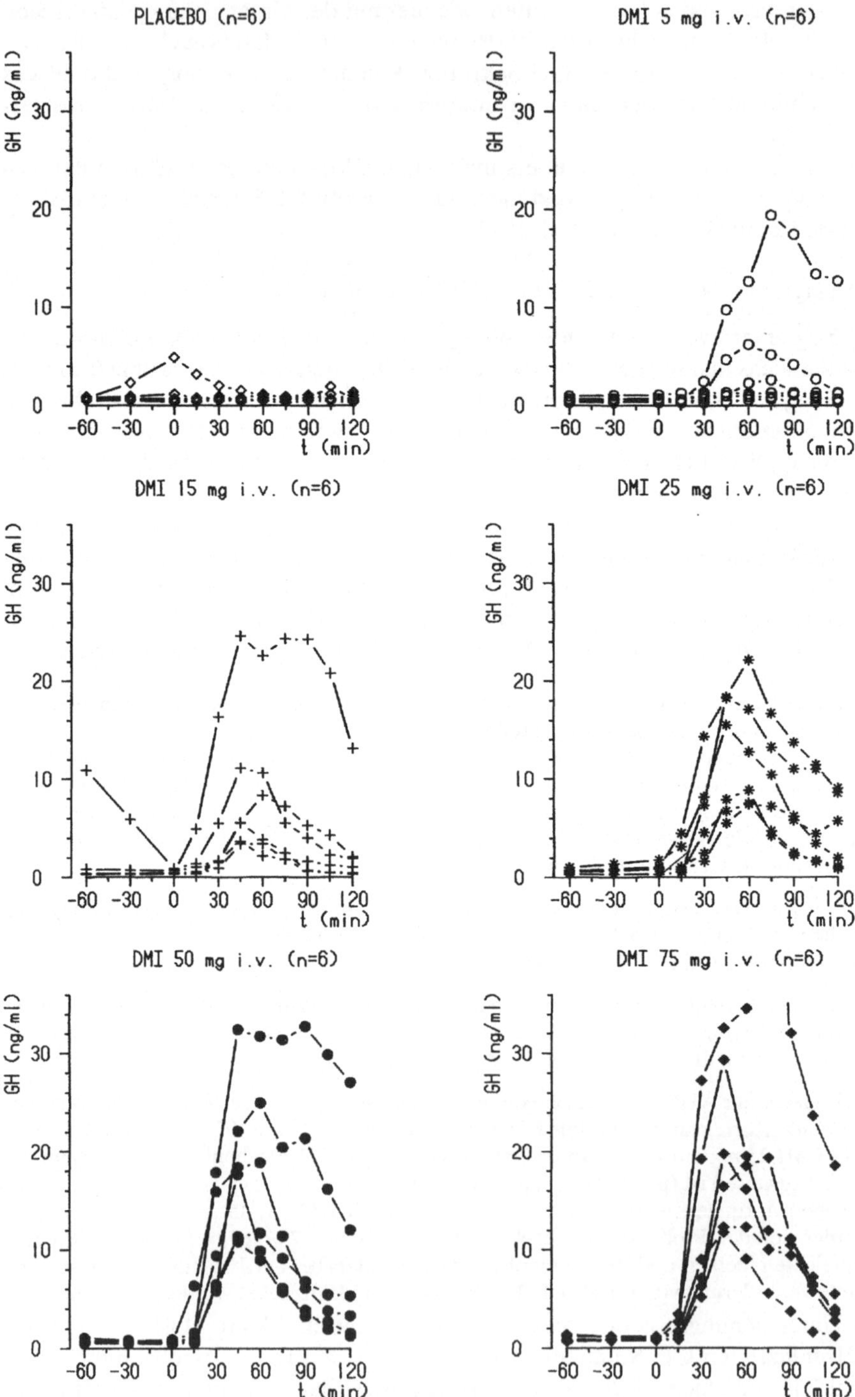

Abb. 3. GH (ng/ml) nach Verabreichung von Placebo i. v., DMI 5, 15, 25, 50 und 75 mg i. v. (n = 6)

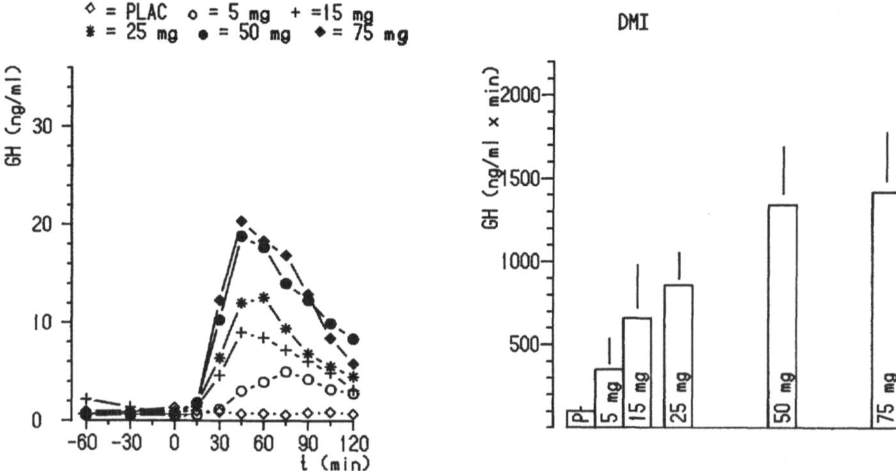

Abb. 4. GH (x̄ ± SE; ng/ml) nach Verabreichung von Placebo i. v., DMI 5, 25, 50 und 75 mg i. v. (n = 6) und die dazugehörigen Flächenintegrale (x̄ ± SE; ng/ml · 120 min)

Tabelle 4. GH-Werte (x̄ und AUC) nach Gabe von Placebo, DMI 5, 15, 25, 50 und 75 mg i.v. (n = 6)

	x̄ ± SE (ng/ml)	t (min)	AUC/x̄ ± SE (ng/ml · 120 min)
Placebo	0.7 ± 0.0	60	101.2 ± 22.7
DMI 5 mg	5.0 ± 3.0	75	348.5 ± 187.4
DMI 15 mg	9.0 ± 3.3	45	662.7 ± 315.1
DMI 25 mg	12.6 ± 2.4	60	861.9 ± 193.3
DMI 50 mg	18.8 ± 3.2	45	1342.2 ± 349.9
DMI 75 mg	20.3 ± 3.6	45	1419.8 ± 361.6

Es kann vermutet werden, daß eine annähernd maximale GH-Stimulation mit einer Dosis von DMI 75 mg i. v. ausgelöst wird. Interessant ist hierbei, daß trotz der stärkeren Nebenwirkungen unter DMI 75 mg i. v. die GH-Stimulation gegenüber DMI 50 mg i. v. nur geringfügig zunimmt. Das kann dahingehend interpretiert werden, daß die angegebenen Nebenwirkungen keinen zusätzlichen GH-stimulierenden Effekt bewirken (Laakmann et al. 1981, 1985).

Reproduzierbarkeit der DMI-induzierten GH-Stimulation

Die Reproduzierbarkeit der DMI-induzierten GH-Stimulation wurde unter zwei verschiedenen Applikationsformen untersucht. Eine Gruppe von sechs männlichen Probanden erhielt am 1. und 2. Untersuchungstag jeweils DMI 75 mg i. m. Einer zweiten Gruppe von zwölf männlichen Probanden wurde am 1. und 2. Untersuchungstag jeweils DMI 50 mg i. v. appliziert. Der Mindestabstand zwischen der jeweiligen Erst- und Zweitinjektion betrug eine Woche.

i. m.-Applikation

Einzelwertkurven: Nach der Erst- und Zweitapplikation von DMI 75 mg i. m. wurden bei allen Probanden mit jeweils einer Ausnahme (4.8 bzw. 1.9 ng/ml) deutliche GH-Anstiege (zwischen 12.2 und 24.7 ng/ml) gemessen (Abb. 5).

Mittelwertkurven: Es ergeben sich für beide Gruppen nahezu identische Verläufe mit einem vergleichbaren Maximum bei t = 60 min (Erstinjektion: 15.0 ± 2.6 ng/ml; Zweitinjektion: 14.9 ± 3.1 ng/ml) (Abb. 5).

Mittlere Flächenintegrale: Die AUC nach Erstapplikation (1304.7 ± 258.0 ng/ml · 120 min) und die AUC nach Zweitapplikation ergeben vergleichbare Werte (1322.3 ± 300.8 ng/ml ·120 min) und erweisen sich im Student-t-Test als nicht signifikant unterschiedlich (Abb. 5).

i. v.-Applikation

Einzelwertkurven: Nach DMI 50 mg i. v. zeigen sich bei den zwölf Probanden ausnahmslos deutliche GH-Anstiege (Erstinjektion: 10.1 bis 50.5 ng/ml; Zweitinjektion: 10.1 bis 39.8 ng/ml) (Abb. 6).

Mittelwertkurven: Der Verlauf der Mittelwertkurven ist ebenfalls vergleichbar mit einem Maximum bei t = 60 min (Erstinjektion: 22.6 ± 3.3 ng/ml; Zweitinjektion: 19.1 ± 2.5 ng/ml) (Abb. 6).

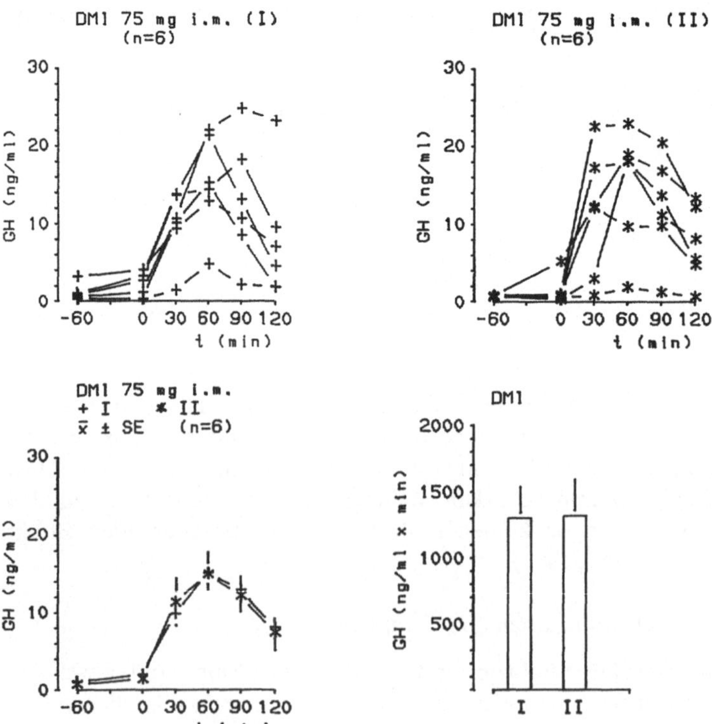

Abb. 5. GH (ng/ml) nach DMI 75 mg i. m. am 1. Untersuchungstag (I) und am 2. Untersuchungstag (II) (n = 6) und die dazugehörigen Mittelwertkurven (x̄ ± SE; ng/ml) und Flächenintegrale (x̄ ± SE; ng/ml · 120 min)

Mittlere Flächenintegrale: Der Vergleich der AUC nach Erstinjektion (1760.1 ± 276.8 ng/ml · 120 min) und der AUC nach Zweitinjektion (1344.7 ± 154.5 ng/ml · 120 min) läßt im Student-t-Test keinen statistisch signifikanten Unterschied erkennen (Abb. 6).

Für jeden Probanden wurde die Korrelation der GH-Werte zu den Zeitpunkten t = 0, 30, 60, 90 und 120 min nach Gabe von DMI zwischen dem 1. und 2. Untersuchungstag berechnet.

– i. m. Applikation

Nach DMI 75 mg i. m. liegen die Werte (bis auf eine Ausnahme, r = 0.15) zwischen r = 0.72 und 0.92, ($\bar{r}$ = 0.76).

– i. v. Applikation

Nach DMI 50 mg i. v. liegen die Werte (bis auf eine Ausnahme, r = 0.24) zwischen r = 0.61 und 0.98, ($\bar{r}$ = 0.81).

Diese Ergebnisse erlauben die Annahme, daß sowohl nach DMI 75 mg i. m. als auch nach DMI 50 mg i. v. von einer guten Reproduzierbarkeit der DMI-induzierten GH-Stimulation ausgegangen werden kann (Laakmann 1980 c; Laakmann et al. 1985).

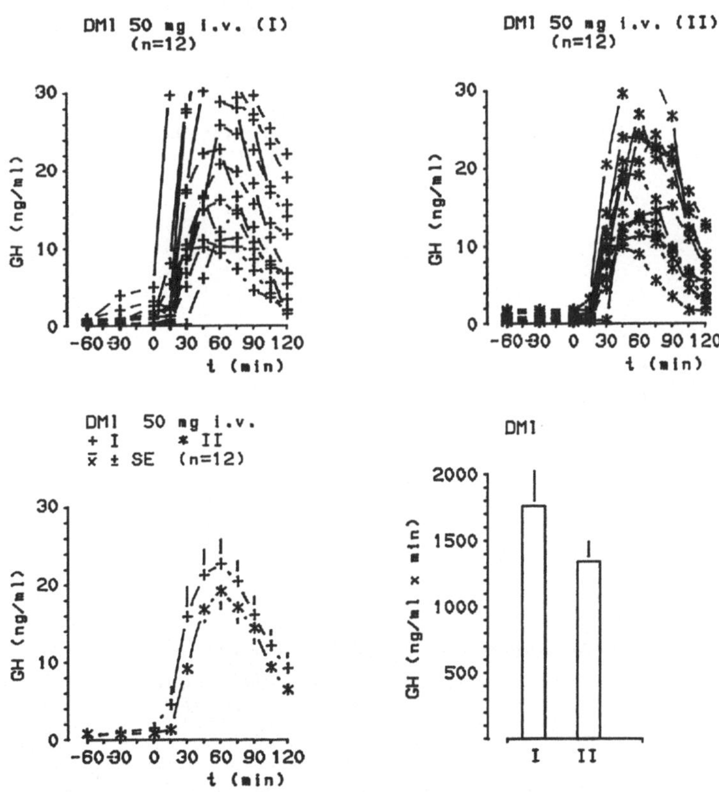

Abb. 6. GH (ng/ml) nach DMI 50 mg i. v. am 1. Untersuchungstag (I) und am 2. Untersuchungstag (II) (n = 12) und die dazugehörigen Mittelwertkurven ($\bar{x}$ ± SE; ng/ml) und Flächenintegrale ($\bar{x}$ ± SE; ng/ml · 120 min)

Vergleich der Gesamtprobandengruppe nach Placebo und DMI

In mehreren Untersuchungen wurde die DMI-induzierte GH-Stimulation unter verschiedenen Fragestellungen weiter untersucht. Die Befunde sollen an dieser Stelle zusammengefaßt dargestellt werden, um bei einem größeren Probandenkollektiv einerseits zur Frage der *generellen Auslösbarkeit* a) der DMI-bedingten GH-Stimulation (unter gleichzeitiger Berücksichtigung des Effekts von p. o.-, i. m.- und i. v.-Applikation) und andererseits *zum Einfluß von erhöhten GH-Basalwerten* b) auf die DMI-induzierte GH-Stimulation Stellung nehmen zu können.

a) Generelle Auslösbarkeit

Für die Auswertung der generellen Auslösbarkeit der DMI-bedingten GH-Stimulation nach p. o.-Applikation konnten 43 männliche Probanden mit Placebo p. o. und sechs männliche Probanden mit DMI 100 mg p. o. berücksichtigt werden.

Einzelwerte: Nach Gaben von *Placebo p. o.* ist bei vier der 43 Probanden (9.3 %) und nach Gabe von *DMI 100 mg p. o.* bei allen Probanden ein GH-Anstieg größer als 5.0 ng/ml zu beobachten (Abb. 7).

Mittelwerte: Die GH-Konzentration nach *Placebo p. o.* beträgt maximal 2.5 ± 0.6 ng/ml. Nach *DMI 100 mg p. o.* kommt es zu einem maximalen GH-Anstieg zum Zeitpunkt t = 150 min (15.1 ± 2.9 ng/ml) (Abb. 7, Tabelle 5).

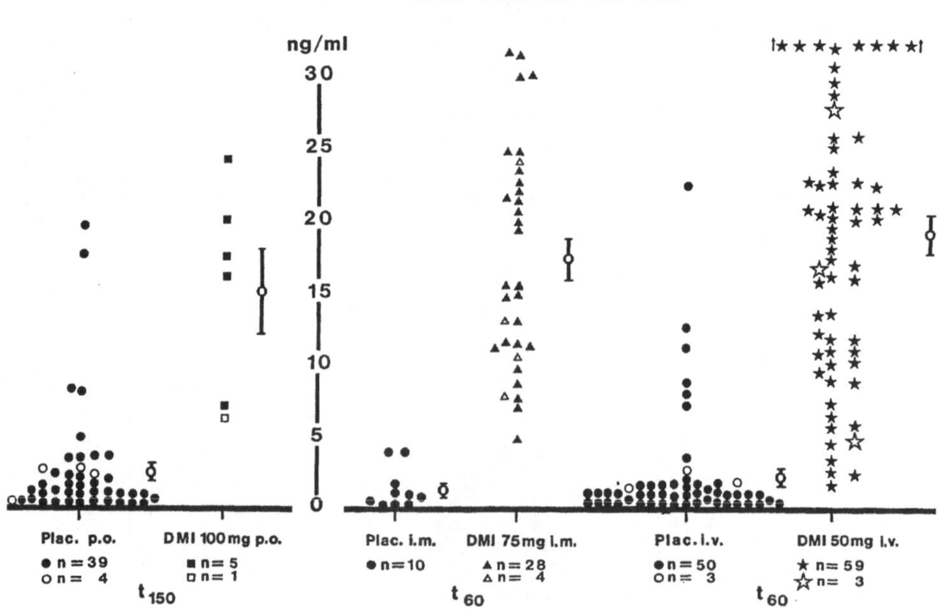

Abb. 7. GH-Sekretion (ng/ml) 150 min nach Verabreichung von Placebo p. o. (n = 43), DMI 100 mg p. o. (n = 6) und 60 min nach Placebo i. m. (n = 10), DMI 75 mg i. m. (n = 32), Placebo i. v. (n = 53), DMI 50 mg i. v. (n = 62)
(●■▲★ = Nicht-Vorstimulierer) (○□△☆ = Vorstimulierer)

Tabelle 5. GH-Werte ($\bar{x} \pm SE$; ng/ml) und AUC ($\bar{x} \pm SE$; ng/ml · min) nach Gabe von Placebo (n = 106) und DMI (n = 100) bei Probanden

	n	$\bar{x} \pm SE$ (ng/ml)	t (min)	AUC $\bar{x} \pm SE$ (ng/ml · 240 min)
Placebo p.o.				
Nicht-Vorstimulierer	39	2.5 ± 0.7	150	472.3 ± 78.3
Vorstimulierer	4	1.7 ± 0.5	150	704.7 ± 194.3
Gesamt	43	2.5 ± 0.6	150	493.9 ± 73.4
DMI 100 mg p.o.				
Nicht-Vorstimulierer	5	16.8 ± 2.8	150	1728.2 ± 132.0
Vorstimulierer	1	9.6	150	1042.0
Gesamt	6	15.1 ± 2.9	150	1613.8 ± 157.1
Placebo i.m.				
Gesamt	10	1.3 ± 0.4	60	164.9 ± 49.9
DMI 75 mg i.m.				
Nicht-Vorstimulierer	28	17.8 ± 1.5	60	1153.3 ± 122.2
Vorstimulierer	4	13.8 ± 3.6	60	1209.3 ± 96.7
Gesamt	32	17.3 ± 1.4	60	1285.1 ± 110.9
Placebo i.v.				
Nicht-Vorstimulierer	50	2.2 ± 0.6	60	222.2 ± 47.2
Vorstimulierer	3	2.0 ± 0.3	60	352.2 ± 69.9
Gesamt	53	2.1 ± 0.5	60	229.5 ± 44.8
DMI 50 mg i.v.				
Nicht-Vorstimulierer	59	19.1 ± 1.5	60	1460.7 ± 120.9
Vorstimulierer	3	16.3 ± 6.6	60	1410.7 ± 490.2
Gesamt	62	19.0 ± 1.4	60	1458.2 ± 116.6

Mittlere Flächenintegrale: Der Vergleich der AUC nach *Placebo p. o.* (493.9 ± 73.4 ng/ml · 240 min) und der AUC nach *DMI 100 mg p. o.* (1613.8 ± 157.1 ng/ml · 240 min) zeigt einen statistisch hochsignifikanten Unterschied im Student-t-Test ($p \leq 0.001$). Die Flächen wurden bei dieser Applikationsart bis zum Zeitpunkt t = 240 min berechnet, da der DMI-induzierte GH-Anstieg bei t = 150 min lag (Abb. 8, Tabelle 5).

Für die Auswertung der generellen Auslösbarkeit der DMI-bedingten GH-Stimulation nach *i. m. Applikation* konnten zehn männliche Probanden mit Placebo i. m. (NaCl 2 · 4 ml i. m.) und 32 männliche Probanden mit DMI 75 mg i. m. berücksichtigt werden.

Einzelwerte: Nach *Placebo* erreicht keiner der Probanden eine GH-Konzentration über 5.0 ng/ml, wohingegen nach *DMI 75 mg i. m.* die GH-Konzentration mit einer Ausnahme (3.1 %) bei allen Probanden über 5.0 ng/ml (zwischen 7.6 und 31.6 ng/ml) liegt (Abb. 7).

Mittelwerte: Das Maximum der GH-Sekretion nach *DMI 75 mg i. m.* liegt bei t = 60 min (17.3 ± 1.4 ng/ml) und unterscheidet sich vom entsprechenden Wert nach *Placebo* (1.3 ± 0.4 ng/ml) deutlich (Abb. 7, Tabelle 5).

Mittlere Flächenintegrale: Die AUC nach *DMI 75 mg i. m.* (1285.1 ± 110.9 ng/ml · 120 min) unterscheidet sich von der AUC nach *Placebo i. m.* (164.9 ± 49.9 ng/ml · 120 min) im Student-t-Test hochsignifikant ($p \leq 0.001$) (Abb. 8, Tabelle 5).

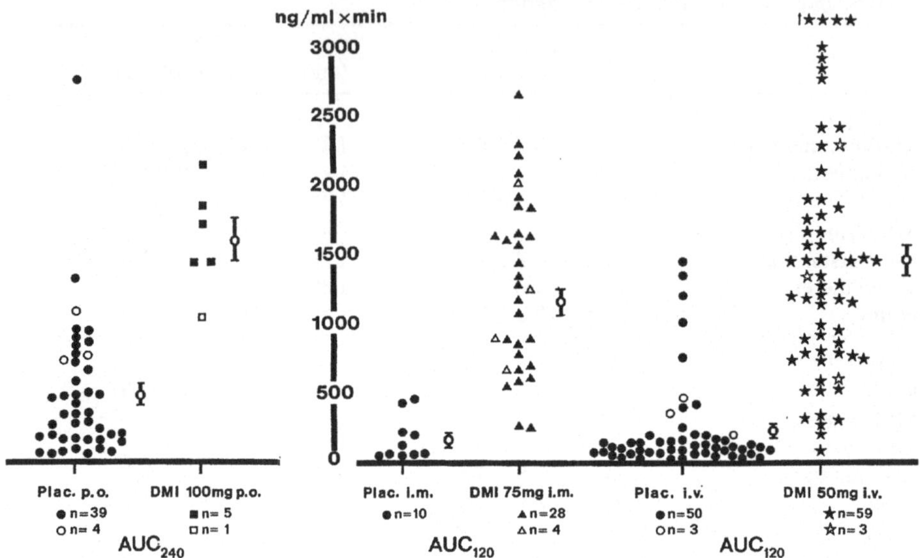

Abb. 8. GH ($\bar{x} \pm$ SE; ng/ml · min) 240 min nach Verabreichung von Placebo p. o. (n = 43), DMI 100 mg p. o. (n = 6) und 120 min nach Placebo i. m. (n = 10), DMI 75 mg i. m. (n = 32), Placebo i. v. (n = 53), DMI 50 mg i. v. (n = 62)

Für die Auswertung der generellen Auslösbarkeit der DMI-bedingten GH-Stimulation nach i. v.-Applikation konnten 53 männliche Probanden mit Placebo und 62 männliche Probanden mit DMI 50 mg i. v. berücksichtigt werden.

Einzelwerte: Nach *Placebo i. v.* weisen sechs der 53 Probanden (11.3 %) zum Zeitpunkt t = 60 min GH-Werte auf, die größer sind als 5.0 ng/ml. Sechs der 62 Probanden (9.6 %) mit *DMI 50 mg i. v.* zeigen keine GH-Stimulation größer als 5.0 ng/ml (Abb. 7).

Mittelwerte: Das Maximum nach *DMI 50 mg i. v.* bei t = 60 min (19.0 ± 1.4 ng/ml) liegt deutlich über dem nach *Placebo i. v.* (2.1 ± 0.5 ng/ml) (Abb. 7, Tabelle 5).

Mittlere Flächenintegrale: Auch nach i. v.-Applikation ergibt sich im Student-t-Test ein hochsignifikanter Unterschied zwischen der AUC nach *DMI 50 mg i. v.* (1458.2 ± 116.6 ng/ml · 120 min) und der AUC nach *Placebo i. v.* (229.5 ± 44.8 ng/ml · 120 min; $p \leq 0.001$) (Abb. 8, Tabelle 5).

Bei der Gesamtauswertung aller mit DMI untersuchten Probanden wird deutlich, daß nach DMI p. o., i. m. und i. v. die überwiegende Mehrzahl der männlichen Probanden (93 von 100 = 93 %) mit einer Erhöhung der GH-Sekretion reagiert. Nur bei sieben von 100 Probanden (7 %) kommt es nicht zu einer GH-Stimulation größer als 5.0 ng/ml. Demgegenüber liegen nach Placebo bei 96 von 106 (90.5 %) Probanden die GH-Werte unter 5.0 ng/ml und bei zehn von 106 (9.4 %) kommt es zu einer GH-Stimulation über 5.0 ng/ml.

Zusammenfassend kann gesagt wergen, daß es bei über 90 % der Probanden nach DMI, aber nur bei circa 10 % der Probanden nach Placebo, zu einer deutlichen GH-Stimulation kommt.

b) Einfluß von erhöhten GH-Basalwerten

Die Interpretation des Einflusses erhöhter GH-Basalwerte (über 5.0 ng/ml bei t = –60 und 0 min) auf die DMI-bedingte GH-Stimulation erfolgte mit den Daten der Probanden, die mit DMI 75 mg i. m. und DMI 50 mg i. v. untersucht wurden. Die Probanden mit erhöhten GH-Basalwerten werden als „Vorstimulierer" bezeichnet.

Einzelwerte: Bei vier von 32 (12.5 %) Probanden der *DMI 75 mg i. m.*-Gruppe und drei von 62 (4.8 %) Probanden der *DMI 50 mg i. v.*-Gruppe kommt es trotz erhöhter Basalwerte über 5.0 ng/ml nach DMI-Applikation zu einem deutlichen Anstieg der GH-Sekretion.

Mittelwerte: Die Mittelwerte der Vorstimulierergruppen bei t = 60 min (*DMI 75 mg i. m.:* 13.8 ± 3.6; *DMI 50 mg i. v.:* 16.3 ± 6.6 ng/ml) liegen unter den Mittelwerten der Probanden ohne erhöhte Basalwerte (*DMI 75 mg i. m.:* 17.8 ± 1.5 ng/ml; *DMI 50 mg i. v.:* 19.1 ± 1.5 ng/ml) (Abb. 7, Tabelle 5).

Mittlere Flächenintegrale: Nach *DMI 75 mg i. m.* ist die AUC der Probanden, die erhöhte GH-Basalwerte aufweist (1209.4 ± 96.7 ng/ml · 120 min), vergleichbar der AUC der Probanden mit normalen GH-Basalwerten (1153.3 ± 122.2 ng/ml · 120 min).
Nach *DMI 50 mg i. v.* liegt die AUC von Probanden mit normalen Basalwerten (1460.7 ± 120.9 ng/ml · 120 min) leicht über der AUC der Vorstimulierer (1410.7 ± 490.2 ng/ml · 120 min) (Abb. 8, Tabelle 5).
Auf eine weitere statistische Auswertung der erhöhten GH-Basalwerte der Untersuchungen mit DMI 75 mg i. m. und DMI 50 mg i. v. wurde aufgrund der geringen Fallzahl verzichtet.

Nach den vorliegenden Ergebnissen erscheint es notwendig, bei statistischen Berechnungen über GH-Anstiege die Probanden mit GH-Basalwerten über 5.0 ng/ml aus der Auswertung auszuschließen, obwohl auch bei diesen Probanden eine deutliche GH-Stimulation auslösbar ist. Unter Berücksichtigung der AUCs scheint es vertretbar, einzelne Probanden mit erhöhten GH-Basalwerten in den jeweiligen Gesamtgruppen zu belassen, da die errechneten Flächenintegrale für die Gruppen der Vorstimulierer und Nicht-Vorstimulierer vergleichbar sind. Es ist allerdings zu bemerken, daß im Fall der Vorstimulierer nicht von einer reinen DMI-bedingten GH-Stimulation, sondern eher von einer Kombination eines unspezifischen GH-Anstieges mit einer DMI-bedingten GH-Stimulation ausgegangen werden muß.

Zusammenfassend kann zu den Untersuchungen der DMI-bedingten GH-Stimulation gesagt werden, daß DMI zu einer zuverlässigen GH-Stimulation bei 93 % der männlichen Probanden führt. Diese GH-Stimulation tritt nach p. o.-Applikation der Substanz später auf als nach i. m.-Applikation, was durch die unterschiedlichen Resorptionsvorgänge bedingt sein dürfte (Laakmann et al. 1977). Nach i. v.-Applikation ist eine deutliche Dosisabhängigkeit der DMI-induzierten GH-Stimulation nachweisbar (Laakmann et al. 1981, 1985).

In den Untersuchungen zur Reproduzierbarkeit werden geringe Unterschiede in den Einzelwerten nach Erst- und Zweitapplikation gefunden, die jedoch in den Mittelwerten nicht nachweisbar sind, so daß eine gute mittlere Reproduzierbarkeit der GH-Stimulation nach DMI vorliegt (Laakmann 1980 c).

Die anfangs gestellte Frage, ob eine Antidepressiva-bedingte GH-Stimulation beim Menschen überhaupt nachweisbar ist, kann aufgrund der DMI-Untersuchungen eindeutig bejaht und als substanzspezifisch angesehen werden. Ob die NA- oder 5-HT-wiederaufnahmehemmende Wirkung der Substanz die GH-Stimulation bewirkt, bleibt aufgrund der Einzeluntersuchungen mit DMI offen, wird aber in Untersuchungen mit Rezeptorblockern und -agonisten in Kombination mit DMI erörtert werden (vgl. Abschnitt 3.2).

Sawa et al. (1982) konnten in Untersuchungen mit DMI 50 mg i. v. und Meesters et al. (1985) mit DMI 75 mg i. m. die Untersuchungsergebnisse einer DMI-induzierten GH-Stimulation bei Probanden bestätigen.

2.2.1.2 Clomipramin (CI)

Der Einfluß von Clomipramin (CI), einem primär 5-HT-(IC50 = 1.5 nM) und weniger NA-wiederaufnahmehemmenden (IC50 = 24 nM; Hyttel 1982) trizyklischen Antidepressivum, auf die GH-Sekretion bei Probanden wurde nach p. o.- und i. m.-Applikation untersucht. Bei diesen Untersuchungen sollte primär die Frage geklärt werden, ob CI, ähnlich wie DMI, ein primär NA-wiederaufnahmehemmendes Antidepressivum, die GH-Sekretion beim Menschen beeinflußt.

Bei jeweils sechs männlichen Probanden (Alter 18–30 Jahre) wurde der Einfluß von CI 100 mg p. o. und CI 75 mg i. m. im Vergleich zu Placebo p. o. bzw. i. m. (NaCl 2mal 4 ml) untersucht. Pro Untersuchung wurde den Probanden jeweils eine der Substanzen in jeweils einer Dosierung appliziert. Zwischen den Untersuchungen lag mindestens eine Woche.

Einzelwertkurven: Mit einer Ausnahme (in der Placebo-p. o.-Gruppe) haben alle Probanden vor Applikation von CI p. o. oder i. m. bzw. Placebo p. o. oder i. m. GH-Werte unter 5ng/ml.
Nach Gabe von *Placebo p. o.* sind bei drei Probanden leichte GH-Anstiege zu beobachten (5.9 und 8.8 ng/ml bei t = 120, 6.5 ng/ml bei t = 210 min).
Nach *CI 100 mg p.o.* zeigen drei Probanden deutliche GH-Anstiege (13.3 ng/ml bei t = 150 min, 24.0 und 19.9 ng/ml bei t = 180 min). Bei drei Probanden bleiben die Werte unter 5.0 ng/ml.
Nach Gabe von *Placebo i. m.* kommt es bei zwei Probanden zu GH-Anstiegen (7.0 ng/ml bei t = 30, 9.4 ng/ml bei t = 180 min).
Nach *CI 75 mg i. m.* sind bei drei Probanden deutliche GH-Anstiege zu beobachten (17.5, 11.2 und 11.5 ng/ml bei t = 60 min). Bei drei Probanden bleiben die Werte unter 5.0 ng/ml (Abb. 9).

Mittelwertkurven: Nach *Placebo p. o.* und *Placebo i. m.* sind die gemessenen GH-Konzentrationen während des gesamten Untersuchungszeitraums im Mittel weitgehend unverändert.
Das mittlere GH-Maximum nach *CI 100 mg p. o.* beträgt 9.8 ± 4.2 ng/ml (t = 180 min) und nach *CI 75 mg i. m.* 7.4 ± 2.9 ng/ml (t = 60 min), wodurch ein zeitlich unterschiedlich auftretender GH-Anstieg nach p. o. und i. m. Applikation deutlich wird (Abb. 10, Tabelle 6).

Mittlere Flächenintegrale: Die AUC nach *CI 100 mg p. o.* und die AUC nach *CI 75 mg i. m.* unterscheiden sich deutlich in der Höhe von der AUC nach *Placebo p. o.* bzw. von der AUC nach *Placebo i. m.*, sind aber im Student-t-Test statistisch nicht signifikant unterschiedlich (Abb. 10, Tabelle 6).

Nach CI 100 mg p. o. wurden von den Probanden keine Nebenwirkungen angegeben, und nach CI 75 mg i. m. litt ein Proband gegen Ende der Untersuchung an Übelkeit und Erbrechen. Eine signifikante Veränderung von Blutdruck, Puls und Blutzucker wurde nicht aufgezeichnet.

Obwohl die statistische Auswertung der Untersuchung keine signifikant unterschiedliche GH-Stimulation ergibt, läßt die deskriptive Auswertung der Untersuchung bei etwa der Hälfte der Probanden eine GH-Stimulation nach CI erkennen.

Eine Beziehung zwischen Nebenwirkungen und GH-Anstieg kann nicht gesehen werden. Weiterhin wird deutlich, daß bei den Probanden, die nach CI eine GH-Stimu-

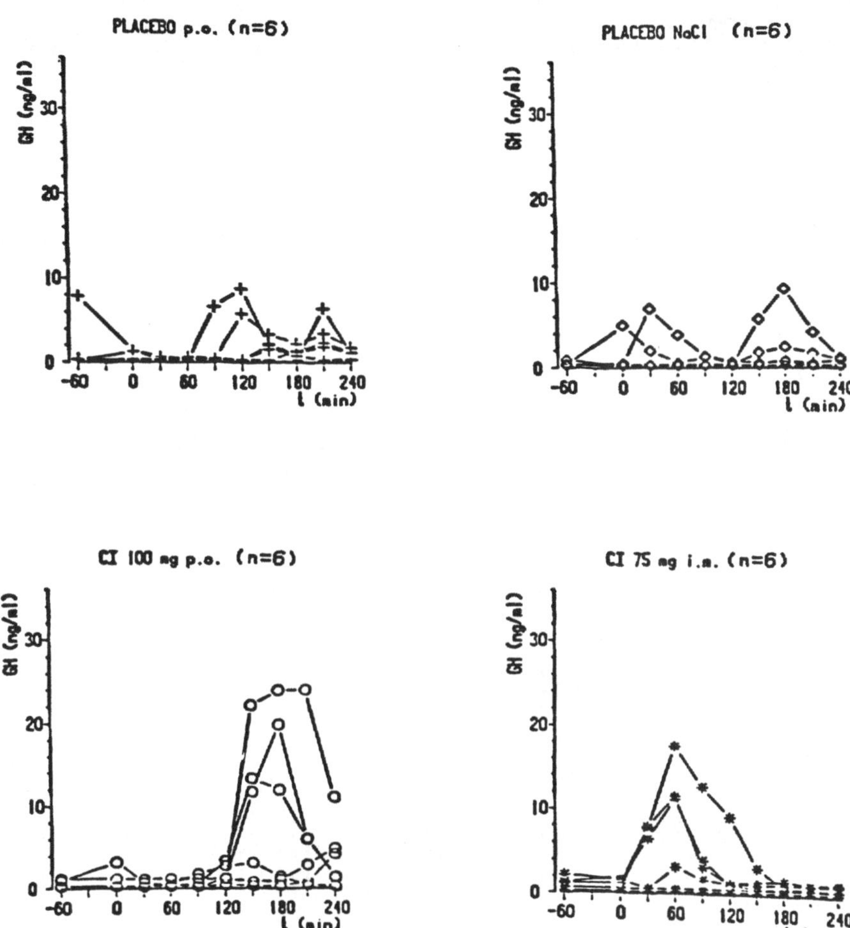

Abb. 9. GH (ng/ml) nach Verabreichung von Placebo p. o. (n = 6), Placebo i. m. (n = 6), CI 100 mg p. o. (n = 6), CI 75 mg i. m. (n = 6)

lation zeigen, diese Wirkung ähnlich wie bei DMI nach i. m.-Applikation früher auftritt als nach p. o.-Applikation. Die GH-stimulierende Wirkung von CI scheint aber nicht so ausgeprägt zu sein wie von DMI (Laakmann et al. 1977).

Dosisabhängigkeit

Zur Klärung der Frage, ob verschiedene CI-Dosierungen die GH-Sekretion unterschiedlich beeinflussen, wurden insgesamt zwölf männliche Probanden (Alter 18–31 Jahre) untersucht, denen CI 25 mg i. v. appliziert wurde. Die Probanden, bei denen nach CI 25 mg i. v. eine GH-Stimulation größer als 7.5 ng/ml gemessen werden konnte, wurden in nachfolgenden Untersuchungen mit geringeren Dosen von CI (5 und 15 mg i. v.) im Vergleich zu Placebo untersucht.

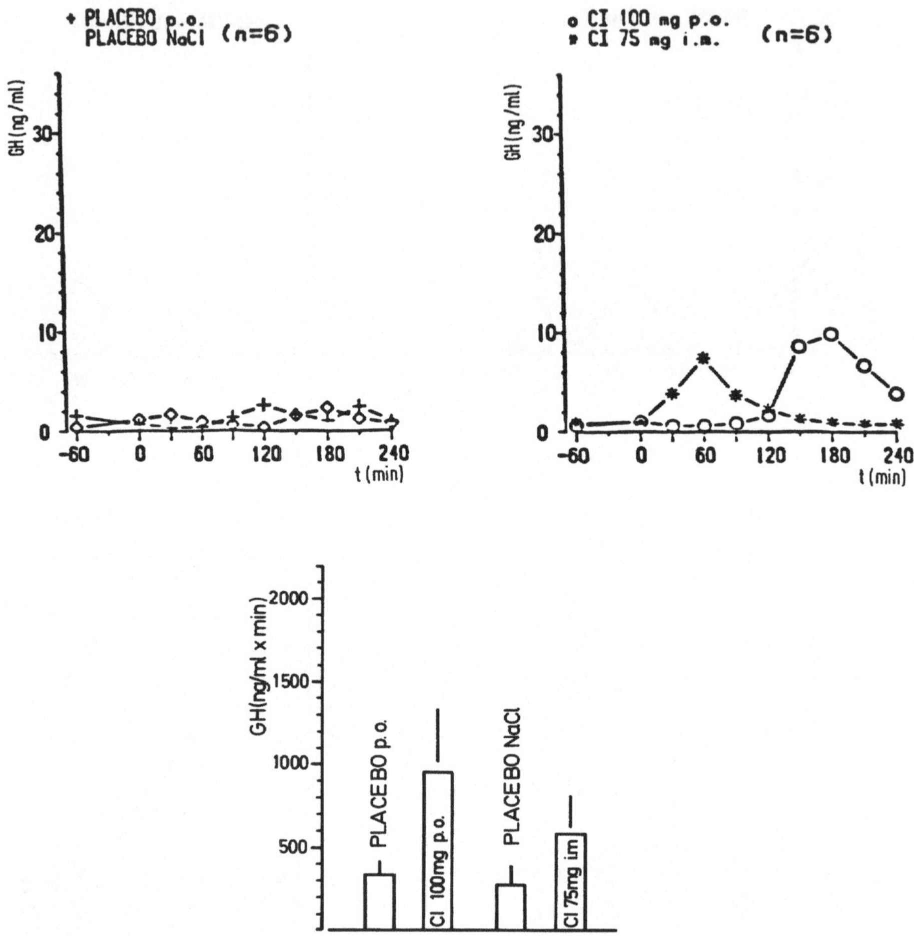

Abb. 10. GH (x̄ ± SE; ng/ml) nach Verabreichung von Placebo p. o. (n = 6), Placebo i. m. (n = 6), CI 100 mg p. o. (n = 6), CI 75 mg i. m. (n = 6) und die dazugehörigen Flächenintegrale GH (x̄ ± SE; ng/ml · 240 min)

Tabelle 6. GH-Werte (x̄ und AUC) nach Gabe von Placebo p. o., CI 100 mg p. o. (n = 6), Placebo i.m. und CI 75 mg i.m. (n = 6)

	x̄ ± SE (ng/ml)	t (min)	AUC / x̄ ± SE (ng/ml · 240 min)
Placebo p.o.	1.1 ± 0.3	180	339.3 ± 75.2
CI 100 mg p.o.	9.8 ± 4.2	180	968.6 ± 381.5
Placebo i.m.	1.0 ± 0.6	60	305.8 ± 103.9
CI 75 mg i.m.	7.4 ± 2.9	60	619.8 ± 223.7

Pro Untersuchungstag erhielten die Probanden jeweils eine der Substanzen in jeweils einer Dosierung mit einem Perfusor innerhalb von 10 min appliziert (Infusionsbeginn nach Blutabnahme zum Zeitpunkt t = 0 min). Zwischen den einzelnen Untersuchungen lag jeweils mindestens ein Abstand von einer Woche.

Einzelwertkurven: Sechs der zwölf Probanden, die mit *CI 25 mg i. v.* untersucht wurden, zeigen GH-Anstiege von 10.8 bis 26.3 ng/ml bei t = 45 bzw. 60 min. Zwei Probanden haben eine relativ geringe Stimulation von 7.2 ng/ml (bei t = 30 min) bzw. 7.4 ng/ml (bei t = 60 min). Bei vier Probanden bleiben die GH-Konzentrationen unter 5.0 ng/ml (Abb. 11).

Bei den sechs Probanden, die nach *CI 25 mg i. v.* GH-Stimulationen über 7.5 ng/ml hatten, lagen nach *Placebo i. v.* die Werte während des gesamten Zeitraums unter 5.0 ng/ml.
Nach *CI 5 mg i. v.* kommt es bei drei Probanden zu einer GH-Stimulation (14.9 bis 31.7 ng/ml bei t = 45 min) und nach *CI 15 mg i. v.* ebenfalls zu GH-Anstiegen (7.2 bis 25.3 ng/ml bei t = 45 bzw. 75 min) (Abb. 12).

Mittelwertkurven: Die mittleren Verläufe nach den verschiedenen Dosierungen von *CI* lassen keine wesentlichen Unterschiede erkennen. Das mittlere Maximum wird in allen Fällen bei t = 45 min erreicht und liegt zwischen 13.6 und 16.1 ng/ml, nach *Placebo* bei 0.9 ng/ml (Abb. 13, Tabelle 7).

Mittlere Flächenintegrale: Die AUCs nach den drei Dosierungen von *CI* unterscheiden sich gegenüber *Placebo,* erweisen sich in der einfaktoriellen Varianzanalyse für wiederholte Messungen jedoch als knapp nicht signifikant (F = 5.66, df = 3, 15) (Abb. 13, Tabelle 7).

Bis auf einen Probanden klagten alle nach Gabe von CI 25 mg i. v. über Nebenwirkungen in Form von starker Übelkeit. Ein Proband hat zweimal erbrochen, fünf Probanden zeigten starke Müdigkeit und vier innere Unruhe. Diese Beschwerden traten in geringerem Maße bei drei Probanden nach CI 15 mg i. v. und bei zwei nach CI 5 mg i. v. auf. Die Pulsfrequenz und der Blutdruck stiegen bei allen Probanden kurzfristig leicht an, sowohl nach Infusion von CI als auch nach Placebo.

Auffällig ist, daß auch bei dieser Untersuchung lediglich die Hälfte der Probanden eine deutliche GH-Stimulation nach CI 25 mg i. v. zeigt. Da mit einer Ausnahme bei allen Probanden nach CI 25 mg i. v. deutliche Nebenwirkungen auftraten und nur die Hälfte der Probanden einen GH-Anstieg zeigte, wird keine Beziehung zwischen Nebenwirkungen und der GH-Stimulierbarkeit sichtbar. Aufgrund der Nebenwirkungen nach CI 25 mg i. v. wurde auf eine weitere Dosiserhöhung verzichtet.

Die Mittelwertkurven und Flächenintegrale der verschiedenen Dosierungen unterscheiden sich nur geringfügig voneinander, so daß lediglich in der Tendenz eine Dosisabhängigkeit der CI-bedingten GH-Stimulation zu sehen ist.

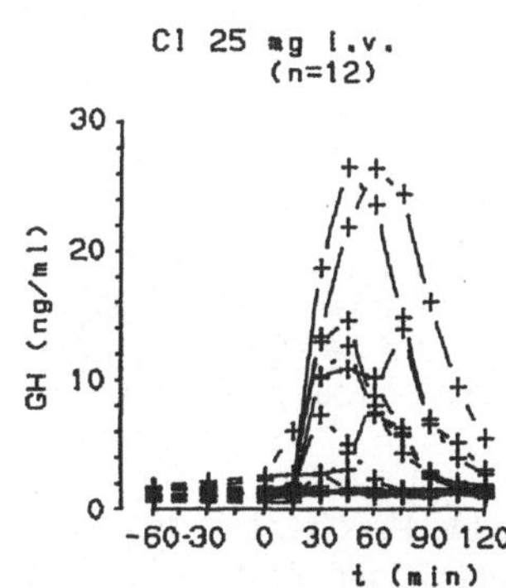

Abb. 11. GH (ng/ml) nach Verabreichung von CI 25 mg i. v. (n = 12)

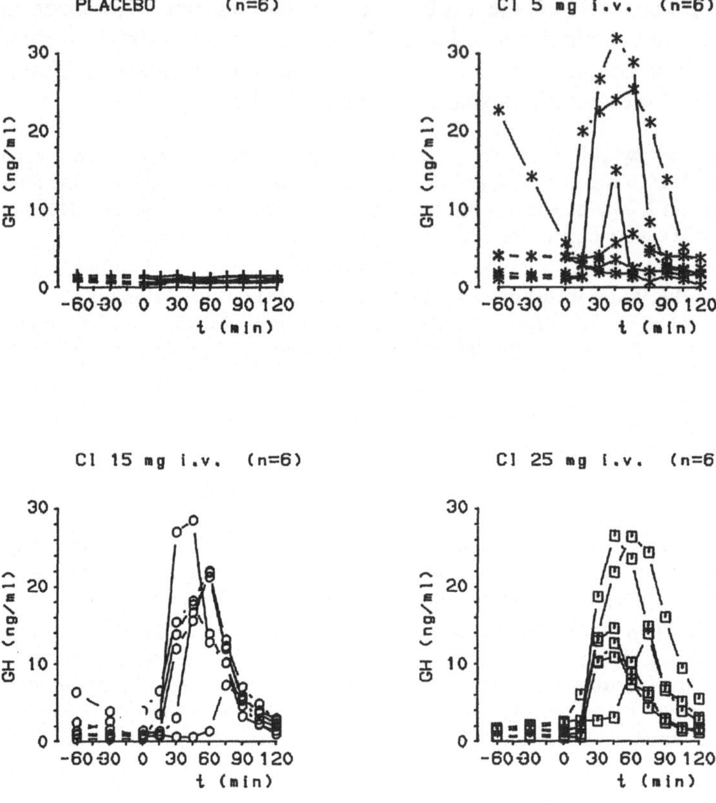

Abb. 12. GH (ng/ml) nach Verabreichung von Placebo i. v. und CI 5, 15 und 25 mg i. v. (n = 6)

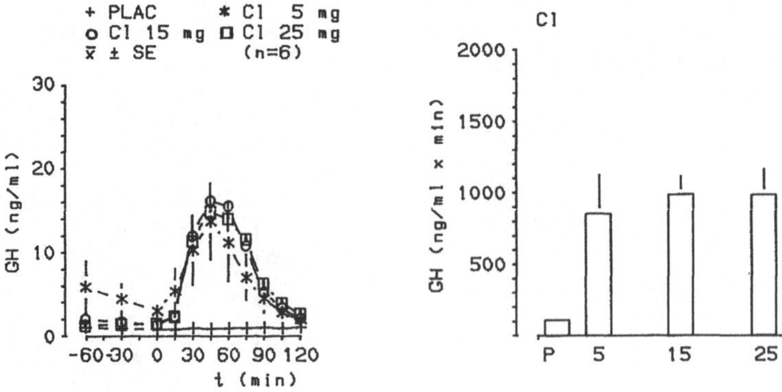

Abb. 13. GH ($\bar{x}$ ± SE; ng/ml) nach Verabreichung von Placebo i. v., CI 5, 15 und 25 mg i. v. (n = 6) und die dazugehörigen Flächenintegrale ($\bar{x}$ ± SE; ng/ml · 120 min)

Tabelle 7. GH-Werte ($\bar{x}$ und AUC) nach Gabe von Placebo und CI 5, 15 und 25 mg i.v. (n = 6)

	$\bar{x} \pm SE$ (ng/ml)	t (min)	AUC / $\bar{x} \pm SE$ (ng/ml · 120 min)
Placebo p.o.	0.9 ± 0.0	45	109.5 ± 15.2
CI 5 mg	13.6 ± 5.0	45	855.2 ± 298.8
CI 15 mg	16.1 ± 3.6	45	989.9 ± 142.1
CI 25 mg	14.8 ± 3.4	45	988.5 ± 192.5

CI/DCI (Desmethylchlorimipramin) und GH-Stimulation

An den Untersuchungsergebnissen mit CI p. o., i. m. und i. v. fällt auf, daß lediglich die Hälfte der bisher untersuchten Probanden eine CI-bedingte GH-Stimulation aufweist. Da Jungkunz et al. (1984) bei Patienten eine unterschiedliche Demethylierung von CI zu DCI gefunden hatte, und nach Hyttel (1982) der Metabolit DCI eine ausgeprägte NA-wiederaufnahmehemmende Wirkung (IC50 = 0.46 nM) im Gegensatz zu CI hat (primär eine 5-HT-Wiederaufnahmehemmung), wurde der Frage nachgegangen, ob eine unterschiedliche Metabolisierung von CI zu DCI mit der GH-Stimulation in Zusammenhang gebracht werden kann.

Bei den zwölf männlichen Probanden, die CI 25 mg i. v. bekamen, wurde sowohl die Konzentration von CI als auch von DCI bestimmt.

Einzelwertkurven: 15 min nach Infusionsbeginn liegen die gemessenen *CI*-Konzentrationen zwischen 628 und 11703 ng/ml. Hiernach fällt die CI-Konzentration ab und hat zum Zeitpunkt t = 60 min Werte zwischen 65 und 768 ng/ml. erreicht.
Auch die *DCI*-Konzentration weist erhebliche interindividuelle Streuungen auf, wobei 15 min nach Infusionsbeginn Werte zwischen 41 und 1765 ng/ml gemessen werden. Hiernach fallen auch die DCI-Konzentrationen auf Werte zwischen 6 und 56 ng/ml ab.

Mittelwertkurven: Die Mittelwertkurven verlaufen parallel, wobei *DCI* in wesentlich geringeren Konzentrationen vorliegt als *CI* (Abb. 14).

Mittlere Flächenintegrale: Die Korrelation der AUC von CI und der AUC von DCI beträgt $r = 0.93$ ($p \leq 0.001$). Die Korrelation zwischen GH-AUC und CI-AUC beträgt $r = 0.53$ und zwischen GH-AUC und DCI-AUC $r = 0.41$ (Abb. 14).

Die Untersuchung zeigt, daß nach CI 25 mg i. v. stark unterschiedliche CI- und DCI-Konzentrationen gemessen wurden.

Aus der hohen Korrelation zwischen CI- und DCI-Konzentration läßt sich schließen, daß eine Demethylierung von CI und DCI entsprechend der Höhe des im Serum vorhandenen CI erfolgt. Da die Korrelation zwischen GH-Stimulation und CI bzw. DCI-Konzentration annähernd gleich ist, bleibt weiterhin offen, ob die CI-bedingte GH-Stimulation durch die 5-HT- oder NA-wiederaufnahmehemmenden Effekte von CI bzw. DCI bedingt ist (Laakmann et al. 1984 a).

Zusammenfassend kann zu den Untersuchungen des Effekts von CI auf die GH-Sekretion bei Probanden gesagt werden, daß bei etwa der Hälfte der Probanden eine deutliche GH-Stimulation ausgelöst werden kann. Bei den Probanden, die nach CI eine GH-Stimulation aufweisen, wird der GH-Anstieg nach p. o.-Applikation der Substanz etwa zwei Stunden später als nach i. m.-Applikation gemessen (Laakmann et al. 1978 a).

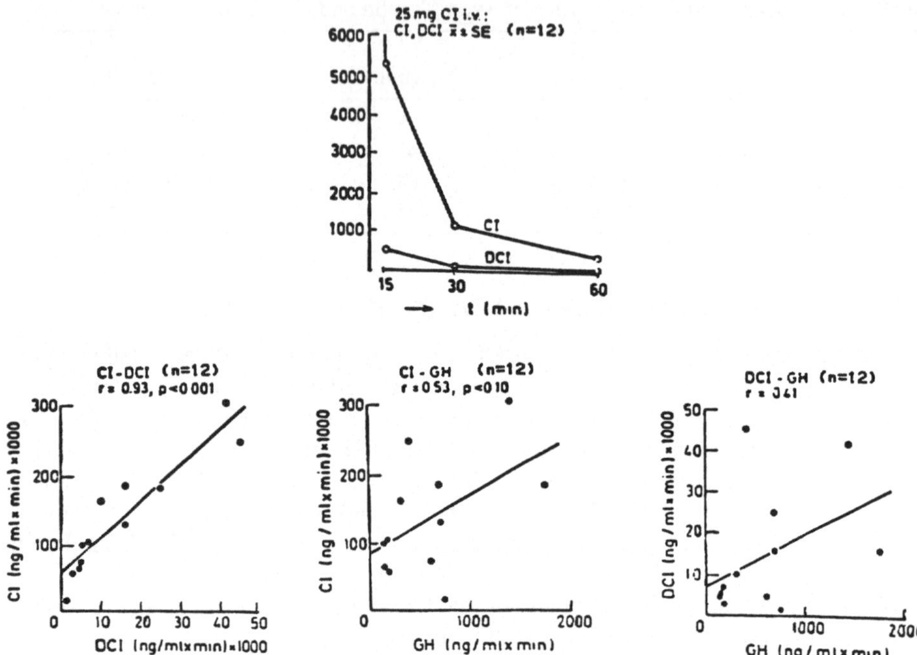

Abb. 14. CI und DCI (x̄ ± SE; ng/ml) nach Verabreichung von CI 25 mg i. v. und Graphische Darstellung der Korrelation zwischen den AUCs von CI und DCI (ng/ml · 60 min), CI und GH (ng/ml · 120 min), DCI und GH (ng/ml · 120 min)

Weiter bestehen Hinweise auf eine Dosisabhängigkeit der CI-bedingten GH-Stimulation.

Eine Beziehung zwischen der Metabolisierung von CI zu DCI und der GH-Stimulation konnte bei Probanden nicht nachgewiesen werden (Laakmann et al. 1984 a).

Auch konnte keine Beziehung zwischen den Nebenwirkungen und der CI-bedingten GH-Stimulation der Probanden gezeigt werden, so daß letztlich die Untersuchungen dahingehend interpretiert werden können, daß CI bei einem Teil der Probanden (etwa 50 %) eine GH-Stimulation bewirkt.

Sawa et al. (1982) untersuchten den Effekt von CI in einer Dosis von 50 mg i. v., innerhalb von 20 min infundiert, bei fünf Probanden und konnten keine signifikante GH-Stimulation nachweisen. Da es aber im Mittel ebenfalls zu einer geringfügigen GH-Stimulation kam (ohne genaue Angabe der Anzahl der Probanden, die einen GH-Anstieg zeigen), weist diese Untersuchung ebenfalls darauf hin, daß CI bei einem Teil der Probanden eine GH-Stimulation bewirkt.

2.2.1.3 Nomifensin (NF)

Das Antidepressivum Nomifensin (NF) hat neben einer starken NA-Wiederaufnahmehemmung (IC50 = 6.6 nM) die stärkste DA-wiederaufnahmehemmende Wirkung (IC50 = 48 nM; Hyttel 1982) der z. Z. im Handel befindlichen Antidepressiva (Gerhards et al. 1974; Schacht et al. 1977). Scanlon et al. (1977) untersuchten den Effekt von Nomifensin auf die GH-Sekretion bei akromegalen Patienten und konnten nach einmaliger Gabe von NF 50 mg p. o. (Blutabnahme in 2stündigen Intervallen) und nach 1wöchiger Behandlung mit NF 3mal 50 mg/die keinen Effekt auf die GH-Sekretion finden.

Im Rahmen der vorliegenden Studie wurde im Vergleich zu Placebo p. o. die Wirkung von NF 200 mg p. o. auf die GH-Sekretion bei jeweils sechs männlichen Probanden untersucht.

Einzelwertkurven: Bei einem Probanden in der Placebogruppe wurde bei t = -60 min ein erhöhter GH-Wert von 7.9 ng/ml gemessen.
Nach Gabe von *Placebo p. o.* zeigen drei Probanden GH-Anstiege (5.9 und 8.8 ng/ml bei t = 120 min; 6.5 ng/ml bei t = 210 min). Nach *NF 200 mg p. o.* kommt es bei fünf der sechs Probanden zu deutlichen GH-Anstiegen (8.6 bis 28.4 ng/ml bei t = 60 bis 120 min) (Abb. 15).

Mittelwertkurven: Nach *Placebo p. o.* kommt es zu einem Maximum von 0.4 ± 0.0 ng/ml (t = 60 min). Nach *200 mg NF p. o.* wird ein Maximum von 8.8 ± 4.6 ng/ml (t = 60 min) errechnet (Abb. 15).

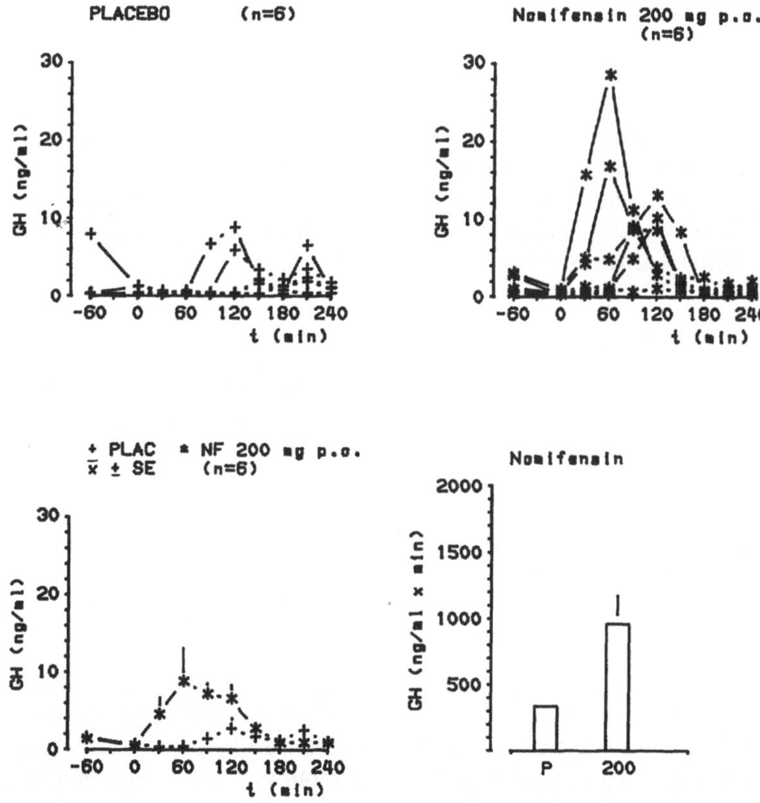

Abb. 15. GH (ng/ml) nach Verabreichung von Placebo p. o. (n = 6), NF 200 mg p. o. (n = 6) und die dazugehörigen Mittelwertkurven (x̄ ± SE; ng/ml) und Flächenintegrale (x̄ ± SE; ng/ml · 240 min)

Mittlere Flächenintegrale: Die AUCs betragen nach *Placebo p. o.* 339.3 ± 75.2 ng/ml · 240 min, nach *NF 200 mg p. o.* 961.2 ± 231.6 ng/ml · 240 min und unterscheiden sich im Student-t-Test statistisch signifikant ($p \leq 0.05$) (Abb. 15).
Eine Beeinflussung von Blutzucker, Blutdruck und Pulsfrequenz konnte nach NF 200 mg p. o. nicht ermittelt werden. Zwei Probanden klagten 90 min nach Untersuchungsbeginn über leichte Müdigkeit, ein weiterer Proband gab Mundtrockenheit an.

Nomifensinserumkonzentration

Bei den Probanden, die NF 200 mg p. o. einnahmen, konnte die NF-Serumkonzentration mittels Radioimmunoassay (Heptner et al. 1977) bestimmt werden. Hierbei wird deutlich, daß NF gut resorbiert wird. 90 min nach Einnahme wird eine mittlere NF-Serumkonzentration von 332.2 ± 8.0 ng/ml gemessen. Danach fallen die Serumkonzentrationen bis zum Untersuchungsende deutlich ab.

Die Untersuchung ergibt, daß die Applikation von NF 200 mg p. o. zu einer signifikanten GH-Stimulation bei den Probanden führt. Im Vergleich zu DMI p.o . und CI p. o. (Maximum bei t = 150) kommt es nach NF p. o. bereits etwa 60 min nach Einnahme zu einem GH-Maximum (Laakmann et al 1979). Dies kann im Zusammenhang mit der guten Resorption der Substanz gesehen werden, da auch die NF-Konzentration bei den Probanden schon etwa eine Stunde nach Einnahme der Substanz ein Maximum erreicht.

Es kann weitgehend ausgeschlossen werden, daß die NF-bedingte GH-Stimulation durch unspezifische Nebenwirkungen ausgelöst wird, da nur drei Probanden während des Untersuchungszeitraums leichte Nebenwirkungen angaben. Lotti et al. (1979) untersuchten ebenfalls den Effekt von NF 200 mg p. o. bei jeweils sechs Probanden und Probandinnen, konnten aber keinen signifikanten Effekt von NF auf die GH-Sekretion nachweisen, so daß die hier erarbeiteten Untersuchungsergebnisse nicht bestätigt wurden.

2.2.1.4 L- und D-Oxaprotilin

Bei Oxaprotilin handelt es sich um eine tetrazyklische Substanz, die derzeit noch hinsichtlich ihrer antidepressiv therapeutischen Wirkung klinisch geprüft wird.

Es handelt sich um ein Racemat, von dem beide Isomere, L- und D-Oxaprotilin, getrennt appliziert werden können. Besonders interessant ist, daß lediglich das rechtsdrehende Isomer D-Oxaprotilin (IC50 = 0.6 nM; Hyttel 1982), und nicht das linksdrehende L-Oxaprotilin, die NA-Wiederaufnahmehemmung beeinflußt (Waldmeier et al. 1982).

L-Oxaprotilin

Der Einfluß von L-Oxaprotilin auf die GH-Sekretion wurde bei sechs männlichen Probanden in steigender Dosierung (75, 150, 225 und 300 mg p. o.) im Vergleich zu Placebo p. o. untersucht. Pro Untersuchungstag erhielten die Probanden jeweils eine der Substanzen in jeweils einer Dosierung appliziert, wobei zwischen den Einzeluntersuchungen Abstände von mindestens einer Woche eingehalten wurden.

In 60minütigen Abständen bis zu 240 min nach Gabe der Substanz wurde den Probanden Blut entnommen.

Einzelwertkurven: Bei fünf der sechs Probanden waren die GH-Werte vor Gabe der Untersuchungssubstanz kleiner als 5.0 ng/ml. Ein Proband wurde von der endokrinologischen Auswertung ausgeschlossen, da seine GH-Werte vor Einnahme der Untersuchungssubstanz bei allen Untersuchungen zwischen 25 und 35 ng/ml lagen.
Nach *Placebo p. o.* sind bei drei der verbleibenden fünf Probanden GH-Werte größer als 5.0 ng/ml im Untersuchungszeitraum zu beobachten (7.0 ng/ml bei t = 30 min; 6.6 ng/ml bei t = 90 min; 8.0 ng/ml bei t = 150 min).
Nach *L-Oxaprotilin 75 mg p. o.* ist während des Untersuchungszeitraums bei keinem Probanden, nach *L-Oxaprotilin 150 mg p. o.* bei zwei Probanden (30.0 ng/ml bei t = 60 min; 21.6 ng/ml bei t = 90 min), nach *L-Oxaprotilin 225 mg p. o.* bei zwei Probanden (15.3 und 13.6 ng/ml bei t = 90 min) und nach *L-Oxaprotilin 300 mg p. o.* ebenfalls bei zwei Probanden (18.9 und 13.3 ng/ml bei t = 120 min) ein Wert größer als 5.0 ng/ml zu beobachten.
Auffällig ist hierbei, daß keiner der Probanden bei Dosissteigerung wiederholte GH-Anstiege aufweist (Abb. 16).

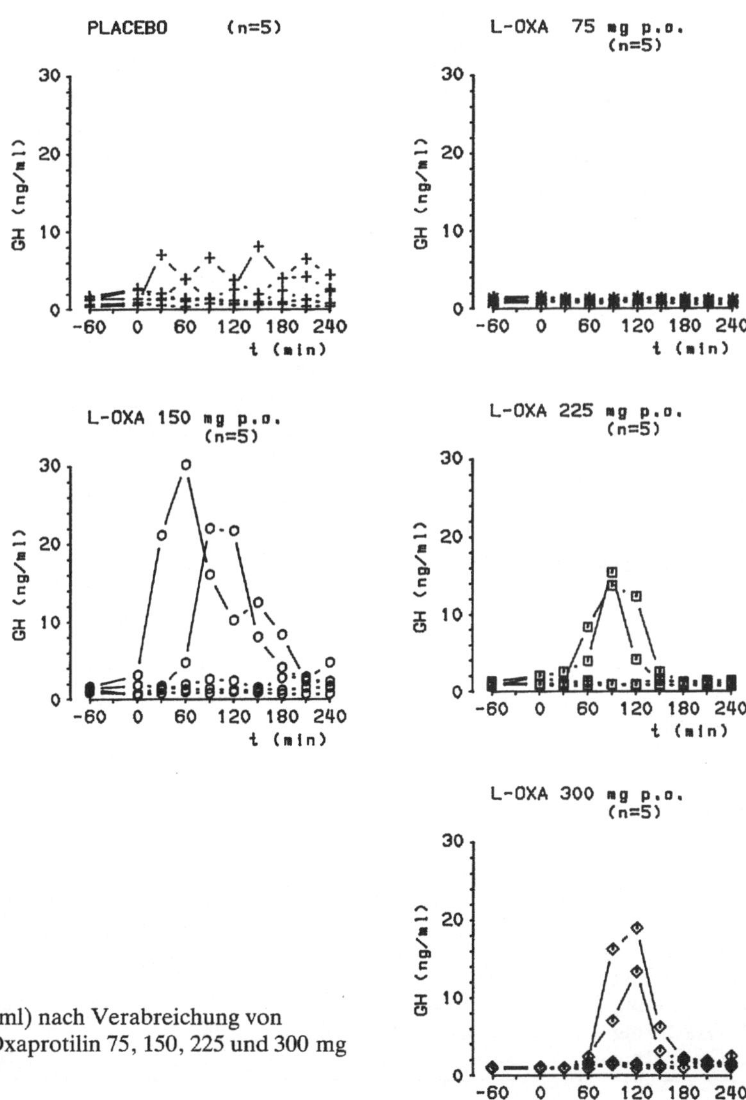

Abb. 16. GH (ng/ml) nach Verabreichung von Placebo p. o., L-Oxaprotilin 75, 150, 225 und 300 mg p. o. (n = 5)

Mittelwertkurven: Nach *Placebo p. o.* und *L-Oxaprotilin 75 mg p. o.* liegen alle Werte unter 3.0 ng/ml. Bei *L-Oxaprotilin 150, 225 und 300 mg p. o.* kommt es nach Einnahme der Substanz zu einem GH-Anstieg mit Maximalwerten zwischen t = 90 und 120 min (Abb. 17, Tabelle 8).

Mittlere Flächenintegrale: Auffallend ist, daß nach *L-Oxaprotilin 150 mg p. o.* die AUC doppelt so hoch ist wie nach den anderen Dosierungen.
Der Unterschied zwischen den einzelnen Applikationen war in der einfaktoriellen Varianzanalyse für wiederholte Messungen nicht signifikant (F = 1.99, df = 4, 16) (Abb. 17, Tabelle 8).
Weder die Blutzuckerkonzentrationen noch der Blutdruck zeigen während der verschiedenen Untersuchungsbedingungen eine signifikante Veränderung. Bis auf mäßige Müdigkeit verursachte L-Oxaprotilin keine Beschwerden bei Dosierungen von 75 und 150 mg. Nach Gabe von 225 mg kam es bei drei Probanden zu leichtem Frösteln etwa drei Stunden nach Einnahme. Die Dosierung von 300 mg verursachte ausgeprägte Mundtrockenheit und stärkere Müdigkeit bei allen sechs Probanden. Ein Proband bekam nach Einnahme des Medikaments starke Magenbeschwerden, die im Laufe der Untersuchung zurückgingen.

Die Untersuchung zeigt, daß zwischen den verschiedenen Dosierungen von L-Oxaprotilin bis 300 mg p. o. und der GH-Sekretion keine Beziehung besteht. Bemerkenswert ist auch, daß die bei höherer Dosierung verstärkt auftretenden Nebenwirkungen als unspezifischer Streß angesehen werden können, jedoch bei den Probanden keine höhere GH-Stimulation hervorrufen.

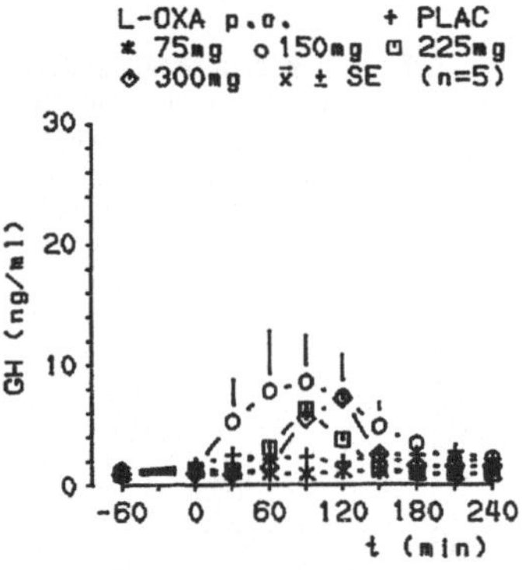

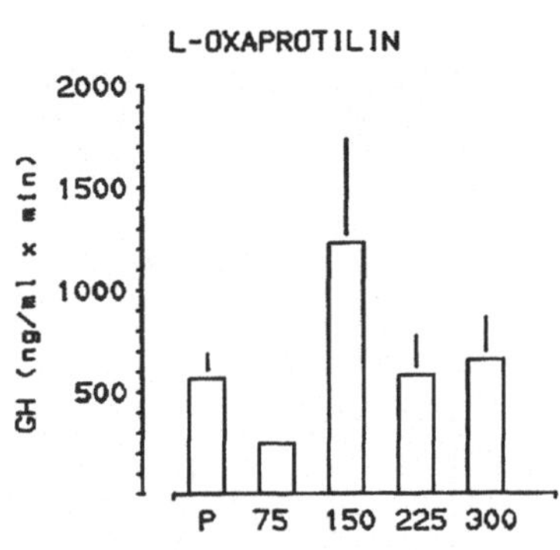

Abb. 17. GH (x̄ ± SE; ng/ml) nach Verabreichung von Placebo p. o., L-Oxaprotilin 75, 150, 225 und 300 mg p. o. (n = 5) und die dazugehörigen Flächenintegrale (x̄ ± SE; ng/ml · 240 min)

Tabelle 8. GH-Werte (x̄ und AUC) nach Gabe von Placebo und L-Oxaprotilin 75, 150, 225 und 300 mg p.o. (n = 5)

	x̄ ± SE (ng/ml)	t (min)	AUC / x̄ ± SE (ng/ml · 240 min)
Placebo	2.3 ± 1.1	90	556.7 ± 137.9
L-Oxa 75 mg	1.2 ± 0.0	120	248.4 ± 20.6
L-Oxa 150 mg	8.5 ± 4.4	90	1229.9 ± 570.1
L-Oxa 225 mg	6.3 ± 3.3	90	581.6 ± 218.0
L-Oxa 300 mg	7.2 ± 3.7	120	659.0 ± 231.1

D-Oxaprotilin

Die Wirkung des stark NA-wiederaufnahmehemmenden Isomers D-Oxaprotilin auf die GH-Sekretion wurde bei sechs männlichen Probanden mit D-Oxaprotilin in steigender Dosierung (12.5, 25, 50 und 75 mg p. o.) im Vergleich zu Placebo untersucht. Pro Untersuchung wurde jeweils eine der Substanzen in jeweils einer Dosierung appliziert und über 240 min in 30minütigen Abständen Blut entnommen. Zwischen den einzelnen Untersuchungen lag mindestens eine Woche.

Einzelwertkurven: Mit Ausnahme eines Probanden unter Placebo (8.0 ng/ml bei t = 0 min) und eines zweiten unter D-Oxaprotilin 12.5 mg (6.2 ng/ml bei t = 0 min) lagen die Werte zum Zeitpunkt t = - 60 und t = 0 min bei allen Probanden unter 5.0 ng/ml.
Nach Applikation von *Placebo p. o.* kommt es bei einem Probanden zu einer GH-Konzentration von 11.9 ng/ml bei t = 120 min, bei einem weiteren von 6.4 ng/ml bei t = 60 min. Alle anderen Werte sind während des gesamten Untersuchungszeitraums unter 5.0 ng/ml.
Nach *D-Oxaprotilin 12.5 mg p. o.* kommt es lediglich bei einem Probanden zu einer GH-Konzentration über 5.0 ng/ml (7.0 ng/ml bei t = 150 min), nach *D-Oxaprotilin 25 mg p. o.* bei zwei Probanden (9.5 ng/ml bei t = 60 min und 6.7 ng/ml bei t = 150 min).
Nach *D-Oxaprotilin 50 mg p. o.* kommt es bei fünf der sechs Probanden zu einer GH-Stimulation zwischen 7.7 ng/ml und 16.1 ng/ml (bei t = 30–180 min). Nach *D-Oxaprotilin 75 mg p. o.* zeigen alle Probanden einen GH-Anstieg (9.3 ng/ml bei t = 60 und 15.7 ng/ml bei t = 120 min) (Abb. 18).

Mittelwertkurven: Nach *Placebo p. o.* zeigte sich nur eine geringe GH-Sekretion von 3.0 ± 1.9 ng/ml (t = 120 min). Unter den verschiedenen Dosierungen von *D-Oxaprotilin p. o.* wird eine dosisabhängige GH-Stimulation deutlich (Abb. 19, Tabelle 9).

Mittlere Flächenintegrale: Aus den AUCs läßt sich ebenfalls ein dosisabhängiger, GH-stimulierender Effekt von *D-Oxaprotilin p. o.* ersehen. Die Unterschiede zwischen den einzelnen Applikationen erweisen sich in der einfaktoriellen Varianzanalyse für wiederholte Messungen als statistisch signifikant ($F = 7.29$, $df = 3, 19$, epsilonkorrigiert; $p \leq 0.01$).
Der Vergleich der AUCs gegenüber Placebo mit Hilfe des Student-t-Tests (Korrektur für multiple t-Tests nach Bonferoni [Holm 1979]) zeigt lediglich einen signifikanten Unterschied zwischen *Placebo p. o.* und *D-Oxaprotilin 75 mg p. o.* ($p \leq 0.05$) (Abb. 19, Tabelle 9).
Die Blutzuckerwerte waren bei allen Applikationen von D-Oxaprotilin im Normbereich. Die Pulsfrequenz blieb größtenteils unverändert. Bei der Dosierung von D-Oxaprotilin 12.5 mg, 25 mg und 50 mg lag die Frequenz im Mittel mit 55 bis 60 Schlägen/min etwas niedriger, wohingegen bei 75 mg ein mittlerer Pulsanstieg von 65 auf 75 Schläge/min beobachtet wurde.
Der Blutdruck (MAP) war unter Verum leicht erhöht (85–95 mmHg) gegenüber Placebo (80–85 mmHg).

Die Nebenwirkungen stiegen mit zunehmender Dosierung der Substanz an. So kam es nach Placebo lediglich zu leichter Müdigkeit, nach D-Oxaprotilin 12.5 mg p. o. gab ein Proband Mundtrockenheit und intermittierendes Frösteln an, nach 25 mg wurden während des Untersuchungszeitraums neben Müdigkeit keine Nebenwirkungen angegeben. Nach D-Oxaprotilin 50 mg p. o. klagten drei der Probanden zu Untersuchungsende über starke Müdigkeit und Abgeschlagenheit, zwei weitere über Mundtrockenheit. Nach D-Oxaprotilin 75 mg bei p. o.-Einnahme klagten alle Probanden nach etwa zwei Stunden über zunehmende Müdigkeit und nachlassende Konzentrationsfähigkeit.

Das Untersuchungsergebnis zeigt, daß D-Oxaprotilin zu einer dosisabhängigen GH-Stimulation führt, wie sie sich in den Untersuchungen mit DMI und CI gezeigt hat.

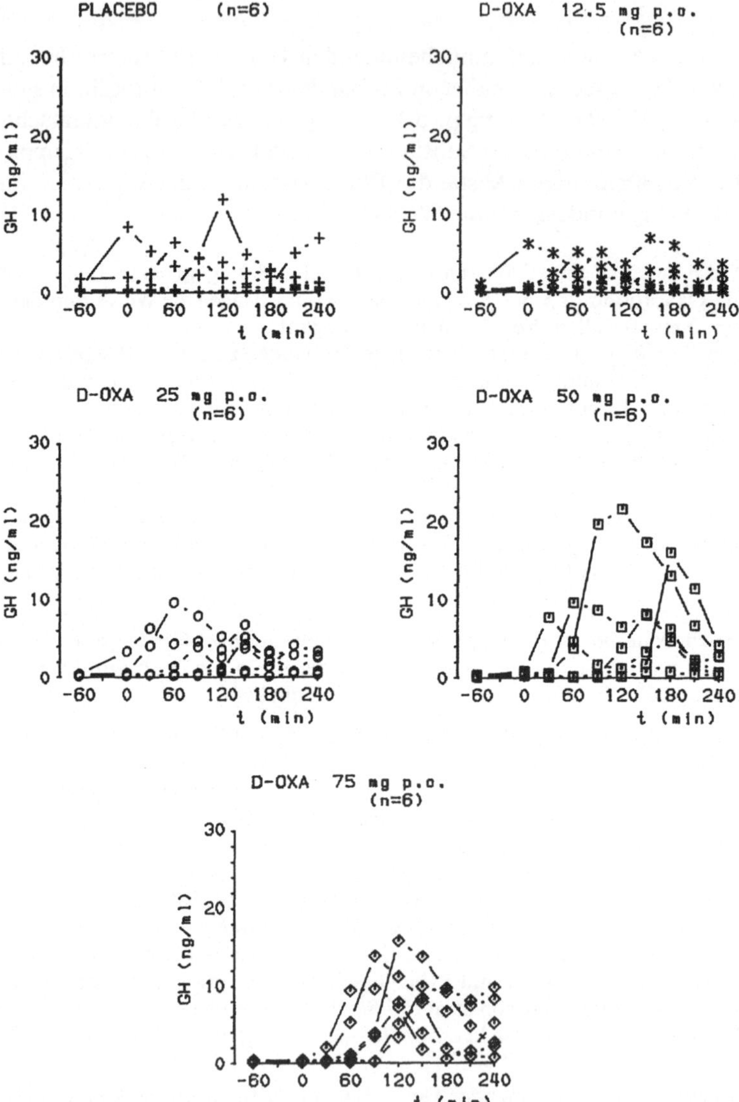

Abb. 18. GH (ng/ml) nach Verabreichung von Placebo p. o., D-Oxaprotilin 12.5, 25, 50 und 75 mg p. o. (n = 6)

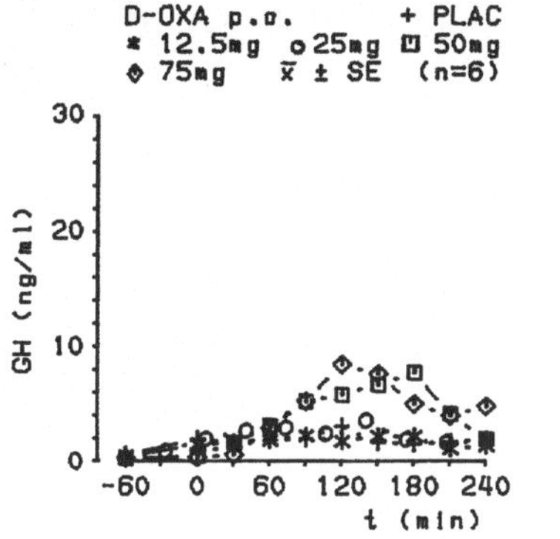

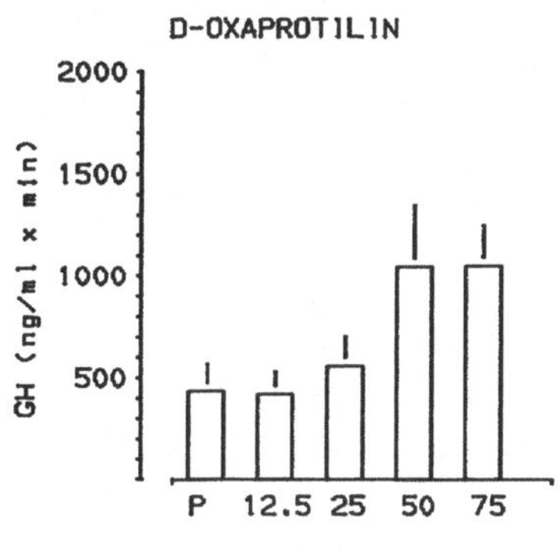

Abb. 19. GH (x̄ ± SE; ng/ml) nach Verabreichung von Placebo p. o., D-Oxaprotilin 12.5, 25, 50 und 75 mg p. o. (n = 6) und die dazugehörigen Flächenintegrale (x̄ ± SE; ng/ml · 240 min)

Tabelle 9. GH-Werte (x̄ und AUC) nach Gabe von Placebo, D-Oxaprotilin 12.5, 25, 50 und 75 mg p.o. (n = 6)

	x̄ ± SE (ng/ml)	t (min)	AUC / x̄ ± SE (ng/ml · 240 min)
Placebo	3.0 ± 1.9	120	436.5 ± 144.7
D-Oxa 12.5 mg	2.2 ± 0.7	90	421.3 ± 123.7
D-Oxa 25 mg	3.5 ± 1.0	150	558.2 ± 161.0
D-Oxa 50 mg	7.7 ± 2.3	180	1047.7 ± 329.7
D-Oxa 75 mg	8.3 ± 1.8	120	1052.2 ± 220.6

Vergleich des Effekts von L- und D-Oxaprotilin auf die GH-Sekretion

Um einen direkten Vergleich der Wirkung von L- und D-Oxaprotilin auf die GH-Sekretion bei Probanden vornehmen zu können, wurde die GH-stimulierende Wirkung von L- und D-Oxaprotilin 75 mg p. o. in einer weiteren Untersuchung bei jeweils zwölf männlichen Probanden untersucht. Den Probanden wurde pro Untersuchungstag jeweils eine Substanz appliziert und über 240 min Blut entnommen. Zwischen den einzelnen Untersuchungen lag mindestens eine Woche.

Einzelwertkurven: Mit zwei Ausnahmen (6.3 und 7.9 ng/ml bei t = 0 min) in der L-Oxaprotilin-75-mg-Gruppe und einer Ausnahme (5.1 ng/ml bei t = 0 min) in der D-Oxaprotilin-75-mg-Gruppe liegen die GH-Werte vor Applikation der Untersuchungssubstanzen unter 5.0 ng/ml. Nach Gabe von *L-Oxaprotilin 75 mg p. o.* bleiben im weiteren Untersuchungsverlauf bei fünf Probanden die GH-Werte unter 5.0 ng/ml. Die restlichen Probanden zeigen Werte zwischen 6.1 und 8.7 ng/ml zu verschiedenen Zeitpunkten.
Nach Gabe von *D-Oxaprotilin 75 mg p. o.* werden bei allen Probanden GH-Werte zwischen 9.5 und 22.6 ng/ml (t = 90 bis t = 180 min) erreicht (Abb. 20).

Mittelwertkurven: Die mittleren Maxima nach *L-Oxaprotilin p. o.* (2.9 ± 0.8 ng/ml bei t = 60 min) unterscheiden sich deutlich von denen nach *D-Oxaprotilin p. o.* (9.1 ± 1.0 ng/ml bei t = 150 min) (Abb. 20).

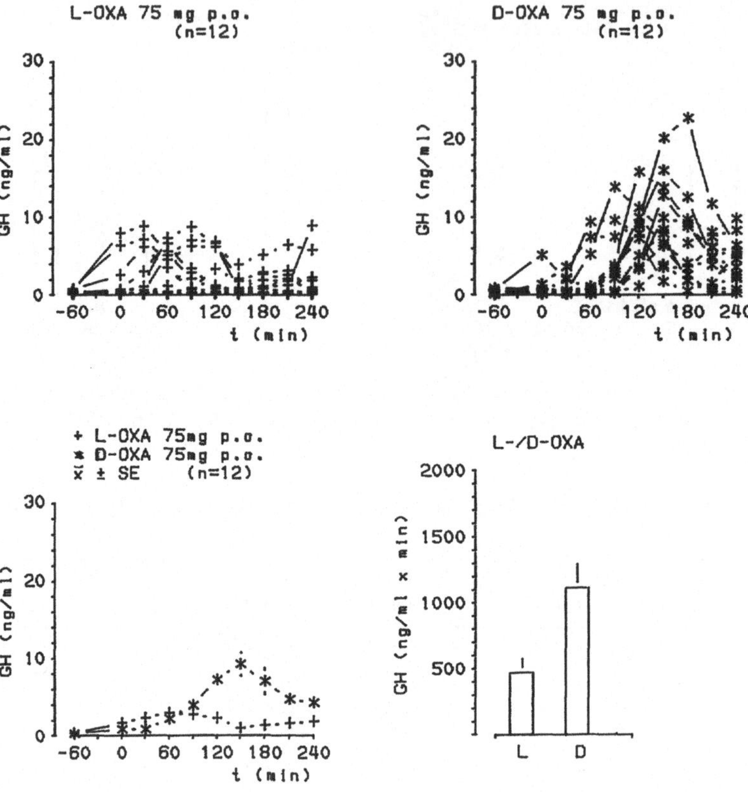

Abb. 20. GH (ng/ml) nach Verabreichung von L-Oxaprotilin 75 mg p. o. (n = 12) und D-Oxaprotilin 75 mg p. o. (n = 12) und die dazugehörigen Mittelwertkurven ($\bar{x} \pm$ SE; ng/ml) und Flächenintegrale ($\bar{x} \pm$ SE; ng/ml · 240 min)

Mittlere Flächenintegrale: Die AUC nach *L-Oxaprotilin p. o.* (470.2 ± 110.0 ng/ml · 240 min) unterscheidet sich im Student-t-Test statistisch signifikant von der AUC nach *D-Oxaprotilin p. o.* (1119.7 ± 183.7 ng/ml · 240 min) ($p \leq 0.01$) (Abb. 20).
Blutzucker, Blutdruck und Pulsfrequenz unterscheiden sich unter beiden Untersuchungsbedingungen nicht nennenswert.
Ein deutlicher Unterschied ist in den subjektiven Nebenwirkungen sichtbar. Nach L-Oxaprotilin 75 mg p. o. kam es bei den Probanden zu Müdigkeit. Nach D-Oxaprotilin 75 mg p. o. kam es zu stärkerer Müdigkeit, zu Konzentrationsstörungen und Mundtrockenheit.

Der direkte Vergleich von L- und D-Oxaprotilin 75 mg p. o. läßt eine signifikant stärker GH-stimulierende Wirkung von D-Oxaprotilin bei Probanden nachweisen, wobei allerdings D-Oxaprotilin wesentlich mehr Nebenwirkungen hervorruft als L-Oxaprotilin. Es kann bei diesem Untersuchungsergebnis nicht ausgeschlossen werden, daß die D-oxaprotilinbedingte GH-Stimulation zusätzlich durch unspezifische Nebenwirkungen im Sinne eines Streßeffekts mit angeregt wird. Es erscheint aber unwahrscheinlich, daß diese Nebenwirkungen allein für die GH-Stimulation ausschlaggebend sind, weil auch niedrigere Dosen von D-Oxaprotilin bereits eine GH-Stimulation bewirken, ohne vergleichbare Nebenwirkungen hervorzurufen.

Da sich L- und D-Oxaprotilin nur in ihrer NA-wiederaufnahmehemmenden Wirkung unterscheiden, kann dieses Untersuchungsergebnis dahingehend interpretiert werden, daß bei der GH-Stimulation die NA-wiederaufnahmehemmende Wirkung von entscheidender Bedeutung ist.

2.2.1.5 Bupropion

Bupropion wird derzeit hinsichtlich seiner antidepressiv therapeutischen Wirkung klinisch untersucht. Die Substanz bewirkt primär eine DA-Wiederaufnahmehemmung (IC50 = 600 nM), die allerdings im Vergleich zu Nomifensin wesentlich geringer ausgeprägt ist. Weiter zeigt Bupropion eine relativ geringe NA-Wiederaufnahmehemmung (IC50 = 15000 NM) und eine noch geringere 5-HT-wiederaufnahmehemmende Wirkung (IC50 = 19000 nM; Hyttel 1982). Stern et al. (1979) fanden nach Bupropion (bis 200 mg p. o. bei sechs Probanden und zwölf Probandinnen) keine signifikante Beeinflussung der GH-Sekretion.

In die vorliegende Untersuchung wurden sechs männliche Probanden einbezogen, die mit Bupropion 200 mg p. o. im Vergleich zu Placebo p.o . untersucht wurden. Blut wurde über 240 min in 30minütigen Abständen entnommen.

Einzelwertkurven: Bei allen Probanden liegen die GH-Werte vor Applikation unter 5.0 ng/ml. Nach Gabe von *Placebo p. o.* kommt es bei zwei Probanden zu unterschiedlichen Zeiten zu leichten Anstiegen (9.8 ng/ml bei t = 60 min; 8.0 ng/ml bei t = 150 min), nach Gabe von *Bupropion 200 mg p. o.* ebenfalls bei zwei Probanden (18.9 ng/ml bei t = 90 min; 11.3 ng/ml bei t = 180 min) (Abb. 21).

Mittelwertkurven: Die mittleren GH-Werte liegen in beiden Untersuchungen während des gesamten Zeitraums unter 5.0 ng/ml (Abb. 21).

Mittlere Flächenintegrale: Die AUC nach *Placebo p. o.* (575.7 ± 113.8 ng/ml · 240 min) unterscheidet sich von der AUC nach *Bupropion 200 mg p. o.* (648.9 ± 260.5 ng/ml · 240 min) im Student-t-Test statistisch nicht signifikant (Abb. 21).

Drei der sechs Probanden gaben Mundtrockenheit und leichte Übelkeit an. Einflüsse von Bupropion auf Blutzucker, Blutdruck und Pulsfrequenz konnten nicht ermittelt werden.

Bupropionserumkonzentration

Die zur Erfassung der Resorption ermittelte Bupropion-Serumkonzentration wurde mittels Radioimmunoassay bestimmt und erreichte nach Applikation von Bupropion 200 mg p. o. zwischen den Zeitpunkten t = 60 und t = 180 min bei den einzelnen Probanden Werte zwischen 123.0 und 303.0 ng/ml. Die Mittelwertkurven erreichen bei t = 120 min ein Maximum von 167.6 ± 21.2 ng/ml und fallen hiernach zum Untersuchungsende ab.

Das Untersuchungsergebnis zeigt, daß bei guter Resorption Bupropion bis 200 mg p. o. keine Wirkung auf die GH-Sekretion bei Probanden hat (Laakmann et al. 1982 a) und stimmt folglich mit dem Untersuchungsergebnis von Stern et al. (1979) überein. Da beim Menschen eine dopaminerg vermittelte GH-Stimulation angenommen (Soroko et al. 1977) und Bupropion als DA-wiederaufnahmehemmende Substanz angesehen werden kann, ist das Untersuchungsergebnis dahingehend zu interpretieren, daß die DA-wiederaufnahmehemmende Wirkung von Bupropion in der hier durchgeführten Untersuchung bei einer Dosis von 200 mg p. o. beim Menschen nicht ausreicht, um eine signifikante GH-Stimulation zu bewirken.

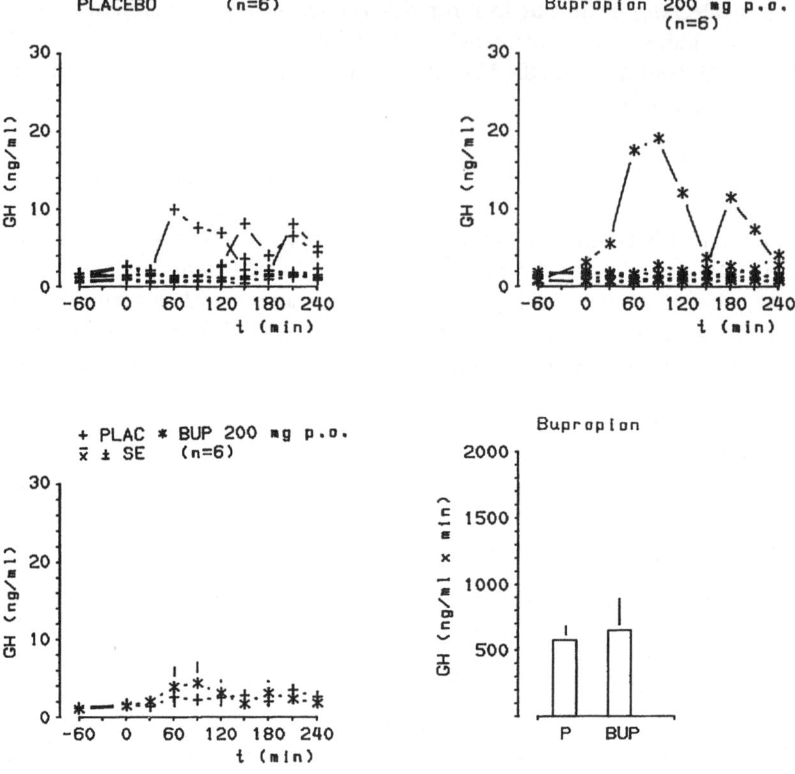

Abb. 21. GH (ng/ml) nach Verabreichung von Placebo p. o., Bupropion 200 mg p. o. (n = 6) und die dazugehörigen Mittelwertkurven ($\bar{x} \pm$ SE; ng/ml) und Flächenintegrale ($\bar{x} \pm$ SE; ng/ml · 120 min)

2.2.1.6 Indalpin

Bei Indalpin handelt es sich um eine Substanz, die derzeit noch hinsichtlich ihrer antidepressiv therapeutischen Wirkung klinisch untersucht wird. Die Substanz hat primär einen 5-HT-wiederaufnahmehemmenden Effekt (IC50 = 2.4 nM), wohingegen die NA- (IC50 = 2400 nM)- und die DA-wiederaufnahmehemmenden Effekte der Substanz (IC50 = 1300 nM; Hyttel 1982) erst bei wesentlich höheren Konzentrationen zu erwarten sind. Indalpin kann somit weitgehend als spezifisch 5-HT-wiederaufnahmehemmende Substanz angesehen werden. Daher wurde speziell der Frage nachgegangen, ob Indalpin als primär 5-HT-wiederaufnahmehemmende Substanz eine GH-Stimulation bewirken kann.

Indalpin wurde bei fünf männlichen Probanden in steigender Dosierung (5, 15 und 25 mg i. v.) im Vergleich zu Placebo untersucht. Pro Untersuchungstag erhielten die Probanden jeweils eine der Substanzen in jeweils einer Dosierung appliziert. Zwischen den einzelnen Untersuchungen lag jeweils mindestens eine Woche.

Einzelwertkurven: Vor Gabe der Substanzen wie auch nach Injektion von Indalpin in den verschiedenen Dosierungen liegen die GH-Werte bei allen Probanden im Basalbereich (Abb. 22).

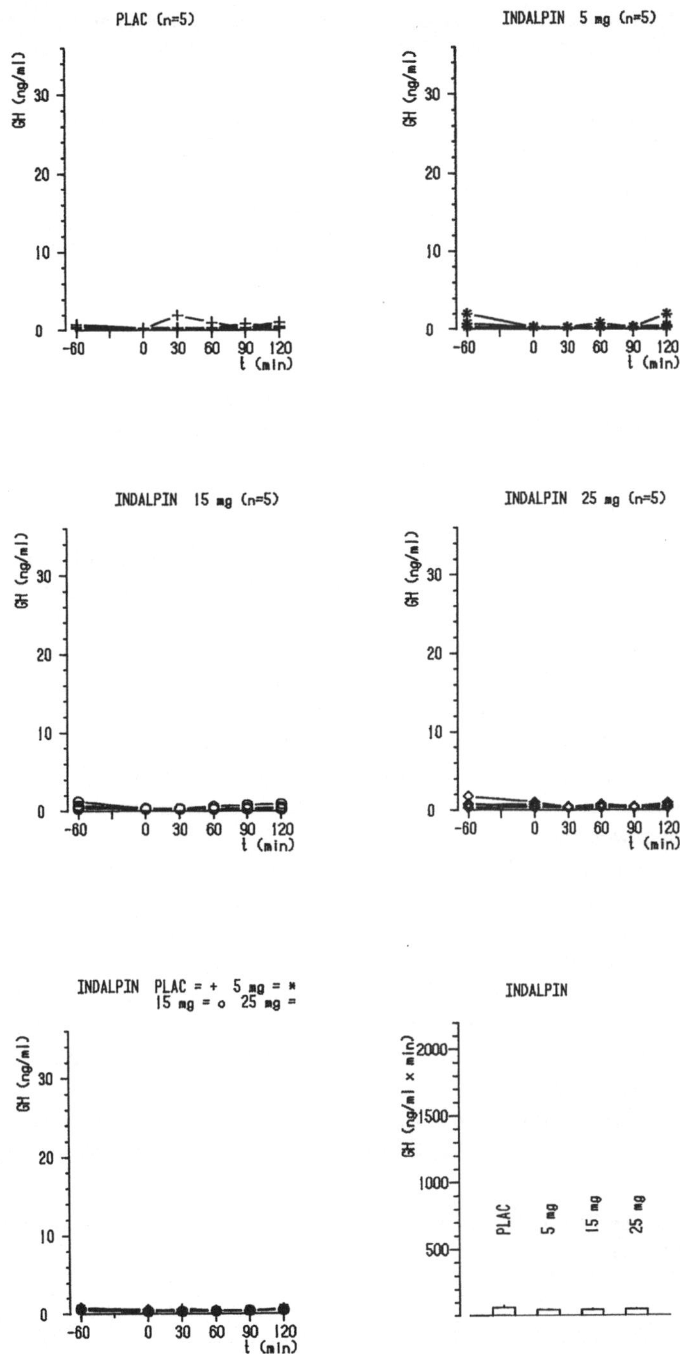

Abb. 22. GH (ng/ml) nach Verabreichung von Placebo i. v., Indalpin 5, 15 und 25 mg i. v. (n = 5) und die dazugehörigen Mittelwertkurven ($\bar{x} \pm$ SE; ng/ml) und Flächenintegrale ($\bar{x} \pm$ SE; ng/ml · 120 min)

Mittelwertkurven: In keiner der verwendeten Dosierungen von *Indalpin i. v.* läßt sich ein Unterschied gegenüber *Placebo i. v.* erkennen (Abb. 22, Tabelle 10).

Mittlere Flächenintegrale: Die AUC nach *Indalpin i. v.* liegt auf dem Niveau von Placebo und unterscheidet sich in der einfaktoriellen Varianzanalyse für wiederholte Messungen statistisch nicht signifikant ($F = 0.78$, $df = 3, 12$) (Abb. 22, Tabelle 10).

Unter Placebo und Indalpin 6 mg wurden keine Nebenwirkungen von den Probanden angegeben. Nach Gabe von Indalpin 15 und 25 mg klagten die Probanden über leichte Müdigkeit, Übelkeit und Kopfschmerzen. Es konnten keine Veränderungen von Blutzucker, Puls oder Blutdruck gemessen werden.

Die Untersuchung zeigt, daß Indalpin, eine primär 5-HT-wiederaufnahmehemmende Substanz, zu keiner Beeinflussung der GH-Sekretion bei Probanden führt. Bemerkenswert ist weiter, daß sich die GH-Sekretion trotz der auftretenden Nebenwirkungen während des 3stündigen Untersuchungszeitraums nicht verändert.

2.2.1.7 Zusammenfassung

Entsprechend der Vorstellung, daß eine Beeinflussung der GH-Sekretion mit Hilfe von noradrenergen, serotonergen und dopaminergen Neuronen beim Menschen möglich ist, wurde die Wirkung von NA-, 5-HT- und DA-wiederaufnahmehemmenden Antidepressiva auf die GH-Sekretion bei männlichen Probanden untersucht. Obwohl die untersuchten Antidepressiva in unterschiedlichen Dosierungen und Applikationsformen angewendet wurden, erscheint der Vergleich der GH-stimulierenden Effekte unter Berücksichtigung dieser Einschränkung vertretbar.

Als erstes galt es die Frage zu klären, ob grundsätzlich eine GH-stimulierende Wirkung von transmitterwiederaufnahmehemmenden Antidepressiva beim Menschen nachweisbar ist.

Dies läßt sich nach Durchführung der DMI-Untersuchungen eindeutig bejahen, da sich sowohl nach p. o.- als auch nach i. m.- (Laakmann et al. 1977) und nach i. v.-Applikation der Substanz (Laakmann 1980 a; Laakmann et al. 1985; Sawa et al. 1982) bei Probanden eine zuverlässige GH-Stimulation messen läßt. Weiter wurde gezeigt, daß diese DMI-induzierte GH-Stimulation entsprechend der Resorption nach p. o.-Applikation später auftritt als nach i. m.-Applikation (Laakmann et al. 1977) und reproduzierbar ist (Laakmann 1980 c; Laakmann et al. 1985). Eine Beziehung zwischen GH-Anstiegen und Nebenwirkungen wurde nicht gesehen.

Clomipramin führte bei einem Teil der Probanden ebenfalls zu einer GH-Stimulation, die nach p. o.-Applikation der Substanz später auftritt als nach i. m.-Applikation

Tabelle 10. GH-Werte ($\bar{x}$ und AUC) nach Gabe von Placebo und Indalpin 5, 15 und 25 mg i. v. ($n = 6$)

	$\bar{x} \pm SE$ (ng/ml)	t (min)	AUC/$\bar{x} \pm SE$ (ng/ml · 120 min)
Placebo	0.5 ± 0.1	60	60.7 ± 15.7
Indalpin 5 mg	0.4 ± 0.0	60	42.9 ± 4.3
Indalpin 15 mg	0.4 ± 0.0	60	44.4 ± 6.2
Indalpin 25 mg	0.4 ± 0.0	60	46.4 ± 4.8

(Laakmann et al. 1977) und in der Tendenz dosisabhängig ist. Sawa et al. (1982) konnten ebenfalls nur bei einigen Probanden nach CI eine GH-Stimulation messen. Weiter fanden Widerlöv et al. (1978) bei Probanden nach einmaliger und nach bis zu 1wöchiger Applikation von CI keine Beeinflussung der GH-Sekretion, was teils durch den Untersuchungsablauf (Entnahme von nur 2 Blutproben nach Gabe von CI), teils durch die geringe Dosis erklärbar scheint.

Nomifensin führt in den eigenen Untersuchungen zu einer signifikanten GH-Stimulation bei Probanden (Laakmann et al. 1979), wohingegen Lotti et al. (1979) bei Probanden und Probandinnen mit der gleichen Dosis keine signifikante Beeinflussung der GH-Sekretion messen konnten. Die Untersuchung des Effekts von L- und D-Oxaprotilin erbrachte eine deutliche und dosisabhängige GH-stimulierende Wirkung des stark NA-wiederaufnahmehemmenden Isomers D-Oxaprotilin, wohingegen L-Oxaprotilin die GH-Sekretion der Probanden nicht beeinflußt.

Bupropion, eine primär DA-wiederaufnahmehemmende Substanz, führt bei einer Dosis bis zu 200 mg p. o. zu keiner Beeinflussung der GH-Sekretion (Stern et al. 1979; Laakmann et al. 1982 a.).

Indalpin zeigt in der vorliegenden Untersuchung keine GH-stimulierende Wirkung bei Probanden.

Mianserin 100 mg p. o. bewirkte bei zwei Probanden eine GH-Stimulation (Laakmann 1980 d), wohingegen Sawa et al. (1982) nach Mianserin 50 mg p. o. keine GH-Stimulation messen konnten. Diese Untersuchungsergebnisse sind jedoch möglicherweise durch die unterschiedlichen Dosen bedingt.

Nachfolgend sollen kurz einige Ergebnisse anderer Autoren zur GH-Stimulation durch Antidepressiva diskutiert werden.

Maprotilin (50 mg p. o.) führt nach Sawa et al. (1982) bei Probanden zu keiner GH-Stimulation, wobei jedoch zu berücksichtigen ist, daß die verabreichte Dosis relativ gering war.

Nortriptylin führt nach Widerlöv et al. (1978) weder nach einmaliger noch nach 1wöchiger Applikation zu einer GH-Stimulation. Zu dieser Untersuchung ist kritisch anzumerken, daß nach einmaliger Applikation der Substanz lediglich nach 10 min, bei wöchentlichen Untersuchungen alle zwei Tage die GH-Konzentrationen gemessen wurden.

Zimelidin 200 mg p. o. führte nach Syvälahti et al. (1979 a) und Sawa et al. (1982) zu keiner Beeinflussung der GH-Sekretion.

Amitriptylin (20 bis 40 mg i. v. bzw. 40 bis 100 mg p. o.) führt nach Schulz et al. (1982) nur bei einem Drittel der Probanden zu einer GH-Stimulation.

Obwohl ein Vergleich der GH-Stimulierbarkeit nach den verschiedenen Substanzen nur bedingt möglich ist, zeichnet sich doch eine deutliche Tendenz dahingehend ab, daß besonders stark NA-wiederaufnahmehemmende Substanzen eine zuverlässige GH-Stimulation bewirken.

Diese Aussage stützt sich darauf, daß sowohl nach DMI und nach D-Oxaprotilin als auch nach NF eine signifikante GH-Stimulation nachweisbar ist, und diese Substanzen entsprechend den Untersuchungen von Hyttel (1982) als gute NA-Wiederaufnahmehemmer anzusehen sind.

Auch die erhobenen Befunde mit Mianserin können in diesem Sinne interpretiert werden. Besonders deutlich wird dieser Sachverhalt beim Vergleich des Effekts von DMI, CI und Indalpin nach jeweils 25 mg i. v. auf die GH-Sekretion. DMI führt bei gleicher Dosis zu einer signifikant höheren GH-Stimulation als CI (Laakmann et al. 1984 c). Indalpin beeinflußt die GH-Sekretion nicht (Abb. 23).

In diesem Zusammenhang muß die Demethylierung von CI zu DCI berücksichtigt werden, da DCI als stark NA-wiederaufnahmehemmende Substanz angesehen werden kann. In den Untersuchungen der Serumkonzentration von CI und DCI ist jedoch keine Korrelation zwischen dem GH-Anstieg nach CI und der Konzentration von DCI meßbar (Laakmann et al. 1984 a).

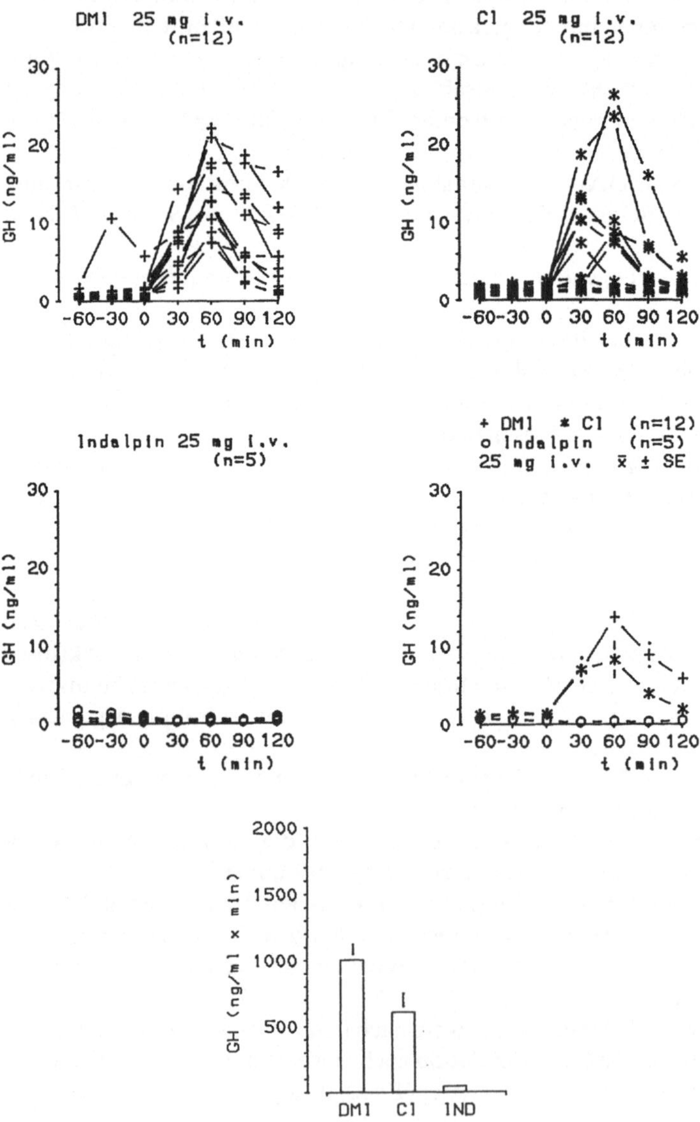

Abb. 23. GH (ng/ml) nach Verabreichung von DMI 25 mg i. v. (n = 12), CI 25 mg i. v. (n = 12), Indalpin 25 mg i. v. (n = 5) und die dazugehörigen Mittelwertkurven (x̄ ± SE; ng/ml) und Flächenintegrale (x̄ ± SE; ng/ml · 120 min)

Die geringe GH-stimulierende Wirkung von Amitriptylin (Schulz et al. 1982) ist möglicherweise einerseits dadurch bedingt, daß die Substanz im Vergleich zu DMI eine wesentlich geringere NA-Wiederaufnahmehemmung bewirkt, und andererseits dadurch, daß die Substanz in geringeren Dosen auf ihren GH-stimulierenden Effekt hin untersucht wurde.

Auch die fehlende Wirkung von Zimelidin 200 mg p. o. auf die GH-Sekretion (Syvälahti et al. 1979 a; Sawa et al. 1982) kann in dem oben genannten Sinne interpretiert werden, nämlich daß Zimelidin eine relativ selektiv 5-HT-wiederaufnahmehemmende Substanz ist.

Aus unseren Untersuchungen mit Indalpin und den Ergebnissen von Syvälahti und Sawa mit Zimelidin kann geschlossen werden, daß relativ selektiv 5-HT-wiederaufnahmehemmende Substanzen die GH-Sekretion bei Probanden nicht beeinflussen.

Bezüglich der antidepressivabedingten GH-Stimulation soll abschließend festgehalten werden, daß in den hier durchgeführten Untersuchungen DMI als stark NA-wiederaufnahmehemmendes Antidepressivum die GH-Stimulation auslöst und daß deutliche Hinweise darauf bestehen, daß eine GH-Stimulation durch stark NA-wiederaufnahmehemmende Substanzen möglich ist. Dagegen haben 5-HT-wiederaufnahmehemmende Antidepressiva nur einen geringen oder keinen Effekt auf die GH-Sekretion.

Es kann somit die GH-stimulierende Wirkung von Antidepressiva primär als Hinweis auf eine NA-wiederaufnahmehemmende Wirkung der Präparate gewertet werden.

2.2.2 Neuroleptika und GH-Sekretion

Im Gegensatz zu der ausführlichen Untersuchung über den Effekt von verschiedenen Neuroleptika auf die Prolaktin-(PRL)-Sekretion (vgl. Abschnitt 2.3.2) liegen in der Literatur nur wenige Mitteilungen über die Wirkung von Neuroleptika auf die GH-Sekretion beim Menschen vor.

So berichteten Sherman et al. (1971) über eine Verringerung der GH-Basalwerte und über eine Inhibition der IHT-bedingten GH-Stimulation nach Einnahme von Phenothiazin. Frantz et al. (1972) fanden nach Chlorpromazin keine Wirkung der Substanz auf die GH-Sekretion bei Probanden. Beumont et al. (1974 a) berichteten, daß es bei Patienten, die mit Chlorpromazin behandelt waren, nach IHT zu keiner Beeinflussung der GH-Stimulation kommt. Auch Wilson et al. (1975) sahen nach langfristiger Behandlung mit Phenothiazin keine Beeinflussung der GH-Sekretion. Chlorpromazin, Pimozid und Haloperidol führen nach Martin et al. (1977) eher zu einer Inhibition der GH-Sekretion beim Menschen.

Unsererseits wurde die Wirkung des Neuroleptikums Haloperidol auf die GH-Sekretion bei männlichen Probanden untersucht.

2.2.2.1 Haloperidol

Die Wirkung von Haloperidol 5 mg i. m., einem stark DA-rezeptorblockierenden Neuroleptikum, auf die GH-Sekretion wurde bei vier männlichen Probanden im Vergleich zu Placebo i. m. untersucht.

Einzelwertkurven: Die GH-Werte zwischen t = –60 und t = 0 min liegen im Basalbereich. Nach *Placebo i. m.* kommt es bei keinem der vier Probanden zu einer höheren GH-Konzentration. Nach *Haloperidol 5 mg i. m.* kommt es mit einer Ausnahme (11.7 ng/ml bei t = 90 min) ebenfalls zu keiner GH-Erhöhung (Abb. 24).

Mittelwertkurven: In beiden Gruppen liegen die mittleren Werte unter 5.0 ng/ml (*Placebo i. m.:* 0.3 ± 0.0 ng/ml bei t = 90 min; *Haloperidol 5 mg i. m.:* 3.7 ± 2.7 ng/ml bei t = 90 min) (Abb. 24).

Mittlere Flächenintegrale: Die Flächenintegrale unterscheiden sich im Student-t-Test statistisch nicht signifikant (*Placebo i. m.:* 40.7 ± 4.7 ng/ml · 120 min; *Haloperidol 5 mg i. m.:* 215.6 ± 118.7 ng/ml · 120 min) (Abb. 24).

Ein Proband klagte während des Untersuchungszeitraums über stärkere Müdigkeit. Eine Beeinflussung von Blutdruck, Puls und Blutzucker wurde nicht gesehen.

Die Untersuchung zeigt, daß es nach Haloperidol 5 mg i. m. zu keiner signifikanten GH-Beeinflussung kommt. Bemerkenswert ist aber, daß einer der Probanden eine ausgeprägte GH-Sekretion zeigte, was als Hinweis dafür gewertet werden kann, daß bei einer DA-Rezeptorblockade eine GH-Stimulation möglich erscheint.

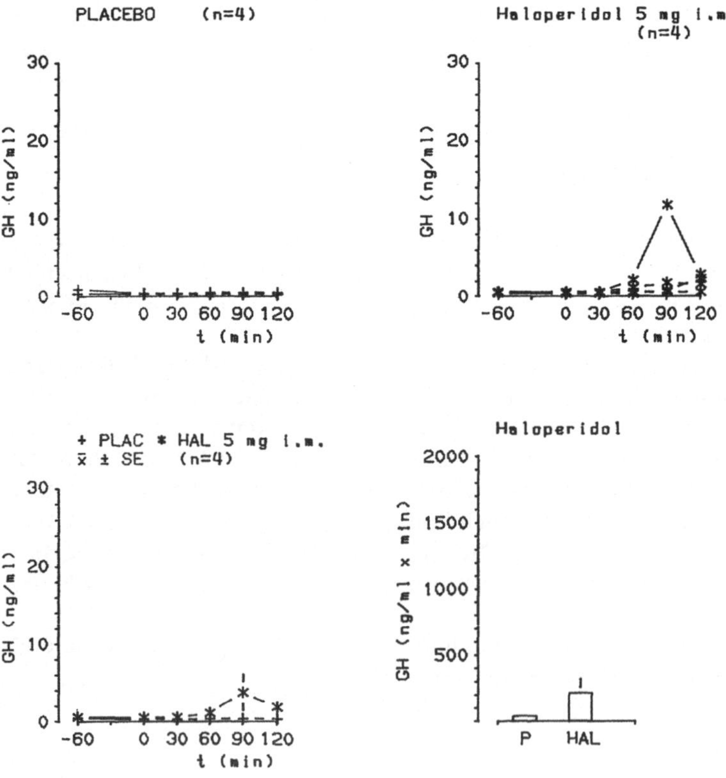

Abb. 24. GH (ng/ml) nach Verabreichung von Placebo i. m. (n = 4) und Haloperidol 5 mg i. m. (n = 4) und die dazugehörigen Mittelwertkurven (x̄ ± SE; ng/ml) und Flächenintegrale (x̄ ± SE; ng/ml · 120 min)

Eine Bestätigung der fehlenden Wirkung von Neuroleptika auf die GH-Sekretion konnte in weiteren Untersuchungen mit Chlorpromazin (100 mg p. o.), mit Promazin (100 mg i. m.) und mit Sulpirid gefunden werden (unveröffentlichte Daten).

2.2.2.2 Zusammenfassung

Trotz nicht ganz einheitlicher Befunde in der Literatur kann zusammenfassend festgehalten werden, daß Neuroleptika nur in wenigen Fällen eine GH-Stimulation beim Menschen bewirken (Laakmann u. Benkert 1978 b). Martin et al. (1977) stellten dar, daß Neuroleptika eher eine inhibitorische Wirkung in verschiedenen GH-Stimulationstests zeigen.

2.2.3 Benzodiazepinderivate und GH-Sekretion

Der Einfluß von Benzodiazepinderivaten auf die GH-Sekretion wurde erstmals von Syvälahti u. Kanto (1975) bei zehn Probanden (sechs Männern und vier Frauen) untersucht. Hierbei wurde nach Applikation von Diazepam (5 und 10 mg p. o. und 10 mg i. v.) eine signifikante und dosisabhängige GH-stimulierende Wirkung im Vergleich zu Placebo gefunden. Die diazepaminduzierte GH-Stimulation wurde von Koulu et al. (1979 a), Ajlouni u. El-Khateeb (1980) und Kannan (1981) bestätigt.

Unter Berücksichtigung der genannten Untersuchungsergebnisse und besonders der unsererseits gefundenen Antidepressiva-bedingten GH-Stimulation wurden die Wirkungen von Benzodiazepinderivaten und DMI auf die GH-Sekretion verglichen.

2.2.3.1 Diazepam und Metaclazepam

In die Untersuchung wurden sechs männliche Probanden einbezogen, denen am ersten Untersuchungstag Placebo und dann in mindestens einwöchigen Abständen Diazepam 10 mg p. o., Diazepam 10 mg i. v., Metaclazepam 10 mg p. o., Metaclazepam 30 mg p. o. und DMI 75 mg i. m. als Einzeldosis appliziert wurde.

Einzelwertkurven: Vor Gabe der Untersuchungssubstanzen liegen die GH-Werte aller Probanden auf Basalniveau. Nach Gabe von *Placebo* ist nur bei einem Probanden eine leichte GH-Erhöhung (6.7 ng/ml bei t = 75 min) zu beobachten.
Nach *DMI 75 mg i. m.* kommt es bei allen Probanden zu einer deutlichen GH-Stimulation (8.6 bis 31.4 ng/ml bei t = 60 bzw. 75 min). *Diazepam 10 mg p. o.* führt bei einem Probanden zu einer deutlichen (30.0 ng/ml bei t = 60 min), bei zwei weiteren zu einer leichten GH-Ausschüttung (7.0 und 6.6 ng/ml bei t = 75 min).
Nach Applikation von *Diazepam 10 mg i. v.* kommt es bei drei Probanden zu einer deutlichen GH-Sekretion (17.0 bis 31.4 ng/ml bei t = 30 bis 90 min).
Nach Gabe von *Metaclazepam 10 mg p. o.* kommt es lediglich bei einem Probanden zu einer deutlichen GH-Stimulation (30.0 ng/ml bei t = 75 min), ein weiterer zeigte eine leicht erhöhte GH-Sekretion (6.3 ng/ml bei t = 75 min).
Nach *Metaclazepam 30 mg p. o.* kommt es bei vier Probanden zu einer leichten GH-Erhöhung (bis 14.4 ng/ml bei t = 75 min) (Abb. 25).

Mittelwertkurven: Am größten war die maximale mittlere GH-Stimulation nach *DMI 75 mg i. m.* (Abb. 26, Tabelle 11).

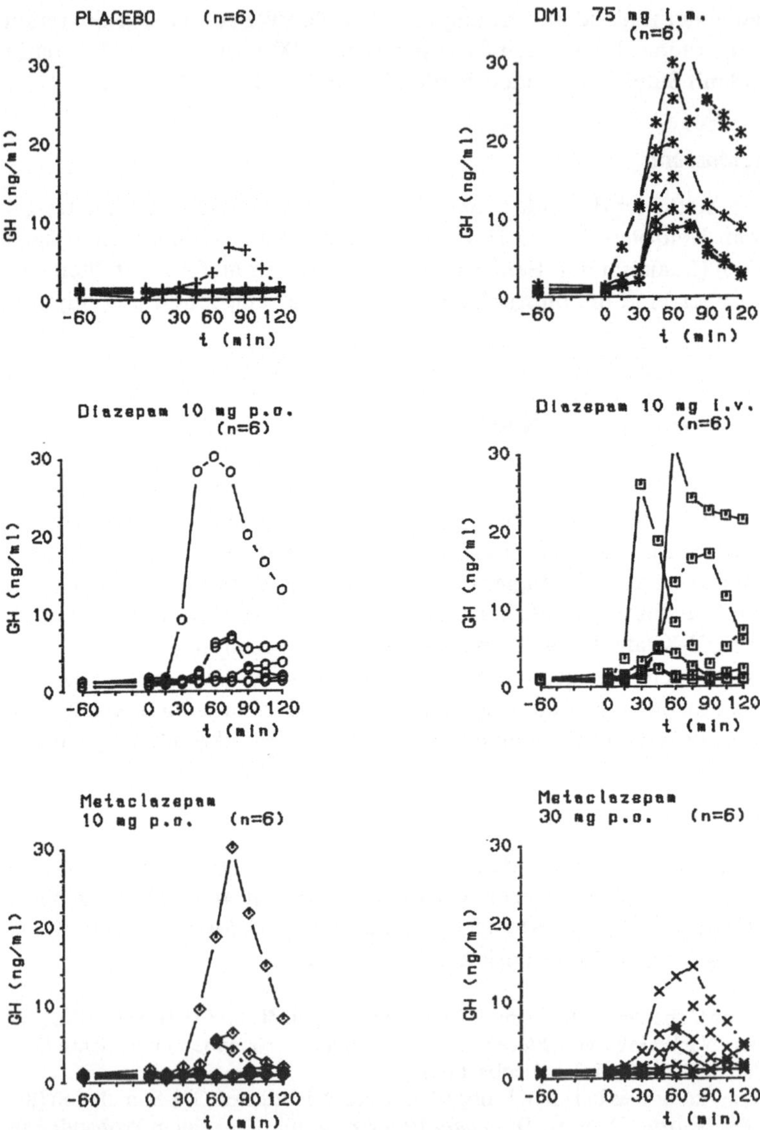

Abb. 25. GH (ng/ml) nach Verabreichung von Placebo (n = 6), DMI 75 mg i. m. (n = 6), Diazepam 10 mg p. o. (n = 6), Diazepam 10 mg i. v. (n = 6), Metaclazepam 10 mg p. o. (n = 6) und Metaclazepam 30 mg p. o. (n = 6)

Mittlere Flächenintegrale: Die AUCs nach *Placebo, DMI 75 mg i. m., Diazepam p. o., Diazepam i. v., Metaclazepam 10 mg p. o.* und *Metaclazepam 30 mg p. o.* unterscheiden sich besonders dadurch, daß es nach DMI zu einer wesentlich größeren AUC kommt (Abb. 26, Tabelle 11). Die einfaktorielle Varianzanalyse für wiederholte Messungen ergibt einen signifikanten Unterschied ($F = 6.13$, $df = 2, 10$, epsilonkorrigiert; $p \leq 0.05$).

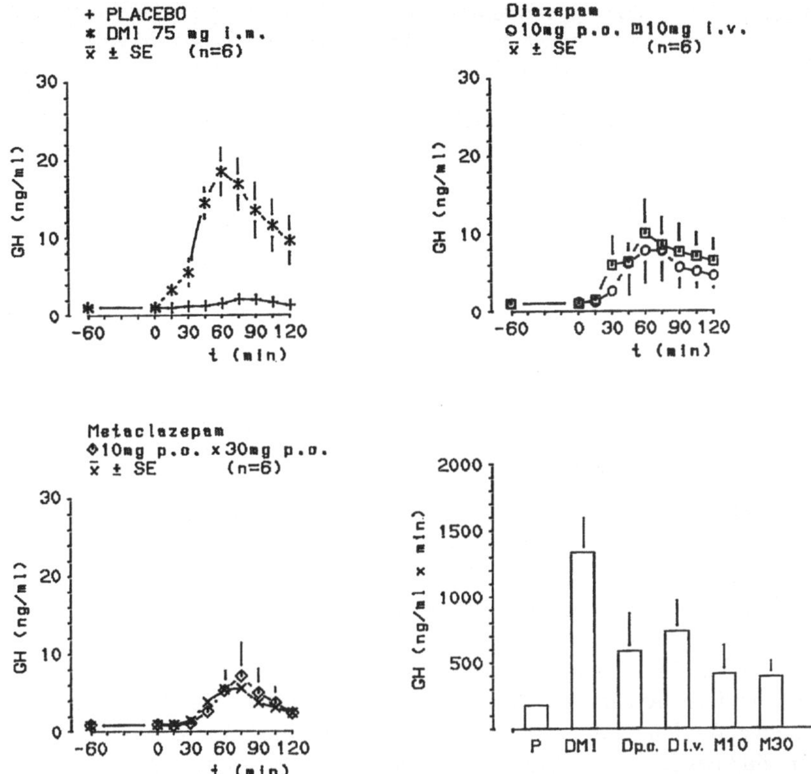

Abb. 26. GH (x̄ ± SE; ng/ml) nach Verabreichung von Placebo (n = 6), DMI 75 mg i. m., (n = 6), Diazepam 10 mg p. o. (n = 6), Diazepam 10 mg i. v. (n = 6), Metaclazepam 10 mg p. o. (n = 6) und Metaclazepam 30 mg p. o. (n = 6) und die dazugehörigen Flächenintegrale (x̄ ± SE; ng/ml · 120 min)

Tabelle 11. GH-Werte (x̄ und AUC) nach Gabe von Placebo, DMI 75 mg i. m., Diazepam 10 mg p. o., Diazepam 10 mg i. v., Metaclazepam 10 mg p. o. und Metaclazepam 30 mg p. o. (n = 6)

	x̄ ± SE (ng/ml)	t (min)	AUC / x̄ ± SE (ng/ml · 120 min)
Placebo	2.1 ± 0.9	75	178.2 ± 45.6
DMI 75 mg i. m.	18.3 ± 3.4	60	1336.3 ± 284.9
Diaz. 10 mg i. v.	9.9 ± 4.7	60	736.7 ± 257.1
Diaz. 10 mg p. o.	7.7 ± 4.5	60	586.6 ± 312.6
Metac. 10 mg p. o.	7.1 ± 4.7	75	413.2 ± 236.6
Metac. 30 mg p. o.	5.5 ± 1.8	75	388.6 ± 130.6

Der Vergleich der AUCs gegenüber Placebo mit Hilfe des Student-t-Tests (Korrektur für multiple t-Tests nach Bonferoni [Holm 1979]) zeigt lediglich einen signifikanten Unterschied zwischen Placebo und DMI ($p \leq 0.05$) (Abb. 26, Tabelle 11).

Neben leichter Müdigkeit wurden nach Placebo keine Beschwerden angegeben. Nach DMI 75 mg i. m. berichtete keiner der sechs Probanden über Nebenwirkungen. Nach Diazepam 10 mg p. o. gab nur ein Proband Müdigkeit an, nach Diazepam 10 mg. i. v. klagten alle Probanden über starke Müdigkeit, vier Probanden schliefen mehrmals ein. Nach Metaclazepam 10 mg gaben drei Probanden leichte Müdigkeit an, bei 30 mg alle Probanden. Es wurden keine signifikanten Veränderungen des Blutzuckers oder des Blutdrucks festgestellt.

Das Ergebnis dieser Untersuchung zeigt, daß im Vergleich zu Placebo nur mit DMI, nicht aber mit Diazepam oder Metaclazepam, eine signifikante GH-Stimulation bei den Probanden nachweisbar ist. Nur bei etwa der Hälfte der Probanden kommt es nach Verabreichung der Benzodiazepinderivate zu einer deutlichen GH-Stimulation.

Obwohl alle Probanden nach Diazepam 10 mg i. v. über sehr große Müdigkeit klagten und vier mehrmals einschliefen und geweckt werden mußten, kam es trotzdem zu keiner deutlichen GH-Stimulation (Laakmann et al. 1982 b).

2.2.3.2 Zusammenfassung

Das wichtigste Ergebnis der Untersuchungen mit Benzodiazepinderivaten ist, daß nur bei einem Teil der Probanden nach Applikation von Diazepam oder Metaclazepam eine GH-Stimulation auftritt.

Diese hier erarbeiteten Untersuchungsergebnisse bestätigen die von Syvälahti u. Kanto (1975), Koulu et al. (1979 a) und Ajlouni u. El-Khateeb (1980) nur soweit, als es bei einem Teil der untersuchten Probanden zu einer GH-Stimulation nach Benzodiazepinderivaten im Vergleich zu Placebo kommt, aber kein signifikanter Unterschied gefunden wird. Zu der Arbeit von Syvälahti u. Kanto (1975) muß bemerkt werden, daß bei der mit Diazepam i. v. untersuchten Probandengruppe relativ hohe GH-Basalwerte vor Applikation der Untersuchungssubstanz vorlagen (7.5 ± 0.9 ng/ml). Die Untersuchungen von Koulu et al. (1979 a) und Ajlouni u. El-Khateeb (1980) waren nicht placebokontrolliert, zeigten aber bei der Mehrzahl der Probanden deutliche GH-Anstiege nach Diazepam. Ähnliche Ergebnisse wurde von Kannan (1981) und Shur et al. (1983) publiziert. Zwischenzeitlich wurde von Levin et al. (1984) in weiteren placebokontrollierten Studien kein signifikanter Unterschied in der GH-Sekretion nach Diazepam im Vergleich zu Placebo erarbeitet. Bromazepam, ein anderes Benzodiazepinderivat, führt nach D'Armiento et al. (1981) nur bei Männern, nicht aber bei Frauen zu einer signifikanten GH-Stimulation, wohingegen Flunitrazepam die GH-Sekretion im Vergleich zu Placebo nicht signifikant beeinflußt (Koulu et al. 1982).

Bei der Überlegung, mit Hilfe welcher zentralnervöser Effekte die diazepambedingte GH-Stimulation hervorgerufen wird, ist besonders die GABA-agonistische Wirkung dieser Substanzen zu bedenken, da auch andere GABA-Agonisten eine GH-stimulierende Wirkung haben sollen (Gammaaminobuttersäure: Takahara et al. 1977; Gammaaminobetahydroxybutyric acid: Fioretti et al. 1978; Muscimol: Tamminga et al. 1978; Baclofen: Koulu et al. 1979 b; Takahara et al. 1980).

Da Methysergid, ein 5-HT-Rezeptorblocker, im Gegensatz zu Pimozid, einem DA-Rezeptorblocker, die diazepambedingte GH-Stimulation nicht inhibiert, folgern Koulu et al. (1979 a), daß die diazepaminduzierte GH-Stimulation mit Hilfe dopaminerger Neuronen vermittelt wird. Die Interpretation erscheint fragwürdig, da Pimozid nicht als selektiver DA-Rezeptorblocker angesehen werden kann, sondern eine hohe Affinität zu noradrenergen Alpharezeptoren hat (Peroutka et al. 1977).

Zur weiteren Bearbeitung dieser Frage wurde unsererseits die Wirkung von Phentolamin, einem selektiven Alpharezeptorenblocker (Peroutka et al. 1977), auf die diazepaminduzierte (10 mg i. v.) GH-Stimulation bei sechs männlichen Probanden untersucht. Es stellte sich heraus, daß Phentolamin die diazepaminduzierte GH-Stimulation signifikant unterdrückt ($p < 0.01$) (Laakmann et al. 1982 c; Abb. 27).

Dieses Untersuchungsergebnis kann dahingehend interpretiert werden, daß die diazepaminduzierte GH-Stimulation mit Hilfe von noradrenergen Alpharezeptoren vermittelt wird, da Phentolamin als selektiver Alpharezeptorenblocker angesehen werden kann und keine Wirkung auf dopaminerge Rezeptoren hat (Peroutka et al. 1977). Die durch Pimozid bedingte Inhibition der diazepaminduzierten GH-Stimulation wurde von Koulu et al. (1980) auf die DA-rezeptorblockierende Wirkung dieser Substanz zurückgeführt. Zu bedenken ist aber in diesem Zusammenhang, daß Pimozid auch eine starke NA-Rezeptorblockade bewirkt, die die Inhibition der diazepaminduzierten GH-Stimulation bedingen könnte.

Abschließend kann trotz der nicht ganz einheitlichen Untersuchungsergebnisse festgehalten werden, daß Benzodiazepinderivate nur bei einem Teil der bisher untersuchten Probanden eine GH-Stimulation auslösen und im Vergleich zu DMI eine wesentlich geringere GH-stimulierende Wirkung hervorrufen.

2.2.4 Diskussion

Die hier vorliegenden Untersuchungsergebnisse über die Wirkung von Antidepressiva, Neuroleptika und Benzodiazepinderivaten zeigen einen unterschiedlichen Einfluß der verschiedenen Substanzen auf die GH-Sekretion beim Menschen, wie aus

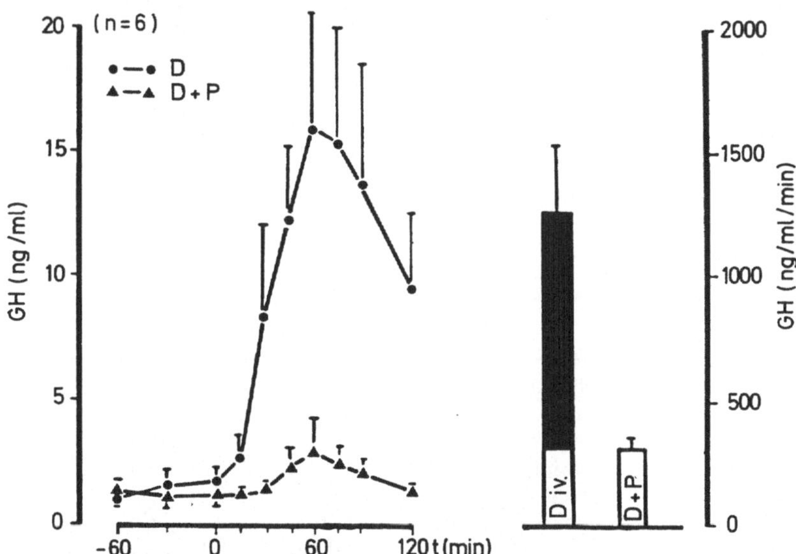

Abb. 27. GH ($\bar{x} \pm$ SE; ng/ml) nach Verabreichung von Diazepam 10 mg i. v. und Diazepam + Phentolamin ($n = 6$) und die dazugehörende Flächenintegrale ($\bar{x} \pm$ SE; ng/ml · 120 min)

Tabelle 12 zu ersehen ist. Benzodiazepinderivate scheinen nur zum Teil die GH-Sekretion beim Menschen stimulierend zu beeinflussen. Obwohl in anfänglichen Untersuchungen eine deutliche stimulierende Wirkung von Diazepam gesehen wurde (Syvälahti u. Kanto 1975; Koulu et al. 1979 a; Ajlouni u. El-Khateeb 1980), wurde in neueren Untersuchungen keine signifikante GH-Stimulation nach Benzodiazepinderivaten gemessen (Laakmann et al. 1982 b; Levin et al. 1984). Die Frage, mit Hilfe welcher zentralnervösen Effekte die diazepambedingte GH-Stimulation ausgelöst wird, bleibt weitgehend offen. Obwohl Koulu et al. (1980) die diazepambedingte GH-Stimulation mit Hilfe dopaminerger Neuronen postulierten, weist die phentolamininduzierte Inhibition der diazepaminduzierten GH-Stimulation auf eine Beteiligung noradrenerger Neuronen hin (Laakmann et al. 1982 c).

Die fehlende Reaktion von Neuroleptika auf die GH-Sekretion scheint durch die rezeptorblockierende Wirkung dieser Substanzen bedingt zu sein. Es muß eher von einem inhibierenden Effekt auf die GH-Sekretion ausgegangen werden, der allerdings nach alleiniger Gabe der Substanzen nicht deutlich wird, da im GH-Basalbereich eine sekretorische Unterdrückung nur schwer erfaßbar ist. Deutlicher wird dieser Effekt in den Untersuchungen, in denen Neuroleptika z. B. die insulinhypoglykämiebedingte (Martin et al. 1977) oder auch diazepambedingte (Koulu et al. 1980) GH-Stimulation signifikant unterdrücken.

Tabelle 12. Einfluß von Antidepressiva auf die Transmitteraufnahme, modifiziert nach Hyttel (siehe Tabelle 1), und der Einfluß der Psychopharmaka auf die GH-Sekretion bei Probanden

NA	5-HT	DA				GH
0.97	210	–*	DMI	25 mg	i. v.	+++
			DMI	100 mg	p. o.	+++
1.1	–*	–*	D-Oxa	75 mg	p. o.	+++
–*	–*	–*	L-Oxa	75 mg	p. o.	o
6.6	830	48	NF	200 mg	p. o.	++
24	1.5	–*	CI	25 mg	i. v.	++
			CI	100 mg	p. o.	++
–*	–*	600	BUP	100 mg	p. o.	o
–*	2.4	–*	IND	25 mg	i. v.	o
DA-Rezeptorenblocker			HAL	1 mg	i. v.	o
			SULP	100 mg	i. v.	o
GABA-Agonist			DIAZ	10 mg	p. o.	+
			DIAZ	10 mg	i. v.	+
			METAC	10 mg	p. o.	+
			METAC	30 mg	p. o.	+

–*	= IC50 über 1000 nM	NF	= Nomifensin
+++	= ausgeprägte Stimulation	CI	= Clomipramin
++	= mittlere Stimulation	BUP	= Bupropion
+	= leichte Stimulation	IND	= Indalpin
–	= Hemmung	HAL	= Haloperidol
o	= kein signifikanter Effekt	SULP	= Sulpirid
DMI	= Desipramin	DIAZ	= Diazepam
D-Oxa	= D-Oxaprotilin	METAC	= Metaclazepam
L-Oxa	= L-Oxaprotilin		

Der nachgewiesene deutlich GH-stimulierende Effekt von einigen Antidepressiva kann, besonders aufgrund der Untersuchungsergebnisse mit DMI und D-Oxaprotilin, auf die NA-wiederaufnahmehemmende Wirkung dieser Substanzen zurückgeführt werden. Auch die CI-bedingte GH-Stimulation kann in diesem Sinne interpretiert werden, da der Metabolit Desmethylchlorimipramin eine starke NA-Wiederaufnahmehemmung bewirkt. Es kann nicht ausgeschlossen werden, daß nach CI auch die 5-HT-Wiederaufnahmehemmung dieser Substanz auf die GH-Stimulation agonistisch wirkt. Das erscheint jedoch wenig wahrscheinlich, wenn man das Untersuchungsergebnis mit Indalpin berücksichtigt, das als selektive 5-HT-wiederaufnahmehemmende Substanz keine signifikante GH-Stimulation hervorruft. Ähnlich sind die Untersuchungsergebnisse mit Zimelidin (Syvälahti et al. 1979 a) und Amitriptylin (Schulz et al. 1982) zu werten.

Da von den unterschiedlich wirkenden Psychopharmaka besonders die NA-wiederaufnahmehemmenden Substanzen eine deutliche GH-Stimulation hervorrufen, scheint die Untersuchung des GH-stimulierenden Effekts dieser Substanzen besonders geeignet, um die NA-Wiederaufnahmehemmung eines Präparates zu beurteilen.

Unter Berücksichtigung des Effekts der verschiedenen Psychopharmaka auf die PRL- und Cortisol-ACTH-Sekretion, wie er unter 2.3.4 und 2.4.4 beschrieben wird, zeichnet sich anhand der endokrinologischen Profile für die verschiedenen Substanzen ein humanpharmakologisches Untersuchungsmodell ab, wobei die GH-Stimulation nach Antidepressiva am deutlichsten mit der NA-wiederaufnahmehemmenden Wirkung dieser Substanzen in Zusammenhang steht.

2.3 Einfluß von Psychopharmaka auf die Prolaktin (PRL)-Sekretion

Vor Beginn der durchgeführten Untersuchungen lagen in der Literatur Arbeiten über den Einfluß von Psychopharmaka auf die PRL-Sekretion beim Menschen vor.

Bei Patienten, die mit Antidepressiva behandelt worden waren, fanden einige Autoren erhöhte PRL-Werte und Galaktorrhöe (Klein et al. 1964; Turkington 1972 a, 1972 b; Frantz et al. 1972; Hughes 1973; Cole et al. 1976; Francis et al. 1976). Andere Autoren konnten diese Ergebnisse nicht bestätigen (Meltzer et al. 1977; Scanlon et al. 1977; Widerlöv et al. 1978).

Es wurde eine Vielzahl von Arbeiten über den Einfluß verschiedener Neuroleptika auf die PRL-Sekretion beim Menschen veröffentlicht, in denen einheitlich gezeigt werden konnte, daß Neuroleptika zu einer PRL-Stimulation führen (vgl. Abschnitt 2.4.3).

Über den Effekt von Benzodiazepinderivaten auf die PRL-Sekretion beim Menschen gab es vor Durchführung der hier vorliegenden Untersuchungen verschiedene Arbeiten, in denen weder bei Probanden noch bei Patienten eine PRL-Sekretionsbeeinflussung gemessen werden konnte (Frantz et al. 1972; Noel et al. 1972; Wilson et al. 1979; Moerck u. Magelund 1979; Ajlouni u. El-Khateeb 1980; D'Armiento et al. 1981).

Bei der Interpretation dieser Befunde wurde die PRL-stimulierende Wirkung von Neuroleptika primär in Zusammenhang mit der DA-rezeptorblockierenden Wirkung dieser Substanzen gesehen, da die PRL-Sekretion einer primär tonischen Inhibition durch dopaminerge Neuronen unterliegt. Neben der geringfügig DA-wiederaufnahmehemmenden wurde besonders die 5-HT-wiederaufnahmehemmende Wirkung der Antidepressiva in Zusammenhang mit der PRL-stimulierenden Wirkung dieser Substanzen diskutiert, da eine 5-HT-bedingte PRL-Stimulation bereits bekannt war.

Ziel der vorliegenden Arbeit war es primär, zur Beantwortung der Frage beizutragen, welchen Effekt Psychopharmaka auf die PRL-Sekretion beim Menschen haben, und ob verschiedene Substanzen wie Antidepressiva, Neuroleptika und Benzodiazepinderivate bei einmaliger Applikation die PRL-Sekretion beim Menschen unterschiedlich beeinflussen.

2.3.1 Antidepressiva und PRL-Sekretion

Die Wirkung von Antidepressiva auf die PRL-Sekretion wurde vornehmlich bei mit Antidepressiva behandelten Patienten untersucht, wobei uneinheitliche Befunde erhoben wurden. Klein et al. (1964) berichteten, daß bei Patienten, die mit Imipramin vorbehandelt worden waren, eine Galaktorrhöe beobachtet wurde. Turkington et al. (1972 a, 1972 b) konnten bei Patienten nach mehrwöchiger Behandlung mit Imipramin und Amitriptylin eine PRL-Erhöhung messen, was Frantz et al. (1972) für Imipramin bestätigten. Hughes (1973) berichtete über einen PRL-Anstieg bei einem Teil der mit Clomipramin behandelten Patienten. Francis et al. (1976) konnten diesen Befund für Clomipramin, nicht aber für Amitriptylin bestätigen. Cole et al. (1976) fanden eine dosisabhängige PRL-Stimulation bei Patienten nach Clomipramin i. v.

Im folgenden sollen die hier durchgeführten Untersuchungen über die Beeinflussung der PRL-Sekretion durch Antidepressiva nach einmaliger Applikation bei Probanden dargestellt werden. Die erhobenen Befunde sollen mit den Ergebnissen, die inzwischen von anderen Arbeitsgruppen mitgeteilt wurden, diskutiert werden.

2.3.1.1 Desipramin (DMI)

Als erstes wurde die Wirkung von DMI, einem primär NA- und weniger 5-HT-wiederaufnahmehemmenden trizyklischen Antidepressivum, auf die PRL-Sekretion bei jeweils sechs männlichen Probanden nach Verabreichung von DMI 100 mg p. o. und DMI 75 mg i. m. im Vergleich zu Placebo p. o. und i. m. untersucht.

Pro Untersuchungstag wurde den Probanden jeweils eine Substanz in jeweils einer Dosierung und Applikationsform in mindestens einwöchigen Abständen verabreicht.

Einzelwertkurven: Vor Applikation der Untersuchungssubstanzen lagen die Werte der PRL-Sekretion bei allen Probanden im Normbereich (unter 400 μU/ml).
Nach Gabe von *Placebo p. o.* und *Placebo i. m.* bleiben die PRL-Konzentrationen über 240 min weitgehend konstant.
Nach *DMI 100 mg p. o.* verändern sich die PRL-Werte bis 120 min nach Einnahme kaum. Anschließend kommt es zu einem deutlichen PRL-Anstieg bei fünf der sechs Probanden (Maximalwert 428.0 μU/ml bei t = 150 min).
Nach *DMI 75 mg i. m.* ist lediglich bei einem Probanden ein deutlicher PRL-Anstieg (555.0 μU/ml bei t = 120 min) zu beobachten (Abb. 28).

Mittelwertkurven: Sowohl nach *Placebo p. o.* als auch nach *Placebo i. m.* zeigt sich keine Veränderung der PRL-Konzentration.

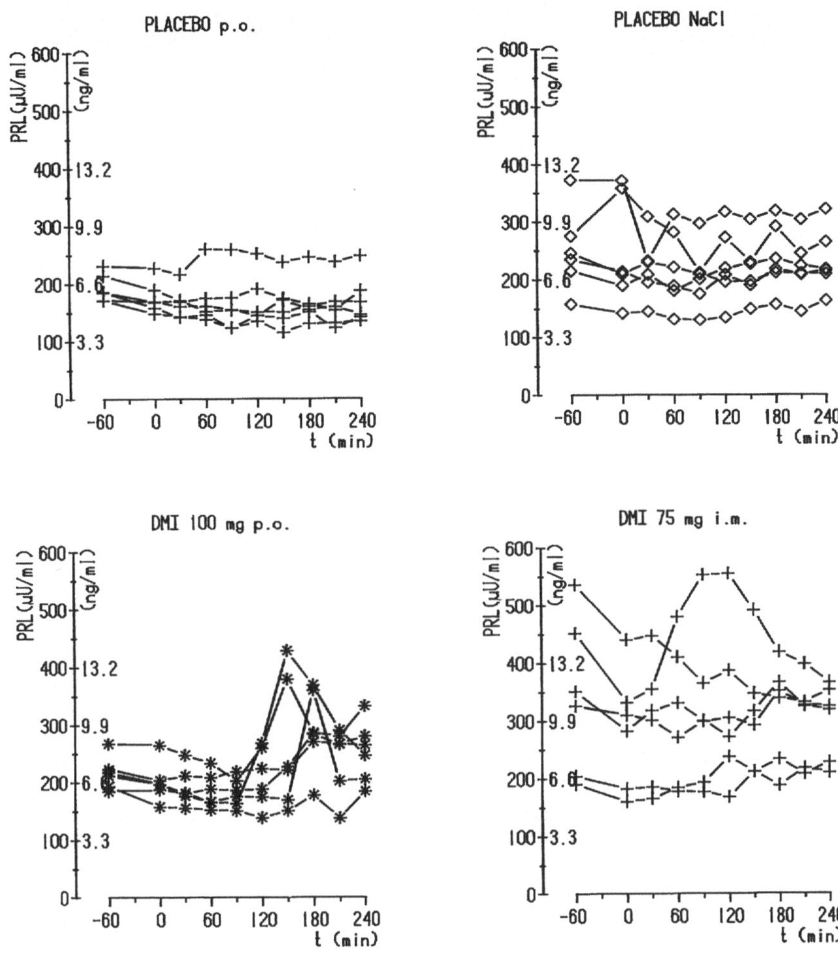

Abb. 28. PRL (μU/ml) nach Verabreichung von Placebo p. o. (n = 6), Placebo (NaCl) i. m. (n = 6), DMI 100 mg p. o. (n = 6), DMI 75 mg i. m. (n = 6)

Nach *DMI 100 mg p. o.* kommt es zu einem PRL-Anstieg, wohingegen nach*DMI 75 mg i. m.* die Kurve während des gesamten Untersuchungszeitraums weitgehend konstant bleibt (Abb. 29, Tabelle 13).

Mittlere Flächenintegrale: Die AUC nach *Placebo p. o.* unterscheidet sich nur geringfügig von der AUC nach *DMI 100 mg p. o.*
Ein ebenfalls geringer Unterschied wird für die AUCs nach *Placebo i. m.* und *DMI 75 mg i. m.* errechnet. Die Unterschiede erweisen sich im Student-t-Test als nicht signifikant (Abb. 29, Tabelle 13).

Bei den hier beobachteten Ergebnissen ist festzuhalten, daß in den einzelnen Untersuchungen zum Zeitpunkt t = 0 min zum Teil erhebliche Unterschiede in den Ausgangswerten bestehen, weswegen eine Interpretation der errechneten AUCs und deren Vergleich untereinander nur mit Einschränkungen möglich ist.

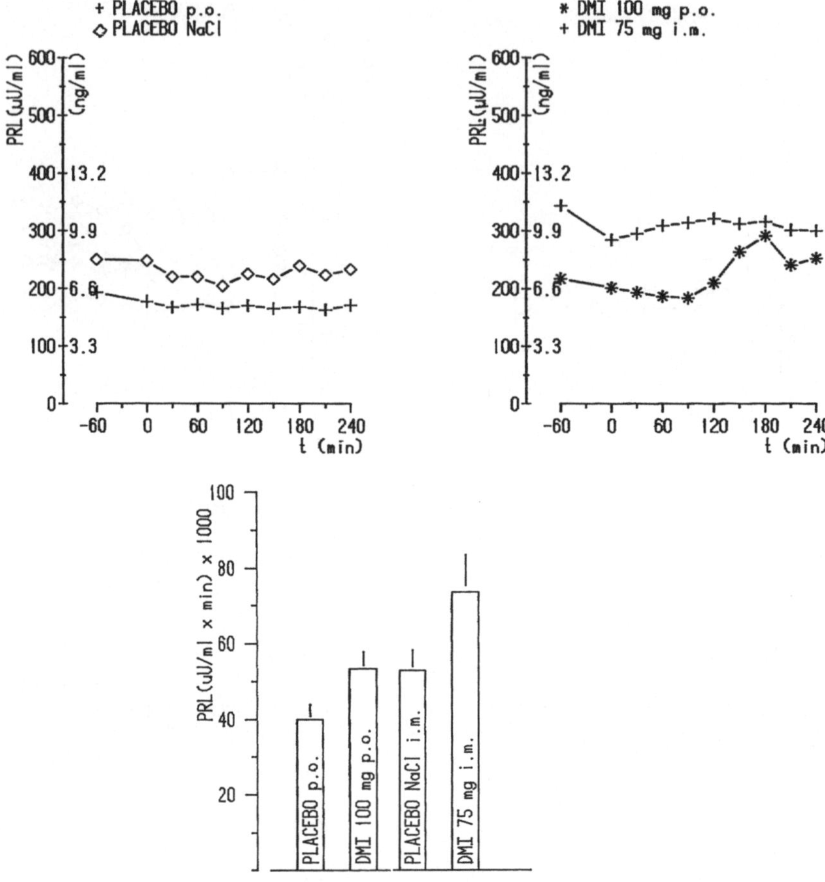

Abb. 29. PRL ($\bar{x} \pm$ SE; μU/ml) nach Verabreichung von Placebo p. o. (n = 6), Placebo i. m. (n = 6), DMI 100 mg p. o. (n = 6), DMI 75 mg i. m. (n = 6) und die dazugehörigen Flächenintegrale ($\bar{x} \pm$ SE; μU/ml · 240 min)

Tabelle 13. PRL-Werte ($\bar{x}$ und AUC) nach Gabe von Placebo p. o., DMI 100 mg p. o. (n = 6), Placebo i. m. und DMI 75 mg i. m. (n = 6)

	$\bar{x} \pm$ SE (μU/ml)	t (min)	AUC / $\bar{x} \pm$ SE (μU/ml · 240 min)
Placebo p. o.	168.2 ± 16.3	180	40056.7 ± 3872.0
DMI 100 mg p. o.	291.2 ± 28.4	180	53411.7 ± 4373.1
Placebo i. m.	224.7 ± 25.9	120	52990.0 ± 5260.9
DMI 75 mg i. m.	320.5 ± 55.5	120	73631.7 ± 9790.0

Trotz leichter nomineller Unterschiede in der PRL-Konzentration nach DMI p. o. und i. m. wird keine signifikante PRL-Stimulation deutlich. Es ist lediglich die Tendenz einer PRL-stimulierenden Wirkung, besonders nach DMI p. o., vorhanden, so daß eine weitere Untersuchung dieses Effekts notwendig erschien.

Erwähnt werden soll noch, daß die als Streß anzusehenden Nebenwirkungen (vgl. Abschnitt 2.2.1.1) und die Injektion von NaCl 2mal 4 ml i. m. (Placebo) die PRL-Sekretion nicht beeinflussen (Laakmann et al. 1977).

Dosisabhängigkeit der DMI-induzierten PRL-Stimulation

Zur weiteren Klärung der Frage, in welcher Weise DMI in verschiedenen Dosierungen bei i. v.-Applikation die PRL-Sekretion beeinflußt, wurde bei sechs männlichen Probanden die Wirkung von DMI i. v. in steigender Dosierung (5, 15, 25, 50 und 75 mg i. v.) im Vergleich zu Placebo i. v. untersucht. Pro Untersuchungstag wurde den Probanden jeweils eine der Substanzen in jeweils einer Dosierung appliziert. Zwischen den einzelnen Untersuchungen lag mindestens eine Woche.

Einzelwertkurven: In allen Untersuchungen zeigt sich bei der Mehrzahl der Probanden vor Gabe der Substanz ein Abfall der PRL-Konzentration. Nach Gabe von *Placebo i. v.* sowie *DMI 5 und 15 mg i. v.* ist die PRL-Konzentration im Untersuchungszeitraum weitgehend vergleichbar.
Nach *DMI 25 mg i. v.* wird bei vier Probanden eine leichte PRL-Stimulation feststellbar (zwischen $t = 60$ und $t = 120$ min).
Nach *DMI 50 mg i. v.* kommt es bei allen Probanden zu einer, allerdings unterschiedlichen Erhöhung der PRL-Konzentration (Maximalwerte bis 652.0 μU/ml bei $t = 30$ min).
Nach *DMI 75 mg i. v.* (Maximalwerte bis 897.0 μU/ml bei $t = 60$ min) zeigen alle Probanden eine deutliche PRL-Erhöhung (Abb. 30).

Mittelwertkurven: Es zeigt sich eine deutlich dosisabhängige PRL-Stimulation nach *DMI.* Alle Werte nach DMI liegen über den Mittelwerten nach *Placebo.* Ein Anstieg der PRL-Konzentration wird ab *DMI 25 mg i. v.* sichtbar, deutlich nach *DMI 50 mg* und *75 mg i. v.* (Abb. 31, Tabelle 14).

Mittlere Flächenintegrale: Die AUCs erweisen sich in der Varianzanalyse für wiederholte Messungen als statistisch signifikant unterschiedlich ($F = 9.28$; $df = 1, 7$, epsilonkorrigiert; $p \leq 0.05$).
Der Vergleich der AUCs gegenüber *Placebo* mit Hilfe des Student-t-Tests (Korrektur für multiple t-Tests nach Bonferoni [Holm 1979]) zeigt, daß erstmals nach *DMI 25 mg i. v.* eine signifikant höhere PRL-Konzentration zu verzeichnen ist ($p \leq 0.05$) (Abb. 31, Tabelle 14).

Dieses Untersuchungsergebnis zeigt bei männlichen Probanden ab einer Dosis von DMI 25 mg i. v. eine signifikante PRL-Stimulation im Vergleich zu Placebo. Die PRL-Stimulation nimmt bei steigender Dosierung von DMI zu. Da bis zu einer Dosis von DMI 50 mg i. v. kaum Nebenwirkungen vorhanden waren und deutlich erst nach DMI 75 mg i. v. bei einem Teil der Probanden auftraten (vgl. Abschnitt 2.2.1.1), kann weitgehend ausgeschlossen werden, daß die PRL-Stimulation nach DMI durch Streßeffekte bedingt ist (Laakmann et al. 1985).

Reproduzierbarkeit der DMI-induzierten PRL-Stimulation

Zur Klärung der Frage, ob die DMI-induzierte PRL-Stimulation reproduzierbar ist, wurde die PRL-Konzentration bei zwölf männlichen Probanden am 1. Untersuchungstag nach Applikation von DMI 50 mg i. v. und am 2. Untersuchungstag nach Applikation von DMI 50 mg i. v. bestimmt. Zwischen den einzelnen Untersuchungen lag mindestens eine Woche.

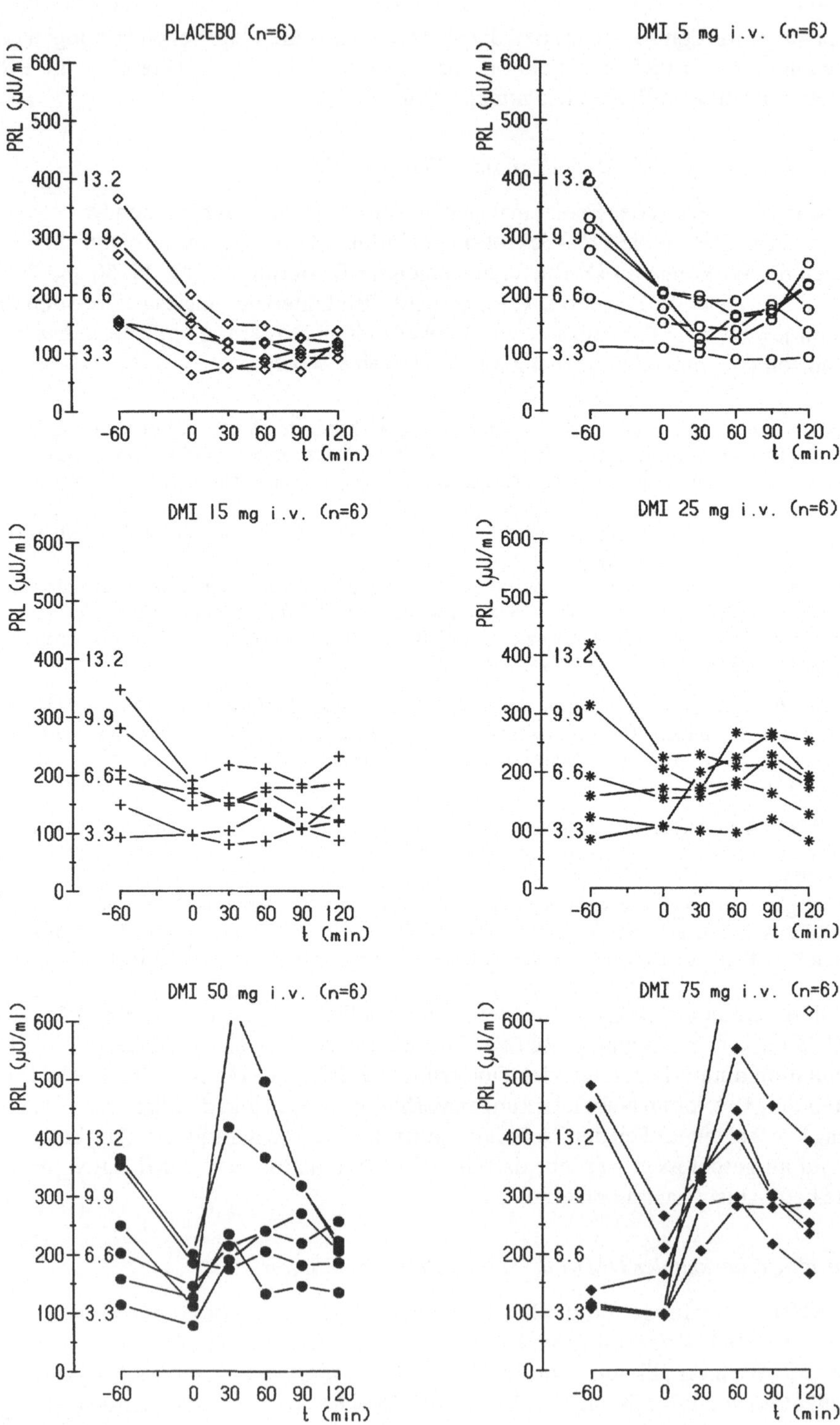

Abb. 30. PRL (μU/ml) nach Verabreichung von Placebo i. v., DMI 5, 15, 25, 50 und 75 mg i. v. (n = 6)

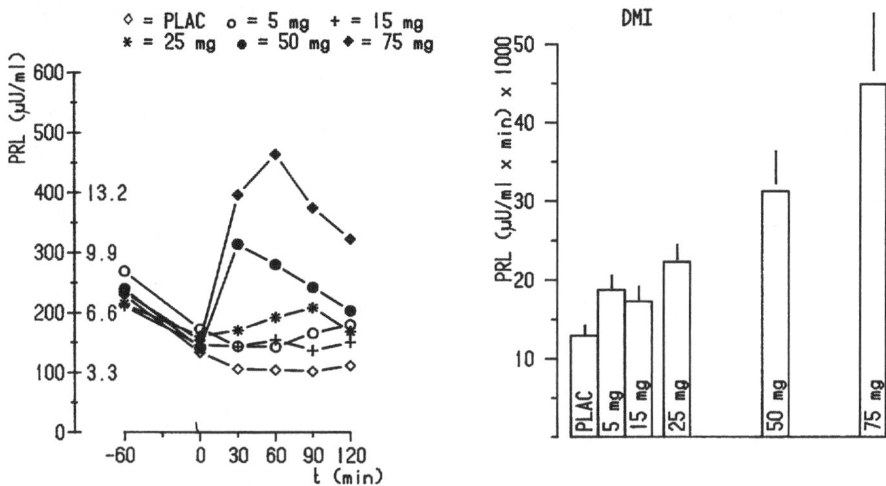

Abb. 31. PRL (x̄ ± SE; µU/ml) nach Verabreichung von Placebo i. v., DMI 5, 15, 25, 50 und 75 mg i. v. (n = 6) und die dazugehörigen Flächenintegrale (x̄ ± SE; µU/ml · 120 min)

Tabelle 14. PRL-Werte (x̄ und AUC) nach Gabe von Placebo, DMI 5, 15, 25, 50 und 75 mg i.v. (n = 6)

	x̄ ± SE (µU/ml)	t (min)	AUC / x̄ ± SE (µU/ml · 120 min)
Placebo	160.3 ± 11.9	30	12903.3 ± 1237.3
DMI 5 mg	143.7 ± 16.7	30	18743.3 ± 1829.5
DMI 15 mg	154.3 ± 17.3	60	17248.3 ± 1929.3
DMI 25 mg	207.7 ± 23.0	90	22255.0 ± 2211.4
DMI 50 mg	313.7 ± 76.7	30	31245.0 ± 5115.2
DMI 75 mg	463.7 ± 80.3	60	44845.0 ± 9042.1

Einzelwertkurven: Mit einer Ausnahme kommt es bei allen Probanden sowohl bei der Erst- als auch der Zweitapplikation von *DMI 50 mg i. v.* zu einer PRL-Stimulation (Abb. 32).

Mittelwertkurven: Hier zeigt sich ein nahezu paralleler Kurvenverlauf, wobei die maximale PRL-Konzentration nach *DMI 50 mg i. v.* zum Zeitpunkt t = 60 min erreicht wird (Erstapplikation: 254.8 ± 43.5 µU/ml; Zweitapplikation: 275.4 ± 30.0 µU/ml) (Abb. 32).

Mittlere Flächenintegrale: Der Unterschied der AUCs nach Erstapplikation (26298.3 f± 3382.2 µU/ml · 120 min) und Zweitapplikation (28919.2 ± 2653.9 µU/ml · 120 min) von *DMI 50 mg i. v.* erweist sich im Student-t-Test als statistisch nicht signifikant (Abb. 32).

Aufgrund des Vergleichs von Einzel- und Mittelwerten sowie der Flächenintegrale der PRL-Stimulation nach Erst- und Zweitapplikation von DMI 50 mg i. v. kann von einer guten mittleren Reproduzierbarkeit der DMI-induzierten PRL-Stimulation ausgegangen werden.

Zusammenfassend ergeben die Untersuchungen über die Wirkung von DMI auf die PRL-Sekretion bei Probanden, daß DMI p. o. und i. m. nur eine geringe Beein-

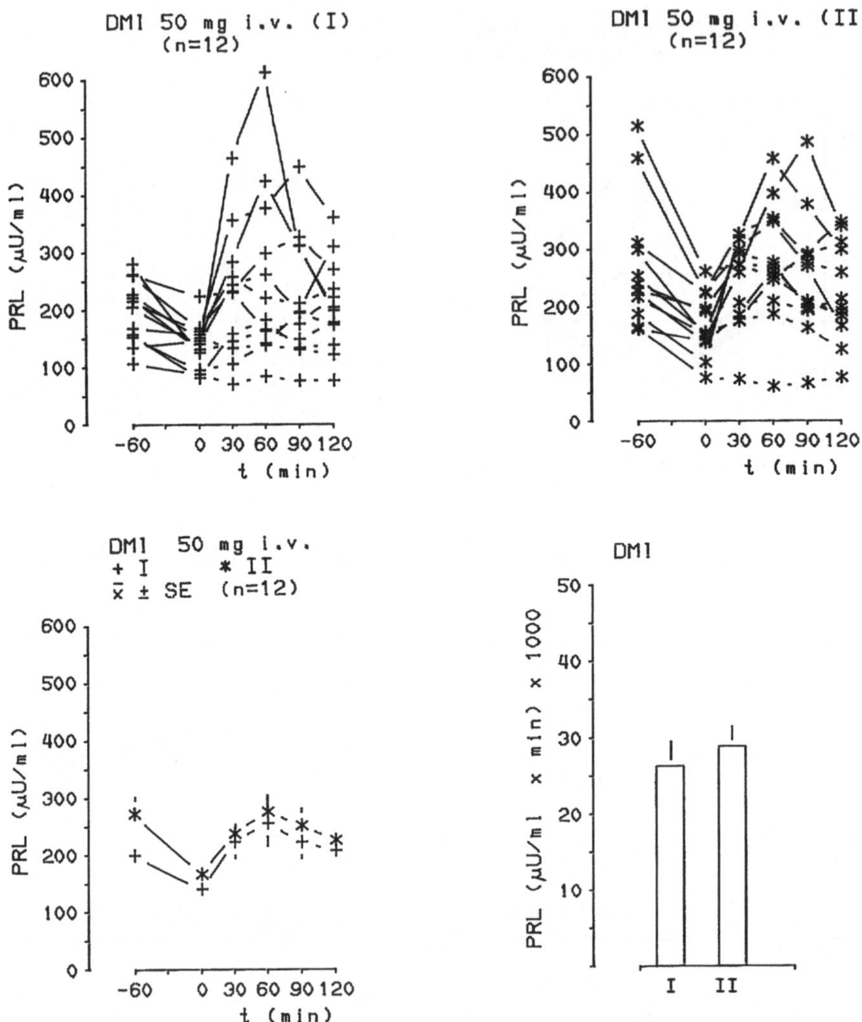

Abb. 32. PRL (μU/ml) nach DMI 50 mg i. v. am 1. Untersuchungstag (I) und am 2. Untersuchungstag (II) (n = 12) und die dazugehörigen Mittelwertkurven ($\bar{x}$ ± SE; μU/ml) und Flächenintegrale ($\bar{x}$ ± SE; μg/ml · 120 min)

flussung der PRL-Sekretion bewirkt. Bei höherer Dosierung von DMI i. v. kommt es zu einer signifikanten PRL-Stimulation bei Probanden. Diese DMI-induzierte PRL-Stimulation ist dosisabhängig, wobei eine weitgehend lineare Zunahme in den Flächenintegralen bis zur maximal verabreichten Dosis von DMI 75 mg i. v. erkennbar ist. Dies weist darauf hin, daß die verabreichte DMI-Dosis keine maximale PRL-Stimulation bewirkt. Bei einer höheren Dosierung von DMI ist – im Gegensatz zu GH und Cortisol (vgl. Abschnitt 2.2.1.1 und 2.4.1.1) – eine höhere PRL-Stimulation zu erwarten. Weiter konnte gezeigt werden, daß die DMI-induzierte PRL-Stimulation reproduzierbar ist.

Da DMI nur eine geringfügige DA-Wiederaufnahmehemmung und keine DA-Rezeptorblockade bewirkt, erscheint es unwahrscheinlich, daß die PRL-stimulierende Wirkung von DMI auf die Beeinflussung dopaminerger Neuronen zurückzuführen ist. Ob die NA- oder 5-HT-Wiederaufnahmehemmung von DMI die PRL-Stimulation verursacht, bleibt aufgrund der Einzeluntersuchungen offen. Später durchgeführte Untersuchungen erlauben die Annahme, daß primär die 5-HT-Wiederaufnahmehemmung von DMI die PRL-Stimulation bewirkt (vgl. Abschnitt 3.3).

2.3.1.2 Clomipramin (CI)

1973 berichtete Hughes, daß Probanden innerhalb von 2 Stunden nach Applikation von Clomipramin 50 mg p. o. eine PRL-Stimulation zeigten. Die Untersuchungen von Cole et al. (1976) ergaben, daß es bei Patienten während einer 1wöchigen Behandlung mit CI zu einer PRL-Stimulation kam. Bereits nach Erstinjektion von CI (50, 200, 250 mg i. v.) stellten sie eine dosisabhängige PRL-Stimulation fest, die bei Frauen ausgeprägter nachweisbar war als bei Männern. Francis et al. (1976) berichteten, daß nach einmaliger Applikation von CI 50 mg p. o. etwa die Hälfte der Probanden (n = 16) eine PRL-Stimulation zeigten. Bei allen Patienten kam es während einer 6wöchigen Behandlung mit CI zu einer deutlichen PRL-Erhöhung.

Zur Klärung der Frage, welchen Effekt CI auf die PRL-Sekretion bei Probanden hat, wurden die vorliegenden Untersuchungen durchgeführt, in denen CI männlichen Probanden unterschiedlich appliziert und in verschiedenen Dosierungen verabreicht wurde.

Als erstes wurde die Wirkung von CI (100 mg p. o. bzw. 75 mg i. m.) auf die PRL-Sekretion bei sechs männlichen Probanden im Vergleich zu Placebo p. o. bzw. i. m. untersucht. Pro Untersuchungstag wurde den Probanden jeweils eine der Substanzen in jeweils einer Dosierung und Applikationsform verabreicht. Zwischen den einzelnen Untersuchungen lag mindestens eine Woche.

Einzelwertkurven: Weder nach *Placebo p. o.* noch nach *Placebo i. m.* ist eine deutliche Veränderung der PRL-Sekretion während des 5stündigen Untersuchungszeitraums sichtbar.
Bei vier der sechs Probanden, die *CI 100 mg p. o.* einnahmen, kommt es nach anfänglichem leichten PRL-Abfall etwa 2 bis 3 Stunden nach Einnahme von CI zu einem Anstieg der PRL-Konzentration. Nach *CI 75 mg i. m.* kommt es ebenfalls zu einem Anstieg der PRL-Konzentration, der sich jedoch bei den einzelnen Probanden stark unterscheidet (Abb. 33).

Mittelwertkurven: Es zeigen sich gleichbleibende PRL-Konzentrationen nach *Placebo p. o.* und *Placebo i. m.* während des Untersuchungszeitraums.
Nach *CI 100 mg p. o.* kommt es bei t = 180 min zu einem PRL-Maximum. *CI 75 mg i. m.* führt schon 30 min nach Injektion zu einem Maximum. Anschließend fällt die PRL-Konzentration bis zum Untersuchungsende weitgehend kontinuierlich ab (Abb. 34, Tabelle 15).

Mittlere Flächenintegrale: Die Unterschiede der AUC nach *Placebo p. o.* und *der AUCs nach CI 100 mg p. o.* sowie nach *Placebo i. m.* und *CI 75 mg i. m.* lassen ebenfalls den in den Mittelwertkurven sichtbaren Trend einer Erhöhung nach CI erkennen, erweisen sich aber im Student-t-Test als nicht signifikant (Abb. 34, Tabelle 15).

Die Untersuchung macht deutlich, daß es im Vergleich zu Placebo p. o. und i. m. nach CI p. o. und i. m. zu einer leichten PRL-Stimulation kommt, die sich aber statistisch nicht sichern läßt (Laakmann et al. 1977).

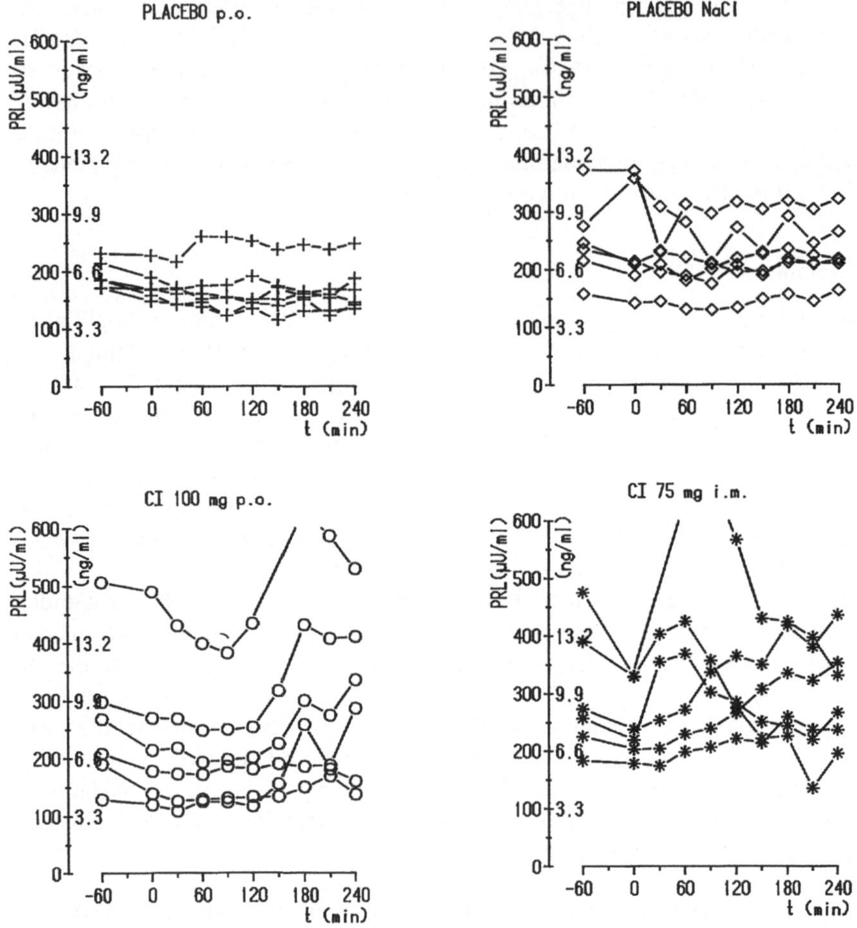

Abb. 33. PRL (μU/ml) nach Verabreichung von Placebo p. o. (n = 6), Placebo i. m. (n = 6), CI 100 mg p. o. (n = 6), CI 75 mg i. m. (n = 6)

Dosisabhängigkeit der CI-bedingten PRL-Stimulation

Besonders unter Berücksichtigung der Ergebnisse von Cole et al. (1976), die bei Patienten nach Infusion von CI 50 mg i. v. und CI 200 mg i. v. eine dosisabhängige PRL-Stimulation berichten, wurde zur Klärung der Frage einer Dosisabhängigkeit der PRL-Stimulation nach CI die folgende Untersuchung durchgeführt.

Bei insgesamt sechs männlichen Probanden wurde die Wirkung von CI (5, 15 und 25 mg i. v.) auf die PRL-Sekretion im Vergleich zu Placebo i. v. untersucht.

Pro Untersuchungstag wurde den Probanden jeweils eine der Substanzen in jeweils einer Dosierung appliziert. Zwischen den einzelnen Untersuchungen lag mindestens eine Woche.

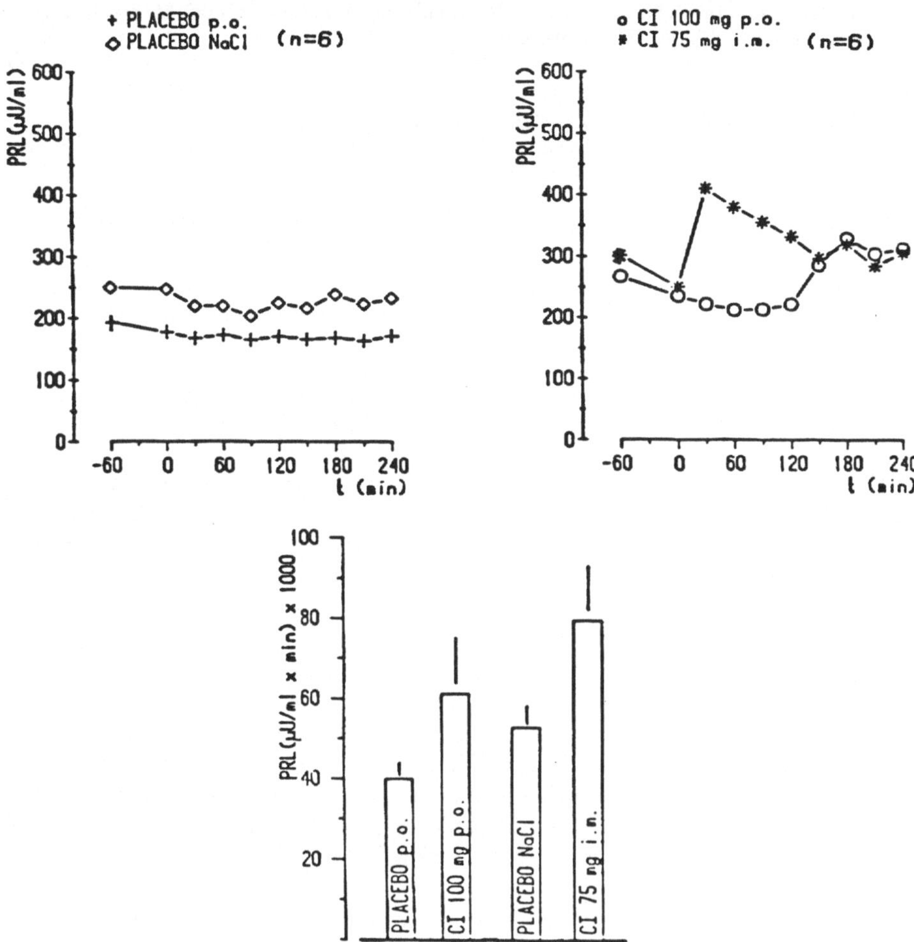

Abb. 34. PRL (x̄ ± SE; μU/ml) nach Verabreichung von Placebo p. o. (n = 6), Placebo i. m. (n = 6), CI 100 mg p. o. (n = 6), CI 75 mg i. m. (n = 6) und die dazugehörigen Flächenintegrale (x̄ ± SE; μU/ml · 120 min)

Tabelle 15. PRL-Werte (x̄ und AUC) nach Gabe von Placebo p. o., CI 100 mg p. o. (n = 6), Placebo i. m. und CI 75 mg i. m. (n = 6)

	x̄ ± SE (μU/ml)	t (min)	AUC / x̄ ± SE (μU/ml · 240 min)
Placebo p. o.	168.2 ± 16.3	180	40056.7 ± 3872.0
CI p. o.	326.5 ± 73.0	180	61320.0 ± 13799.6
Placebo i. m.	220.0 ± 22.0	30	52990.0 ± 5260.9
CI i. m.	408.5 ± 135.3	30	79600.0 ± 13610.6

Einzelwertkurven: Vor Gabe der Untersuchungssubstanz kommt es bei der Mehrzahl der Probanden zu einem Abfall der PRL-Konzentration.
Nach Gabe von *Placebo i. v.* verändert sich die PRL-Konzentration während des Untersuchungszeitraums kaum. Nach *CI 5 mg i. v.* kommt es bei fünf Probanden zu PRL-Anstiegen (Maxima 124.0 bzw. 656.0 μU/ml zwischen t = 30 und 120 min).
Noch deutlicher wird die PRL-Stimulation nach *CI 15 mg i. v.* (Maxima bis 857.0 μU/ml bei t = 30 min) und nach *CI 25 mg i. v.* (Maxima bis 903.0 μU/ml bei t = 30min) (Abb. 35).

Mittelwertkurven: Es läßt sich eine deutliche dosisabhängige PRL-Stimulation nach *CI i. v.* erkennen (Abb. 35, Tabelle 16).

Mittlere Flächenintegrale: Die Unterschiede der AUCs unter den verschiedenen Behandlungsbedingungen erweisen sich in der Varianzanalyse für wiederholte Messungen als statistisch signifikant unterschiedlich ($F = 6.81$, $df = 1, 5$, epsilonkorrigiert; $p \leq 0.05$).
Der Vergleich der AUCs gegenüber Placebo mit Hilfe des Student-t-Tests (Korrektur für multiple t-Tests nach Bonferoni [Holm 1979]) zeigt, daß erstmals nach CI 15 mg eine signifikant höhere PRL-Konzentration zu verzeichnen ist ($p \leq 0.05$) (Abb. 35, Tabelle 16).

Die Ergebnisse der CI-Dosisstudie zeigen, daß es nach CI i. v. zu einer dosisabhängigen PRL-Stimulation bei Probanden kommt, und daß schon CI 5 mg i. v. im Vergleich zu Placebo eine signifikant höhere PRL-Sekretion bewirkt (Laakmann et al. 1983). Auffallend ist, daß die dosisabhängige PRL-Stimulation weitgehend linear ist, und daß nach CI 25 mg i. v. keine maximale PRL-Stimulation vorliegt. Eine weitere Dosiserhöhung war bei dem gewählten Untersuchungsverfahren (CI bei i. v.-Applikation innerhalb von 10 min) wegen der zu erwartenden Nebenwirkungen nicht sinnvoll.

Es kann nicht ausgeschlossen werden, daß bei einer höheren Dosierung von CI i. v. aufgrund der von den Probanden angegebenen Nebenwirkungen (vgl. Abschnitt 2.2.1.2) ein streßbedingter agonistischer Effekt auf die PRL-Sekretion gemessen wird. Es erscheint aber unwahrscheinlich, daß lediglich unspezifische Streßeffekte die PRL-Stimulation nach CI bewirken, da schon nach 5 mg i. v. eine signifikante PRL-Stimulation gemessen wird, und in dieser Untersuchung die Probanden keine Nebenwirkungen angaben.

Das Untersuchungsergebnis bestätigt und ergänzt somit die Ergebnisse von Cole et al. (1976), die bei Patienten nach Infusion von CI 200 mg eine höhere PRL-Stimulation fanden als nach CI 50 mg i. v.

Zusammenfassend kann gesagt werden, daß CI beim Menschen eine PRL-stimulierende Wirkung hat, die bei niedrigen Dosierungen von CI p. o. und i. m. geringer ist als bei höheren Dosierungen.

Diese PRL-Stimulation von CI konnte von Hughes (1973), Francis et al. (1976), Jones et al. (1977) und von Huws u. Groom (1977) bei Probanden gezeigt werden. Weiter ist die PRL-stimulierende Wirkung dosisabhängig, wie es bei Patienten (Cole et al. 1976) und bei Probanden (Laakmann et al. 1983) nachweisbar war. Bei Patienten wird in der Mehrzahl der Untersuchungen eine PRL-Stimulation während einer längerfristigen Behandlung mit CI beobachtet, wobei in verschiedenen Untersuchungen unterschiedliche Dosierungen und Behandlungszeiten untersucht wurden (Cole et al. 1976; Huws u. Groom 1977; Jones et al. 1977; Schmauß u. Laakmann 1981). Diese PRL-stimulierende Wirkung tritt nicht obligatorisch bei Patienten auf, wenn sie mit einer relativ niedrigen Dosis (CI 3x25 mg/die) behandelt werden, wie Widerlöv et al. (1978) zeigten.

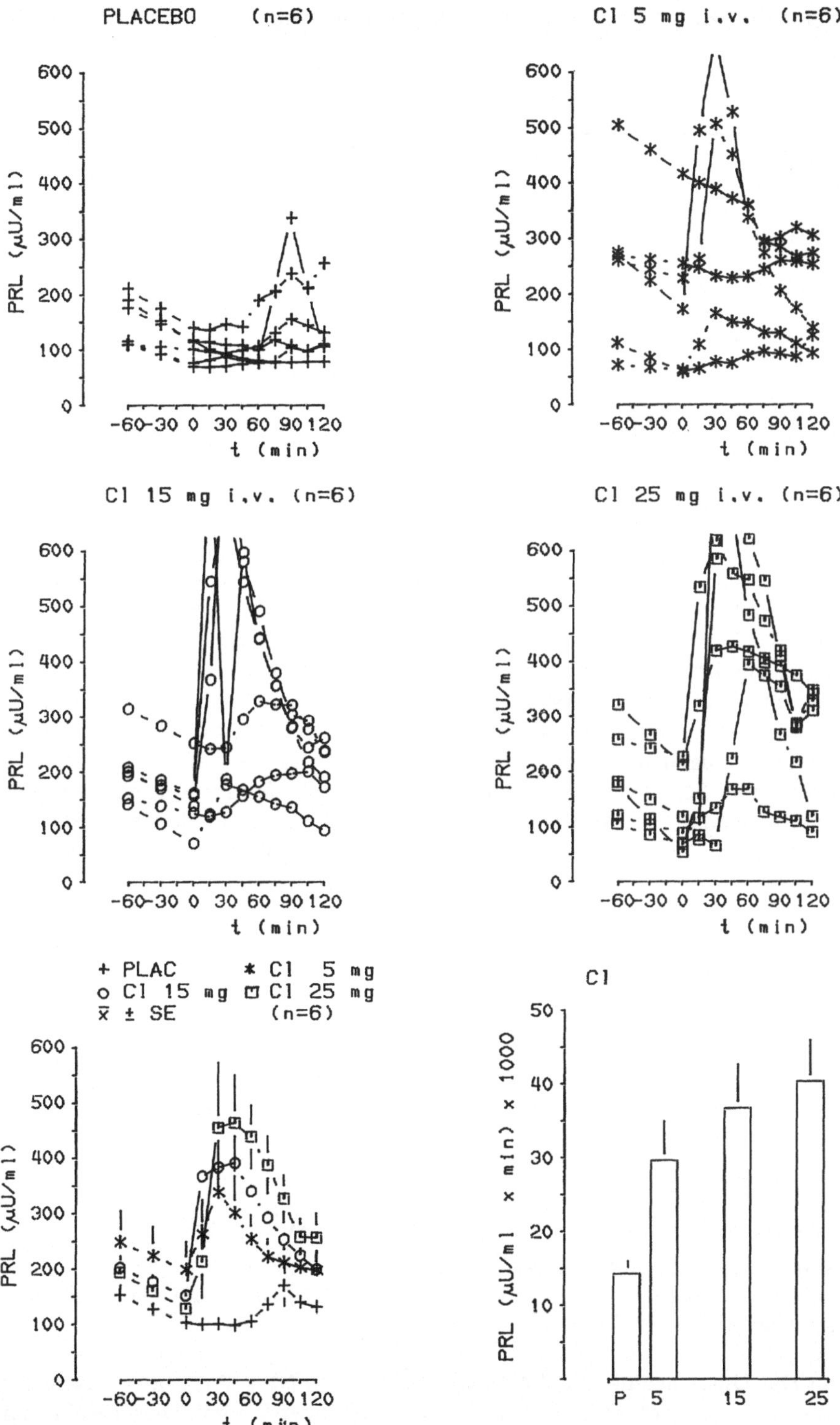

Abb. 35. PRL (μU/ml) nach Verabreichung von Placebo i. v., CI 5, 15 und 25 mg i. v. (n = 6) und die dazugehörigen Mittelwertkurven ($\bar{x}$ ± SE; μU/ml) und Flächenintegrale ($\bar{x}$ ± SE; μU/ml · 120 min)

Tabelle 16. PRL-Werte (x̄ und AUC) nach Gabe von Placebo und CI 5, 15 und 25 mg i. v. (n = 6)

	x̄ ± SE (μU/ml)	t (min)	AUC / x̄ ± SE (μU/ml · 240 min)
Placebo	169.7 ± 40.6	90	14345.0 ± 1852.9
CI 5 mg	336.5 ± 89.8	30	29653.3 ± 5819.4
CI 15 mg	388.5 ± 84.4	45	36790.8 ± 6465.1
CI 25 mg	461.3 ± 94.7	45	40400.0 ± 6210.1

Weiter scheint erwähnenswert, daß bei Frauen eine deutlichere PRL-Stimulation auftritt als bei Männern, wie dies bei Patienten während der Behandlung von Cole et al. (1976) angegeben und unsererseits bei depressiven Patienten bestätigt wurde (Laakmann 1980 b).

2.3.1.3 Nomifensin (NF)

Die Untersuchung des Effekts von NF auf die PRL-Sekretion beim Menschen ist von besonderem Interesse, da diese Substanz als derzeit stärkstes DA-wiederaufnahmehemmendes (IC50 = 48 nM; Hyttel 1982) Antidepressivum anzusehen ist. Sollte die DA-Wiederaufnahmehemmung von NF eine endokrinologische Wirkung haben, wäre, ähnlich wie bei anderen DA-agonistisch wirkenden Substanzen, eine PRL-Sekretionshemmung zu erwarten. L-Dopa, Dopamin, Ergocriptin, Bromocriptin und andere DA-Agonisten bewirken ebenfalls eine PRL-Inhibition (Martin et al. 1977). In Untersuchungen mit hyperprolaktinämischen Patienten konnte von Scanlon et al. (1977) kein Effekt von NF auf die PRL-Sekretion gefunden werden. Demgegenüber unterschieden E. E. Müller et al. (1978) zwischen einer deutlich PRL-inhibierenden Wirkung von NF (100 und 200 mg) bei nicht-tumorbedingter Hyperprolaktinämie und dem Fehlen einer NF-bedingten PRL-Inhibition bei Patienten mit PRL-sekretierenden Tumoren.

Unsererseits wurde der Einfluß von NF 200 mg p. o. im Vergleich zu Placebo bei sechs männlichen Probanden untersucht.

Einzelwertkurven: Bei allen Probanden wurden vor Applikation Werte im Bereich der physiologischen Norm gemessen. Nach Gabe von *Placebo p. o.* ist eine weitgehend konstante PRL-Konzentration während des gesamten Untersuchungszeitraums zu beobachten.
Nach *NF 200 mg p. o.* kommt es bei allen Probanden zu einem unterschiedlich deutlichen PRL-Konzentrationsabfall (Abb. 36).

Mittelwertkurven: Im Gegensatz zu einem weitgehend konstanten Verlauf nach *Placebo p. o.* (Minimum: 165.0 ± 20.6 μU/ml bei t = 90 min) fällt nach *NF 200 mg p. o.* die Mittelwertkurve leicht ab (NF 200 mg p. o.: 71.9 ± 13.8 μU/ml bei t = 60 min) (Abb. 36).

Mittlere Flächeningetrale: Die AUC nach *Placebo p. o.* (40056.7 ± 3872.0 μU/ml · 240 min) und die AUC nach *200 mg NF p. o.* (19602.2 ± 4136.3 μU/ml · 240 min) unterscheiden sich im Student-t-Test signifikant ($p \leq 0.01$) (Abb. 36).

Das Untersuchungsergebnis zeigt, daß es nach NF 200 mg p. o. zu einem signifikanten Abfall der PRL-Konzentration bei Probanden kommt. Dieser Abfall der PRL-

Konzentration steht am ehesten mit dem DA-agonistischen Effekt der Substanz in Verbindung (Laakmann et al. 1979), da andere DA-Agonisten ebenfalls eine PRL-Inhibition bewirken. Lotti et al. (1979) fanden ebenfalls eine PRL-Inhibition nach NF 200 mg bei Probanden und Probandinnen. Die von E. E. Müller et al. (1978) berichtete PRL-inhibierende Wirkung bei hyperprolaktinämischen Patienten konnte unsererseits nicht bestätigt werden (Laakmann et al. 1979). Auch Dunne et al. (1979) und Aszpis et al. (1981) fanden nach NF keine deutliche PRL-inhibierende Wirkung bei hyperprolaktinämischen Patienten.

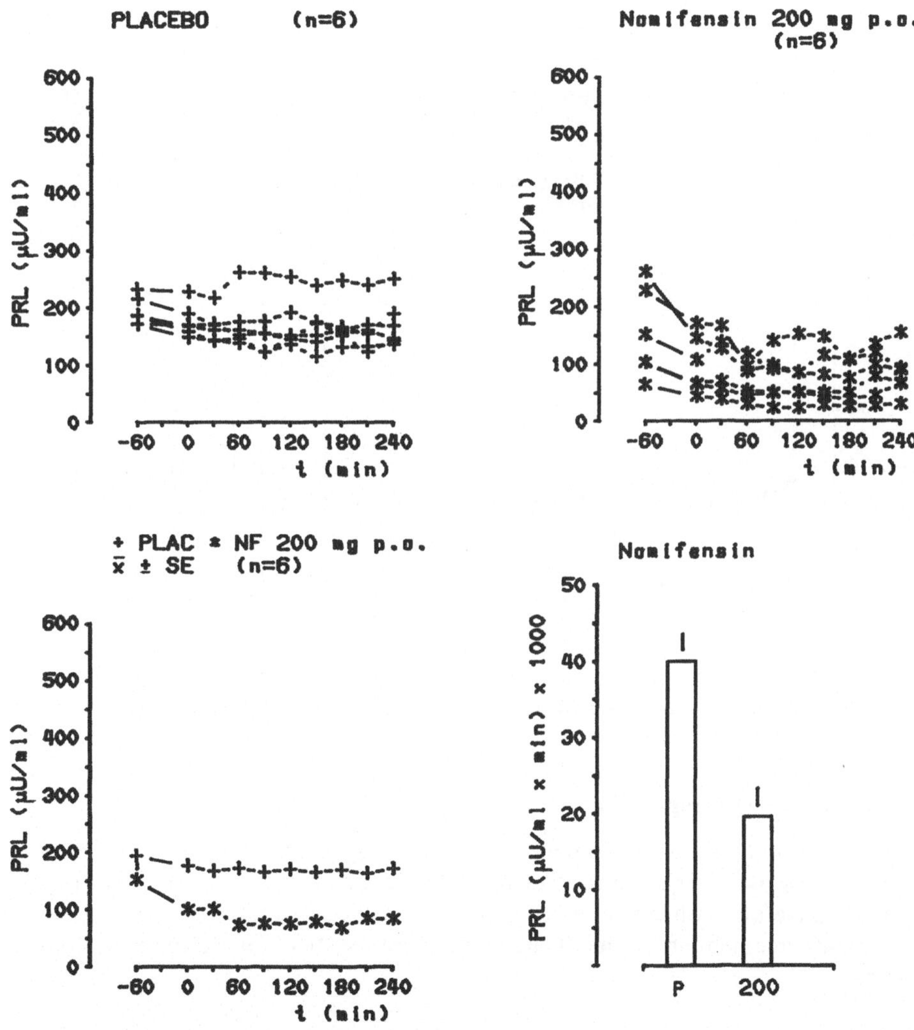

Abb. 36. PRL (µU/ml) nach Verabreichung von Placebo p. o. (n = 6), NF 200 mg p. o. (n = 6) und die dazugehörigen Mittelwertkurven (x̄ ± SE; µU/ml) und Flächenintegrale (x̄ ± SE; µU/ml · 240 min)

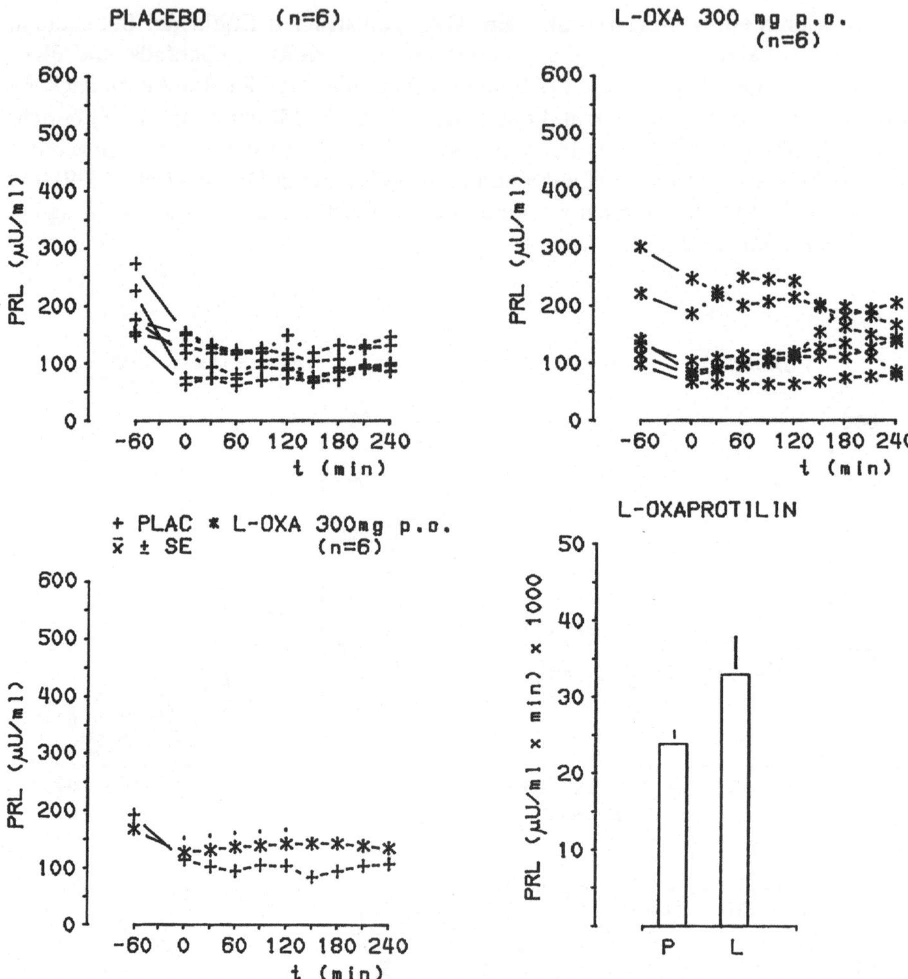

Abb. 37. PRL (µU/ml) nach Verabreichung von Placebo p. o. und L-Oxaprotilin 300 mg p. o. (n = 6) und die dazugehörigen Mittelwertkurven (x̄ ± SE; µU/ml) und Flächenintegrale (x̄ ± SE; µU/ml · 240 min)

2.3.1.4 L- und D-Oxaprotilin

Die Untersuchung, ob die Isomere L- und D-Oxaprotilin einen Effekt auf die PRL-Konzentration im Vergleich zu Placebo haben, wurde besonders unter der Fragestellung durchgeführt, ob die unterschiedliche NA-Wiederaufnahmehemmung der Isomere auch zu einem unterschiedlichen Effekt auf die PRL-Sekretion beim Menschen führt.

L-Oxaprotilin

Die Wirkung von L-Oxaprotilin auf die PRL-Konzentration wurde bei der maximalen Dosis von 300 mg p. o. im Vergleich zu Placebo bei sechs männlichen Probanden untersucht.

Einzelwertkurven: Die PRL-Konzentrationen liegen bei allen Probanden zum Zeitpunkt t = –60 und t = 0 min im Normbereich. Sie fallen innerhalb der ersten Stunde ab und bleiben dann nach *Placebo p. o.* weitgehend stabil.
Nach *L-Oxaprotilin 300 mg p. o.* ist ein geringfügiger PRL-Anstieg bei zwei der sechs Probanden zu beobachten (Abb. 37).

Mittelwertkurven: Vor Gabe von Placebo und L-Oxaprotilin zeigt sich ein Abfall der PRL-Konzentration.
Nach Gabe von *Placebo* und *L-Oxaprotilin 300 mg p. o.* ändert sich die Konzentration im Mittel nicht nennenswert (Placebo p. o.: 94.7 ± 8.7 μU/ml bei t = 180 min; L-Oxaprotilin 300 mg p. o.: 142.5 ± 19.0 μU/ml bei t = 180 min) (Abb. 37).

Mittlere Flächenintegrale: Die AUC nach *Placebo p. o.* (23840.0 ± 1973.7 μU/ml · 240 min) und die AUC nach *L-Oxaprotilin 300 mg p. o.* (33028.3 ± 5399.4 μU/ml · 240 min) erweisen sich im Student-t-Test als statistisch nicht signifikant unterschiedlich (Abb. 37).
Die Untersuchung zeigt, daß L-Oxaprotilin in der Dosierung 300 mg p. o. im Vergleich zu Placebo keine signifikante Veränderung der PRL-Sekretion bei Probanden bewirkt.

D-Oxaprotilin

In der Untersuchung des Effekts von D-Oxaprotilin auf die PRL-Konzentration wurde D-Oxaprotilin in steigender Dosierung (12.5, 25, 50 und 75 mg p. o.) im Vergleich zu Placebo p. o. sechs männlichen Probanden verabreicht. Pro Untersuchungstag wurde den Probanden jeweils eine der Substanzen in einer Dosierung appliziert. Zwischen den einzelnen Untersuchungen lag mindestens eine Woche.

Einzelwertkurven: Mit Ausnahme von zwei Werten liegen alle PRL-Werte zum Zeitpunkt t = –60 und t = 0 min im Normbereich.
Nach Gabe von *Placebo p. o.* sowie *D-Oxaprotilin 12.5, 25, 50 mg p. o.* zeigt sich jeweils bei einem der Probanden ein Anstieg der PRL-Werte.
Nach *D-Oxaprotilin 75 mg p. o.* kommt es bei zwei Probanden zu einem deutlichen PRL-Anstieg (419.0 bzw. 689.0 μU/ml bei t = 180 min) (Abb. 38).

Mittelwertkurven: Zwischen t = –60 und t = 0 min fallen bei allen Probanden die PRL-Konzentrationen ab.
Danach sind bei *Placebo p. o.* und *D-Oxaprotilin 12.5 mg p. o.* die PRL-Konzentrationen konstant. Ein leichter Anstieg wird nach *D-Oxaprotilin 75 mg p. o.* gemessen (Abb. 38, Tabelle 17).

Mittlere Flächenintegrale: Nach *Placebo p. o.* sowie nach *D-Oxaprotilin 12.5, 25, 50 und 75 mg p. o.* zeigen die errechneten AUCs nur geringe Abweichungen, die sich in der einfaktoriellen Varianzanalyse für wiederholte Messungen als statistisch nicht signifikant erweisen (F = 1.96, df = 4, 20) (Abb. 38, Tabelle 17).

D-Oxaprotilin bewirkt – trotz einer in Einzelfällen zu beobachtenden PRL-Stimulation – keine statistisch signifikante Beeinflussung der PRL-Sekretion bei Probanden. Dies kann als Hinweis dafür gewertet werden, daß selektiv NA-wiederaufnahmehemmende Substanzen nur bei einigen Probanden eine PRL-Stimulation bewirken.

Vergleich von L- und D-Oxaprotilin

Der Vergleich von L- und D-Oxaprotilin wurde primär wegen der unterschiedlichen Wirkung dieser Substanzen auf die GH- und Cortisolsekretion durchgeführt. Ihre Auswirkung auf die PRL-Sekretion sei an dieser Stelle der Vollständigkeit halber dargestellt. Für den Vergleich von L- und D-Oxaprotilin wurden jeweils zwölf männliche

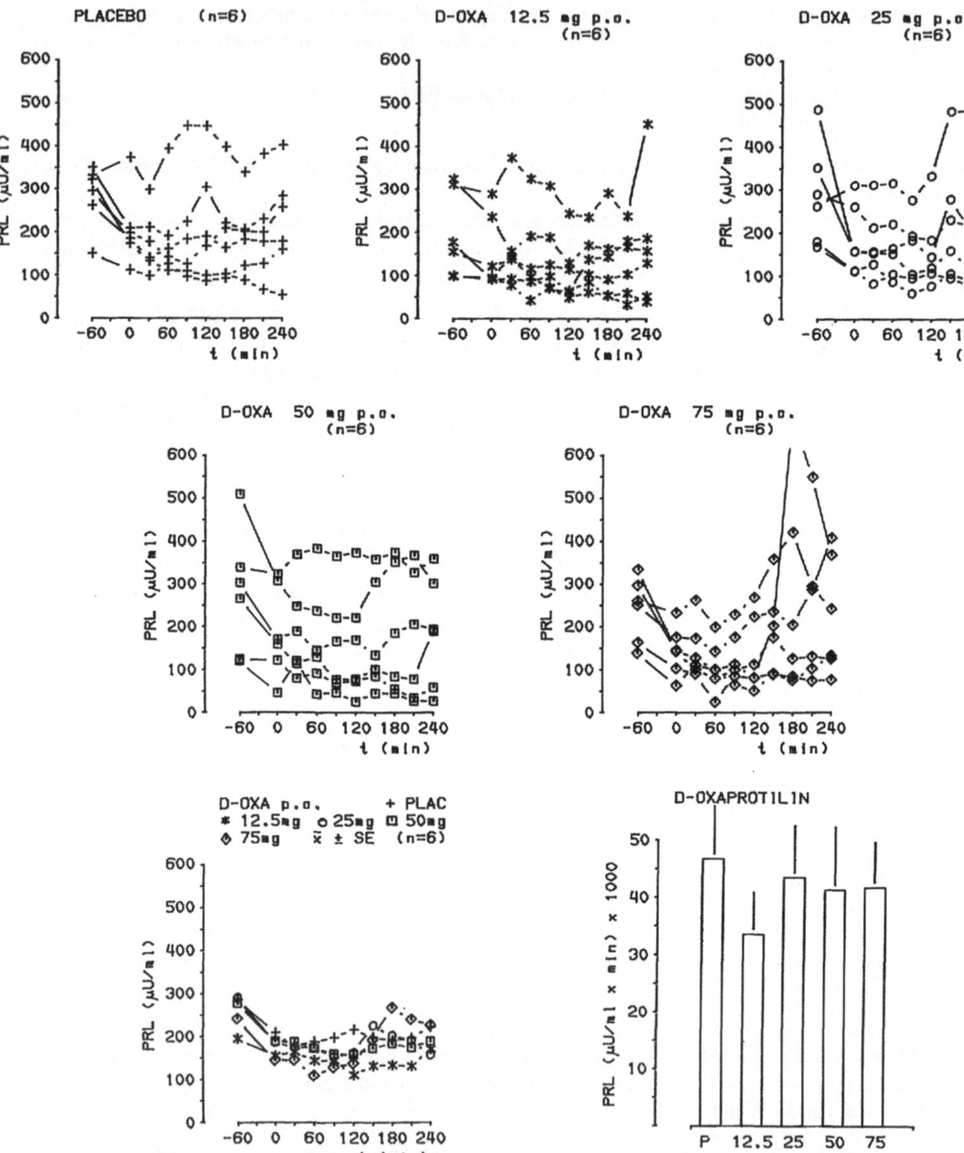

Abb. 38. PRL (µU/ml) nach Verabreichung von Placebo p. o., D-Oxaprotilin 12.5, 25, 50 und 75 mg p. o. (n = 6) und die dazugehörigen Mittelwertkurven (x̄ ± SE; µU/ml) und Flächenintegrale (x̄ ± SE; µU/ml · 240 min)

Probanden mit L-Oxaprotilin 75 mg p. o. und in einer zweiten Untersuchung mit D-Oxaprotilin 75 mg p. o. untersucht.

Einzelwertkurven: Vor Gabe von L-Oxaprotilin 75 mg p. o. zeigen zwei Probanden erhöhte PRL-Basalwerte von 676.0 bzw. 670.0 µU/ml bei t = –60 min. Alle anderen Probanden haben zu dieser Zeit Werte im Normbereich.

Tabelle 17. PRL-Werte (x̄ und AUC) nach Gabe von Placebo p. o. und D-Oxaprotilin 12.5, 25, 50 und 75 mg p. o. (n = 6)

	x̄ ± SE (μU/ml)	t (min)	AUC / x̄ ± SE (μU/ml · 240 min)
Placebo	175.8 ± 28.9	30	46811.7 ± 10133.1
D-Oxa 12.5 mg	169.0 ± 61.1	240	33595.0 ± 8117.4
D-Oxa 25 mg	224.0 ± 59.0	150	43545.0 ± 9997.3
D-Oxa 50 mg	187.5 ± 52.9	240	41398.3 ± 12118.7
D-Oxa 75 mg	265.8 ± 99.3	180	41823.3 ± 8732.5

Nach Applikation von *L-Oxaprotilin 75 mg p. o.* verändert sich die PRL-Konzentration lediglich bei einem Probanden, der einen deutlichen PRL-Anstieg aufweist. Nach Gabe von *D-Oxaprotilin 75 mg p. o.* kommt es bei Ausgangswerten unter 400.0 μU/ml bei elf Probanden zu einer mäßigen PRL-Sekretionserhöhung; nur ein Proband erreicht ein Maximum von 689.0 μU/ml, das um 356.0 μU/ml über seinem Ausgangswert liegt. Ein Proband zeigt im Verlauf des gesamten Untersuchungszeitraums einen insgesamt stark erhöhten PRL-Kurvenverlauf mit einem Ausgangswert von 617.0 μU/ml und einer Schwankungsbreite der Werte zwischen 405.0 und 511.0 μU/ml (Abb. 39).

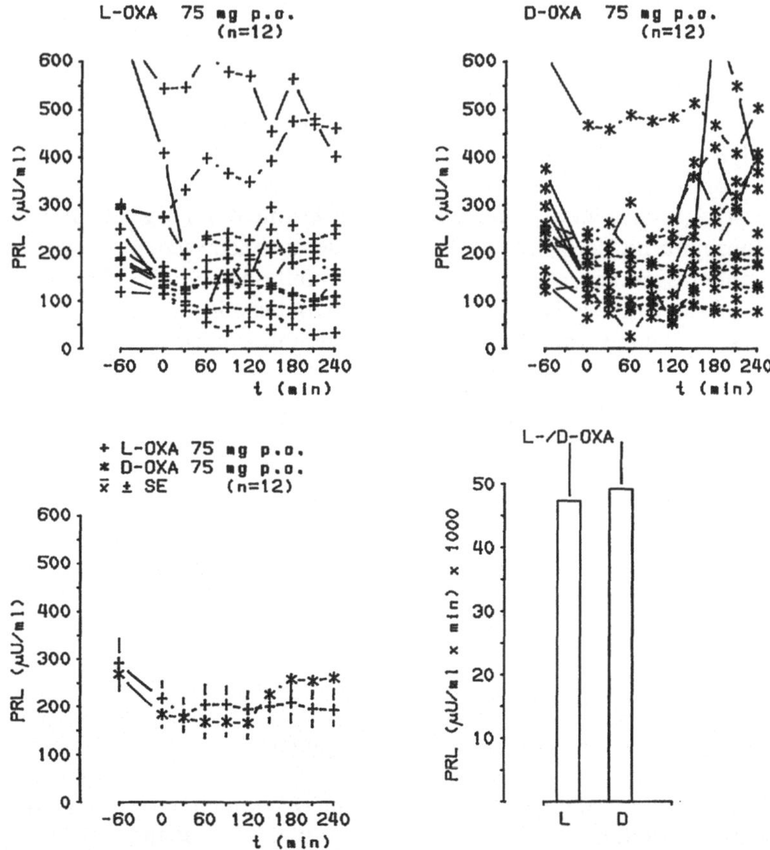

Abb. 39. PRL (μU/ml) nach Verabreichung von L-Oxaprotilin 75 mg p. o. (n = 12) und D-Oxaprotilin 75 mg p. o. (n = 12) und die dazugehörigen Mittelwertkurven (x̄ ± SE; μU/ml) und Flächenintegrale (x̄ ± SE; μU/ml · 240 min)

Mittelwertkurven: Im Gegensatz zu *L-Oxaprotilin 75 mg p. o.* (208.2 ± 45.8 μU/ml bei t = 180 min), unter dem die PRL-Konzentration während des gesamten Untersuchungszeitraums weitgehend stabil bleibt, kommt es bei *D-Oxaprotilin 75 mg p. o.* 180 min nach Gabe zu einem geringfügigen PRL-Anstieg (258.1 ± 52.7 μU/ml bei t = 180 min) (Abb. 39).

Mittlere Flächenintegrale: Die Unterschiede in der Gesamt-Hormon-Ausschüttung sind gering und unterscheiden sich im Student-t-Test statistisch nicht signifikant (L-Oxaprotilin: 47372.5 ± 9380.2 μU/ml · 240 min); D-Oxaprotilin: 49195.0 ±7642.1 μU/ml · 240 min) (Abb. 39).

Die Ergebnisse der Einzeluntersuchungen von L- und D-Oxaprotilin bei gleicher Dosierung (75 mg p. o.) ergeben keinen signifikanten Effekt der Substanzen auf die PRL-Sekretion. Die bei einigen Probanden aufgetretenen PRL-Anstiege können eine PRL-stimulierende Wirkung nach D-Oxaprotilin in höherer Dosierung andeuten, sind aber am ehesten im Sinne von unspezifischen Streßeffekten zu interpretieren. Es läßt sich somit sagen, daß L- und D-Oxaprotilin keine signifikante Wirkung auf die PRL-Sekretion beim Menschen haben.

2.3.1.5 Bupropion

Bupropion hat eine vorwiegend DA-wiederaufnahmehemmende Wirkung (IC50 = 600 nM), die im Vergleich zu NF (IC50 = 48 nM; Hyttel 1982) wesentlich schwächer ausgeprägt ist. Vor Durchführung der hier vorliegenden Untersuchung lag eine Mitteilung von Stern et al. (1979) vor, nach der Bupropion bis 200 mg p. o. in einer nicht placebokontrollierten Studie bei Probanden und Probandinnen zu einer signifikanten Inhibition der PRL-Sekretion führen soll.

Die vorliegende Untersuchung wurde mit der Fragestellung durchgeführt, ob Bupropion im Vergleich zu NF, einer wesentlich schwächer DA-wiederaufnahmehemmenden Substanz, ebenfalls eine PRL-Inhibition bei Probanden bewirkt.

In die Untersuchung wurden sechs männliche Probanden einbezogen, denen Placebo p. o. und Bupropion 200 mg p. o. verabreicht wurde.

Einzelwertkurven: Bei den mit Placebo p. o. und Bupropion 200 mg p. o. untersuchten Probanden kam es bei der Mehrzahl zu einem deutlichen PRL-Abfall vor Gabe der Untersuchungssubstanz (zwischen t = –60 und t = 0 min). Danach war die PRL-Konzentration weitgehend konstant. Der gleiche Effekt konnte nach *Bupropion 200 mg p. o.* gesehen werden (Abb. 40).

Mittelwertkurven: Hier sind während des gesamten Untersuchungszeitraums keine Unterschiede der PRL-Konzentration nach Placebo oder Verum zu erkennen (*Placebo p. o.:* 124.0 ± 29.9 μU/ml bei t = 60 min, *Bupropion 200 mg p. o.:* 113.5 ± 15.8 μU/ml bei t = 60 min) (Abb. 40).

Mittlere Flächenintegrale: Die AUCs sind vergleichbar (*Placebo p. o.:* 28155.0 ± 5520.8 μU/ml · 240 min; *Bupropion 200 mg p. o.:* 26293.3 ± 4459.6 μU/ml · 240 min) und unterscheiden sich im Student-t-Test statistisch nicht signifikant (Abb. 40).

Das Untersuchungsergebnis zeigt, daß Bupropion in der Dosis von 200 mg p. o. zu keiner Beeinflussung der PRL-Konzentration bei Probanden führt (Laakmann et al. 1982 a). Es bestätigt nicht den von Stern et al. (1979) berichteten PRL-Konzentra-

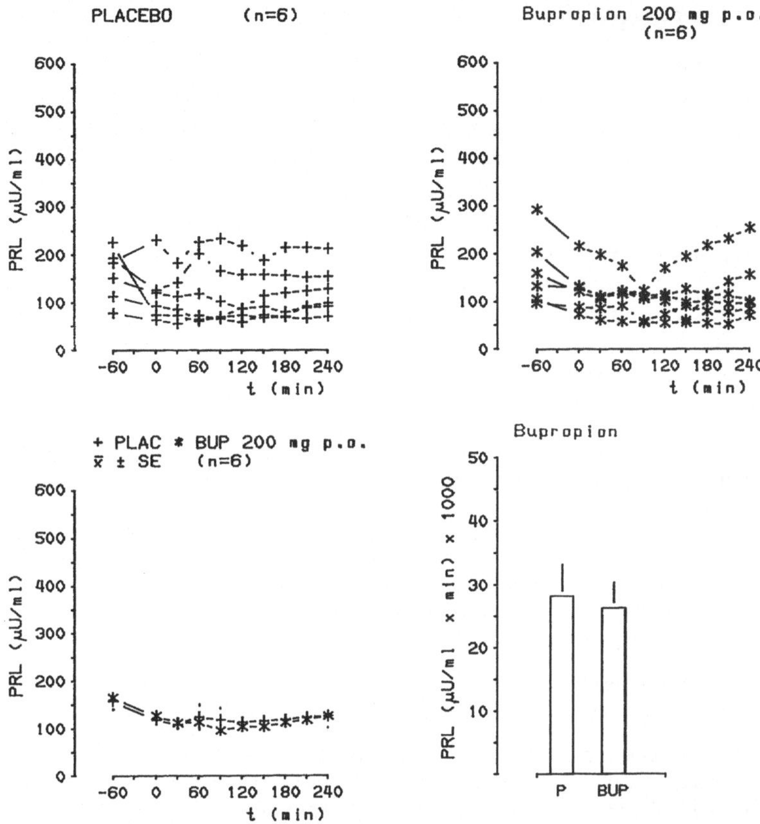

Abb. 40. PRL (μU/ml) nach Verabreichung von Placebo p. o. und Bupropion 200 mg p. o. (n = 6) und die dazugehörigen Mittelwertkurven (x̄ ± SE; μU/ml) und Flächenintegrale (x̄ ± SE; μU/ml · 240 min)

tionsabfall durch Bupropion. Erwähnenswert ist, daß die Untersuchungen von Stern et al. nicht placebokontrolliert waren. Der eine Stunde nach Untersuchungsbeginn gemessene PRL-Abfall nach Bupropion war auch bei der hier durchgeführten Untersuchung nach Placebo nachweisbar (Laakmann et al. 1982 a). Whiteman et al. (1983) konnten in einer ebenfalls placebokontrollierten Studie mit Bupropion 100 mg p. o. keine PRL-inhibierende Wirkung im Vergleich zu Placebo messen und bestätigen so das hier erarbeitete Studienergebnis. Auch bei Patienten, die eine neuroleptikabedingte PRL-Erhöhung hatten, wurde mit Bupropion 200 mg p. o. die PRL-Konzentration nicht beeinflußt (Laakmann et al. 1982 a).

Das Untersuchungsergebnis sollte nicht dahingehend interpretiert werden, daß Bupropion a priori keine PRL-Konzentrationsbeeinflussung hervorrufen kann, sondern lediglich dahingehend, daß die gewählte Dosis von 200 mg p. o. ohne Wirkung auf die PRL-Konzentration bleibt. Unter Berücksichtigung der DA-wiederaufnahmehemmenden Wirkung von Bupropion (IC50 = 600 nM) und NF (IC50 = 48 nM; Hyttel 1982) kann vermutet werden, daß eine Dosissteigerung von Bupropion, ähnlich wie NF, eine Verringerung der PRL-Konzentration hervorruft.

2.3.1.6 Indalpin

Da Indalpin als ein relativ selektiv 5-HT-wiederaufnahmehemmendes Antidepressivum (IC50 = 2.4 nM; Hyttel 1982) angesehen werden kann, sollte mit der Untersuchung des Effekts von Indalpin auf die PRL-Sekretion der Frage nachgegangen werden, ob eine derartige Substanz eine PRL-Stimulation bewirkt. Dies erscheint dadurch möglich, daß 5-HTP, die Vorstufe von 5-HT, zu einer PRL-Stimulation führt (Wirz-Justice et al. 1976) und eine 5-HT-bedingte PRL-Stimulation angenommen werden kann (Martin et al. 1977).

In die Untersuchung wurden fünf männliche Probanden einbezogen, denen Placebo i. v. und Indalpin in steigender Dosierung (5, 15 und 25 mg i. v.) appliziert wurde. Pro Untersuchungstag wurde den Probanden jeweils eine der Substanzen in jeweils einer Dosierung verabreicht. Zwischen den einzelnen Untersuchungen lag mindestens eine Woche.

Einzelwertkurven: Bei allen Untersuchungen konnte zwischen den Zeitpunkten t = –60 und t = 0 min bei den Probanden mit einer Ausnahme ein Abfall der PRL-Konzentration beobachtet werden.
Im Gegensatz zu *Placebo i. v.*, nach dem die PRL-Konzentration weitgehend konstant ist, kommt es nach *Indalpin 5 mg i. v.* bei zwei von fünf Probanden zu einem unterschiedlich starken PRL-Anstieg. Vergleichbare Ergebnisse zeigen sich nach *Indalpin 15 mg i. v.* (Abb. 41). Nach *Indalpin 25 mg i. v.* dagegen werden bei vier von fünf Probanden deutliche Anstiege der PRL-Konzentration gemessen.

Mittelwertkurven: Die mittleren PRL-Verläufe nach unterschiedlichen Dosierungen von Indalpin lassen eine klare Dosisabhängigkeit erkennen (Abb. 41, Tabelle 18).

Mittlere Flächenintegrale: Es zeigt sich bei den AUCs eine dosisabhängie PRL-Stimulation, die sich in der einfaktoriellen Varianzanalyse für wiederholte Messungen als statistisch signifikant unterschiedlich erweist ($F = 4.69$, $df = 2, 9$, epsilonkorrigiert; $p \leq 0.05$).
Der Vergleich der AUCs gegenüber *Placebo* mit Hilfe des Student-t-Test (korrigiert für multiple t-Tests nach Bonferoni [Holm 1979]) zeigt, daß ab einer Dosis von *Indalpin 15 mg i. v.* ein signifikanter Unterschied in den PRL-Flächenintegralen gegenüber Placebo nachzuweisen ist ($p \leq 0.05$) (Abb. 41, Tabelle 18).

Die Untersuchungen zeigen somit, daß Indalpin bei männlichen Probanden zu einer dosisabhängigen PRL-Stimulation führt, die mit der 5-HT-wiederaufnahmehemmenden Wirkung dieser Substanz in Zusammenhang gebracht werden kann.

2.3.1.7 Zusammenfassung

Die hier vorliegenden Untersuchungen des Effekts von DMI, CI, NF, L- und D-Oxaprotilin, Bupropion und Indalpin auf die PRL-Sekretion bei Probanden zeigen, daß die verschiedenen Substanzen einen unterschiedlichen Effekt auf die PRL-Sekretion beim Menschen haben.

Weiter machen sie deutlich, daß zur Beurteilung eines PRL-beeinflussenden Effekts von Substanzen sowohl die Applikationsart (p. o., i. m., i. v.) als auch die Dosis berücksichtigt werden müssen. Darüber hinaus scheint es notwendig, placebokontrollierte Untersuchungen durchzuführen und die PRL-Konzentration in regelmäßigen Abständen über einen Zeitraum von mindestens drei bis vier Stunden nach p. o.-Applikation zu bestimmen.

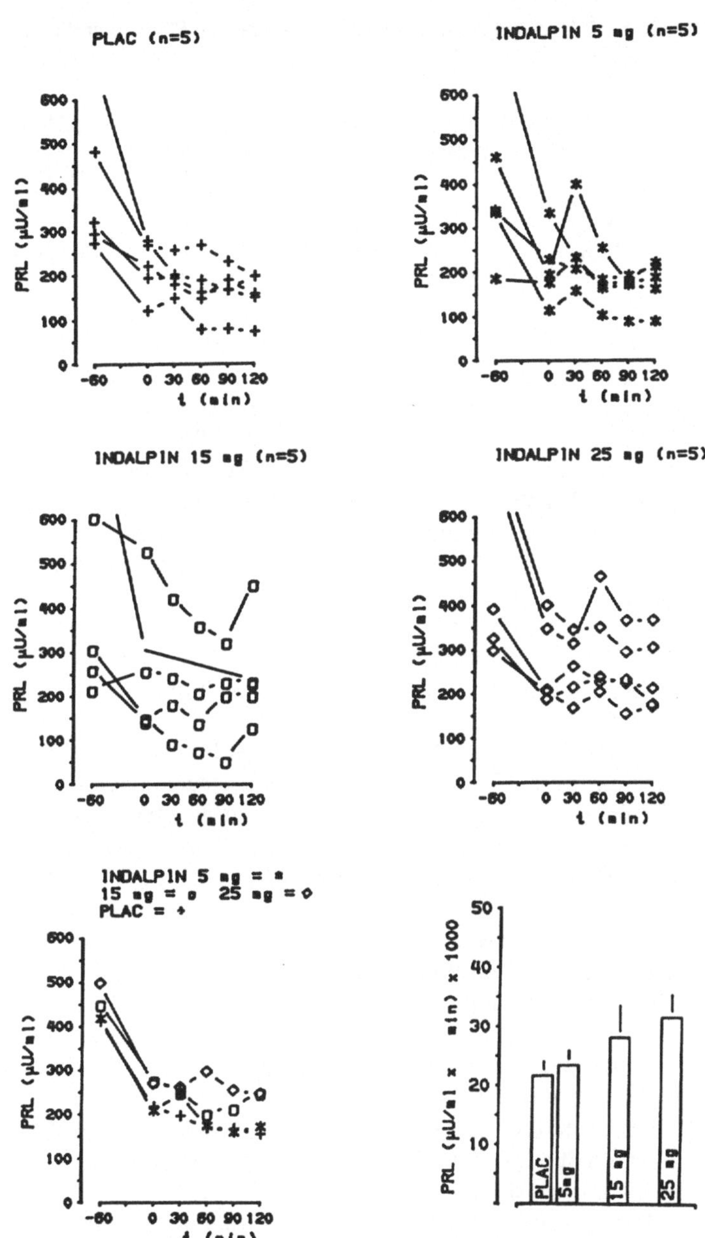

Abb. 41. PRL (μU/ml) nach Verabreichung von Placebo i. v., Indalpin 5, 15 und 25 mg i. v. (n = 5) und die dazugehörigen Mittelwertkurven ($\bar{x} \pm$ SE; μU/ml) und Flächenintegrale ($\bar{x} \pm$ SE; μU/ml · 120 min)

Tabelle 18. PRL-Werte ($\bar{x}$ und AUC) nach Gabe von Placebo und Indalpin 5, 15 und 25 mg i. v. (n = 6)

	$\bar{x} \pm SE$ (μU/ml)	t (min)	AUC / $\bar{x} \pm SE$ (μU/ml · 120 min)
Placebo	196.0 ± 17.7	30	21610.0 ± 2675.4
Indalpin 5 mg	244.0 ± 40.5	30	23394.0 ± 2816.6
Indalpin 15 mg	252.6 ± 55.9	30	28118.0 ± 6065.4
Indalpin 25 mg	296.0 ± 48.7	60	31618.0 ± 4253.8

So kommt es nach DMI p. o. und i. m. nur zu einer geringen und nicht signifikanten PRL-Stimulation. Nach i. v.-Applikation von DMI wird die PRL-stimulierende Wirkung der Substanz deutlich sichtbar und erreicht bei Dosen über 25 mg i. v. eine signifikante PRL-Stimulation im Vergleich zu Placebo.

Nach CI kommt es, ähnlich wie nach DMI, bei p. o.- und i. m.-Applikation nur zu geringen und nach i. v.-Applikation zu signifikanten PRL-Anstiegen. Dieses Untersuchungsergebnis stimmt mit den Ergebnissen von Hughes (1973) und Cole et al. (1977), Huws u. Groom (1977) bei Probanden- und Patientenuntersuchungen nach einmaliger und mehrwöchiger Verabreichung von CI überein.

Weiter macht das vorliegende Untersuchungsergebnis die fehlende Wirkung von CI auf die PRL-Sekretion bei Probanden nach Applikation von 3x25 mg/die (Widerlöv et al. 1978) verständlich, da in dieser Untersuchung eine relativ niedrige Dosis von CI verabreicht wurde.

Nomifensin, das primär DA- und weniger NA-wiederaufnahmehemmende Antidepressivum, führt bei Probanden in Akutuntersuchungen zu einer signifikanten PRL-Inhibition (Laakmann et al. 1979; Lotti et al. 1979), bei hyperprolaktinämischen Patienten aber nur zum Teil zu einer PRL-Inhibition (Scanlon et al. 1977; E. E. Müller et al. 1978; Dunne et al. 1979; Laakmann et al 1979; Aszpis 1981).

Die Isomere L- und D-Oxaprotilin, die sich hinsichtlich ihrer NA-wiederaufnahmehemmenden Wirkung unterscheiden, beeinflussen in den durchgeführten Untersuchungen die PRL-Sekretion nicht.

Entgegen den anfänglich publizierten Ergebnissen (Stern et al. 1979) führt Bupropion, das primär eine DA-Wiederaufnahmehemmung bewirkt, in placebokontrollierten Studien in Dosierungen bis 200 mg p. o. zu keiner signifikanten PRL-Beeinflussung (Laakmann et al. 1982 a; Whiteman et al. 1983).

Nachfolgend sollen kurz die Ergebnisse von Autoren erörtert werden, die die PRL-Stimulation durch andere Psychopharmaka untersuchten.

Amitriptylin, das nach Turkington (1972 b; 3x25 mg/die über 2 Wochen) zu einer PRL-Stimulation bei Patienten führt, bewirkt nach Francis et al. (1976; 3x50 mg p. o. über 6 Wochen) und nach Meltzer et al. (1977; 2x75 mg/die 3 bis 7 Wochen) keine PRL-Stimulation. Meltzer et al. (1977) konnten innerhalb von 2 h nach Amitriptylin 75 mg p. o. keine PRL-Beeinflussung feststellen, wobei diese Untersuchungszeit als relativ kurz angesehen werden muß. Nach Lisansky et al. (1984) jedoch führte Amitriptylin bei Patienten zu einem PRL-Anstieg.

Meltzer et al. (1977; 2x75 mg/die 3 bis 7 Wochen) konnten die von Turkington (1972 b; 3x50 mg/die über 2 Wochen) gefundene imipraminbedingte PRL-Stimulation nicht bestätigen.

Dibenzepin, ein primär NA-wiederaufnahmehemmendes Antidepressivum, führt nach Halbreich et al. (1978) in Dosen von 720 mg i. v. über 3 h infundiert zu einer PRL-Stimulation, wobei nicht ausgeschlossen werden konnte, daß diese Wirkung durch die aufgetretenen Nebenwirkungen bedingt war.

Mianserin, ein stark NA-wiederaufnahmehemmendes Antidepressivum, führte in einer Studie von Rolandi et al. (1983) bei zehn Probanden während eines 3stündigen Untersuchungszeitraums zu einem leichten Abfall der PRL-Sekretion.

Nortriptylin, ebenfalls ein primär NA-wiederaufnahmehemmendes Antidepressivum, führt nach Widerlöv et al. (1978) bei Probanden (3x25 mg p. o. über 7 Tage) nicht zu einer PRL-Stimulation, wohingegen Nielsen (1980) bei Patienten (150 mg/die, 3 Wochen) eine signifikante PRL-Erhöhung nachweisen konnte.

Trazodon, ein primär 5-HT-wiederaufnahmehemmendes Antidepressivum, führt nach Roccatagliata et al. (1979) zu einer geringen, aber nicht signifikanten Verringerung der PRL-Konzentration, wobei vermerkt werden muß, daß diese Studie nicht placebokontrolliert war und die PRL-Konzentration nur über einen Zeitraum von 75 min gemessen wurde.

Zimelidin (Syvälahti et al. 1979 b), ein primär 5-HT-wiederaufnahmehemmendes Antidepressivum, führt bei Probanden weder nach einmaliger Applikation (100 mg p. o.) noch bei Patienten nach p. o.-Applikation bis zu 150 mg/die (3–7 Wochen) zu einer PRL-Beeinflussung.

Die Monoaminoxydasehemmer Chlorgylin und Pargylin führen nach Slater et al. (1977) und L-Deprenyl nach Mendlewicz u. Youdim (1977; 2x5 mg/die) zu einer signifikanten PRL-Erhöhung, wohingegen Benedetti et al. (1984) nach dem selektiven MAO-Hemmer Cimoxaton bei Probanden innerhalb von 9 h eine signifikante PRL-Verringerung messen konnten.

Fluoxetin, eine relativ selektive 5-HT-wiederaufnahmehemmende Substanz, führt nach Meltzer et al. (1979) bei einem Teil der Patienten zu einem PRL-Anstieg.

Die Frage, mit Hilfe welcher zentralnervöser Wirkung die Antidepressiva die PRL-Sekretion beeinflussen, soll besonders anhand der eigenen Untersuchungen unter Berücksichtigung der von anderen Wissenschaftlern erarbeiteten Untersuchungsergebnisse erörtert werden, soweit vergleichbare Untersuchungsmethoden angewandt wurden.

Hierzu können v. a. die Untersuchungen mit DMI, CI und Indalpin herangezogen werden, da die Substanzen in gleicher Dosierung (25 mg i. v.) bei männlichen Probanden appliziert wurden. Es wird deutlich, daß besonders die 5-HT-wiederaufnahmehemmenden Substanzen CI und Indalpin eine signifikant stärkere PRL-Stimulation bewirken als die primär NA-wiederaufnahmehemmende Substanz DMI (Laakmann et al. 1984 c; Abb. 42). Dies weist darauf hin, daß primär die 5-HT-wiederaufnahmehemmende Wirkung der Substanzen die PRL-Stimulation hervorruft. Dafür spricht auch, daß die Isomere L- und D-Oxaprotilin, die nur in Einzelfällen einen Effekt auf die 5-HT-Wiederaufnahmehemmung zeigen, keine Veränderung der PRL-Sekretion bewirken. Eine weitere Bestätigung dieser Annahme ergibt sich aus anderen Untersuchungen, wonach die DMI- und CI-bedingte PRL-Stimulation durch Methysergid, einem 5-HT-Rezeptorblocker, signifikant unterdrückt wird (Laakmann et al. 1983; vgl. Abschnitt 3.2.1).

Die fehlende Wirkung von Zimelidin (Syvälahti et al. 1979 a, b; bis 200 mg p. o.), einem primär 5-HT-wiederaufnahmehemmenden Antidepressivum, auf die PRL-

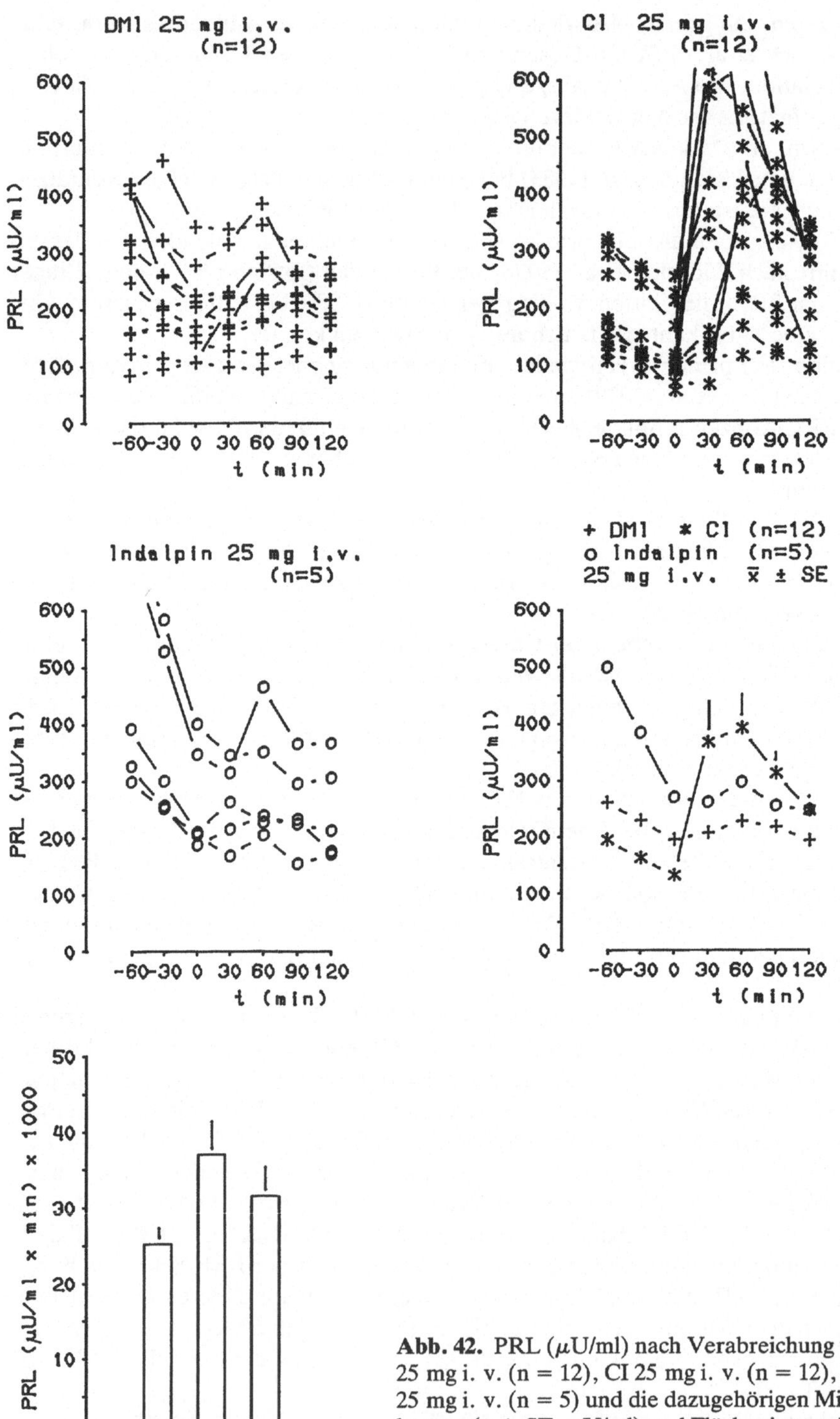

Abb. 42. PRL (μU/ml) nach Verabreichung von DMI 25 mg i. v. (n = 12), CI 25 mg i. v. (n = 12), Indalpin 25 mg i. v. (n = 5) und die dazugehörigen Mittelwertkurven (x̄ ± SE; μU/ml) und Flächenintegrale (x̄ ± SE; μg/ml · 120 min)

Sekretion bei Probanden stimmt mit dieser Vorstellung zwar nicht überein; aber es muß bedacht werden, daß Zimelidin eine geringere 5-HT-wiederaufnahmehemmende Wirkung hat als CI und Indalpin und nur nach p. o.-Applikation untersucht wurde. Besonders Untersuchungen mit Dibenzepin und Nortriptylin, zwei primär NA-wiederaufnahmehemmenden Substanzen, schließen eine noradrenerge PRL-Stimulation nicht aus. Hierbei müssen aber besonders die aufgetretenen Nebenwirkungen im Sinne eines unspezifischen Stresses bedacht werden (Halbreich et al. 1978).

Zusammenfassend kann festgehalten werden, daß diese unterschiedlichen Antidepressiva durch ihre unterschiedliche Wiederaufnahmehemmung auch zu einer unterschiedlichen Beeinflussung der PRL-Sekretion führen. Es bestehen Hinweise darauf, daß stark DA-wiederaufnahmehemmende Substanzen eine Inhibition der PRL-Stimulation bewirken, und daß besonders stark 5-HT-wiederaufnahmehemmende Substanzen eine PRL-Stimulation bei Probanden und Patienten hervorrufen können.

2.3.2 Neuroleptika und PRL-Sekretion

Bereits in den 50er Jahren wurden – nach Einführung der Neuroleptika in die klinische Therapie – bei Patienten nach Einnahme von Neuroleptika Galaktorrhöe (Gäde u. Heinrich 1955) und Menstruationsstörungen (Polishuk u. Kulcsar 1956) beobachtet.

In der Zwischenzeit wurde die Wirkung verschiedener Neuroleptika auf die PRL-Sekretion beim Menschen von zahlreichen Arbeitsgruppen systematisch untersucht, wobei einheitlich eine PRL-stimulierende Wirkung dieser Substanzen gezeigt werden konnte.

Da es den Rahmen der vorliegenden Arbeit überschreitet, die Fülle der Literatur zu diskutieren, soll lediglich erwähnt werden, daß Chlorpromazin, Prochlorpromazin, Trifluoperazin, Perphenazin, Fluphenazin, Thiotixen und Haloperidol eine PRL-Stimulation beim Menschen bewirken (Turkington 1972 b; Beumont et al. 1974 a, b; Kolakowska et al. 1975; de Rivera et al. 1976; Meltzer u. Fang 1976; Müller et al. 1976; Sachar et al. 1976 a; Martin et al. 1977).

Langer et al. (1977 a, b) berichteten über eine dosisabhängige PRL-Stimulation nach Neuroleptika und fanden eine gute Korrelation zwischen der PRL-stimulierenden Wirkung und DA-rezeptorblockierenden Potenz der Neuroleptika.

Die PRL-stimulierende Wirkung der Neuroleptika scheint bei Frauen ausgeprägter zu sein als bei Männern (Clemens et al. 1974; Sachar et al. 1976 a). Nach mehrmonatiger Verabreichung von Neuroleptika wurde bei Patienten eine PRL-Erhöhung gemessen (Beumont et al. 1974 a, b; Martin-du Pan et al. 1979), wohingegen nach mehrjähriger Applikation der Substanzen die PRL-Konzentration auf physiologische Werte zurückgeht (Naber et al. 1980).

2.3.2.1 Haloperidol

Zur Klärung der Frage, ob mit dem hier gewählten Untersuchungsansatz, ähnlich wie in anderen Untersuchungen, eine PRL-stimulierende Wirkung von Neuroleptika gemessen werden kann, wurde die Wirkung von Haloperidol 5 mg i. m. auf die PRL-Sekretion im Vergleich zu Placebo i. m. bei vier männlichen Probanden untersucht.

Einzelwertkurven: Alle Probanden zeigen vor Applikation der Untersuchungssubstanzen mit einer Ausnahme einen leichten Abfall der PRL-Konzentration.
Nach Gabe von *Placebo i. m.* bleiben die gemessenen PRL-Werte aller Probanden konstant. Nach *Haloperidol 5 mg i. m.* kommt es bei allen Probanden zu einem deutlichen PRL-Anstieg (860.0 bis 1831.0 μU/ml) (Abb. 43).

Mittelwertkurven: Im Gegensatz zu *Placebo i. m.* (249.7 ± 10.8 μU/ml bei t = 60 min) ist eine deutliche PRL-Stimulation nach *Haloperidol 5 mg i. m.* (1194.2 ± 289.9 μU/ml) zu verzeichnen, deren Maximum zum Zeitpunkt t = 60 min gemessen wird (Abb. 43).

Mittlere Flächenintegrale: Die AUCs nach Gabe von *Placebo i. m.* bzw. *Haloperidol 5 mg i. m.* unterscheiden sich im Student-t-Test hochsignifikant (p ≤ 0.01) (Placebo: 29932.5 ± 980.8 μU/ml · 120 min; Haloperidol: 99462.5 ± 18117.1 μU/ml · 120 min) (Abb. 43).

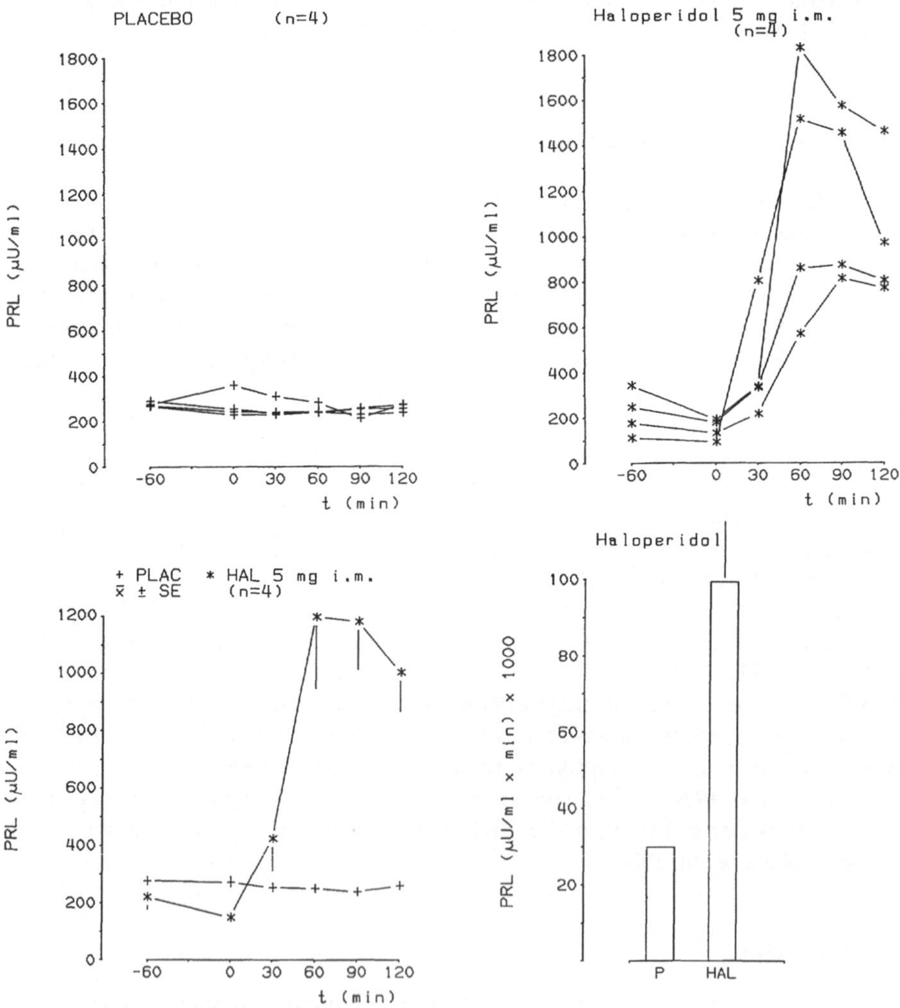

Abb. 43. PRL (μU/ml) nach Verabreichung von Placebo i. m. (n = 4) und Haloperidol 5 mg i. m. (n = 4) und die dazugehörigen Mittelwertkurven (x̄ ± SE; μU/ml) und Flächenintegrale (x̄ ± SE; μg/ml · 120 min)

Die vorliegende Untersuchung bestätigt die von anderen Untersuchern gezeigte haloperidolbedingte PRL-Stimulation bei den hier untersuchten männlichen Probanden. Nach Applikation von Chlorpromazin, Promazin und Sulpirid wurde ebenfalls eine PRL-Stimulation gemessen (unpublizierte Daten).

Die beim Menschen gesicherte neuroleptikabedingte PRL-Stimulation kann primär mit der DA-rezeptorblockierenden Wirkung dieser Präparate in Zusammenhang gebracht werden.

2.3.2.2 Zusammenfassung

Da von zahlreichen Autoren eine neuroleptikabedingte PRL-Stimulation gemessen werden konnte, kann bei der Einheitlichkeit der Befunde davon ausgegangen werden, daß die verschiedenen Neuroleptika zu einer PRL-Stimulation beim Menschen führen, was sowohl nach einmaliger als auch nach längerfristiger Verabreichung der Substanzen nachweisbar ist (z. B. nach Chlorpromazin, Prochlorpromazin, Trifluperazin, Perphenazin, Fluphenazin, Thiotixen und Haloperidol).

Erwähnenswert ist in diesem Zusammenhang, daß nach Sachar et al. (1976 a) und Langer et al. (1977 a) die Stärke der neuroleptikabedingten PRL-Stimulation im Zusammenhang mit der neuroleptischen Potenz dieser Substanzen gesehen werden kann.

Die beim Menschen gesicherte neuroleptikabedingte PRL-Stimulation kann primär mit der DA-rezeptorblockierenden Wirkung dieser Präparate in Zusammenhang gebracht werden, da die PRL-Sekretion auch beim Menschen einer dopaminerg vermittelten tonischen Inhibition unterliegt (del Pozo u. Lancranjan 1978; Martin et al. 1977).

2.3.3 Benzodiazepinderivate und PRL-Sekretion

Da in der Literatur vor der Durchführung der vorliegenden Untersuchungen sowohl bei Probanden als auch bei Patienten nach Gabe von Diazepam keine PRL-stimulierende Wirkung festgestellt werden konnte (Frantz et al. 1972; Noel et al. 1972; Wilson et al. 1979; Moerck u. Magelund 1979; Ajlouni u. El-Khateeb 1980), und auch mit Bromazepam (D'Armiento et al. 1981) keine PRL-Beeinflussung gemessen werden konnte, sollte der Frage nachgegangen werden, ob in der hier durchgeführten Untersuchung mit Diazepam ebenfalls keine Beeinflussung der PRL-Sekretion bei Probanden festgestellt werden kann.

2.3.3.1 Diazepam

Im Vergleich zu Placebo i. v. wurde die Wirkung von Diazepam 10 mg i. v. auf die PRL-Konzentration bei sechs männlichen Probanden untersucht.

Einzelwertkurven: Nach *Placebo i. v.* kommt es mit einer Ausnahme bei allen Probanden zu einem PRL-Abfall im Untersuchungszeitraum. Nach Gabe von *Diazepam 10 mg i. v.* kommt es bei vier von sechs Probanden zu leichten PRL-Anstiegen (Abb. 44).

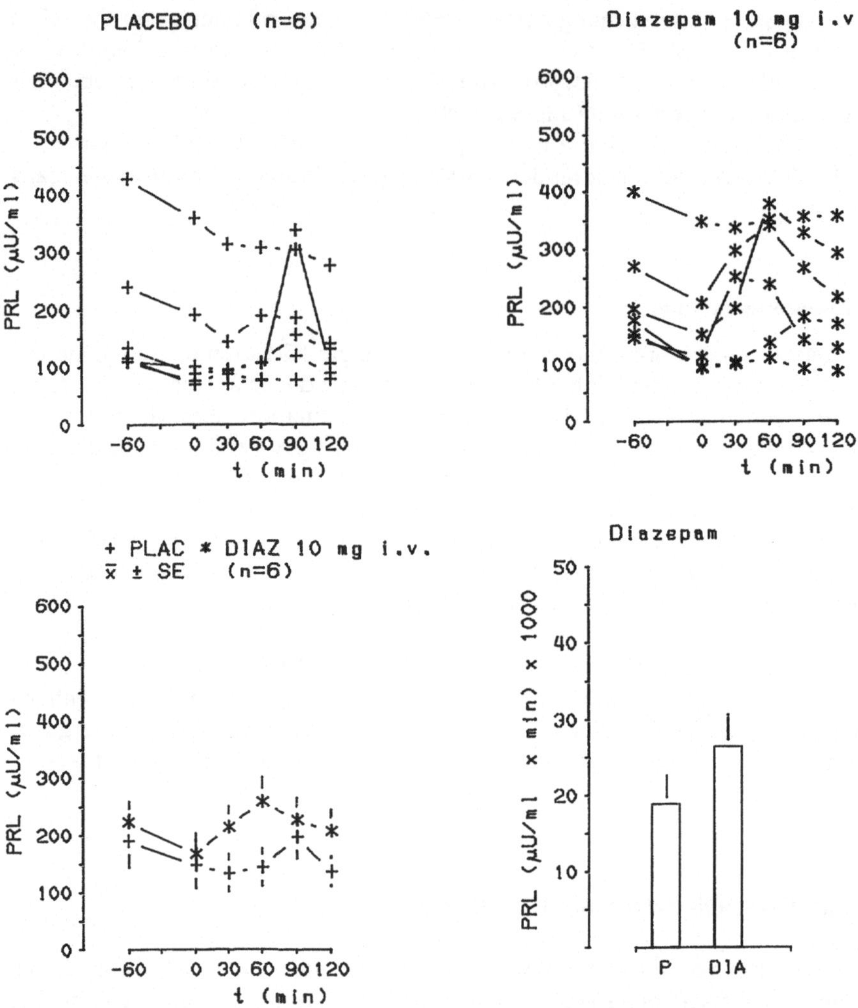

Abb. 44. PRL (μU/ml) nach Verabreichung von Placebo i. v. (n = 6) und Diazepam 10 mg i. v. (n = 6) und die dazugehörigen Mittelwertkurven ($\bar{x} \pm$ SE; μU/ml) und Flächenintegrale ($\bar{x} \pm$ SE; μU/ml · 120 min)

Mittelwertkurven: Im Vergleich zu *Placebo i. v.* (196.0 ± 42.1 μU/ml bei t = 90 min) ist nach *Diazepam 10 mg i. v.* (257.5 ± 47.1 μU/ml bei t = 60 min) eine leichte Erhöhung der mittleren PRL-Konzentration zu beobachten (Abb. 44).

Mittlere Flächenintegrale: Der Unterschied der AUCs nach *Placebo i. v.* und *Diazepam 10 mg i. v.* erweist sich im Student-t-Test als nicht signifikant (Placebo: 18870.0 ± 4062.4 μU/ml · 120 min; Diazepam: 26448.3 ± 4654.7 μU/ml · 120 min) (Abb. 44).

Die Untersuchung zeigt somit, daß nach Diazepam 10 mg i. v. bei Probanden keine signifikante Beeinflussung der PRL-Sekretion gemessen wird (Laakmann 1981; Laakmann et al. 1982 c).

2.3.3.2 Zusammenfassung

Die vorliegenden Untersuchungsergebnisse stehen im Einklang mit den Ergebnissen von Frantz et al. (1972), Noel et al. (1972), Wilson et al. (1979), Moerck u. Magelund (1979) und Ajlouni u. El-Khateeb (1980) und wurden von Shur et al. (1983) bestätigt.

Bromazepam beeinflußt nach D'Armiento et al. (1981) die PRL-Sekretion ebenfalls nicht, während Temazepam (Beary et al. 1983) eine PRL-Stimulation bewirkt.

Trotz dieser nicht einheitlichen Ergebnisse kann davon ausgegangen werden, daß Benzodiazepinderivate keine Beeinflussung der PRL-Sekretion beim Menschen hervorrufen. Zu der Untersuchung von Beary et al. (1983) ist zu bemerken, daß es bei dieser Untersuchung lediglich zu einem geringen PRL-Anstieg während der 5stündigen Untersuchung kam.

2.3.4 Diskussion

Die Untersuchung des Effekts verschiedener Psychopharmaka auf die PRL-Sekretion beim Menschen zeigt, daß ein Teil der Antidepressiva eine PRL-stimulierende, ein Teil eine PRL-inhibierende Wirkung hat. Neuroleptika erhöhen die PRL-Sekretion signifikant, und Benzodiazepinderivate haben keinen oder nur einen geringfügigen Effekt.

Die antidepressivabedingte PRL-Stimulation kann weitgehend im Zusammenhang mit der 5-HT-wiederaufnahmehemmenden Wirkung dieser Substanzen gesehen werden, wie die Untersuchungen mit CI, Indalpin, Fluoxetin, Imipramin zeigen. Wichtig in diesem Zusammenhang scheint zu sein, daß besonders nach i. v.-Applikation der Substanzen (DMI, CI, Indalpin) eine deutlich PRL-stimulierende Wirkung nachweisbar ist, wohingegen nach höheren Dosen, p. o. und i. m. appliziert, oft nur geringfügige PRL-stimulierende Wirkungen gemessen werden.

Die PRL-Stimulierung von DMI kann im Zusammenhang mit der 5-HT-wiederaufnahmehemmenden Wirkung der Substanz gesehen werden, da Methysergid, ein 5-HT-Rezeptorblocker, diese PRL-Stimulation unterdrückt (vgl. Punkt 3.2.1). Obwohl D-Oxaprotilin (selektiver NA-Wiederaufnahmehemmer) die PRL-Sekretion nicht beeinflußt, weisen Substanzen wie Benzepin, Dibenzepin und Nortriptylin (primär NA- und sekundär 5-HT-Wiederaufnahmehemmer) auf eine noradrenerge Beteiligung an der PRL-Stimulation hin. Die PRL-inhibierende Wirkung von NF (E. E. Müller et al. 1978; Laakmann et al. 1979) kann im Zusammenhang mit der DA-wiederaufnahmehemmenden Wirkung dieser Substanz gesehen werden und ist folglich als DA-agonistisch wirkend, ähnlich wie L-Dopa, Dopamin und Apomorphin, interpretierbar.

Betrachtet man aufgrund der erarbeiteten Ergebnisse die Wirkung von verschiedenen Substanzen aus den drei Psychopharmakagruppen hinsichtlich ihrer PRL-Sekretionsbeeinflussung, so wird folgendes sichtbar (Tabelle 19):

Besonders Antidepressiva mit stark 5-HT-wiederaufnahmehemmender Wirkung stimulieren die PRL-Sekretion (CI und Indalpin). DA-agonistisch wirkende Antidepressiva wie NF inhibieren die PRL-Sekretion. Selektiv NA-wiederaufnahmehemmende Substanzen beeinflussen die PRL-Sekretion nicht (D-Oxaprotilin). Eine Zwischenstellung nimmt DMI ein, das neben einer starken NA- auch eine 5-HT-Wiederaufnahmehemmung bewirkt und ebenfalls zu einer PRL-Stimulation führt.

Tabelle 19. Einfluß von Antidepressiva auf die Transmitteraufnahme, modifiziert nach Hyttel (siehe Tabelle 1), und der Einfluß der Psychopharmaka auf die PRL-Sekretion bei Probanden

NA	5-HT	DA				PRL
0.97	210	–*	DMI	25 mg	i. v.	++
			DMI	100 mg	p. o.	+
1.1	–*	–*	D-Oxa	75 mg	p. o.	o
–*	–*	–*	L-Oxa	75 mg	p. o.	o
6.6	830	48	NF	200 mg	p. o.	–
24	1.5	–*	CI	25 mg	i. v.	+++
			CI	100 mg	p. o.	+
–*	–*	600	BUP	100 mg	p. o.	o
–*	2.4	–*	IND	25 mg	i. v.	++
DA-Rezeptorenblocker			HAL	1 mg	i. v.	+++
			SULP	100 mg	i. v.	+++
GABA-Agonist			DIAZ	10 mg	p. o.	o
			DIAZ	10 mg	i. v.	o
			METAC	10 mg	p. o.	
			METAC	30 mg	p. o.	o

–* = IC50 über 1000 nM
+++ = ausgeprägte Stimulation
++ = mittlere Stimulation
\+ = leichte Stimulation
– = Hemmung
o = kein signifikanter Effekt

Neuroleptika führen zu einer starken PRL-Stimulation (z. B. Haloperidol), wohingegen Benzodiazepinderivate die PRL-Sekretion nicht oder nur geringfügig beeinflussen. Wie in Tabelle 19 dargestellt, kann die PRL-stimulierende Wirkung von Psychopharmaka primär mit ihrer Wirkung auf die 5-HT- und DA-Neuronen in Zusammenhang gebracht werden.

Es zeichnet sich in diesen Untersuchungen ab, daß anhand der PRL-stimulierenden Wirkung von Psychopharmaka Rückschlüsse auf zentralnervös serotonerge und dopaminerge Wirkungen der Substanzen möglich sind.

2.4 Einfluß von Psychopharmaka auf die Cortisol-ACTH-Sekretion

Die Beurteilung der HPA-Achse erscheint am besten durch die gleichzeitige Bestimmung von Cortisol und ACTH möglich, da ACTH die Cortisolfreisetzung bestimmt und Cortisol im Sinne eines negativen Feedbackmechanismus auf die ACTH-Sekretion einwirkt (Jones et al. 1972, 1983).

Obwohl ein Einfluß aminerger Neuronen auf die ACTH-Sekretion angenommen werden kann, ähnlich wie von anderen Hypophysenvorderlappenhormonen (HVL), besteht keine einheitliche Theorie über die Wirkung monoaminerger Neuronen auf die ACTH-Sekretion.

Vor Durchführung der vorliegenden Untersuchung über die Wirkung von Psychopharmaka auf die Cortisol-ACTH-Sekretion beim Menschen waren nur wenige Untersuchungsbefunde bekannt.

Nach Gabe des Antidepressivums Zimelidin fanden Syvälahti et al. (1979 a) eine geringfügige Cortisolerhöhung, während Alagna u. Masala (1979) nach Gabe von NF keinen Effekt auf die Cortisolsekretion nachweisen konnten. Neuroleptika wie Haloperidol bewirken nach Balestreri et al. (1979) eine Cortisolerhöhung.

Nach Gabe des Benzodiazepinderivats Temazepam fanden Beary et al. (1983) bei Frauen einen signifikanten Abfall der Cortisolsekretion im Vergleich zu Placebo.

Im Rahmen der vorliegenden Arbeit wurde die Wirkung von mehreren Antidepressiva, Neuroleptika und Benzodiazepinderivaten auf die Cortisol-ACTH-Sekretion bei Probanden untersucht.

Es sollte zunächst untersucht werden, ob die unterschiedlich wirkenden Psychopharmaka einen unterschiedlichen Effekt auf die Cortisol-ACTH-Sekretion haben. Nachdem in einzelnen Untersuchungen eine Cortisolstimulation gezeigt werden konnte, wurde der Frage nachgegangen, ob dieser Effekt mit einer ACTH-Stimulation einhergeht, und ob die antidepressivabedingte Cortisolstimulation durch unterschiedlich wirkende Antidepressiva unterschiedlich beeinflußt wird.

Als erstes wurde die Cortisolkonzentration bestimmt, deren Ermittlung labortechnisch weniger aufwendig ist als die Ermittlung der ACTH-Konzentration. Die ACTH-Konzentration wurde zu einem späteren Zeitpunkt bei einem Teil der Untersuchungen zusätzlich bestimmt.

2.4.1 Antidepressiva und Cortisol-ACTH-Sekretion

Mit Ausnahme der Arbeiten von Syvälahti et al. (1979 a) und Alagna u. Masala (1979) lag vor den hier durchgeführten Untersuchungen keine Mitteilung über den Effekt von Antidepressiva auf die Cortisol-ACTH-Sekretion bei Probanden vor. Syvälahti et al. (1979 a) untersuchten die Wirkung von Zimelidin 200 mg p. o. auf die Cortisolsekretion bei Probanden und fanden nur einen geringfügigen Cortisolanstieg im Vergleich zu Placebo. Alagna u. Masala (1979) fanden nach Applikation von Nomifensin 200 mg p. o. bei zwölf Probanden während einer 6stündigen Meßzeit keinen Einfluß auf die Cortisolsekretion.

2.4.1.1 Desipramin (DMI)

Zur Klärung der Frage, ob beim Menschen mit Hilfe eines Noradrenalin-(NA)-wiederaufnahmehemmenden Antidepressivums die Beeinflussung der Cortisolkonzentration möglich ist, wurde die Wirkung von DMI 75 mg i. m. auf die Cortisol- und ACTH-Sekretion im Vergleich zu Placebo i. m. bei fünf männlichen Probanden untersucht.

Einzelwertkurven: Vor Gabe der Untersuchungssubstanzen (t = –60 bis 0 min) kommt es in beiden Gruppen zu einem starken Cortisolabfall, der sich nach Gabe von *Placebo i. m.* weiter fortsetzt.
Nach *DMI 75 mg i. m.* ist ein deutlicher Cortisolanstieg (zwischen 20.4 und 35.3 μg/100 ml bei t = 60 und 90 min) bei allen Probanden zu beobachten (Abb. 45).

Mittelwertkurven: Gegenüber dem weiteren Abfall der Werte nach *Placebo i. m.* (10.2 ± 1.8 μg/100 ml bei t = 60 min) ist nach *DMI 75 mg i. m.* ein deutlicher Cortisolanstieg mit einem Maximum von 25.9 ± 1.6 μg/100 ml bei t = 60 min zu beobachten (Abb. 45).

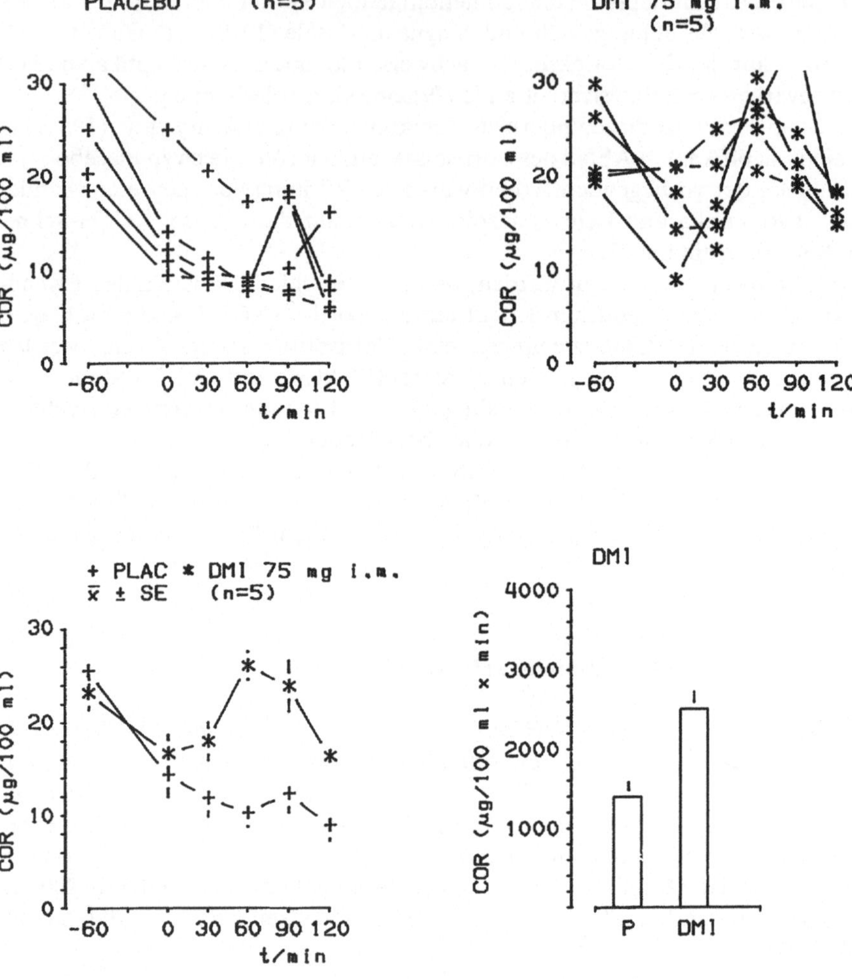

Abb. 45. Cortisol (µg/100 ml) nach Verabreichung von Placebo i. m. (n = 5) und DMI 75 mg i. m. (n = 5) und die dazugehörigen Mittelwertkurven (x̄ ± SE; µg/100 ml) und Flächenintegrale (x̄ ± SE; µg/100 ml · 120 min)

Mittlere Flächenintegrale: Die AUCs nach *Placebo i. m.* (1396.8 ± 206.5 µg/100 ml · 120 min) und nach *DMI 75 mg i. m.* (2511.4 ± 235.1 µg/100 ml · 120 min) unterscheiden sich im Student-t-Test statistisch hochsignifikant ($p \leq 0.01$) (Abb. 45).

Diese Untersuchung zeigt, daß es nach Verabreichung von DMI 75 mg i. m. bei den Probanden zu einem signifikanten Anstieg der Cortisolkonzentration kommt (Laakmann et al. 1985).

ACTH-Sekretion nach Gabe von DMI

Zur Klärung der Frage, ob die DMI-induzierte Cortisolstimulation auf eine ACTH-Sekretionserhöhung zurückzuführen ist und somit als zentralnervöser Effekt von DMI gewertet werden kann, wurde bei sechs männlichen Probanden nach Gabe von Placebo i. v. und bei weiteren sechs Probanden nach Gaben von DMI 50 mg i. v. neben der Cortisol- die ACTH-Konzentration im Serum bestimmt.

Einzelwertkurven: Die ACTH-Konzentration nach *Placebo i. v.* ist bei allen sechs Probanden während des Untersuchungszeitraums weitgehend stabil.
Nach *DMI 50 mg i. v.* kommt es bei drei Probanden zu leichten Anstiegen, bei drei Probanden zu einem deutlichen Anstieg der ACTH-Konzentration (Abb. 46).
Die Deltacortisol- und ACTH-Werte korrelieren hoch miteinander (r = 0.93).

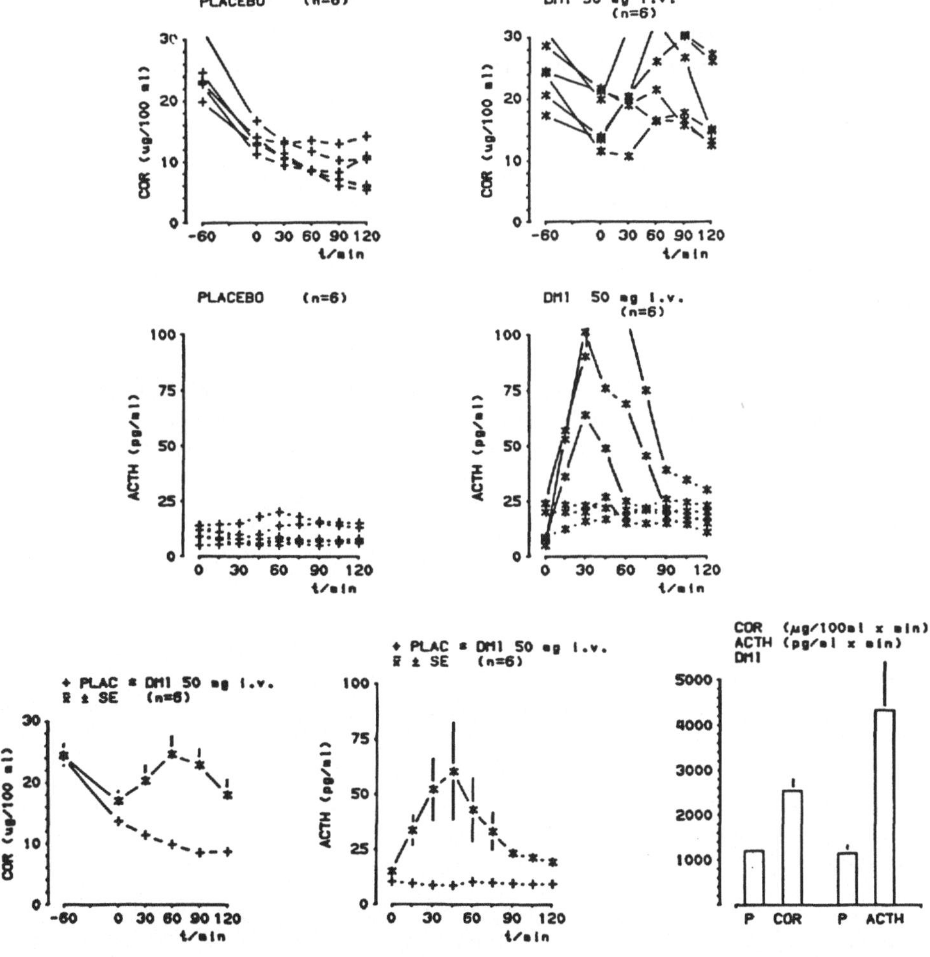

Abb. 46. Cortisol (µg/100 ml) und ACTH (pg/ml) nach Verabreichung von Placebo i. v. (n = 6) und DMI 50 mg i. v. (n = 6) und die dazugehörigen Mittelwertkurven (x̄ ± SE; µg/100 ml; pg/ml) und Flächenintegrale (x̄ ± SE; µg/100 ml · 120 min; pg/ml · 120 min)

Mittelwertkurven: Nach *Placebo i. v.* fällt die mittlere *Cortisol*konzentration im Untersuchungszeitraum weiter ab, die *ACTH*-Konzentration bleibt auf dem Ausgangsniveau.
Nach *DMI 50 mg i. v.* erreicht die *Cortisol*konzentration ihr Maximum bei t = 60 min (24.4 ± 3.2 μg/100 ml).
Im Vergleich hierzu ist das Maximum der *ACTH*-Konzentration bereits bei t = 45 min (60.7 ± 24.2 pg/ml) erreicht (Abb. 46).

Mittlere Flächenintegrale: Die AUC von ACTH und Cortisol nach *DMI 50 mg i. v.* und *Placebo i. v.* unterscheiden sich im Student-t-Test signifikant ($p \leq 0.05$; *ACTH* nach Placebo: 1153.3 ± 199.5 pg/ml · 120 min; nach DMI: 4345.8 ± 1166.8 pg/ml · 120 min; *Cortisol* nach Placebo: 1207.6 ± 95.2 μg/100 ml · 120 min; nach DMI: 2545.7 ± 281.2 μg/100 ml · 120 min; Laakmann et al. 1984 b) (Abb. 46).

Das Untersuchungsergebnis ergibt anhand der Einzel- und Mittelwertkurven und der Flächenintegrale eine deutliche DMI-bedingte Cortisol- und ACTH-Stimulation.

Die hohe Korrelation zwischen ACTH- und darauffolgendem Cortisolanstieg zeigt, daß die DMI-induzierte Cortisolstimulation ACTH-abhängig ist und als zentralnervöse Wirkung von DMI interpretiert werden kann (Laakmann et al. 1984 b).

Dosisabhängigkeit der DMI-induzierten Cortisolstimulation

Die Frage einer eventuellen Dosisabhängigkeit der DMI-induzierten Cortisolstimulation wurde bei sechs männlichen Probanden, denen Placebo i. v. im Vergleich zu DMI in steigender Dosierung (5, 15, 25, 50 und 75 mg i. v.) gegeben wurde, untersucht. Pro Untersuchungstag wurde den Probanden jeweils eine der Substanzen in jeweils einer Dosierung appliziert. Zwischen den einzelnen Untersuchungen lag mindestens eine Woche.

Einzelwertkurven: Sowohl bei den Placebo- als auch bei den Verumuntersuchungen kommt es vor Gabe der Substanz (t = –60 und 0 min) zu einem Abfall der Cortisolkonzentration.
Nach Gabe von *Placebo i. v.* kommt es lediglich bei zwei Probanden zwischen t = 90 und t = 120 min zu einer geringfügigen Cortisolstimulation.
Nach *DMI 5 mg i. v.* zeigen sich ebenfalls leichte Cortisolerhöhungen.
Nach *DMI 15 mg i. v.* und *DMI 25 mg i. v.* kommt es bei fünf Probanden zu einer Cortisolerhöhung.
Nach *DMI 50 mg i. v.* und *DMI 75 mg i. v.* ist eine Cortisolerhöhung bei allen Probanden deutlich nachweisbar (Abb. 47).

Mittelwertkurven: In allen Gruppen zeigt sich vor Applikation der Untersuchungssubstanz ein Cortisolkonzentrationsabfall, mit vergleichbaren Werten zum Zeitpunkt t = 0 min.
Nach *Placebo i. v.* sinkt die Cortisolkonzentration bei vier der sechs Probanden weiter ab.
Nach Gabe von *DMI* kommt es zu einer dosisabhängigen Cortisolstimulation, deren Maxima bei t = 60 min liegen (Abb. 48, Tabelle 20).

Mittlere Flächenintegrale: Die AUCs erweisen sich in der einfaktoriellen Varianzanalyse für wiederholte Messungen als hochsignifikant unterschiedlich ($F = 12.12$, $df = 2, 12$, epsilonkorrigiert; $p \leq 0.01$).

Der Vergleich der AUCs der verschiedenen Dosierungen gegenüber Placebo mit Hilfe des Student-t-Tests (Korrektur für multiple t-Tests nach Bonferoni [Holm 1979]) zeigt, daß ab einer Dosis von *DMI 15 mg i. v.* ein signifikanter Unterschied gegenüber Placebo nachzuweisen ist ($p \leq 0.05$) (Abb. 48, Tabelle 20).

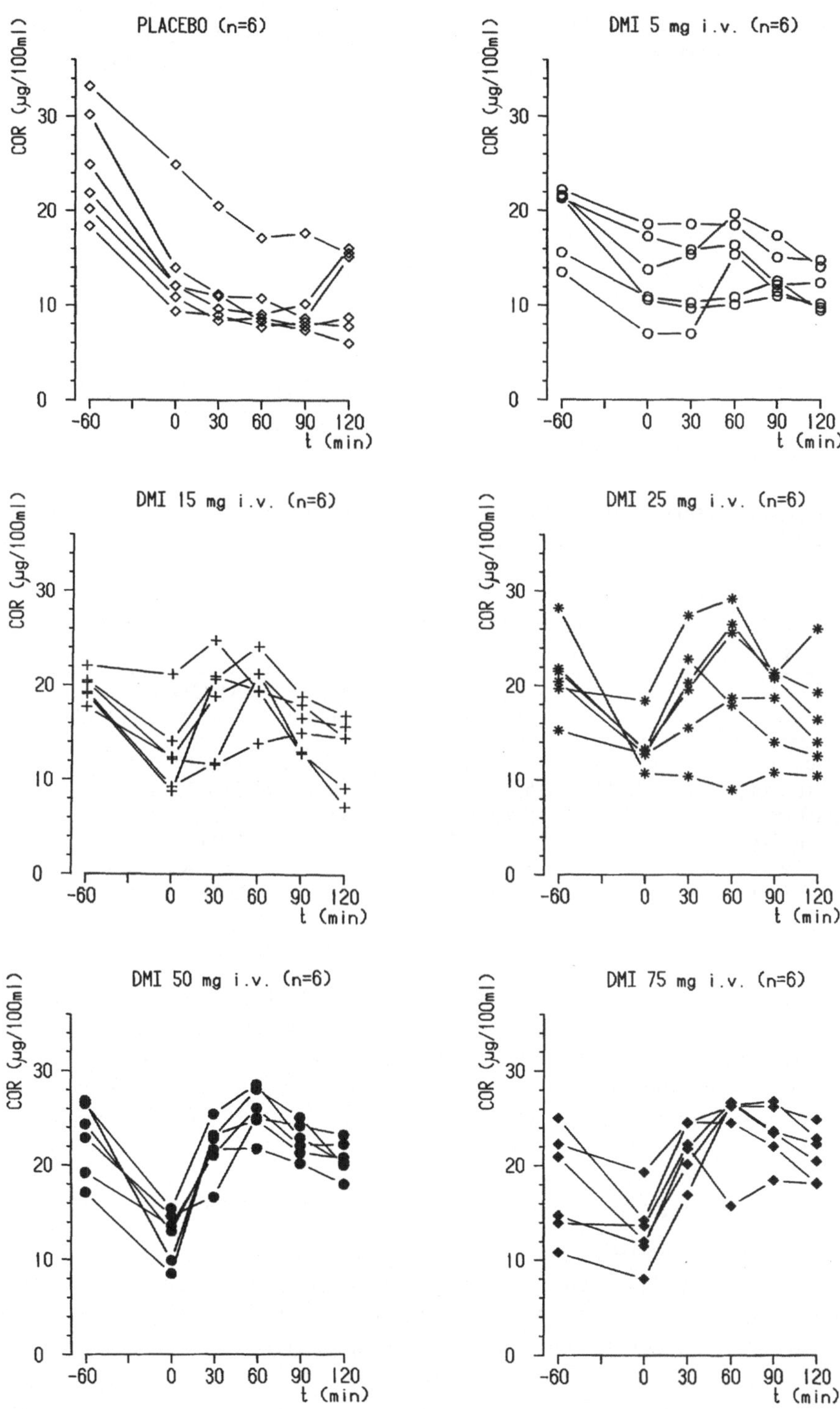

Abb. 47. Cortisol (µg/100 ml) nach Verabreichung von Placebo i. v., DMI 5, 15, 25, 50 und 75 mg i. v. (n = 6)

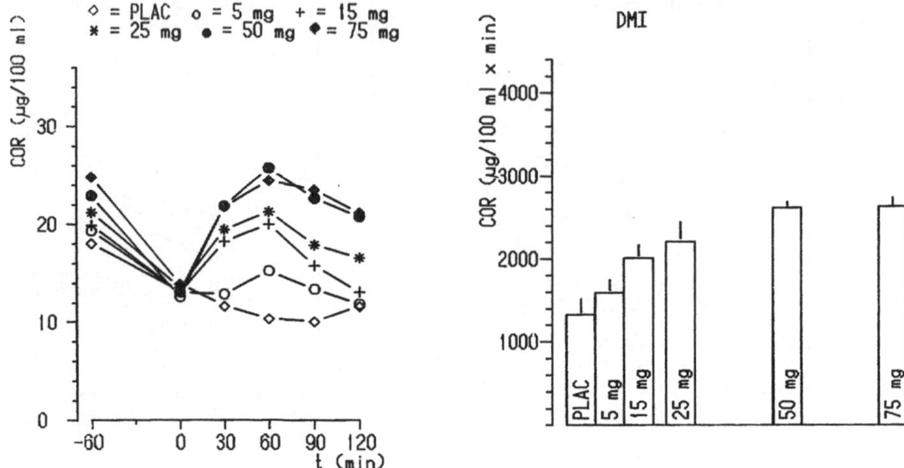

Abb. 48. Cortisol ($\bar{x} \pm$ SE; µg/100 ml) nach Verabreichung von Placebo i.v., DMI 5, 15, 25, 50 und 75 mg i. v. (n = 6) und die dazugehörigen Flächenintegrale ($\bar{x} \pm$ SE; µg/100 ml · 120 min)

Tabelle 20. Cortisolwerte ($\bar{x}$ und AUC) nach Gabe von Placebo und DMI 5, 15, 25, 50 und 75 mg i. v. (n = 6)

	$\bar{x} \pm$ SE (µU/100 ml)	t (min)	AUC / $\bar{x} \pm$ SE (µg/100 ml · 120 min)
Placebo	10.3 ± 1.4	60	1326.8 ± 195.1
DMI 5 mg	15.2 ± 1.6	60	1596.3 ± 155.1
DMI 15 mg	19.9 ± 1.4	60	2012.7 ± 152.7
DMI 25 mg	21.1 ± 3.0	60	2206.7 ± 238.2
DMI 50 mg	25.6 ± 1.0	60	2615.8 ± 67.9
DMI 75 mg	24.3 ± 1.8	60	2631.8 ± 105.7

Das Untersuchungsergebnis weist eine Dosisabhängigkeit der DMI-induzierten Cortisolstimulation nach, die substanzbedingt ist. Auch bei zunehmenden Nebenwirkungen in den höheren Dosierungen (DMI 50 und 75 mg i. v.) ist keine zusätzliche Cortisolstimulation meßbar, so daß die Nebenwirkungen als unspezifischer Streß angesehen werden können, deren Effekt sich nicht in der Cortisolkonzentration niederschlägt (Laakmann et al. 1985).

Reproduzierbarkeit der DMI-induzierten Cortisol-Stimulation

Einer Gruppe von sechs männlichen Probanden wurde am 1. und am 2. Untersuchungstag jeweils DMI 75 mg i. m. verabreicht. Eine zweite Gruppe von zwölf männlichen Probanden erhielt am 1. und am 2. Untersuchungstag jeweils DMI 50 mg i. v. Zwischen den einzelnen Untersuchungen lag mindestens eine Woche.

Einzelwertkurven: Vor Gabe der Untersuchungssubstanzen zeigen alle Probanden (mit einer Ausnahme) einen deutlichen Abfall der Cortisolkonzentration.
Nach Gabe von *DMI 75 mg i. m.* kommt es nach der ersten Applikation zu einem Cortisolanstieg zwischen 15.3 und 23.5 μg/100 ml und nach der zweiten zwischen 11.8 und 24.7 μg/100 ml (jeweils bei t = 60 min) (Abb. 49).
Nach Gabe von *DMI 50 mg i. v.* liegt nach der ersten Applikation der Cortisolanstieg zwischen 13.4 und 24.3 μg/100 ml und nach der zweiten zwischen 12.8 und 27.0 μg/100 ml (jeweils bei t = 60 min) (Abb. 50).

Mittelwertkurven: Die Kurvenverläufe überlappen sich sowohl nach DMI 75 mg i. m. wie nach DMI 50 mg i. v. weitgehend, wobei folgende Maximalwerte erreicht werden:

DMI 75 mg i. m.:

Erstapplikation: 16.7 ± 2.3 μg/100 ml bei t = 60 min;
Zweitapplikation: 17.8 ± 2.0 μg/100 ml bei t = 60 min; (Abb. 49);

DMI 50 mg i. v.:

Erstapplikation: 19.4 ± 0.9 μg/100 ml bei t = 60 min;
Zweitapplikation: 20.6 ± 1.2 μg/100 ml bei t = 60 min (Abb. 50).

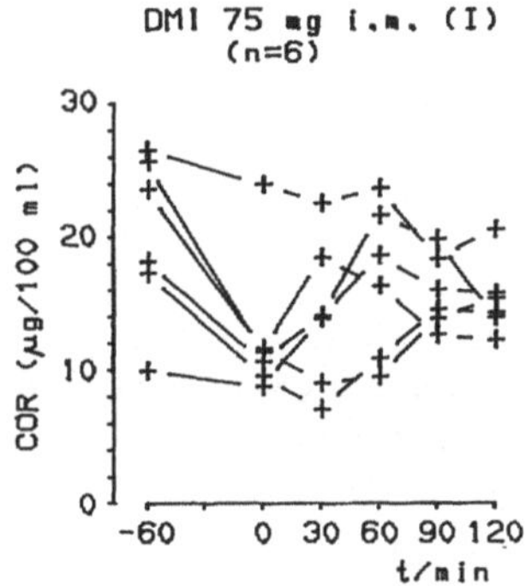

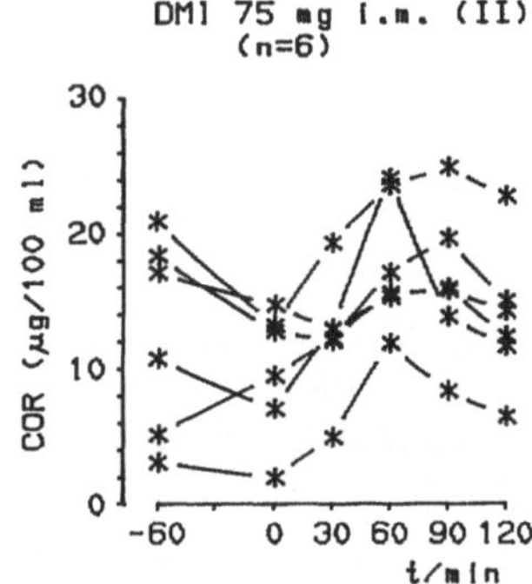

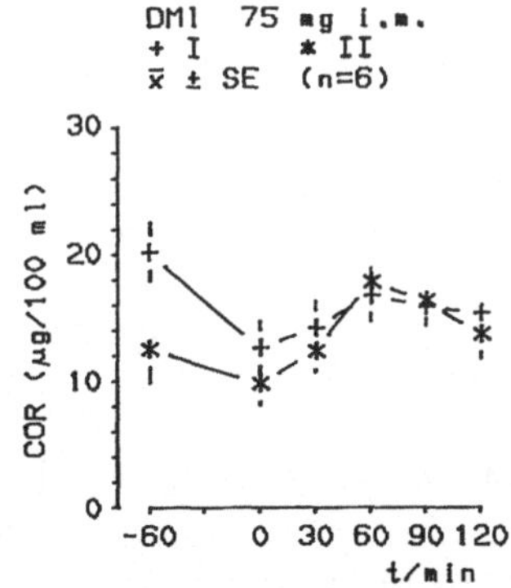

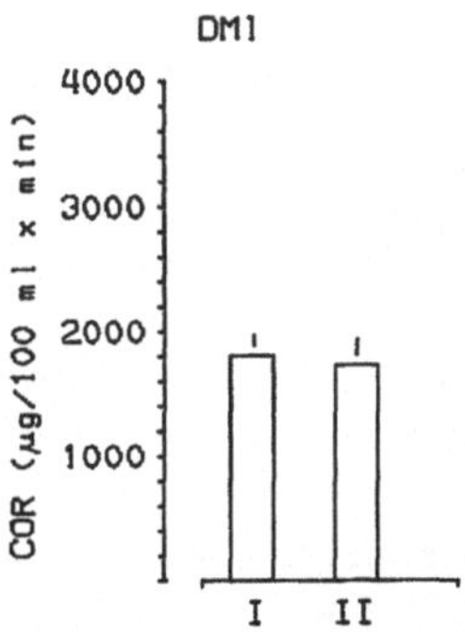

Abb. 49. Cortisol (μg/100 ml) nach DMI 75 mg i. m. am 1. Untersuchungstag (I) und am 2. Untersuchungstag (II) (n = 6) und die dazugehörigen Mittelwertkurven (x̄ ± SE; μg/100 ml) und Flächenintegrale (x̄ ± SE; μg/100 ml · 120 min)

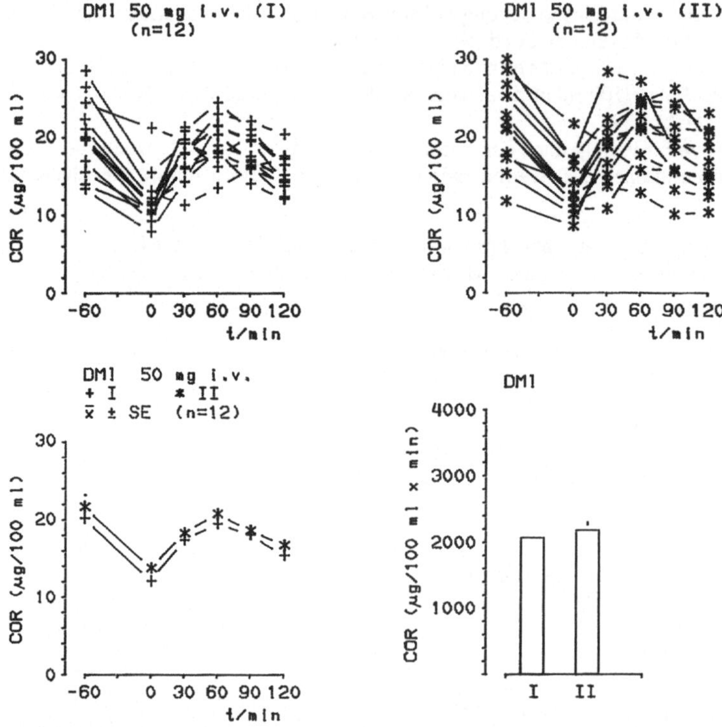

Abb. 50. Cortisol (µg/100 ml) nach DMI 50 mg i. v. am 1. Untersuchungstag (I) und am 2. Untersuchungstag (II) (n = 12) und die dazugehörigen Mittelwertkurven ($\bar{x}$ ± SE; µg/100 ml) und Flächenintegrale ($\bar{x}$ ± SE; µg/100 ml · 120 min)

Mittlere Flächenintegrale: Die AUCs der Erst- und Zweitapplikation sind nach DMI 75 mg i. m. und DMI 50 mg i. v. nahezu identisch und erweisen sich im Student-t-Test als statistisch nicht signifikant unterschiedlich:

DMI 75 mg i. m.:

Erstapplikation: 1807.1 ± 184.6 µg/100 ml · 120 min;
Zweitapplikation: 1734.3 ± 226.2 µg/100 ml · 120 min (Abb. 49);

DMI 50 mg i. v.:

Erstapplikation: 2072.4 ± 69.8 µg/100 ml · 120 min;
Zweitapplikation: 2183.9 ± 127.7 µg/100 ml · 120 min (Abb. 50).

Diese Ergebnisse erlauben den Schluß, daß die mittlere DMI-induzierte Cortisolstimulation sowohl nach DMI 75 mg i. m. als auch nach DMI 50 mg i. v. reproduzierbar ist.

Zusammenfassend zu den Untersuchungen der Cortisol- und ACTH-Stimulation durch DMI kann gesagt werden, daß DMI zu einer zuverlässigen Cortisol- und ACTH-Stimulation führt (Laakmann et al. 1984 b), die dosisabhängig (Laakmann et al. 1985) und reproduzierbar ist. Weiter konnte gezeigt werden, daß die DMI-induzierte Cortisolstimulation ACTH-abhängig ist und somit auf einen zentralnervösen Effekt von DMI zurückgeführt werden kann.

2.4.1.2 Clomipramin (CI)

Zur Bearbeitung der Frage, ob Clomipramin, ein primär 5-HT-wiederaufnahmehemmendes Antidepressivum, ebenfalls zu einer Cortisolstimulation führt, wurde bei sechs männlichen Probanden die Wirkungen von Placebo i. v., und CI in steigender Dosierung (5, 15 und 25 mg i. v.) auf die Cortisolsekretion untersucht. Pro Untersuchungstag wurde den Probanden jeweils eine der Substanzen in jeweils einer Dosierung appliziert. Zwischen den einzelnen Untersuchungen lag mindestens eine Woche.

Einzelwertkurven: Auch in dieser Untersuchung fällt die Cortisolkonzentration unter *Placebo* während des gesamten Untersuchungszeitraums ab.
Nach *CI 5 mg i. v.* kommt es bei vier der sechs Probanden zu einer Cortisolerhöhung, nach *CI 15 mg i. v.* ebenfalls bei vier Probanden und nach *CI 25 mg i. v.* bei fünf Probanden (Abb. 51).

Mittelwertkurven: Zwischen den Zeitpunkten t = –60 und t = 0 min fallen die Cortisolkonzentrationen deutlich ab. Im weiteren Verlauf kommt es nach *Placebo i. v.* zu einem kontinuierlichen weiteren Abfall, wohingegen nach *CI 5, 15 und 25 mg i. v.* ein dosisabhängiger Anstieg mit einem Maximum bei t = 60 min zu beobachten ist (Abb. 51, Tabelle 21).

Mittlere Flächenintegrale: Die AUCs nach den vier Behandlungsbedingungen unterscheiden sich in der einfaktoriellen Varianzanalyse für wiederholte Messungen statistisch signifikant ($F = 6.71$, $df = 2, 11$, epsilonkorrigiert; $p \leq 0.05$).
Der Vergleich der AUC der verschiedenen Dosierungen gegenüber Placebo mit Hilfe des Student-t-Tests (Korrektur für multiple t-Tests nach Bonferoni [Holm 1979]) zeigt, daß bei einer Dosis von *CI 25 mg i. v.* ein signifikanter Unterschied in den Cortisolflächenintegralen gegenüber Placebo nachzuweisen ist ($p \leq 0.05$) (Abb. 51, Tabelle 21).
Bei vier der sechs Probanden, die CI 15 mg i. v. appliziert bekamen, konnte die *ACTH*-Konzentration bestimmt werden, die bei allen eine Stimulation mit Maximalwerten zwischen 8.0 und 34.0 pg/ml zeigt (t = 45 min).

Diese Untersuchungen zeigen, daß es nach CI, ähnlich wie nach DMI, zu einer dosisabhängigen Stimulation der Cortisolsekretion kommt. Außerdem konnte nach Applikation von CI 15 mg i. v. eine ACTH-Stimulation gemessen werden. Es läßt sich allerdings nicht klar ausschließen, daß die subjektiv empfundenen Nebenwirkungen nach CI 15 und 25 mg i. v. (s. Kapitel 2.2.1.2) als zusätzlicher Streß einen additiven Effekt auf die Cortisolstimulation haben.

Somit zeigen sowohl das primär NA-wiederaufnahmehemmende Antidepressivum DMI als auch das primär 5-HT-wiederaufnahmehemmende Antidepressivum CI eine cortisolstimulierende Wirkung (Laakmann et al. 1984 b).

2.4.1.3 L- und D-Oxaprotilin

L-Oxaprotilin

In der Untersuchung des Effekts von L-Oxaprotilin auf die Cortisolsekretion wurde fünf männlichen Probanden Placebo im Vergleich zu L-Oxaprotilin in steigender Dosierung (75, 150, 225 und 300 mg p. o.) verabreicht. Pro Untersuchungstag wurde den Probanden jeweils eine der Substanzen in jeweils einer Dosierung appliziert. Zwischen den einzelnen Untersuchungen lag mindestens eine Woche.

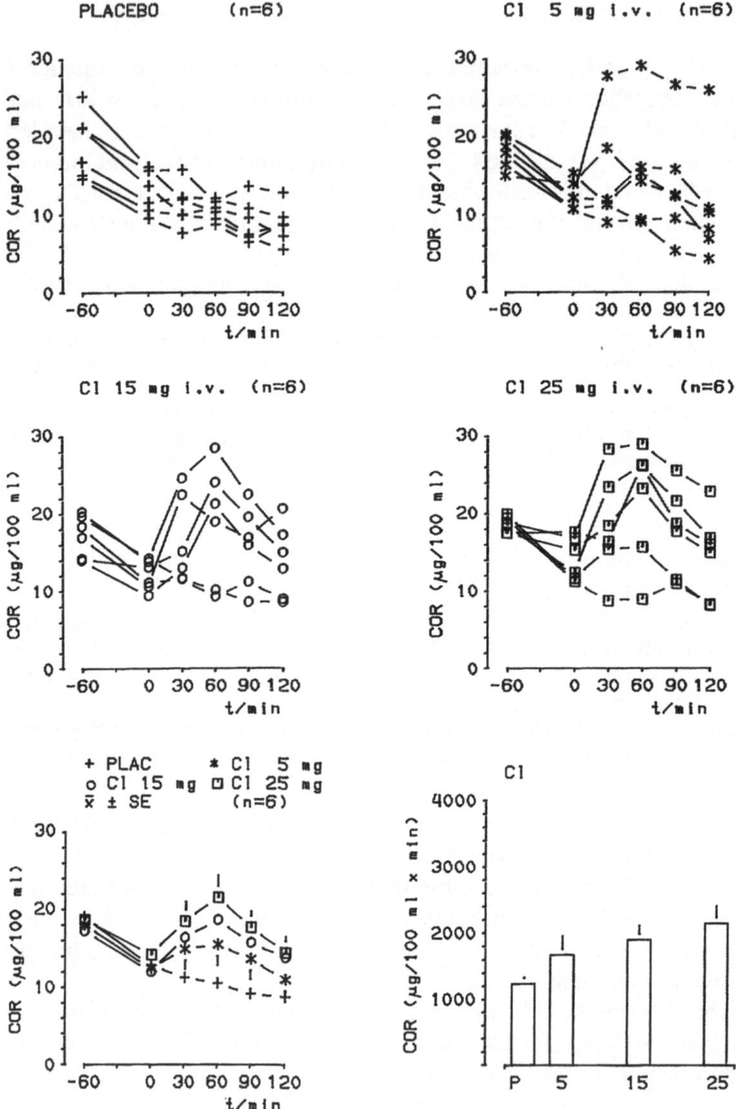

Abb. 51. Cortisol (µg/100 ml) nach Verabreichung von Placebo i. v., CI 5, 15 und 25 mg i. v. (n = 6) und die dazugehörigen Mittelwertkurven ($\bar{x} \pm$ SE; µg/100 ml) und Flächenintegrale ($\bar{x}$ $\pm$ SE; µg/100 ml · 120 min)

Einzelwertkurven: Die Cortisolbasalwerte bei t = –60 min liegen im vormittäglichen Normbereich (8 Uhr ± 30 min) mit einem Abfall bis t = 0 min.
Nach *Placebo p. o.* zeigt sich mit zwei Ausnahmen ein weiterer geringfügiger Abfall der Cortisolkonzentration während des gesamten Untersuchungszeitraums.
Nach *L-Oxaprotilin 75 mg p. o.* wurde der Abfall der Cortisolkonzentration bei allen Probanden gemessen.

Nach *L-Oxaprotilin 150, 225 und 300 mg p. o.* kommt es jeweils bei einem Probanden zu einem Cortisolanstieg, die anderen zeigen dagegen ebenfalls einen Konzentrationsabfall (Abb. 52).

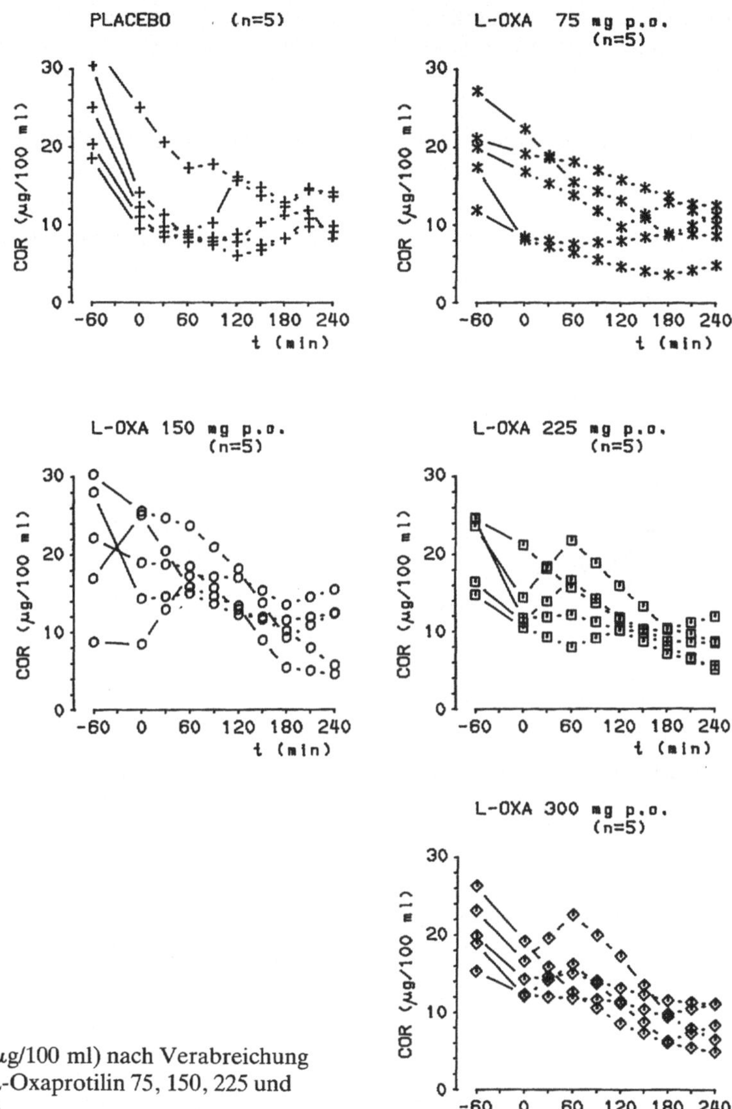

Abb. 52. Cortisol (μg/100 ml) nach Verabreichung von Placebo p. o., L-Oxaprotilin 75, 150, 225 und 300 mg p. o. (n = 5)

Tabelle 21. Cortisolwerte ($\bar{x}$ und AUC) nach Gabe von Placebo und CI 5, 15, und 25 mg i. v. (n = 6)

	$\bar{x} \pm$ SE (μg/100 ml)	t (min)	AUC / $\bar{x} \pm$ SE (μg/100 ml · 120 min)
Placebo i. v.	11.2 ± 1.1	60	1236.5 ± 110.0
CI 5 mg i. v.	15.4 ± 3.0	60	1679.0 ± 310.8
CI 15 mg i. v.	18.6 ± 3.1	60	1905.2 ± 239.2
CI 25 mg i. v.	21.4 ± 3.1	60	2150.0 ± 286.6

Mittelwertkurven: Der mittlere Kurvenverlauf nach *Placebo p. o.* ist gekennzeichnet durch einen Abfall bis zum Zeitpunkt t = 60 min und bleibt dann weitgehend konstant. Die Mittelwertkurven nach *L-Oxaprotilin 75, 150, 225 und 300 mg p. o.* liegen höher als nach Placebo p. o. mit der höchsten Konzentration nach L-Oxaprotilin 150 mg p. o. (Abb. 53, Tabelle 22).

Mittlere Flächenintegrale: Die AUCs nach *Placebo p. o.* und *L-Oxaprotilin 75, 150, 225 und 300 mg p. o.* erweisen sich in der einfaktoriellen Varianzanalyse für wiederholte Messungen als statistisch nicht signifikant unterschiedlich (F = 1.31, df = 4, 16) (Abb. 53, Tabelle 22).

Dieses Untersuchungsergebnis zeigt, daß L-Oxaprotilin, appliziert in steigenden Einzeldosen, keinen Einfluß auf die Cortisolkonzentration bei Probanden während eines 240minütigen Untersuchungszeitraums hat.

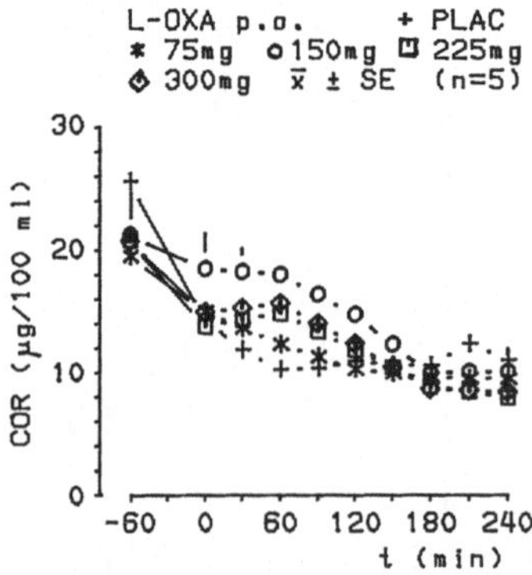

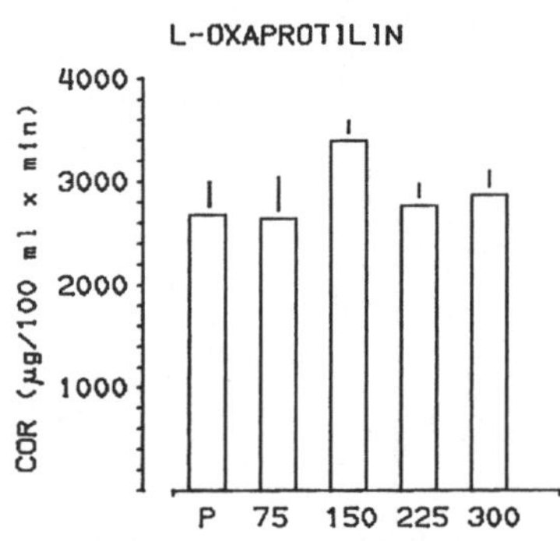

Abb. 53. Cortisol (x̄ ± SE; µg/100 ml) nach Verabreichung von Placebo p. o., L-Oxaprotilin 75, 150, 225 und 300 mg p. o. (n = 5) und die dazugehörigen Flächenintegrale (x̄ ± SE; µg/100 ml · 240 min)

Tabelle 22. Cortisolwerte (x̄ und AUC) nach Gabe von Placebo und L-Oxaprotilin 75, 150, 225 und 300 mg p. o. (n = 5)

	x̄ ± SE (µg/100 ml)	t (min)	AUC / x̄ ± SE (µg/100 ml · 240 min)
Placebo	10.2 ± 1.8	60	2677.2 ± 355.9
L-Oxa 75 mg	12.2 ± 2.3	60	2642.6 ± 447.4
L-Oxa 150 mg	17.9 ± 1.5	60	3395.8 ± 221.5
L-Oxa 225 mg	14.7 ± 2.3	60	2769.4 ± 230.1
L-Oxa 300 mg	15.2 ± 1.2	60	2872.3 ± 263.9

D-Oxaprotilin

In die Untersuchung über die Wirkung von D-Oxaprotilin auf die Cortisolkonzentration wurden sechs männliche Probanden einbezogen, die Placebo p. o. bekamen und D-Oxaprotilin in steigender Dosierung (12.5, 25, 50 und 75 mg p. o.) appliziert bekamen. Pro Untersuchungstag wurde den Probanden jeweils eine der Substanzen in jeweils einer Dosierung verabreicht. Zwischen den einzelnen Untersuchungen lag mindestens eine Woche.

Einzelwertkurven: Bei allen Probanden, die *Placebo p.o ., D-Oxaprotilin 12.5, 25, 50 und 75 mg p. o.* einnahmen, liegen die Cortisolausgangswerte bei allen Untersuchungen im Normbereich. Ausnahmslos ist ein Abfall der Cortisolkonzentration zwischen t = –60 und t = 0 min zu beobachten.

Nach *Placebo p. o.* und *D-Oxaprotilin 12.5 und 25 mg p. o.* zeigt jeweils ein Proband einen Cortisolanstieg, nach *D-Oxaprotilin 50 mg p. o.* ist bei allen ein leichter Anstieg zu registrieren. Noch deutlicher wird die Erhöhung der Cortisolkonzentration nach *D-Oxaprotilin 75 mg p. o.*. Fünf Probanden zeigen etwa 180–210 min nach Einnahme der Substanz eine unterschiedlich starke Cortisolerhöhung (Abb. 54).

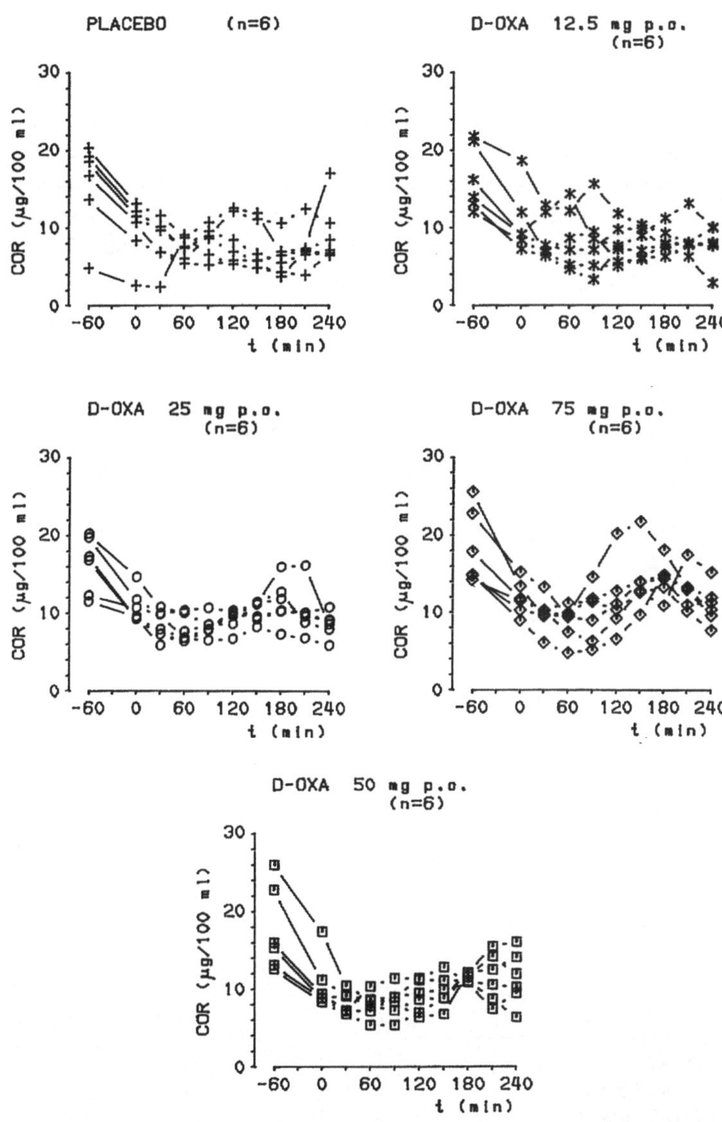

Abb. 54. Cortisol (μg/100 ml) nach Verabreichung von Placebo p. o., D-Oxaprotilin 12.5, 25, 50 und 75 mg p. o. (n = 6)

Mittelwertkurven: Die mittleren Kurvenverläufe ab einer Dosierung von *D-Oxaprotilin 25 mg p. o.* sind gekennzeichnet durch eine deutliche Erhöhung der Cortisolkonzentration mit einem Maximum bei t = 180 min (Abb. 55, Tabelle 23).

Mittlere Flächenintegrale: Die AUCs nach den verschiedenen Applikationen erweisen sich in der einfaktoriellen Varianzanalyse für wiederholte Messungen als statistisch signifikant unterschiedlich ($F = 7.44$, $df = 1, 5$, epsilonkorrigiert; $p \leq 0.05$).
Der Vergleich der AUCs der verschiedenen Dosierungen gegenüber Placebo mit Hilfe des Student-t-Tests (Korrektur für multiple t-Tests nach Bonferoni [Holm 1979]) zeigt, daß ab *D-Oxaprotilin 75 mg p. o.* ein signifikanter Unterschied in den Cortisolflächenintegralen gegenüber Placebo nachzuweisen ist ($p \leq 0.01$) (Abb. 55, Tabelle 23).

Somit wird deutlich, daß D-Oxaprotilin in den hier verabreichten Dosierungen im Gegensatz zu L-Oxaprotilin eine dosisabhängige Cortisolstimulation bewirkt.

Da besonders unter D-Oxaprotilin 75 mg p. o. von allen Probanden subjektive Nebenwirkungen (vgl. Abschnitt 2.2.1.4) angegeben wurden, kann diese D-oxaprotilinbedingte Cortisolstimulation teilweise durch Nebenwirkungen bzw. Streß bedingt sein. Bei dieser Interpretation bleibt es allerdings offen, wieso es bereits nach D-Oxaprotilin 25 mg p. o. zu Cortisolanstiegen kommt, ohne daß die Probranden bei diesen Untersuchungen nennenswerte Nebenwirkungen angaben (Laakmann et al. 1984 c).

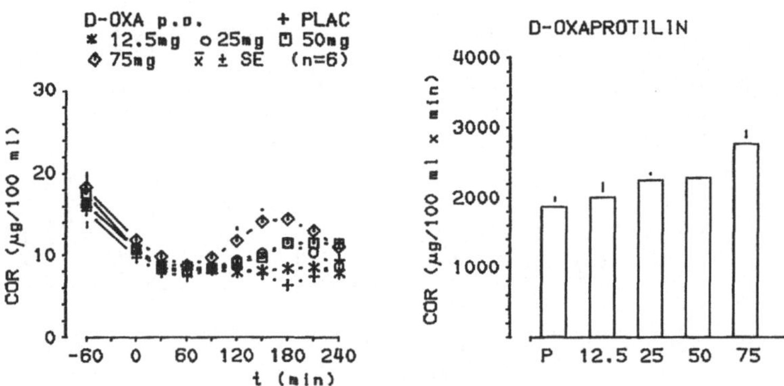

Abb. 55. Cortisol (x̄ ± SE; µg/100 ml) nach Verabreichung von Placebo p. o., D-Oxaprotilin 12.5, 25, 50 und 75 mg p. o. (n = 6) und die dazugehörigen Flächenintegrale (x̄ ± SE; µg/100 ml · 240 min)

Tabelle 23. Cortisolwerte (x̄ und AUC) nach Gabe von Placebo und D-Oxaprotilin 12.5, 25, 50 und 75 mg p. o. (n = 6)

	x̄ ± SE (µg/100 ml)	t (min)	AUC / x̄ ± SE (µg/100 ml · 240 min)
Placebo	6.2 ± 1.0	180	1872.2 ± 151.1
D-Oxa 12.5 mg	8.3 ± 0.8	180	2011.0 ± 220.2
D-Oxa 25 mg	11.4 ± 1.2	180	2252.8 ± 105.6
D-Oxa 50 mg	11.3 ± 0.2	180	2289.3 ± 59.6
D-Oxa 75 mg	14.3 ± 1.0	180	2770.1 ± 198.0

Vergleich der Cortisolkonzentration nach L-Oxaprotilin 75 mg p. o. und D-Oxaprotilin 75 mg p. o.

In diese Untersuchung wurden zwölf männliche Probanden einbezogen, die zunächst L-Oxaprotilin 75 mg p. o. und eine Woche später D-Oxaprotilin 75 mg p. o. appliziert bekamen.

Einzelwertkurven: Vor Gabe von L-Oxaprotilin fallen die Ausgangswerte (9.6 bis 22.4 μg/100 ml zwischen t = -60 und t = 0 min) auf Basalwerte ab (6.0 bis 16.8 μg/100 ml) ab.
Nach Applikation von *L-Oxaprotilin* fallen die Cortisolwerte bei acht Probanden, entsprechend dem normalen Tagesprofil des Hormons, kontinuierlich weiter ab und liegen zum Untersuchungsende unter den Ausgangswerten. Drei Probanden haben bei t = 60 min einen Cortisolanstieg, danach fallen die Werte ebenfalls bis zum Untersuchungsende ab. Bei vier anderen Probanden wird bei t = 240 min ein geringfügiger Cortisolanstieg gemessen (Abb. 56).
Vor Gabe von D-Oxaprotilin wurden nahezu identische Ausgangs- und Basalwerte wie vor Gabe von L-Oxaprotilin gemessen.
Nach Applikation von *D-Oxaprotilin* zeigte sich mit Ausnahme eines Probanden bei allen eine deutliche Cortisolerhöhung. Die maximalen Konzentrationen liegen zwischen 8.2 und 21.6μg/100 ml zu verschiedenen Zeitpunkten (Abb. 56).

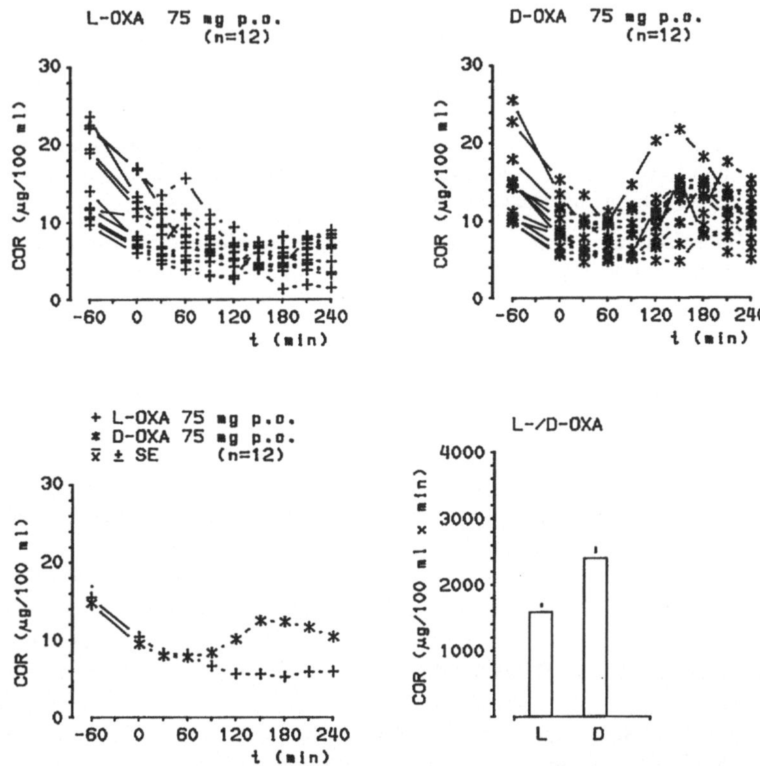

Abb. 56. Cortisol (μg/100 ml) nach Verabreichung von L-Oxaprotilin 75 mg p. o. (n = 12) und D-Oxaprotilin 75 mg p. o. (n = 12) und die dazugehörigen Mittelwertkurven (x̄ ± SE; μg/100 ml) und Flächenintegrale (x̄ ± SE; μg/100 ml · 240 min)

Mittelwertkurven: Bis t = 60 min ist der Kurvenverlauf von L- und D-Oxaprotilin vergleichbar. Danach fällt die Kurve für *L-Oxaprotilin 75 mg p. o.* weiter ab (5.9 ± 0.7 μg/100 ml bei t = 240 min).
Für *D-Oxaprotilin* dagegen steigt die Kurve an und erreicht das Maximum von 12.4 ± 1.3 μg/100 ml bei t = 150 min (Abb. 56).

Mittlere Flächenintegrale: Die AUCs nach *L-Oxaprotilin 75 mg p. o.* (1584.7 ± 126.2 μg/100 ml · 240 min) und *D-Oxaprotilin 75 mg p. o.* (2404.3 ± 170.3 μg/100 ml · 240 min) unterscheiden sich im Student-t-Test hochsignifikant ($p \leq 0.001$) (Abb. 56).

Dieses Ergebnis unterstützt die vorgenannten Untersuchungsergebnisse und zeigt, daß D-Oxaprotilin, nicht aber L-Oxaprotilin, eine substanzbedingte Cortisolstimulation bewirkt (Laakmann et al. 1984 c).

Vergleich der ACTH-Konzentration nach L-Oxaprotilin 75 mg p. o. und D-Oxaprotilin 75 mg p. o.

Neben der Cortisolkonzentration wurde bei denselben zwölf männlichen Probanden die ACTH-Konzentration nach L-Oxaprotilin 75 mg p. o. und nach D-Oxaprotilin 75 mg p. o. bestimmt, um zu ermitteln, ob die Cortisolstimulation ACTH-abhängig und damit zentralnervös vermittelt ist.

Einzelwertkurven: Nach Applikation von *L-Oxaprotilin 75 mg p. o.* zeigen sich bei den meisten Probanden über den gesamten Untersuchungszeitraum nahezu unveränderte ACTH-Werte. Zwei Probanden mit Basalwerten von 37.0 bzw. 31.0 pg/ml zeigen einen Abfall auf 16.0 pg/ml bzw. einen Anstieg auf 66.0 pg/ml (Abb. 57).
Unter *D-Oxaprotilin 75 mg p. o.* werden sowohl sehr unterschiedliche Basalwerte (zwischen 5.0 und 67.0 pg/ml) als auch große interindividuelle Stimulationswerte mit Maxima zwischen 25.0 und 150.0 pg/ml erreicht (Abb. 57).

Mittelwertkurven: Nach *L-Oxaprotilin 75 mg p. o.* bleiben die Werte im Mittel weitgehend unverändert und liegen maximal bei 16.1 ± 5.1 pg/ml (t = 60 min), wohingegen nach *D-Oxaprotilin 75 mg p. o.* ein deutlicher Anstieg mit einem Maximum von 57.9 ± 10.2 pg/ml (t = 150 min) erreicht wird (Abb. 57).

Mittlere Flächenintegrale: Die AUC nach *L-Oxaprotilin 75 mg p. o.* (2984.2 ± 553.4 pg/ml · 240 min) unterscheidet sich im Student-t-Test hochsignifikant von der AUC nach *D-Oxaprotilin 75 mg p. o.* (9817.5 ± 1415.1 pg/ml · 240 min) ($p \leq 0.001$) (Abb. 57).

Es konnte somit gezeigt werden, daß D-Oxaprotilin im Gegensatz zu L-Oxaprotilin bei gleicher Dosierung zu einer signifikanten Cortisol- und ACTH-Stimulation führt (Laakmann et al. 1984 c).

Die Untersuchung mit L- und D-Oxaprotilin in verschiedenen Dosierungen zeigt, daß eine Cortisolstimulation lediglich nach D-Oxaprotilin, nicht aber nach L-Oxaprotilin nachweisbar ist. Die Cortisolstimulation ist bei D-Oxaprotilin dosisabhängig. Hinzu kommt, daß D-Oxaprotilin eine signifikante Stimulation der ACTH-Sekretion hervorruft.

Es läßt sich zeigen, daß die D-oxaprotilinbedingte Cortisolstimulation ACTH-abhängig ist und somit auf einen zentralnervösen Effekt der Substanz zurückzuführen ist. Bei der Interpretation der Cortisolstimulation durch D-Oxaprotilin müssen die Nebenwirkungen bedacht werden, die besonders ab einer Dosierung von 50 mg D-Oxaprotilin p. o. auftreten.

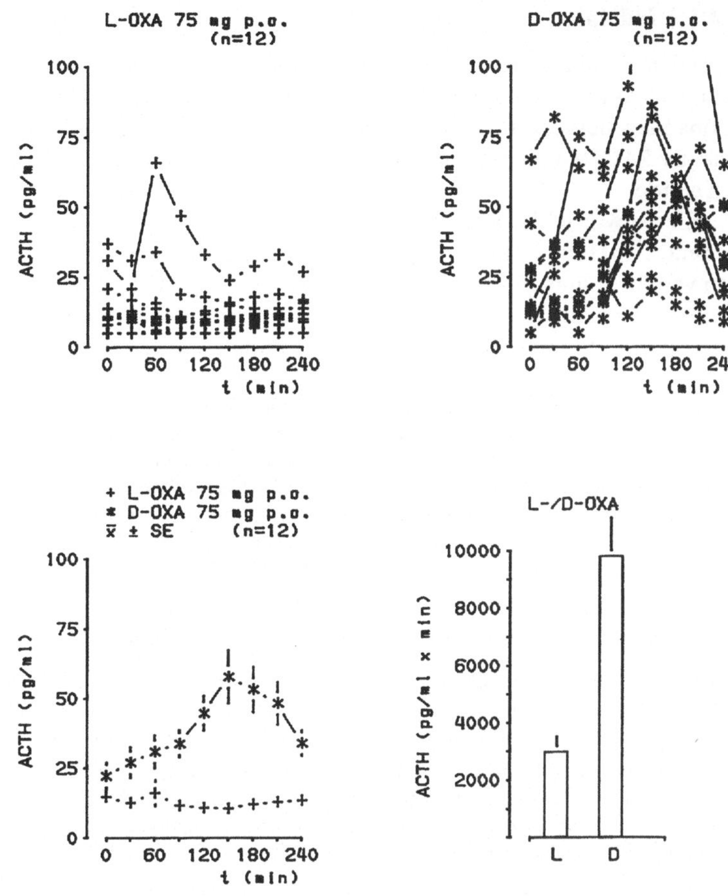

Abb. 57. ACTH (pg/ml) nach Verabreichung von L-Oxaprotilin 75 mg p. o. (n = 12) und D-Oxaprotilin 75 mg p. o., (n = 12) und die dazugehörigen Mittelwertkurven ($\bar{x}$ ± SE; pg/ml) und Flächenintegrale ($\bar{x}$ ± SE; pg/ml · 240 min)

Auch die vergleichende Untersuchung von L-Oxaprotilin 75 mg p. o. und D-Oxaprotilin 75 mg p. o. zeigt deutlich mehr und stärkere Nebenwirkungen bei dem NA-wiederaufnahmehemmenden Isomer D-Oxaprotilin. Da die Nebenwirkungen als unspezifische Streßeffekte angesehen werden können, scheint auch hierdurch eine Cortisol-ACTH-Stimulation möglich. Es stellt sich jedoch die Frage, warum schon die niedrige Dosierung von D-Oxaprotilin 25 mg eine Cortisolstimulierung bewirkt, obwohl die Probanden nur geringfügige Nebenwirkungen angeben. Das Untersuchungsergebnis weist darauf hin – ohne Streßeffekte bei der Cortisol-ACTH-Stimulation endgültig ausschließen zu können –, daß zentralnervöse Effekte von D-Oxaprotilin zu einer Cortisol-ACTH-Stimulation führen, wobei sich D-Oxaprotilin lediglich durch eine NA-wiederaufnahmehemmende Wirkung von L-Oxaprotilin unterscheidet. Dies kann als Hinweis gewertet werden, daß diese NA-Wiederaufnahmehemmung die D-oxaprotilinbedingte Cortisol-ACTH-Stimulation bewirkt.

2.4.1.4 Indalpin

Nachdem in der Untersuchung mit D-Oxaprotilin gezeigt werden konnte, daß eine relativ selektiv NA-wiederaufnahmehemmende Substanz die Cortisolstimulation bei Probanden hervorruft, wurde weiter der Frage nachgegangen, ob auch eine relativ selektiv 5-HT-wiederaufnahmehemmende Substanz eine solche Stimulation hervorrufen würde.

Hierzu wurde der Effekt von Indalpin, einem selektiven 5-HT-Wiederaufnahmehemmer, auf die Cortisolkonzentration bei fünf männlichen Probanden in Dosierungen von 5, 15 und 25 mg i. v. im Vergleich zu Placebo i. v. untersucht. Pro Untersuchungstag wurde den Probanden jeweils eine der Substanzen in jeweils einer Dosierung appliziert. Zwischen den einzelnen Untersuchungen lag mindestens eine Woche.

Einzelwertkurven: In allen Untersuchungsgruppen wird zwischen t = –60 und t = 0 min ein starker Abfall der Cortisolkonzentration gemessen.
Nach *Placebo i. v.* kommt es bei allen Probanden im folgenden Untersuchungszeitraum zu einem weitgehend kontinuierlichen Abfall der Cortisolkonzentration.
Nach *Indalpin 5 mg i. v.* zeigen sich bei drei Probanden leichte Cortisolerhöhungen. Nach *Indalpin 15 mg i. v.* ist bei drei Probanden und nach *Indalpin 25 mg i. v.* bei vier Probanden eine leichte bis deutliche Cortisolerhöhung meßbar (Abb. 58).

Mittelwertkurven: Nach *Indalpin 5, 15 und 25 mg i. v.* kommt es im Mittel gegenüber *Placebo i. v.* zu einem dosisabhängigen Cortisolanstieg (Abb. 58, Tabelle 24).

Mittlere Flächenintegrale: Die Cortisol-AUCs nach *Indalpin 5, 15 und 25 mg i. v.* unterscheiden sich im Vergleich zu *Placebo i. v.* in der einfaktoriellen Varianzanalyse für wiederholte Messungen statistisch hochsignifikant ($F = 9.33$, $df = 4, 16$, epsilonkorrigiert; $p \leq 0.01$).
Der Vergleich der AUCs der verschiedenen Dosierungen gegenüber Placebo mit Hilfe des Student-t-Tests (Korrektur für multiple t-Tests nach Bonferoni [Holm, 1979]) zeigt, daß bei einer Dosis von *Indalpin 25 mg i. v.* ein signifikanter Unterschied in den Cortisolflächenintegralen gegenüber Placebo nachzuweisen ist ($p \leq 0.05$; Abb. 58, Tabelle 24).

Dieses Untersuchungsergebnis zeigt, daß das selektiv 5-HT-wiederaufnahmehemmende Antidepressivum Indalpin zu einer signifikanten und dosisabhängigen Cortisolstimulation führt.

Vergleich der ACTH-Konzentration nach Indalpin gegenüber Placebo

Da nach Indalpin eine signifikante Cortisolstimulation gemessen werden konnte, sollte die Frage geklärt werden, ob die ACTH-Sekretion von Indalpin ebenfalls signifikant beeinflußt wird. Daher wurde die ACTH-Konzentration im Serum der Probanden nach Placebo i. v. und Indalpin 25 mg i. v. bestimmt.

Einzelwertkurven: Die ACTH-Konzentrationen nach *Placebo i. v.* bleiben während des Untersuchungszeitraums weitgehend unverändert.
Nach *Indalpin 25 mg i. v.* zeigen alle fünf Probanden unterschiedliche ACTH-Anstiege (Abb. 59).

Mittelwertkurven: Das Maximum liegt nach *Placebo i. v.* bei 9.4 ± 1.5 pg/ml (bei t = 30 min), nach *Indalpin 25 mg i. v.* bei 25.2 ± 6.3 pg/ml (bei t = 30 min) (Abb. 59).

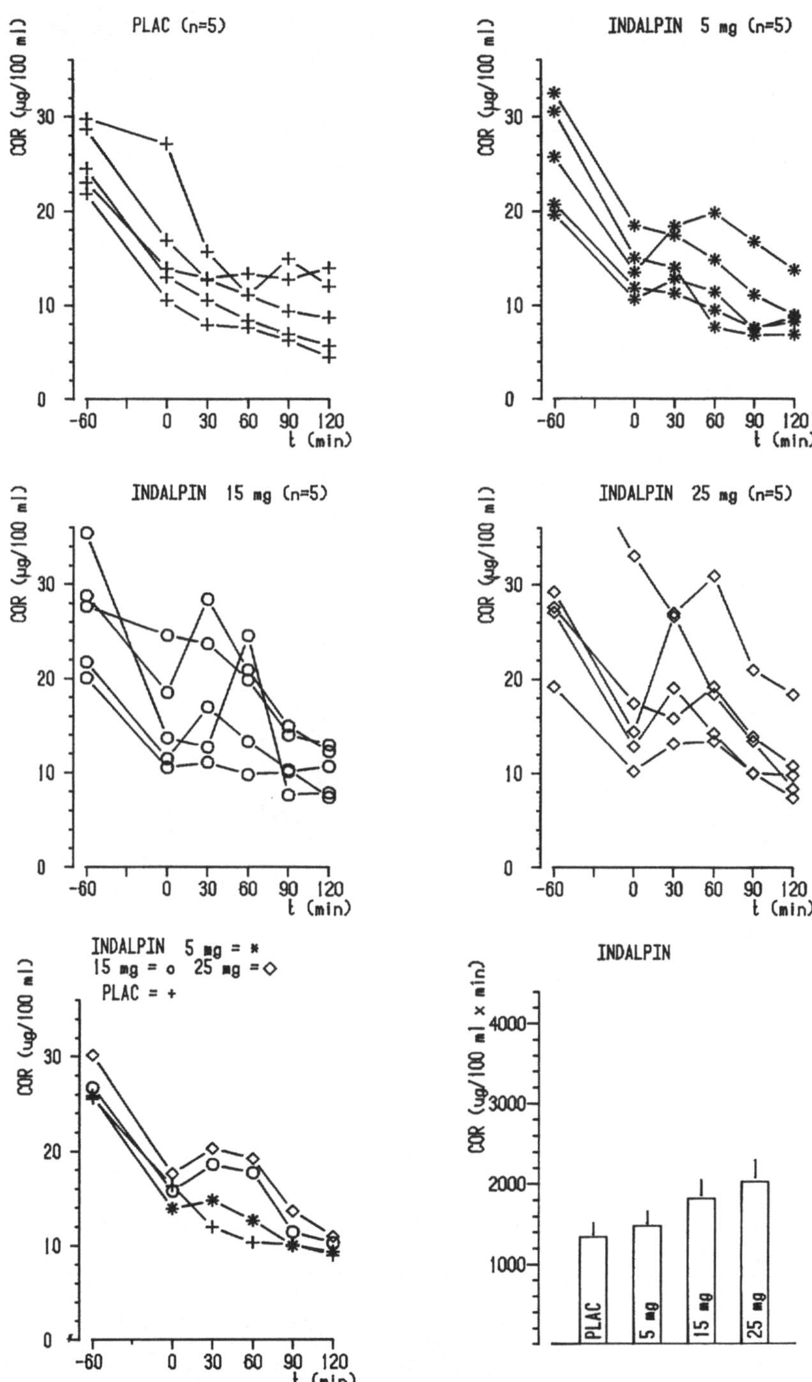

Abb. 58. Cortisol (µg/100 ml) nach Verabreichung von Placebo i. v., Indalpin 5, 15 und 25 mg i. v. (n = 5) und die dazugehörigen Mittelwertkurven ($\bar{x} \pm SE$; µg/100 ml) und Flächenintegrale ($\bar{x} \pm SE$; µg/100 ml · 120 min)

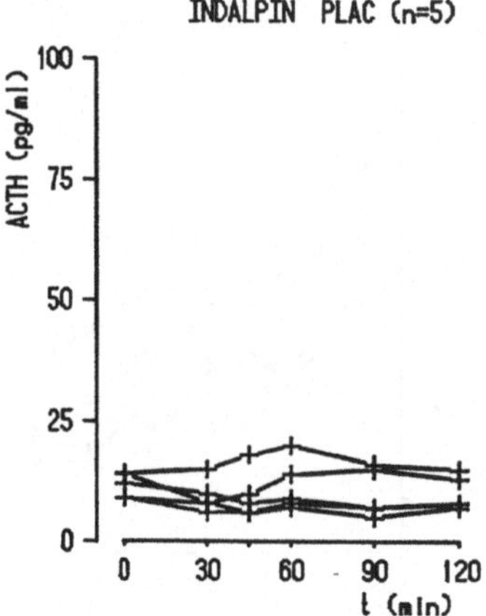

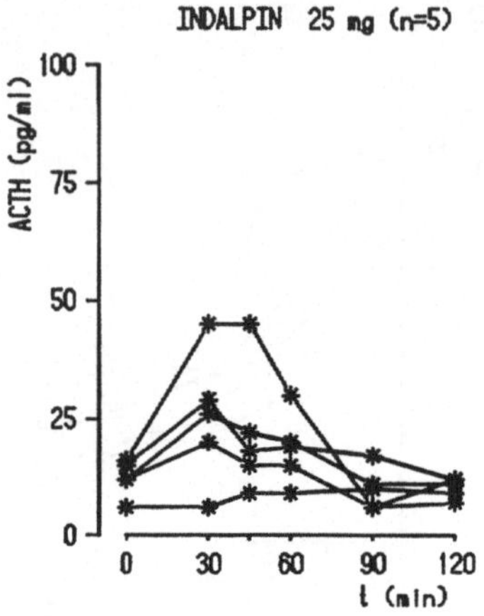

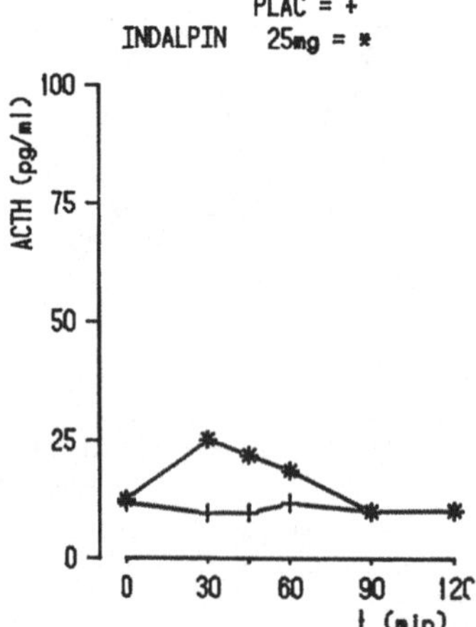

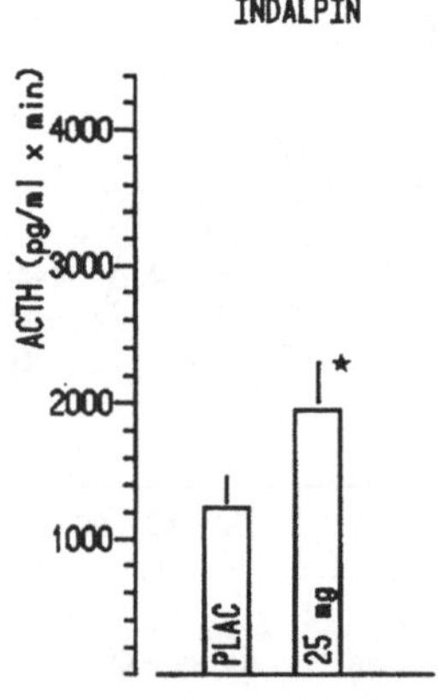

Abb. 59. ACTH (pg/ml) nach Verabreichung von Placebo i. v. und Indalpin 25 mg i. v. (n = 5) und die dazugehörigen Mittelwertkurven (x̄ ± SE; pg/ml) und Flächenintegrale (x̄ ± SE; pg/ml · 120 min)

Tabelle 24. Cortisolwerte (x̄ und AUC) nach Gabe von Placebo und Indalpin 5, 15, und 25 mg i. v. (n = 5)

	x̄ ± SE (μg/100 ml)	t (min)	AUC / x̄ ± SE (μg/100 ml · 120 min)
Placebo i. v.	11.9 ± 1.3	30	1339.5 ± 183.7
Indalpin 5 mg i. v.	14.7 ± 1.4	30	1479.3 ± 186.9
Indalpin 15 mg i. v.	19.3 ± 2.8	45	1920.4 ± 222.3
Indalpin 25 mg i. v.	20.3 ± 2.8	30	1954.6 ± 245.5

Mittlere Flächenintegrale: Die AUCs nach *Placebo i. v.* und *Indalpin 25 mg i. v.* erweisen sich im Student-t-Test als signifikant unterschiedlich ($p \leq 0.05$).
(Placebo i. v.: 1239.0 ± 220.7 pg/ml · 120 min; Indalpin 25 mg i. v.: 1948.0 ± 340.5 pg/ml · 120 min) (Abb. 59).

Die Untersuchung von Indalpin, einer selektiven 5-HT-wiederaufnahmehemmenden Substanz, zeigt einen signifikanten stimulierenden Effekt von Indalpin auf die ACTH-Sekretion.

2.4.1.5 Zusammenfassung

In den vorliegenden Untersuchungen über den Einfluß von DMI, CI, L- und D-Oxaprotilin und Indalpin im Vergleich zu Placebo konnte gezeigt werden, daß diese Substanzen mit Ausnahme von L-Oxaprotilin zu einer dosis- und ACTH-abhängigen Cortisolstimulation führen. Für DMI konnte auch eine gute Reproduzierbarkeit der Cortisolstimulation gezeigt werden. Die ACTH-Stimulation tritt früher auf als die Cortisolstimulation.

Ein geringfügig cortisolstimulierender Effekt konnte von Syvälahti et al. (1979 a) mit Zimelidin gesehen werden, wohingegen Alagna u. Masala (1979) keinen Effekt von Nomifensin auf die Cortisolsekretion fanden. Eine Bestätigung des Untersuchungsergebnisses mit NF steht aus.

Die hier durchgeführten Untersuchungen weisen eine deutliche antidepressivabedingte Cortisolstimulation nach. Bei gleicher Dosierung von jeweils 25 mg i. v. konnte für DMI, CI und Indalpin anhand der Flächenintegrale eine vergleichbare cortisolstimulierende Wirkung, die ACTH-abhängig ist, gezeigt werden (Abb. 60). Interessant ist an dieser Stelle der Vergleich der Wirkung von DMI, CI und Indalpin auf die GH- und PRL-Sekretion. DMI induziert eine deutliche GH-Stimulation, wohingegen CI zu einer deutlichen PRL-Stimulation führt. Dagegen haben alle drei Substanzen bei gleicher Dosierung einen vergleichbaren Effekt auf die Cortisol-ACTH-Sekretion. Dies kann dahingehend interpretiert werden, daß sowohl eine NA- als auch eine 5-HT-wiederaufnahmehemmende Wirkung der Substanzen die Cortisol-ACTH-Stimulation bewirken kann. Für eine Beteiligung der NA-Wiederaufnahmehemmung bei der Cortisol-ACTH-Stimulation spricht auch die D-oxaprotilinbedingte Cortisolstimulation, wohingegen L-Oxaprotilin, das nicht NA-wiederaufnahmehemmende Isomer, keine Cortisolstimulation bei Probanden hervorruft.

2.4.2 Neuroleptika und Cortisolsekretion

Die Wirkung von Neuroleptika auf die Cortisolsekretion beim Menschen wurde lediglich von Balestreri et al. (1979) mit Haloperidol untersucht, der eine stimulierende Wirkung dieser Substanz auf die Cortisolsekretion fand.

Zur Klärung der Frage, ob mit Hilfe einer dopaminrezeptorblockierenden Substanz eine Cortisolbeeinflussung beim Menschen möglich ist, wurde die Wirkung von Sulpirid untersucht.

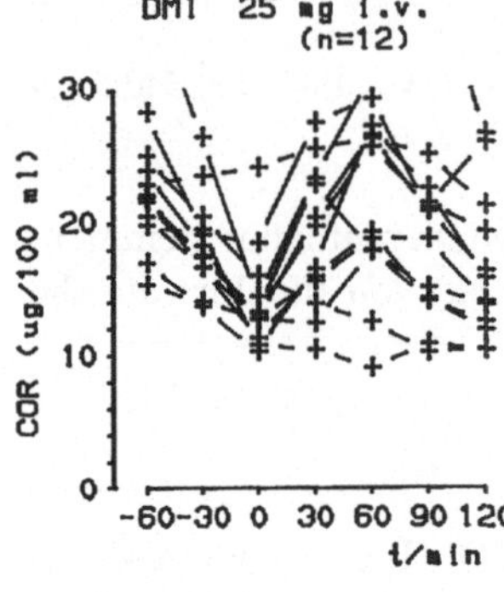

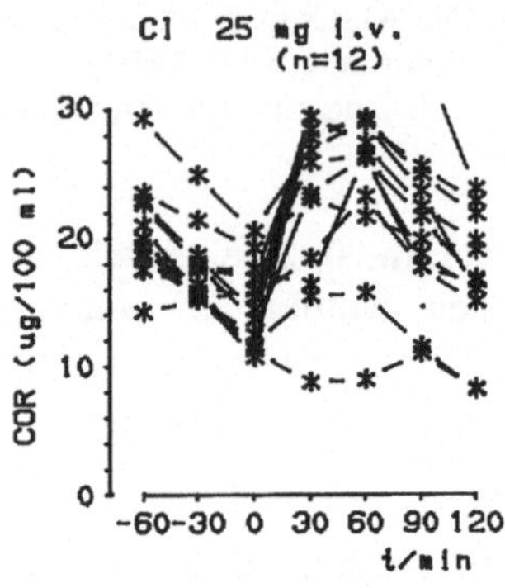

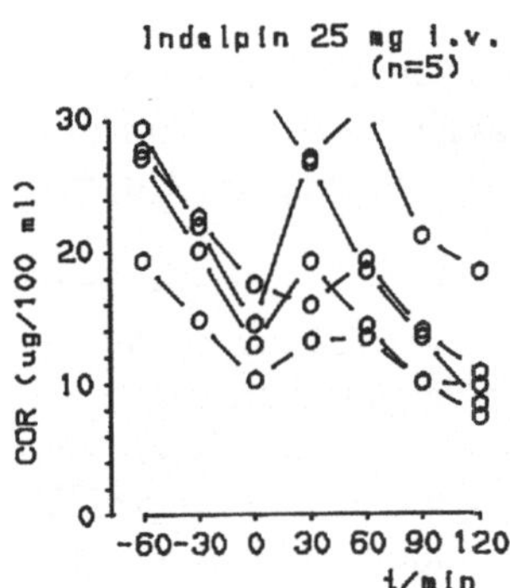

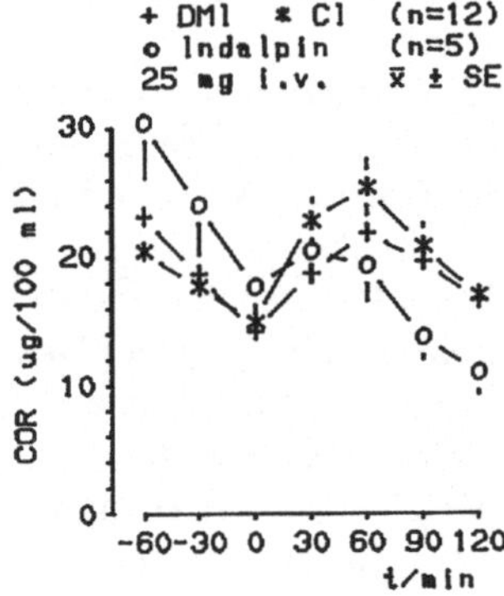

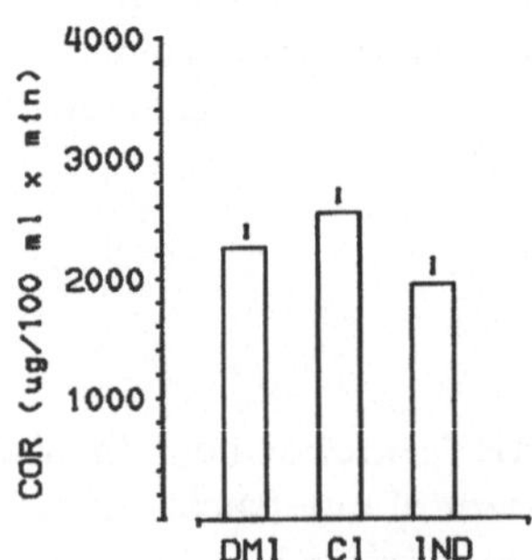

Abb. 60. Cortisol (μg/100 ml) nach Verabreichung von DMI 25 mg i. v., CI 25 mg i. v. (n = 12), Indalpin 25 mg i. v. (n = 5) und die dazugehörigen Mittelwertkurven ($\bar{x} \pm$ SE; μg/100 ml) und Flächenintegrale ($\bar{x} \pm$ SE; μg/100 ml · 120 min)

2.4.2.1 Sulpirid

Bei sechs männlichen Probanden wurde die Cortisolkonzentration nach Sulpirid 100 mg i. v. und Placebo i. v. verglichen.

Einzelwertkurven: In beiden Gruppen konnte vor Gabe der Untersuchungssubstanz ein deutlicher Abfall der Cortisolkonzentration gemessen werden.
Bei den Probanden kommt es nach *Placebo i. v.* zu einem kontinuierlichen Abfall der Cortisolkonzentration mit Ausnahme von zwei Probanden, die gegen Ende einen leichten Anstieg der Cortisolkonzentration zeigen.
Nach *Sulpirid 100 mg i. v.* gibt es während des gesamten Untersuchungszeitraums ausnahmslos einen Abfall der Cortisolkonzentration (Abb. 61).

Mittelwertkurven: Am Ende des Untersuchungszeitraums liegen die mittleren Cortisolwerte nach *Sulpirid 100 mg i. v.* (6.7 ± 0.9 μg/100 ml bei t = 120 min) niedriger als die vergleichbaren Werte nach *Placebo p. o.* (11.6 ± 1.8 μg/100 ml bei t = 120 min) (Abb. 61).

Mittlere Flächenintegrale: Die AUCs nach *Placebo i. v.* (1326.8±195.5 μg/100 ml · 120 min) und nach *Sulpirid 100 mg i. v.* (1178.0 ± 130.8 μg/100 ml · 120 min) unterscheiden sich im Student-t-Test statistisch nicht signifikant (Abb. 61).

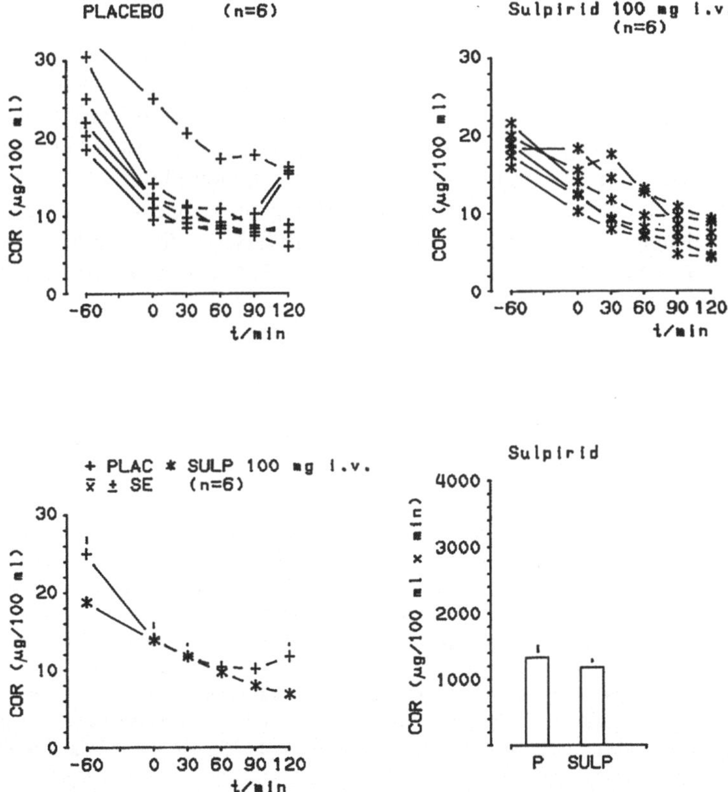

Abb. 61. Cortisol (μg/100 ml) nach Verabreichung von Placebo i. v. (n = 6) und Sulpirid 100 mg i. v. (n = 6) und die dazugehörigen Mittelwertkurven (x̄ ± SE; μg/100 ml) und Flächenintegrale (x̄ ± SE; μg/100 ml · 120 min)

Das Untersuchungsergebnis zeigt nach Applikation von Sulpirid, ähnlich wie nach Placebo, während des Vormittags eine kontinuierlich abnehmende Cortisolkonzentration. Somit kann gesagt werden, daß die DA-Rezeptorblockade nach Sulpirid zu keiner Beeinflussung der Cortisolsekretion führt (Laakmann et. al. 1984b).

Zusammenfassung

In der hier vorgelegten Untersuchung kann mit Sulpirid, einem DA-rezeptorblockierenden Präparat, die Cortisolsekretion nicht beeinflußt werden, wohingegen es nach Balestreri et al. (1979) zu einer Cortisolstimulation nach Haloperidol kommt. Eine Bestätigung des Untersuchungsergebnisses von Balestreri steht aus. Die vorliegende Untersuchung kann eher dahingehend interpretiert werden, daß Sulpirid, eine DA-rezeptorblockierende Substanz, keinen Effekt auf die Cortisolsekretion hat. Wieweit dieses Untersuchungsergebnis für Neuroleptika verallgemeinert werden kann, bleibt weiteren Untersuchungen vorbehalten.

2.4.3 Benzodiazepinderivate und Cortisol-ACTH-Sekretion

Die Wirkung von Benzodiazepinderivaten auf die Cortisol-ACTH-Sekretion beim Menschen wurde von einigen Autoren untersucht. So berichteten Butler et al. (1968), daß nach Chlordiazepoxid bei gesunden Probanden im Vergleich zu Placebo ein deutlicher Abfall der Cortisolkonzentration meßbar war. Beary et al. (1983) konnten mit Temazepam ebenfalls eine deutliche Cortisolinhibition zeigen, wohingegen Levin et al. (1984) mit Diazepam keine Wirkung auf die Cortisolsekretion fanden.

Mit der Frage, ob bzw. welchen Einfluß Benzodiazepinderivate auf die Cortisolsekretion beim Menschen haben, wurde der Effekt von Diazepam auf die Cortisolsekretion bei Probanden untersucht.

2.4.3.1 Diazepam

Bei sechs männlichen Probanden wurde die Cortisolkonzentration nach Diazepam 10 mg i. v. und Placebo i. v. verglichen.

Einzelwertkurven: Vor Gabe beider Substanzen zwischen t = –60 und t = 0 min zeigt sich bei allen Probanden ein deutlicher Cortisolabfall.
Nach *Placebo i. v.* fallen die Cortisolkonzentrationen bei allen Probanden (abgesehen von kleineren Schwankungen bei zwei Probanden) weiter ab.
Bei den Probanden, die *Diazepam 10 mg i. v.* appliziert bekamen, kommt es mit zwei Ausnahmen zu einem kontinuierlichen Abfall der Cortisolkonzentration. Bei einem Probanden fällt die Konzentration bei t = 30 min zunächst stark ab, um dann deutlich anzusteigen.
Bei einem weiteren Probanden kommt es bei t = 120 min zu einem Anstieg der Cortisolkonzentration, während die Kurven der anderen Probanden wie unter Placebobedingungen verlaufen (Abb. 62).

Mittelwertkurven: Die mittleren Verläufe nach *Placebo i. v.* (11.3 ± 0.6 μg/100 ml bei t = 30 min) und *Diazepam 10 mg i. v.* (8.1 ± 1.8 μg/100 ml bei t = 30 min) sind annähernd parallel (Abb. 62).

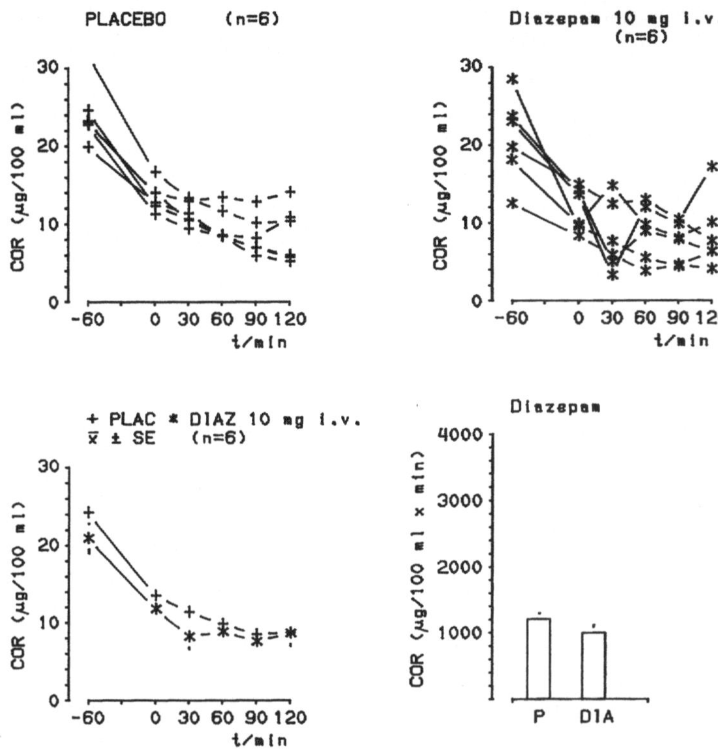

Abb. 62. Cortisol (µg/100 ml) nach Verabreichung von Placebo i. v. (n = 6) und Diazepam 10 mg i. v. (n = 6) und die dazugehörigen Mittelwertkurven (x̄ ± SE; µg/100 ml) und Flächenintegrale (x̄ ± SE; µg/100 ml · 120 min)

Mittlere Flächenintegrale: Die AUC nach *Diazepam 10 mg i. v.* (1003.5 ± 124.7 µg/100 ml · 120 min) unterscheidet sich im Student-t-Test statistisch nicht signifikant von der nach *Placebo i. v.* (1206.3 ± 95.6 µg/100 ml · 120 min) (Abb. 62).

Das Untersuchungsergebnis zeigt nach Diazepam keine signifikante Beeinflussung der Cortisolkonzentration.

2.4.3.2 Zusammenfassung

Da in der vorliegenden Untersuchung keine signifikante Beeinflussung der Cortisolsekretion durch Diazepam gefunden werden konnte, konnte die Untersuchung von Levin et al. (1984) bestätigt werden.

Jedoch werden die Untersuchungen nicht bestätigt, in denen ein Abfall der Cortisolsekretion nach Benzodiazepinen gesehen wurde (Chlordiazepoxid: Butler et al. 1968; Tenazepam: Beary et al. 1983).

Es kann somit festgehalten werden, daß Benzodiazepinderivate, obwohl einige Untersucher eine geringe inhibierende Wirkung auf die Cortisolsekretion berichten, eher keine cortisolstimulierende Wirkung haben.

2.4.4 Diskussion

Die Untersuchung des Effekts von verschiedenen Psychopharmaka auf die Cortisol-ACTH-Sekretion zeigt deutlich, daß Antidepressiva wie DMI, CI, D-Oxaprotilin und Indalpin im Vergleich zu Placebo eine signifikante Cortisol- und ACTH-Stimulation bewirken, die dosisabhängig und für DMI reproduzierbar ist. Dagegen üben das Neuroleptikum Sulpirid und das Benzodiazepinderivat Diazepam keinen Einfluß auf die HPA-Achse aus. Die hohe Korrelation zwischen ACTH-Anstieg und dem etwa 15 min später folgenden Cortisolanstieg nach DMI, CI, D-Oxaprotilin und Indalpin zeigt deutlich, daß der antidepressivainduzierte Cortisolanstieg ACTH-abhängig ist und auf einen zentralnervösen Effekt dieser Substanzen zurückzuführen ist.

Bei der Interpretation dieser Ergebnisse muß auch eine mögliche Beteiligung unspezifischer Streßeffekte in Betracht gezogen werden. Die Untersuchungssituation als solche (Applikation i. v. und i. m.) scheint nicht auszureichen, um im Sinne eines Streßeffektes eine Cortisolstimulation auszulösen, da die Placebountersuchungen, die unter den gleichen Bedingungen durchgeführt wurden, auch keine Cortisolstimulation auslösten.

Die Effekte von Sulpirid brauchen im Zusammenhang mit Streß nicht diskutiert zu werden, da weder Nebenwirkungen noch eine Cortisolsekretionsänderung eintreten.

Die nach Diazepam auftretende deutliche Müdigkeit und Schläfrigkeit geht mit einem geringen Abfall der Cortisolkonzentration einher, so daß auch bei dieser Untersuchung Streßfaktoren keine Rolle spielen.

In den mit DMI und CI untersuchten Probandengruppen kam es teilweise zu Nebenwirkungen wie Müdigkeit und Übelkeit, die bei CI 15 mg deutlicher ausgeprägt sind als bei DMI 50 mg. Es kann hier eine Streßwirkung nicht ausgeschlossen werden, die möglicherweise zu einer zusätzlichen Cortisol- und ACTH-Sekretion führt.

Eine rein streßinduzierte Cortisolstimulation scheint ausgeschlossen, da auch nach DMI 5, 15 und 25 mg und CI 5 mg eine Cortisolstimulation gezeigt werden kann unter Dosen, bei denen keinerlei Nebenwirkungen auftraten.

Stellt man die Frage, welche zentralnervösen Mechanismen an der Cortisolsekretion beteiligt sind, muß auf die aminergen Neuronensysteme verwiesen werden. Da DMI und D-Oxaprotilin als primär NA-wiederaufnahmehemmende Substanzen eine signifikante Cortisol- und ACTH-Sekretionserhöhung bewirken, muß eine Beteiligung noradrenerger Neuronensysteme an der DMI-induzierten Cortisolstimulation angenommen werden.

Diese Ergebnisse widersprechen der Theorie eines inhibitorischen Einflusses von noradrenergen Neuronen auf die Cortisolsekretion (Martin et al. 1977) und weisen eher auf eine exzitatorische Wirkung von noradrenergen Neuronen auf die Cortisolsekretion hin. Dies steht im Einklang mit den Befunden von Besser et al. (1969), Rees et al. (1970) und Nakai et al. (1973), die aufgrund ihrer Untersuchungen beim Menschen mit Amphetamin, Methoxamin und IHT ebenfalls auf eine exzitatorische Wirkung noradrenerger Neuronen schließen.

Die Befunde, die zeigten, daß die primär 5-HT-wiederaufnahmehemmenden Antidepressiva CI und Indalpin die Cortisolsekretion signifikant erhöhen, weisen ebenfalls auf eine exzitatorische Beteiligung serotonerger Neuronen bei der Cortisolstimulation hin. Sie stehen im Einklang mit den Befunden von Syvälahti et al. (1979 a), die mit dem Antidepressivum Zimelidin eine Cortisolsekretionserhöhung fanden und von

Imura et al. (1973) und Wirz-Justice et al. (1976), die beim Menschen mit 5-HTP die Cortisolsekretion stimulieren konnten (Tabelle 25).

Es wird auch diskutiert, daß der anticholinerge Effekt von DMI und CI zur Cortisolstimulation beitragen könnte. Dies erscheint unwahrscheinlich, da der transmitterwiederaufnahmehemmende Effekt bei wesentlich geringeren Konzentrationen dieser Substanzen auftritt als die anticholinerge Wirkung. Des weiteren wird eher eine exzitatorische Wirkung cholinerger Substanzen angenommen (Carroll et al. 1978).

Ein dopaminerger Einfluß auf die Cortisolsekretion konnte durch die Untersuchungen mit Sulpirid nicht gefunden werden, wohingegen Haloperidol nach Balestreri et al. (1979) zu einer Cortisolstimulation führen soll. Es scheint aufgrund der hier vorliegenden Untersuchungen unwahrscheinlich, daß die DA-Rezeptorblockade zu einer Cortisolsekretionsänderung führt. Das stimmt mit den Arbeiten von Eddy et al. (1971), Krieger (1973), Brown et al. (1974), Lal et al. (1975) und Wilcox et al. (1975) überein, wonach dopaminerge Neuronen keinen Einfluß auf die Cortisol-ACTH-Sekretion haben.

Der fehlende Einfluß von Diazepam in der vorliegenden Untersuchung bestätigt das Ergebnis von Levin et al. (1984), die ebenfalls keinen Einfluß auf die Cortisolsekretion messen konnten. Diazepam verursacht, im Gegensatz zu Chlordiazepoxid (Butler et al. 1968) eine deutliche Cortisolinhibition, so daß GABAerge Neuronen beim Menschen sicher nicht stimulierend, möglicherweise aber inhibierend auf die Cortisol-ACTH-Sekretion wirken.

Tabelle 25. Einfluß von Antidepressiva auf die Transmitteraufnahme, modifiziert nach Hyttel (1982), und der Einfluß der Psychopharmaka auf die Cortisolsekretion bei Probanden

NA	5-HT	DA				Cortisol
0.97	210	–*	DMI	25 mg	i. v.	+++
			DMI	100 mg	p. o.	
1.1	–*	–*	D-Oxa	75 mg	p. o.	+++
–*	–*	–*	L-Oxa	75 mg	p. o.	o
6.6	830	48	NF	200 mg	p. o.	
24	1.5	–*	CI	25 mg	i. v.	+++
			CI	100 mg	p. o.	+
–*	–*	600	BUP	100 mg	p. o.	
–*	2.4	–*	IND	25 mg	i. v.	+++
DA-Rezeptorblocker			HAL	1 mg	i. v.	o
			SULP	100 mg	i. v.	o
GABA-Agonisten			DIAZ	10 mg	p. o.	
			DIAZ	10 mg	i. v.	o
			METAC	10 mg	p. o.	
			METAC	30 mg	p. o.	o

–* = IC50 über 1000 nM
+++ = ausgeprägte Stimulation
++ = mittlere Stimulation
\+ = leichte Stimulation
– = Hemmung
o = kein signifikanter Effekt

2.5 Diskussion

Entsprechend dem derzeitigen Untersuchungsstand kann gesagt werden, daß unterschiedlich wirkende Psychopharmaka einen unterschiedlichen Effekt auf die HVL-Hormonsekretion bewirken. Deutlich wird dieses besonders in der zusammenfassenden Tabelle 26, in der die Wirkung einzelner Substanzen aus den drei großen Psychopharmakagruppen hinsichtlich ihrer endokrinologischen Effekte verglichen wird.

Die antidepressivabedingte *GH-Stimulation* scheint eher mit NA-wiederaufnahmehemmenden Substanzen auslösbar zu sein, wie die Untersuchungen mit DMI, D-Oxaprotilin und NF zeigen. Ob eine CI-bedingte GH-Stimulation auf die 5-HT-wiederaufnahmehemmende Wirkung von CI oder die NA-wiederaufnahmehemmende Wirkung des Metaboliten Desmethylclomipramin (DCI) zurückzuführen ist, bleibt offen.

Hinweise für eine fehlende GH-Stimulation nach selektiver 5-HT-Wiederaufnahmehemmung gibt die Untersuchung mit Indalpin, in der keine Wirkung auf die GH-Sekretion gemessen werden konnte.

Die DMI-bedingte GH-Stimulation konnte von Sawa et al. (1982) und Meesters et al. (1985) bestätigt werden, wohingegen die CI-bedingte GH-Stimulation von Sawa et al. (1982) nicht nachgewiesen werden konnte.

Die *PRL*-stimulierende Wirkung durch Antidepressiva scheint eher mit der 5-HT-wiederaufnahmehemmenden Wirkung dieser Substanzen in Zusammenhang zu stehen, wie aufgrund der Untersuchungsergebnisse mit Indalpin, CI und DMI gezeigt werden konnte. Diese Ergebnisse der Untersuchungen zur antidepressivabedingten PRL-Stimulation bestätigen die Untersuchungsergebnisse von Klein et al. (1964), Frantz et al. (1972), Turkington (1972 b) und Jones et al. (1977). Obwohl die selektiv NA-wiederaufnahmehemmende Substanz D-Oxaprotilin keinen signifikanten Effekt auf die PRL-Sekretion hat, kann eine antidepressivabedingte PRL-Stimulation durch NA-wiederaufnahmehemmende Substanzen nicht ausgeschlossen werden, wie dieses mit Dibenzepin (Halbreich et al. 1978) gezeigt wurde.

DA-agonistisch wirkende Antidepressiva wie z. B. Nomifensin führen zu einer PRL-Inhibition (Laakmann u. Benkert 1978 b).

Antidepressiva scheinen von den Neuroleptika und Benzodiazepinderivaten anhand ihrer *Cortisol-ACTH*-stimulierenden Wirkung unterscheidbar. Diese Cortisol-ACTH-Stimulation ist nach DMI, CI, D-Oxaprotilin und Indalpin nachweisbar, dosisabhängig und für DMI reproduzierbar.

Bemerkenswert ist, daß sowohl relativ selektiv NA-wiederaufnahmehemmende Substanzen wie D-Oxaprotilin, als auch relativ selektiv 5-HT-wiederaufnahmehemmende Substanzen wie Indalpin zu einer ähnlichen Cortisol-ACTH-Stimulation führen wie DMI und CI. Das kann so interpretiert werden, daß die Cortisol-ACTH-Stimulation beim Menschen sowohl durch noradrenerge als auch serotonerge Neuronen angeregt werden kann. Erwähnenswert scheint, daß unter Berücksichtigung der GH- und PRL-stimulierenden Wirkung von Antidepressiva die Cortisol-ACTH-Stimulation als der sensibelste Parameter gesehen werden kann, da signifikante Cortisolstimulationseffekte bereits bei Dosierungen erreicht werden, die eine GH- und PRL-Sekretion nur geringfügig beeinflussen.

Tabelle 26. Einfluß von Antidepressiva auf die Transmitteraufnahme, modifiziert nach Hyttel (1982), und der Einfluß der Psychopharmaka auf die GH- Prolaktin- und Cortisolsekretion

NA	5-HT	DA				GH	PRL	Cortisol
0.9	210	–*	DMI	25 mg	i. v.	+++	++	+++
			DMI	100 mg	p. o.	+++	+	
1.1	–*	–*	D-Oxa	75 mg	p. o.	+++	o	+++
–*	–*	–*	L-Oxa	75 mg	p. o.	o	o	o
6.6	830	48	NF	200 mg	p. o.	++	–	
24	1.5	–*	CI	25 mg	i. v.	++	+++	+++
			CI	100 mg	p. o.	++	+	+
–*	–*	600	BUP	100 mg	p. o.	o	o	
–*	2.4	–*	IND	25 mg	i. v.	o	++	+++
DA-Rezeptorblocker			HAL	1 mg	i. v.	o	+++	o
			SULP	100 mg	i. v.	o	+++	o
GABA-Agonisten			DIAZ	10 mg	p. o.	+	o	
			DIAZ	10 mg	i. v.	+	o	o
			METAC	10 mg	p. o.	+		
			METAC	30 mg	p. o.	+	o	o

–* = IC50 über 1000 nM
+++ = ausgeprägte Stimulation
++ = mittlere Stimulation
+ = leichte Stimulation
– = Hemmung
o = kein signifikanter Effekt

Die in der vorliegenden Arbeit untersuchten Antidepressiva scheinen sich somit anhand ihres Effekts auf die GH-, PRL- und Cortisolsekretion deutlich von den untersuchten Neuroleptika und Benzodiazepinderivaten zu unterscheiden. Neuroleptika beeinflussen lediglich die PRL-Sekretion, wohingegen die GH- und Cortisolsekretion nicht verändert wird. Diese PRL-stimulierende Wirkung konnte von verschiedenen anderen Untersuchergruppen gezeigt und unsererseits bestätigt werden. Sie wird vorwiegend mit der DA-rezeptorblockierenden Wirkung dieser Substanzen in Zusammenhang gebracht. GABA-agonistisch wirkende Benzodiazepinderivate bewirken lediglich bei einem Teil der untersuchten Probanden eine GH-Stimulation, ohne die PRL- und Cortisolsekretion deutlich zu beeinflussen.

Betrachtet man die unterschiedlichen endokrinen Effekte der verschiedenen Psychopharmaka, so zeichnet sich eine Differenzierungsmöglichkeit der drei Substanzgruppen (Antidepressiva, Neuroleptika, Tranquilizer) aufgrund ihrer endokrinen Wirkung ab. Die Wirkung von Psychopharmaka auf die HVL-Hormone beim Menschen scheint Rückschlüsse auf die zentralnervöse Wirkung der Pharmaka zu ermöglichen. Daher schien es interessant, an der Entwicklung eines humanpharmakologischen Untersuchungsmodells zu arbeiten, in das neu entwickelte Psychopharmaka anhand ihres endokrinen Effekts verschiedenen Substanzgruppen zugeordnet werden können. Wieweit das möglich sein wird, bleibt weiteren Untersuchungen vorbehalten.

3 Einfluß von Rezeptorblockern und -agonisten auf die antidepressivabedingte HVL-Hormonsekretion bei Probanden

Wie im ersten Teil der vorliegenden Arbeit dargestellt, führen verschiedene Psychopharmaka zu einer unterschiedlichen Beeinflussung der Hypophysenvorderlappen(HVL)-Hormonsekretion beim Menschen. Diese unterschiedliche HVL-Hormonstimulation kann primär auf die Beeinflussung aminerger Neuronen durch die einzelnen Psychopharmaka zurückgeführt werden. Die Interpretation dieser Untersuchungsbefunde wird einerseits dadurch erschwert, daß die verschiedenen Psychopharmaka die Funktion verschiedener aminerger Neuronen unterschiedlich stark beeinflussen, und andererseits dadurch, daß verschiedene aminerge Neuronensysteme auf die Sekretion einzelner HVL-Hormone unterschiedlich wirken.

Dies wird besonders deutlich anhand der DMI-induzierten GH-Stimulation. DMI bewirkt primär eine NA-Wiederaufnahmehemmung und sekundär eine 5-HT-Wiederaufnahmehemmung; eine GH-Sekretion kann sowohl durch noradrenerge, durch dopaminerge als auch durch serotonerge Agonisten angeregt werden.

Im vorliegenden Teil der Arbeit sollte – mittels Blockade einzelner neuronaler Systeme bzw. Rezeptoren – untersucht werden, ob speziell die durch DMI bedingte GH-, PRL- und Cortisol-ACTH-Stimulation auf einen oder mehrere Effekte der Substanz zurückgeführt werden kann und ob einzelne neuronale Systeme bei der Stimulation der verschiedenen Hormone unterschiedlich involviert sind. Daher wurde der Effekt von verschiedenen Rezeptorblockern und -agonisten auf die DMI-induzierte GH-, PRL- und Cortisol-ACTH-Stimulation bei Probanden untersucht. Weiter sollte mit diesen Untersuchungen geklärt werden, ob neben dem Haupteffekt von DMI – der Wiederaufnahmehemmung von NA und 5-HT (vgl. Hyttel 1982; Tabelle 1, S. 4) – auch die rezeptorblockierenden Effekte (vgl. Hall u. Ögren 1981; Tabelle 2, S. 6) einen Einfluß auf die HVL-Sekretion haben.

Für diese Untersuchungen wurden Rezeptorblocker bzw. -agonisten ausgewählt, die als Pharmakotherapeutika zugelassen sind und die die NA- bzw. 5-HT-agonistische Wirkung von DMI (Transmitterwiederaufnahmehemmung) antagonisieren können.

Zuerst sollte geklärt werden, ob überwiegend 5-HT-Rezeptoren oder noradrenerge Rezeptoren die DMI-bedingte GH-Stimulation vermitteln. Dazu wurde der Effekt von Methysergid (5-HT-Rezeptorblocker; Graham 1967) und Phentolamin (NA-Alpha-1-/Alpha-2-Rezeptorblocker) (Maggi et al. 1980) auf die DMI-induzierte GH-Stimulation untersucht.

Danach wurde der Frage nachgegangen, wieweit eine Blockade von noradrenergen Alpha-1- oder Alpha-2-Rezeptoren die DMI-induzierte GH-Stimulation unterschiedlich beeinflußt. Dazu wurde der Effekt von Yohimbin (primär Alpha-2-Rezeptorblokker) und von Prazosin (primär Alpha-1-Rezeptorblocker; Maggi et al. 1980) auf die DMI-induzierte GH-Stimulation untersucht.

Die Untersuchung mit Propranolol (Betarezeptorblocker) (Aellig 1976) sollte die Frage beantworten, ob, ähnlich wie bei der IHT-bedingten GH-Stimulation (Imura et al. 1971), auch bei der DMI-bedingten GH-Stimulation Betarezeptoren einen inhibierenden Einfluß auf die GH-Stimulation ausüben. Zur weiteren Klärung der Funktion von Betarezeptoren wurde die Wirkung von Clenbuterol, einem Betarezeptoragonisten, auf die DMI-induzierte GH-Stimulation untersucht.

3.1 Probanden und Methoden

Die Untersuchung des Effekts von Rezeptorblockern bzw. -agonisten auf die DMI-induzierte HVL-Hormonstimulation wurde bei gesunden männlichen Probanden (18–35 Jahre) durchgeführt. Untersuchungsbeginn war 8.30 Uhr ± 30 min. Unter Grundumsatzbedingungen wurde den Probanden 60 min, 30 min und unmittelbar vor DMI-Gabe (0 min) Blut entnommen und danach in 15minütigen Abständen bis 120 min. DMI wurde bei allen Untersuchungen innerhalb von 10 min mit einem Perfusor i. v. appliziert. Der DMI-Infusionsbeginn lag unmittelbar nach Blutabnahme zum Zeitpunkt t = 0 min und endete zum Zeitpunkt t = 10 min.

Aus dem abgenommenen Blut wurde durch Zentrifugieren Serum gewonnen und bei –20° bzw. –60°C aufbewahrt. Die Hormonkonzentration wurde radioimmunologisch bzw. mittels spezifischer Antikörper bestimmt. Der Blutzucker wurde mit der Glukosehexokinasemethode nachgewiesen. Den Probanden wurde während der Untersuchung der Blutdruck nach Riva Rocci gemessen, der mittlere arterielle Druck (MAP) wurde folgendermaßen ermittelt:

MAP = diastolischer Druck + 1/3 (systolischer – diastolischer Druck).

Weiter wurde die Pulsfrequenz gemessen, und Befindlichkeitsänderungen wurden dokumentiert (vgl. Abschnitt 2.1).

Die Untersuchungssubstanzen wurden in folgender Weise appliziert:

(1) DMI vs. DMI + Methysergid
   a) DMI 50 mg i. v. (t = 0 bis 10 min) (n = 12)
   b) DMI 50 mg i. v. (t = 0 bis 10 min) nach einer vorherigen Gabe von Methysergid 12 mg p. o.
   (Methysergid 12 mg p. o.: Tag –2: 1.5 – 0 – 1.5 mg; Tag -1: 1.5 – 1.5 – 3.0 mg; Tag 0: 3.0 mg 120 min vor DMI-Infusionsbeginn) (n = 12)

(2) DMI vs. DMI + Phentolamin
   a) DMI 50 mg i. v. (t = 0 bis 10 min)
   b) DMI 50 mg i. v. + Phentolamin 60 mg i. v.
   (Phentolamin 20 mg i. v. [t = –30 bis 0 min], DMI 50 mg i. v. [t = 0 bis 10 min], Phentolamin 40 mg i. v. [t = 10 bis 100 min]) (n = 12)

(3) DMI vs. DMI + Yohimbin
   a) DMI 50 mg i. v. (t = 0 bis 10 min)
   b) DMI 50 mg i. v. + Yohimbin 10 mg i. v.
   (Yohimbin 10 mg i. v. [t = –30 bis 0 und t = 10 bis 100 min], DMI 50 mg i. v. (t = 0 bis t = 10 min)) (n = 6)

(4) DMI vs. DMI + Prazosin
a) DMI 50 mg i.v. (t = 0 bis 10 min)
b) DMI 50 mg i.v. + Prazosin 1 mg p.o.
(Prazosin 1 mg p.o. [t = –60 min], DMI 50 mg i. v. [t = 0 bis 10 min] (n = 12)

(5) DMI vs. DMI + Propranolol
a) DMI 25 mg i.v. (t = 0 bis 10 min) (n = 9)
b) DMI 50 mg i.v. (t = 0 bis 10 min) (n = 9)
c) DMI 25 mg i.v. + Propranolol 15 mg i.v. (n = 9)
(Propranolol 10 mg i.v. ([t = –30 bis 0 min], DMI 25 mg i. v. [t = 0 bis 10 min], Propranolol 5 mg i. v. [t = 10 bis 100 min])
d) DMI 50 mg i.v. + Propranolol 15 mg i.v. (n = 9)
(Propranolol 10 mg i.v. [t = –30 bis 0 min], DMI 50 mg i.v. [t = 0 bis 10 min], Propranolol 5 mg i.v. [t = 10 bis 100 min] (inkomplettes Blockdesign nach Cox (1940); vier Behandlungen mit je neun Wiederholungen in 18 Blöcken à zwei Medikationen).

(6) DMI vs. DMI + Clenbuterol
a) DMI 50 mg i.v. (t = 0 bis 10 min)
b) DMI 50 mg i.v. + Clenbuterol 0.04 mg p.o.
(Clenbuterol 0.04 mg p.o. [t = –60 min], DMI 50 mg i. v. [t = 0 bis 10 min]) (n = 12)

3.2 Einfluß von Rezeptorblockern und -agonisten auf die DMI-induzierte GH-Stimulation

Wie bereits erwähnt, kann angenommen werden, daß noradrenerge, serotonerge und dopaminerge Neuronen beim Menschen eine GH-Stimulation hervorrufen können (Martin et al. 1977).

Da DMI neben einer ausgeprägten NA- auch eine 5-HT-wiederaufnahmehemmende Wirkung hat (Hyttel 1982; Tabelle 1, S. 6), bleibt offen, welche der genannten Effekte die GH-Stimulation beim Menschen primär beeinflussen. Zur Beantwortung dieser Frage wurde die Wirkung von Methysergid, Phentolamin, Yohimbin, Prazosin, Propranolol und Clenbuterol untersucht.

Die insulinhypoglykämiebedingte GH-Stimulation konnte nach Imura et al. (1971) mit Phentolamin (Alpha-1- bzw. Alpha-2-Rezeptorblocker) signifikant unterdrückt werden. Propranolol (Betarezeptorblocker) führt demgegenüber zu einer signifikanten Erhöhung der insulininduzierten GH-Stimulation beim Menschen (Imura et al. 1971). Methysergid (5-HT-Rezeptorblocker) unterdrückt ebenfalls die IHT-bedingte GH-Stimulation (Graham 1967). Diese Untersuchungen weisen sowohl auf eine noradrenerge als auch eine serotonerge Beteiligung bei der IHT-bedingten GH-Stimulation hin.

3.2.1 GH, DMI und Methysergid

Zur Beantwortung der Frage, ob primär die NA- oder die 5-HT-wiederaufnahmehemmende Wirkung von DMI eine GH-Stimulation beim Menschen hervorruft, wurde der Einfluß von Methysergid, einem 5-HT-Rezeptorblocker, auf die DMI-induzierte GH-Stimulation bei gesunden Probanden untersucht.

Zwölf männliche Probanden bekamen DMI 50 mg i. v. allein verabreicht, und weitere zwölf Probanden DMI 50 mg i. v. + Methysergid 12 mg p. o. DMI wurde mit einem Perfusor zwischen t = 0 und t = 10 min i. v. injiziert und Methysergid p. o. am Tag: –2: 1.5 – 0 – 1.5 mg; am Tag –1: 1.5 – 1.5 – 3.0 mg und am Tag 0: 3.0 mg 120 min vor DMI-Infusionsbeginn den Probanden gegeben.

Einzelwertkurven: Vor Infusion von DMI wie auch nach vorheriger Gabe von Methysergid liegt die GH-Konzentration mit einer Ausnahme (8.6 ng/ml bei t = –30 min) bei allen Probanden unter 5.0 ng/ml.
Nach alleiniger Gabe von *DMI 50 mg* kommt es bei allen Probanden zu einer deutlichen GH-Stimulation mit Maximalwerten zwischen 10.1 und 34.7 ng/ml. Nach Gabe von *DMI 50 mg + Methysergid* steigt die GH-Konzentration auf Maximalwerte zwischen 4.1 und 30.0 ng/ml (Abb. 63).

Mittelwertkurven: Das Maximum nach *DMI 50 mg* liegt bei 21.6 ± 2.4 ng/ml, nach Gabe von *DMI 50 mg + Methysergid* bei 15.0 ± 2.2 ng/ml (jeweils bei t = 45 min) (Abb. 63).

Mittlere Flächenintegrale: Die AUC von GH nach *DMI 50 mg* (1543.9 ± 168.3 ng/ml · 120 min) unterscheidet sich im Student-t-Test statistisch nicht signifikant von der nach *DMI 50 mg + Methysergid* (1211.8 ± 181.6 ng/ml · 120 min) (Abb. 63).

Sowohl nach DMI als auch nach DMI in Kombination mit Methysergid stiegen der mittlere arterielle Druck (MAP) (Tabelle 27) und die Pulsfrequenz (Tabelle 28) geringfügig an.
Nebenwirkungen wie leichte Übelkeit, Kopfschmerzen und Mundtrockenheit wurden in beiden Behandlungsgruppen von einigen Probanden angegeben, waren aber bei den beiden Untersuchungen nicht deutlich unterschiedlich. Unter Methysergid klagten einige Probanden zusätzlich über Schlafstörungen und eine leichte Photophobie.

Sowohl die Einzel- und Mittelwerte als auch die Flächenintegrale zeigen eine geringere GH-Stimulation nach kombinierter Gabe von Methysergid und DMI im Vergleich zur alleinigen Gabe von DMI. Der Unterschied ist jedoch nicht signifikant.

Das Resultat dieser Untersuchung zeigt, daß bei den Probanden, die DMI in Kombination mit Methysergid erhielten, eine geringere DMI-induzierte GH-Stimulation auftritt als bei der Probandengruppe nach alleiniger DMI-Applikation. Dieser Unterschied ist nicht signifikant. Er weist aber darauf hin, daß Methysergid eher einen inhibierenden Einfluß auf die DMI-induzierte GH-Stimulation hat (Laakmann et al. 1986 a).

Das Ergebnis kann dahingehend interpretiert werden, daß serotonerge Neuronen möglicherweise geringfügig bei der DMI-induzierten GH-Stimulation beteiligt sind. Dieses erscheint dadurch denkbar, daß DMI einerseits eine 5-HT-wiederaufnahmehemmende Wirkung hat (Hyttel 1982) und andererseits Serotoninagonisten eine GH-Stimulation hervorrufen können (Wirz-Justice et al. 1976).

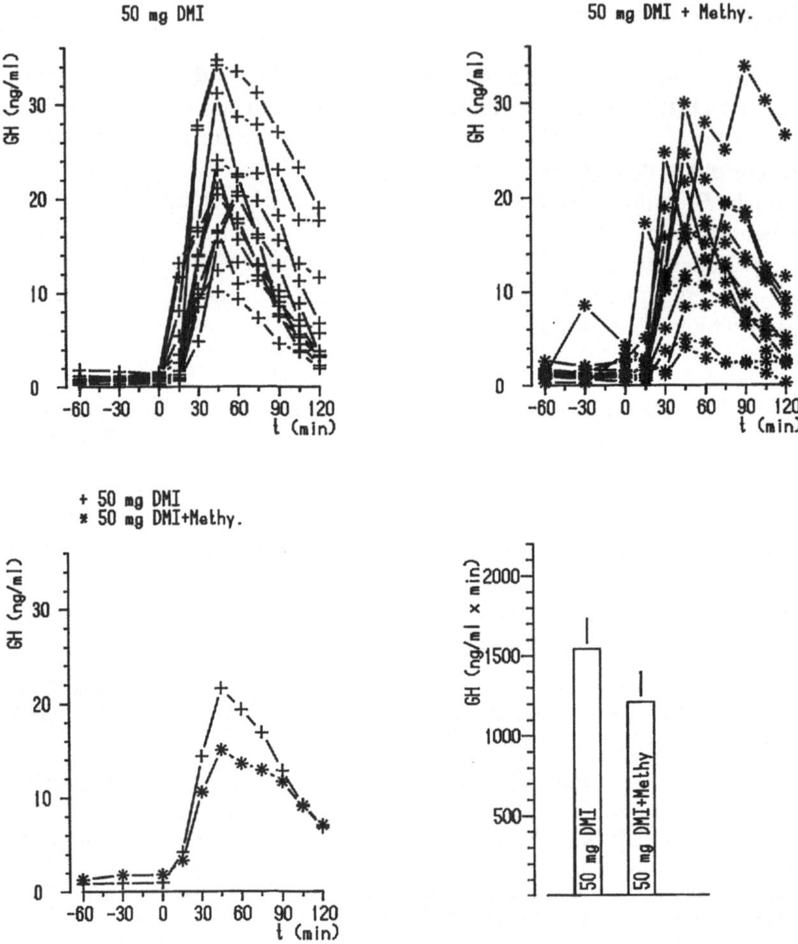

Abb. 63. GH (ng/ml) nach Verabreichung von DMI 50 mg i. v. (n = 12) und DMI 50 mg i. v. + Methysergid 12 mg p. o. (n = 12) und die dazugehörigen Mittelwertkurven ($\bar{x}$ ± SE; ng/ml) und Flächenintegrale ($\bar{x}$ ± SE; ng/ml · 120 min)

Es bleibt offen, ob eine Dosiserhöhung von Methysergid einen stärkeren inhibierenden Effekt auf die DMI-induzierte GH-Stimulation ausüben würde. Es kann ausgeschlossen werden, daß die verabreichte Dosis von Methysergid zu gering gewesen ist, um überhaupt einen Effekt auf die DMI-induzierte HVL-Hormonstimulation zu bewirken, da Methysergid die DMI-induzierte PRL-Stimulation signifikant hemmt (vgl. Abschnitt 3.3.1).

Eine Beeinflussung des Untersuchungsergebnisses durch subjektiv empfundene Nebenwirkungen kann ebenfalls weitgehend ausgeschlossen werden, da es nach kombinierter Gabe von DMI und Methysergid zu einer geringeren GH-Stimulation kommt. Dies wird durch die Tatsache bestätigt, daß bei einer Wertung der häufiger aufgetretenen Nebenwirkungen als Streßfaktoren eine höhere GH-Stimulation zu erwarten gewesen wäre.

Tabelle 27. Mittlerer arterieller Blutdruck (MAP; x̄ ± SE; mm HG)

Applikation	t/min −60	0	30	60	90	120
1) DMI 50 mg i. v.	83.7	84.1	90.7	89.2	87.7	85.4
	± 2.1	± 2.9	± 2.3	± 2.4	± 2.8	± 2.6
DMI + Methysergid	82.7	82.7	89.3	87.9	86.9	82.7
	± 2.2	± 2.6	± 2.2	± 2.0	± 2.9	± 2.5
2) DMI 50 mg i. v.	84.0	81.7	85.3	85.1	84.1	84.1
	± 3.7	± 3.5	± 4.2	± 4.5	± 3.8	± 2.9
DMI + Phentolamin	77.3	77.3	80.1	77.7	77.1	76.9
	± 5.2	± 1.7	± 1.3	± 1.7	± 3.3	± 3.2
3) DMI 50 mg i. v.	84.5	87.5	94.3	91.7	90.7	85.0
	± 1.3	± 2.2	± 2.8	± 2.4	± 1.9	± 1.7
DMI + Yohimbin	77.8	81.0	90.2	89.5	89.8	86.7
	± 3.2	± 4.7	± 2.2	± 3.2	± 3.1	± 3.1
4) DMI 50 mg i. v.	85.8	82.9	91.0	86.7	87.1	87.8
	± 2.8	± 3.3	± 1.9	± 2.5	± 2.1	± 1.7
DMI + Prazosin	84.4	81.5	89.7	82.9	82.5	82.0
	± 2.2	± 2.6	± 4.2	± 2.2	± 1.3	± 2.2
5) DMI 25 mg i. v.	86.8	83.7	88.2	87.5	90.6	89.1
	± 2.3	± 2.9	± 3.5	± 2.7	± 2.0	± 2.2
DMI + Propranolol	85.8	83.4	86.0	87.4	88.2	86.8
	± 2.3	± 2.9	± 3.5	± 2.7	± 2.0	± 2.2
DMI 50 mg i. v.	82.5	84.0	89.4	88.5	85.6	85.0
	± 2.3	± 2.9	± 3.5	± 2.7	± 2.0	± 2.2
DMI + Propranolol	89.4	82.9	85.6	85.0	84.6	84.2
	± 2.3	± 2.9	± 3.5	± 2.7	± 2.0	± 2.2
6) DMI 50 mg i. v.	89.9	88.1	90.8	90.3	89.0	89.7
	± 2.1	± 2.2	± 1.8	± 1.9	± 1.7	± 2.1
DMI + Clenbuterol	90.8	87.6	86.0	89.0	87.0	86.5
	± 2.1	± 2.1	± 2.3	± 2.3	± 1.7	± 1.8

Das Untersuchungsergebnis kann dahingehend interpretiert werden, daß bei der DMI-bedingten GH-Stimulation zwar möglicherweise 5-HT-Rezeptoren involviert sind, jedoch nicht den Hauptstimulationseffekt vermitteln.

3.2.2 GH, DMI und Phentolamin

Zur Klärung der Frage, ob die DMI-induzierte GH-Stimulation primär durch noradrenerge Neuronen vermittelt wird und daher auf den NA-wiederaufnahmehemmenden Effekt zurückgeführt werden kann, wurde die Wirkung von Phentolamin, einem Alpha-1- und Alpha-2-Rezeptorblocker, auf die DMI-induzierte GH-Stimulation untersucht.

Zwölf männliche Probanden wurden am 1. Untersuchungstag mit DMI 50 mg i. v. und am 2. Untersuchungstag mit DMI 50 mg i. v. + Phentolamin 60 mg i. v. unter-

Tabelle 28. Pulsfrequenz ($\bar{x} \pm$ SE; 1/min; $p^* < 0.05$)

Applikation	t/min −60	0	30	60	90	120
1) DMI 50 mg i. v.	67.7	63.4	74.3	71.8	69.6	69.5
	± 1.7	± 2.0	± 2.7	± 2.3	± 2.7	± 2.8
DMI + Methysergid	56.5	55.5	62.3	62.7	63.9	65.0
	± 3.2	± 3.3	± 4.0	± 4.0	± 4.7	± 4.2
2) DMI 50 mg i. v.	61.0	57.7	66.3	68.1	64.7	68.2
	± 3.0	± 2.9	± 3.2	± 3.2	± 3.0	± 3.2
DMI + Phentolamin	64.5	68.2*	81.7*	84.0*	80.5*	81.7
	± 3.4	± 4.0	± 5.6	± 5.5	± 6.8	± 5.4
3) DMI 50 mg i. v.	63.7	62.8	72.0	68.7	72.0	73.0
	± 2.4	± 2.4	± 3.3	± 3.2	± 3.3	± 1.1
DMI + Yohimbin	65.2	63.3	74.7	75.0	76.3	77.0
	± 2.6	± 2.1	± 4.2	± 3.4	± 3.1	± 2.6
4) DMI 50 mg i. v.	64.2	60.7	76.2	72.5	72.7	70.7
	± 2.2	± 1.8	± 3.3	± 3.6	± 2.1	± 2.9
DMI + Prazosin	67.4	66.7	78.7	76.7	74.0	75.2
	± 1.5	± 2.1	± 2.6	± 3.2	± 2.1	± 2.6
5) DMI 25 mg i. v.	64.4	61.9	65.2	66.8	67.5	68.3
	± 1.9	± 1.8	± 2.2	± 2.3	± 2.3	± 2.6
DMI + Propranolol	67.7	55.9*	60.6	59.7*	60.9	61.9
	± 1.9	± 1.8	± 2.2	± 2.3	± 2.3	± 2.6
DMI 50 mg i. v.	66.3	62.3	72.4	70.5	68.1	67.2
	± 1.9	± 1.8	± 2.2	± 2.3	± 2.3	± 2.6
DMI + Propranolol	67.7	55.9*	60.6*	59.7*	60.9*	61.9
	± 1.9	± 1.8	± 2.2	± 2.3	± 2.3	± 2.6
6) DMI 50 mg i. v.	60.0	60.2	70.2	69.7	68.1	67.1
	± 1.6	± 1.6	± 2.9	± 2.9	± 2.3	± 2.6
DMI + Clenbuterol	63.7	64.9	76.2	75.8	77.1	77.3
	± 2.3	± 2.6	± 4.4	± 2.6	± 4.4	± 3.3

sucht. DMI wurde mit einem Perfusor zwischen t = 0 und t = 10 min i. v. injiziert. Phentolamin 20 mg i. v. (t = –30 bis t = 0 min) und 40 mg i. v. (t = 10 bis t = 100 min) wurde den Probanden ebenfalls infundiert.

Einzelwertkurven: Vor Applikation von DMI lag die GH-Konzentration bei allen Probanden unter 5.0 ng/ml.
Nach Gabe von *DMI 50 mg* stiegen die GH-Konzentrationen auf Werte zwischen 13.3 und 47.2 ng/ml.
Nach kombinierter Gabe von *DMI 50 mg + Phentolamin* kam es bei allen Probanden zu einem GH-Anstieg (Maximalwerte zwischen 6.6 und 32.9 ng/ml), der aber in den meisten Fällen geringer ausfiel als nach DMI allein (Abb. 64).

Mittelwertkurven: Die GH-Werte nach *DMI 50 mg* erreichen ein Maximum von 26.0 ± 3.5 ng/ml (bei t = 60 min), die Werte nach kombinierter Gabe von *DMI 50 mg + Phentolamin* ein Maximum von 13.5 ± 2.9 ng/ml (bei t = 60 min) (Abb. 64).

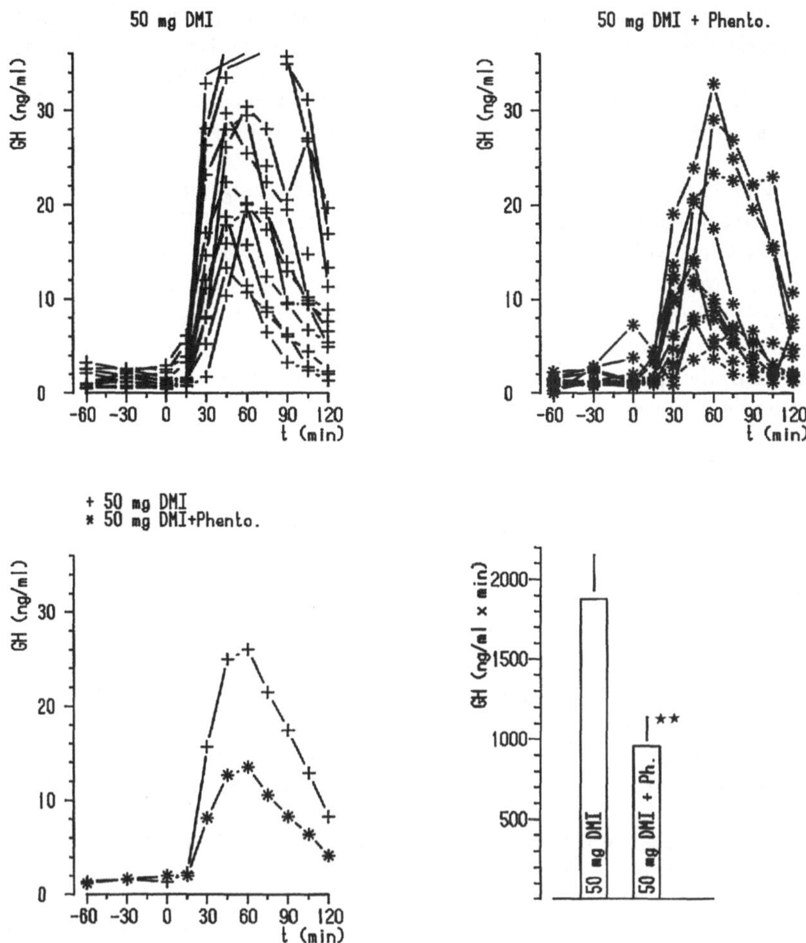

Abb. 64. GH (ng/ml) nach Verabreichung von DMI 50 mg i. v. (n = 12) und DMI 50 mg i. v. + Phentolamin 60 mg i. v. (n = 12) und die dazugehörigen Mittelwertkurven ($\bar{x} \pm$ SE; ng/ml) und Flächenintegrale ($\bar{x} \pm$ SE; ng/ml · 120 min)

Mittlere Flächenintegrale: Die AUC nach *DMI 50 mg* allein (1876.1 ± 274.1 ng/ml · 120 min) unterscheidet sich im Student-t-Test statistisch hochsignifikant von der AUC nach kombinierter Gabe von *DMI 50 mg + Phentolamin* (985.7 ± 179.3 ng/ml · 120 min; $p \leq 0.01$) (Abb. 64).

Die Blutzuckerkonzentration lag sowohl nach DMI als auch nach der Kombination DMI + Phentolamin im Normbereich. Es konnte keine signifikante Differenz zwischen dem Blutdruck (MAP) nach Infusion von DMI und DMI in Kombination mit Phentolamin ermittelt werden, wobei unter der gleichzeitigen Gabe von DMI + Phentolamin ein geringerer Blutdruck gemessen wurde (vgl. Tabelle 27). Die Pulsfrequenz steigt unter beiden Untersuchungsbedingungen an, wobei ein signifikant höherer Anstieg ($p \leq 0.05$) unter der kombinierten Gabe von DMI + Phentolamin ermittelt wird (vgl. Tabelle 28).

Als subjektiv unangenehme Nebenwirkungen wurden von den Probanden sowohl nach alleiniger Gabe von DMI als auch nach kombinierter Gabe von DMI und Phentolamin leichte Übelkeit, Müdigkeit und Mundtrockenheit angegeben. Diese Nebenwirkungen wurden nach zusätzlicher Gabe von Phentolamin von den Probanden subjektiv stärker empfunden. Vier Probanden gaben außerdem leichten Schwindel und Palpitationen an.

Das Untersuchungsergebnis dieser Teilstudie zeigt deutlich, daß Phentolamin zu einer signifikanten Hemmung der DMI-induzierten GH-Stimulation führt.

Es kann weitgehend ausgeschlossen werden, daß dieses Untersuchungsergebnis durch unspezifische Streßeffekte bedingt ist, da hier wegen der Nebenwirkungen eher eine Erhöhung der GH-Stimulation unter kombinierter Gabe von DMI und Phentolamin zu erwarten gewesen wäre. Aus dem Untersuchungsergebnis kann entnommen werden, daß primär die NA-wiederaufnahmehemmende Wirkung von DMI die GH-Stimulation auslöst und mit noradrenergen Rezeptoren vermittelt wird (Laakmann et al. 1986 a).

3.2.3 GH, DMI und Yohimbin

Zur Klärung der Frage, ob die DMI-induzierte GH-Stimulation mit Hilfe von Alpha-2-Rezeptoren vermittelt wird, wurde die Wirkung von Yohimbin (Alpha-2-Rezeptorblokker) auf die DMI-induzierte GH-Stimulation untersucht. Sechs männlichen Probanden wurde am 1. Untersuchungstag DMI 50 mg i. v. und am 2. Untersuchungstag DMI 50 mg i. v. in Kombination mit Yohimbin 10 mg i. v. appliziert. DMI wurde mit einem Perfusor zwischen t = 0 und t = 10 min i. v. injiziert. Yohimbin 10 mg i. v. wurde den Probanden von t = –30 bis t = 0 min und von t = 10 bis t = 100 min infundiert.

Einzelwertkurven: Vor Verabreichung von DMI allein liegt die GH-Konzentration bei allen Probanden in beiden Untersuchungen unter 5.0 ng/ml.
Nach *DMI 50 mg* allein werden GH-Maximalwerte zwischen 10.1 und 34.8 ng/ml gemessen, nach kombinierter Gabe von *DMI 50 mg + Yohimbin* insgesamt geringere GH-Werte zwischen 2.0 und 15.5 ng/ml (Abb. 65).

Mittelwertkurven: Die mittleren Werte nach *DMI 50 mg* liegen mit einem GH-Maximum von 21.1 ± 4.3 ng/ml (bei t = 45 min) deutlich über den Werten nach kombinierter Gabe von *DMI 50 mg + Yohimbin* 9.8 ± 2.2 ng/ml (bei t = 60 min) (Abb. 65).

Mittlere Flächenintegrale: Die AUC nach *DMI 50 mg* (1620.7 ± 331.3 ng/ml · 120 min) liegt deutlich über der AUC nach kombinierter Gabe von *DMI 50 mg + Yohimbin* (638.1 ± 144.3 ng/ml · 120 min) und unterscheidet sich im Student-t-Test statistisch signifikant ($p \leq 0.05$) (Abb. 65).

Die Blutzuckerkonzentration wurde durch DMI oder durch DMI in Kombination mit Yohimbin nicht beeinflußt. Nach DMI und nach DMI + Yohimbin wurde eine Erhöhung des Blutdrucks (MAP) und der Pulsfrequenz registriert.
Die Pulsfrequenz stieg unter kombinierter Gabe von DMI und Yohimbin deutlicher an als unter DMI allein (vgl. Tabellen 27 und 28).
Nebenwirkungen wie leichte Übelkeit und Müdigkeit wurden nach alleiniger Gabe von DMI angegeben. Zusätzlich kam es nach kombinierter Gabe mit Yohimbin bei fast allen Probanden zu sich abwechselndem Hitze- und Kältegefühl und Angstzuständen.

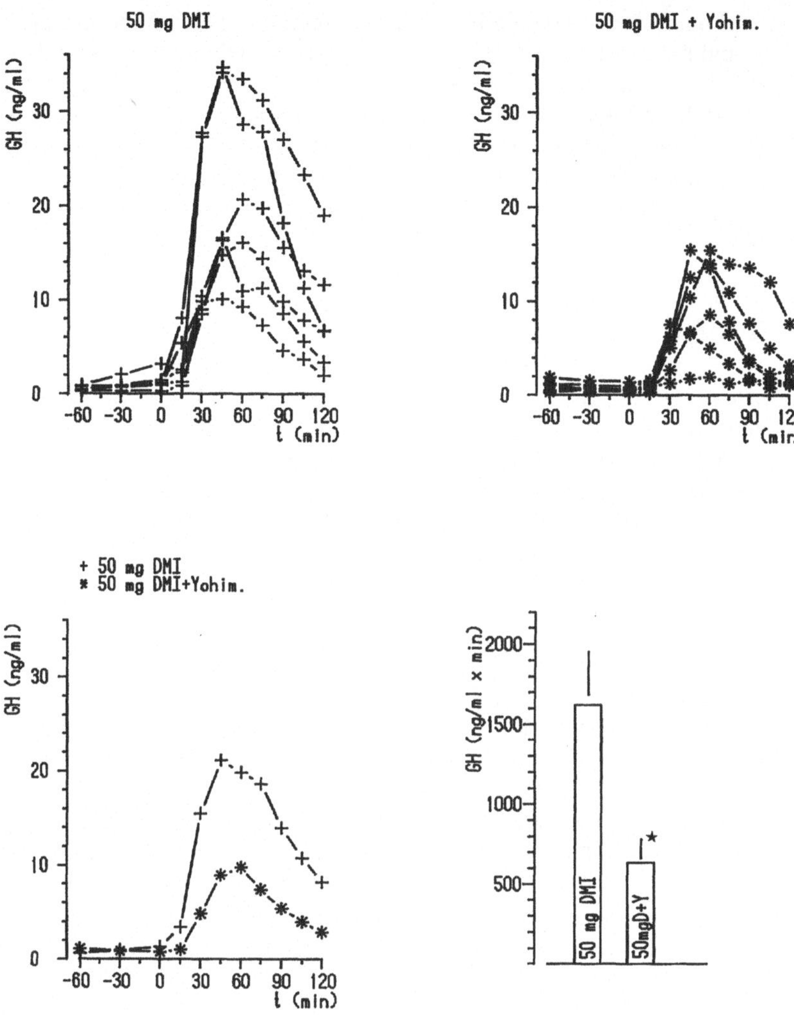

Abb. 65. GH (ng/ml) nach Verabreichung von DMI 50 mg i. v. (n = 6) und DMI 50 mg i. v. + Yohimbin 10 mg i. v. (n = 6) und die dazugehörigen Mittelwertkurven ($\bar{x} \pm$ SE; ng/ml) und Flächenintegrale ($\bar{x} \pm$ SE; ng/ml · 120 min)

Die Untersuchung zeigt, daß es nach kombinierter Gabe von DMI + Yohimbin zu einer signifikant geringeren GH-Stimulation kommt als nach DMI allein, was dahingehend verstanden werden kann, daß Alpha-2-Rezeptoren bei der Vermittlung der DMI-induzierten GH-Stimulation involviert sein müssen und die DMI-induzierte GH-Stimulation primär auf die NA-wiederaufnahmehemmende Wirkung von DMI zurückgeführt werden kann.

Weiter ermöglicht diese Untersuchung die Aussage, daß die DMI-induzierte GH-Stimulation mit postsynaptischen Alpha-2-Rezeptoren vermittelt wird. Da zu erwarten ist, daß Yohimbin nicht selektiv postsynaptische Alpha-2-Rezeptoren, sondern ebenfalls präsynaptische Alpha-2-Rezeptoren blockiert, die als Autorezeptoren inhibierend die NA-Freisetzung beeinflussen, müßte die Blockade zu einer NA-Freisetzung und somit zu einer GH-Stimulation führen. Die alleinige Gabe von Yohimbin führt jedoch nicht zu einer GH-Stimulation. Offensichtlich unterdrückt die postsynaptische Alpha-2-Rezeptorblockade die Vermittlung einer GH-Stimulation.

Eine Beeinflussung des Untersuchungsergebnisses durch unspezifische Streßeffekte kann weitgehend ausgeschlossen werden, da diese unter Yohimbin verstärkt auftreten, aber nicht zu einer zusätzlichen GH-Stimulation führen (Laakmann et al. 1986 a).

3.2.4 GH, DMI und Prazosin

Zur Bearbeitung der Frage, ob und inwieweit Alpha-1-Rezeptoren bei der DMI-induzierten GH-Stimulation involviert sind, wurde der Effekt von Prazosin (primärer Alpha-1-Rezeptorblocker) auf die DMI-induzierte GH-Stimulation untersucht.

Bei diesen Untersuchungen wurden zwölf männliche Probanden am 1. Untersuchungstag mit DMI 50 mg i. v. und am 2. Untersuchungstag mit DMI 50 mg i. v. + Prazosin 1 mg p. o. untersucht. DMI wurde mit einem Perfusor zwischen t = 0 und t = 10 min injiziert und Prazosin 1 mg p. o. zum Zeitpunkt t = –60 min verabreicht.

Einzelwertkurven: Sowohl bei der Untersuchung mit DMI als auch in der Kombination von DMI + Prazosin war die GH-Konzentration vor t = 0 min mit Ausnahme eines Probanden (12.4 ng/ml) kleiner als 5.0 ng/ml.
Nach alleiniger Gabe von *DMI 50 mg* kam es zu GH-Anstiegen zwischen 6.2 und 50.5 ng/ml. Nach Gabe von *DMI 50 mg + Prazosin* wurden GH-Maximalwerte zwischen 5.4 und 71.3 ng/ml gemessen (Abb. 66).

Mittelwertkurven: Nach *DMI 50 mg* allein wird ein mittlerer Maximalwert von 18.3 ± 3.8 ng/ml (bei t = 60 min) erreicht. Im Vergleich dazu kommt es nach Gabe von *DMI 50 mg + Prazosin* zu einem GH-Maximum von 16.8 ± 5.5 ng/ml (bei t = 45 min) (Abb. 66).

Mittlere Flächenintegrale: Die AUC nach *DMI 50 mg* (1375.5 ± 316.2 ng/ml · 120 min) unterscheidet sich im Student-t-Test statistisch nicht signifikant von der AUC nach kombinierter Gabe von *DMI 50 mg + Prazosin* (1220.0 ± 383.9 ng/ml · 120 min) (Abb. 66).

Die Blutzuckerkonzentration verändert sich unter beiden Untersuchungsbedingungen nicht. Die ermittelten Anstiege des Blutdrucks unter DMI und DMI + Prazosin sind vergleichbar (vgl. Tabelle 27), ebenso die aufgetretenen Nebenwirkungen wie leichte Übelkeit, Müdigkeit und Mundtrockenheit.

Der fehlende Einfluß von Prazosin auf die DMI-induzierte GH-Stimulation kann so interpretiert werden, daß noradrenerge Alpha-1-Rezeptoren nicht bei der DMI-induzierten GH-Stimulation involviert sind. Dieses ermöglicht unter Berücksichtigung der Untersuchungsergebnisse mit Yohimbin (Alpha-2-Rezeptorblocker) die Aussage, daß die DMI-induzierte GH-Stimulation primär mit Alpha-2-Rezeptoren vermittelt wird.

Gegen das Argument einer zu niedrig verabreichten Dosis von Prazosin kann die DMI-induzierte Cortisol-ACTH-Stimulation angeführt werden, die durch Prazosin signifikant unterdrückt wird (vgl. Abschnitt 3.4.4). Da in beiden Untersuchungen vergleichbare Nebenwirkungen auftraten, kann eine Beeinflussung des Untersuchungser-

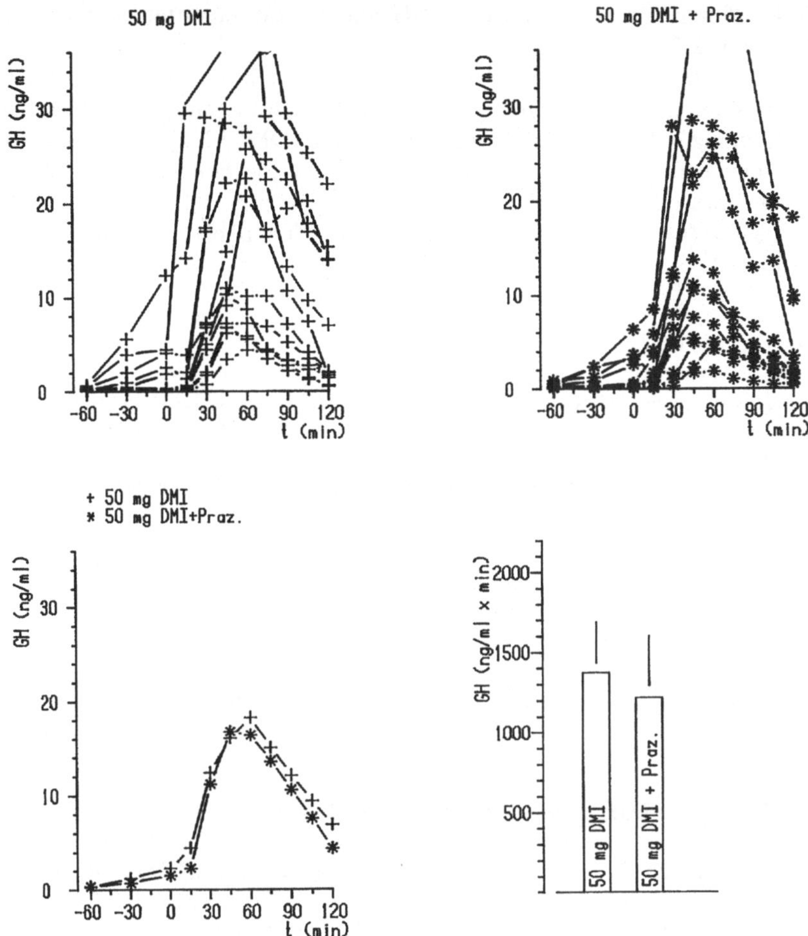

Abb. 66. GH (ng/ml) nach Verabreichung von DMI 50 mg i.v. (n = 12) und DMI 50 mg i. v. + Prazosin 1 mg p. o. (n = 12) und die dazugehörigen Mittelwertkurven ($\bar{x} \pm$ SE; ng/ml) und Flächenintegrale ($\bar{x} \pm$ SE; ng/ml · 120 min)

gebnisses durch unspezifische Nebenwirkungen weitgehend ausgeschlossen werden (Laakmann et al. 1986 a, c).

3.2.5 GH, DMI und Propranolol

Zur Beantwortung der Frage, ob sich die DMI-bedingte GH-Stimulation nach Betarezeptorblockade erhöht – ähnlich wie die IHT-bedingte GH-Stimulation nach Betarezeptorblockade –, wurden männliche Probanden mit DMI und Propranolol (Betarezeptorblocker) untersucht.

Da eine Erhöhung der DMI-induzierten GH-Stimulation erwartet werden konnte, wurde bei dieser Teiluntersuchung die Wirkung von Propranolol 15 mg i. v. auf die DMI-induzierte GH-Stimulation nach DMI 25 und 50 mg i. v. getestet, wobei mit

DMI 25 mg i. v. eine mittlere GH-Stimulation erwartet werden konnte (vgl. Abschnitt 2.2.1.1).

Die Untersuchung wurde entsprechend einem inkompletten Blockdesign nach Cox (1940) durchgeführt, wobei die vier verschiedenen Behandlungsformen (DMI 25 mg, DMI 25 mg + Propranolol 15 mg, DMI 50 mg, DMI 50 mg + Propranolol 15 mg) in 18 Blöcken mit je zwei Medikationen neunmal wiederholt wurden.

DMI wurde mit einem Perfusor zwischen t = 0 und t = 10 min injiziert, Propranolol 10 mg i. v. (t = –30 bis t = 0 min) und 5 mg i. v. (t = 10 bis t = 100 min) den Probanden infundiert.

DMI 25 mg vs. DMI 25 mg + Propranolol

Einzelwertkurven: Bei der Untersuchung mit DMI 25 mg und DMI 25 mg + Propranolol wurden mit einer Ausnahme bei allen Probanden vor DMI-Gabe GH-Werte unter 5.0 ng/ml gemessen.
Nach alleiniger Gabe von *DMI 25 mg* kam es zu einem GH-Anstieg zwischen 10.1 und 20.9 ng/ml; nach kombinierter Gabe von *DMI 25 mg + Propranolol* wurden GH-Werte von maximal 10.1 bis 36.8 ng/ml gemessen (Abb. 67).

Mittelwertkurven: In den mittleren Verläufen zeigt sich deutlich, daß es nach kombinierter Gabe von *DMI 25 mg + Propranolol* zu einem höheren GH-Anstieg (bei t = 45 min) kommt als nach *DMI 25 mg* allein (Abb. 67, Tabelle 29).

Mittlere Flächenintegrale: Die AUC nach *DMI 25 mg* und die AUC nach kombinierter Gabe von *DMI 25 mg + Propranolol* unterscheiden sich im Student-t-Test statistisch signifikant ($p \leq 0.05$) (Abb. 67, Tabelle 29).

DMI 50 mg vs. DMI 50 mg + Propranolol

Einzelwertkurven: Beim Vergleich der GH-Konzentration nach DMI 50 mg mit der nach kombinierter Gabe von DMI 50 mg + Propranolol wird vor Gabe von DMI mit einer Ausnahme bei allen Probanden eine GH-Konzentration unter 5.0 ng/ml gemessen.
Nach Gabe von *DMI 50 mg* kommt es zu einem GH-Anstieg zwischen 20.0 und 33.8 ng/ml. Im Vergleich dazu kommt es nach *DMI 50 mg + Propranolol* zu GH-Anstiegen zwischen 14.2 und 37.9 ng/ml (Abb. 68).

Mittelwertkurven: Das mittlere GH-Maximum nach *DMI 50 mg* liegt unter dem GH-Maximum nach kombinierter Gabe von *DMI 50 mg + Propranolol* (Abb. 68, Tabelle 29).

Mittlere Flächenintegrale: Die AUC nach *DMI 50 mg* ist niedriger als die AUC nach kombinierter Gabe von *DMI 50 mg + Propranolol.* Dieser Unterschied ist jedoch im Student-t-Test statistisch nicht signifikant (Abb. 68, Tabelle 29).

Die Blutzuckerkonzentration wird durch DMI und DMI + Propranolol nicht signifikant beeinflußt. Der Blutdruck (MAP) erhöht sich sowohl unter DMI als auch unter der kombinierten Gabe mit Propranolol, unterscheidet sich jedoch nicht deutlich. Die Pulsfrequenz steigt unter kombinierter Gabe von DMI + Propranolol in beiden Untersuchungen signifikant geringer an ($p \leq 0.05$) als nach alleiniger Gabe von DMI (vgl. Tabellen 27 und 28).
Drei Probanden gaben nach DMI 50 mg + Propranolol Kältegefühl in den Extremitäten an. Die anderen Nebenwirkungen wie Mundtrockenheit und leichte Müdigkeit waren unter beiden Untersuchungsbedingungen vergleichbar. Dagegen wurden unter alleiniger Gabe von DMI 25 mg bzw. DMI 25 mg + Propranolol keine subjektiven Nebenwirkungen angegeben.

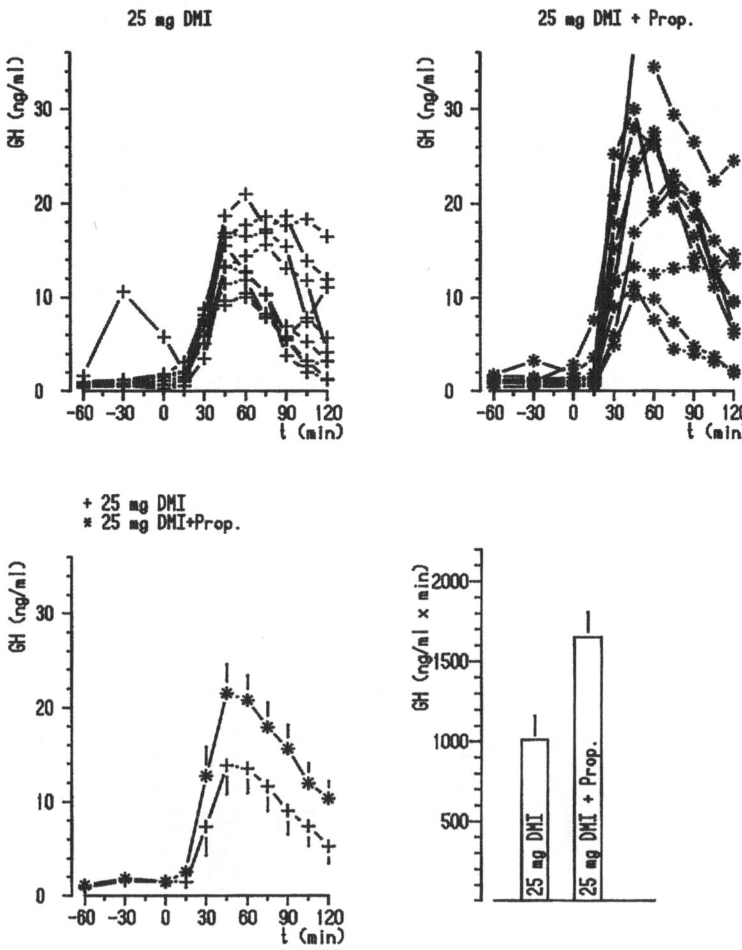

Abb. 67. GH (ng/ml) nach Verabreichung von DMI 25 mg i. v. (n = 9) und DMI 25 mg i. v. + Propranolol 15 mg i. v. (n = 9) und die dazugehörigen Mittelwertkurven (x̄ ± SE; ng/ml) und Flächenintegrale (x̄ ± SE; ng/ml · 120 min)

Tabelle 29. GH-Werte (x̄ und AUC) nach Gabe von DMI 25 mg, DMI 25 mg + Propranolol 15 mg, DMI 50 mg und DMI 50 mg + Propranolol 15 mg (n = 9)

	x̄ ± SE (ng/ml)	t (min)	AUC / x̄ ± SE (ng/ml · 120 min)
DMI 25 mg	13.9 ± 2.2	45	1016.1 ± 154.0
DMI 25 mg + Propranolol	21.6 ± 2.2	45	1637.8 ± 154.0
DMI 50 mg	23.0 ± 2.2	45	1636.2 ± 154.0
DMI 50 mg + Propranolol	26.9 ± 1.9	60	1979.6 ± 154.0

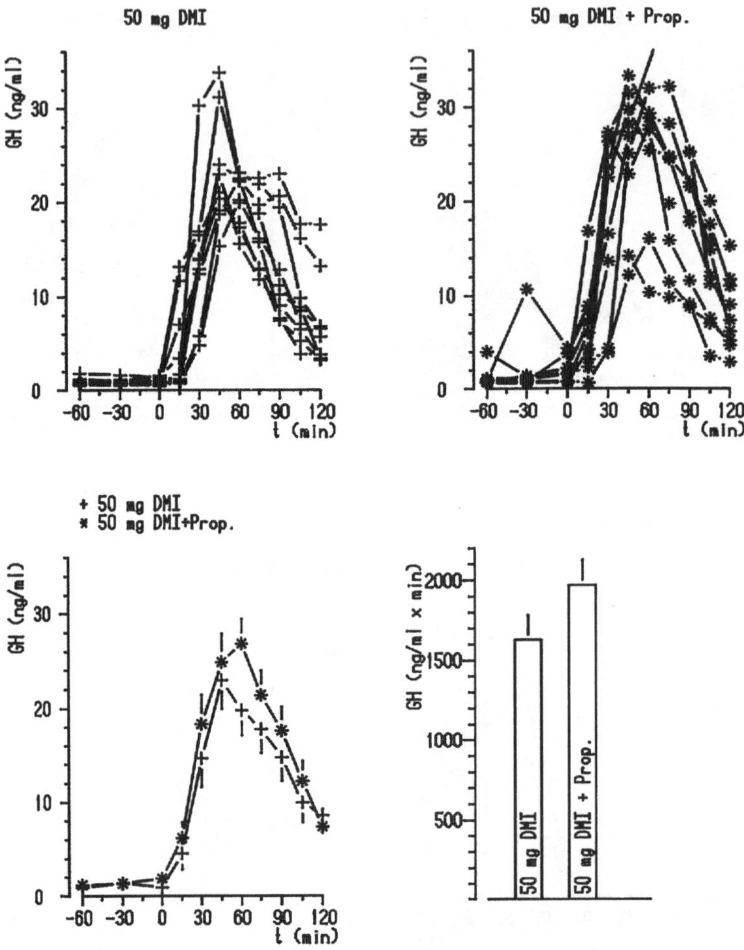

Abb. 68. GH (ng/ml) nach Verabreichung von DMI 50 mg i. v. (n = 9) und DMI 50 mg DMI i. v. + Propranolol 15 mg i. v. (n = 9) und die dazugehörigen Mittelwertkurven ($\bar{x} \pm$ SE; ng/ml) und Flächenintegrale ($\bar{x} \pm$ SE; ng/ml · 120 min)

Das Ergebnis dieser Untersuchung zeigt, ähnlich wie es Imura et al. (1971) in Untersuchungen mit dem IHT-Test demonstrierten, daß Propranolol die DMI-induzierte GH-Stimulation deutlich erhöht. Hieraus läßt sich folgern, daß die mit Alpha-2-Rezeptoren vermittelte DMI-bedingte GH-Stimulation nach einer Betarezeptorblokkade durch Propranolol deutlicher zur Wirkung kommen kann. Dieses scheint am ehesten dadurch verständlich, daß unbeeinflußte Betarezeptoren einen inhibierenden Effekt auf die GH-Stimulation ausüben und somit hinsichtlich der GH-Stimulation in einem antagonistischen Verhältnis zu Alpha-2-Rezeptoren stehen.

In diesem Zusammenhang ist besonders interessant, daß lediglich nach DMI 25 mg und Propranolol, nicht aber nach DMI 50 mg und Propranolol eine signifikant höhere GH-Stimulation auftritt als nach DMI allein. Dieses kann am ehesten mit der Auslösung einer annähernd maximalen GH-Stimulation nach DMI 50 mg i. v. erklärt werden, die nur noch geringfügig durch zusätzliche Gabe von Propranolol erhöht werden kann. Mit DMI 25 mg wird dagegen nur eine mittlere GH-Stimulation ausgelöst, so daß hier der Propranolol-Effekt deutlicher zum Ausdruck kommt (vgl. Abschnitt 2.2.1.1).

Eine Beeinflussung dieses Untersuchungsergebnisses infolge unspezifischer Streßeffekte kann weitgehend ausgeschlossen werden, da unter Applikation von DMI 25 mg i. v. und Propranolol keine nennenswerten Nebenwirkungen aufgetreten sind. Eine alleinige Beeinflussung dieses Untersuchungsergebnisses durch die signifikante Verringerung der Pulsfrequenz scheint ebenfalls unwahrscheinlich, da es sowohl unter Phentolamin als auch unter Yohimbin zu einer signifikanten Erhöhung der Pulsfrequenz kommt und trotzdem eine vergleichbare DMI-induzierte GH-Stimulation gemessen wurde (Laakmann et al. 1986 a).

3.2.6 GH, DMI und Clenbuterol

Zur Klärung der Frage, ob es mit Hilfe eines Betarezeptoragonisten möglich ist, die DMI-induzierte GH-Stimulation zu beeinflussen, wurde die Wirkung von Clenbuterol (Betarezeptoragonist) auf die DMI-induzierte GH-Stimulation untersucht.

Zwölf männlichen Probanden wurde am 1. Untersuchungstag DMI 50 mg i. v. (t = 0 bis t = 10 min) und am 2. Untersuchungstag DMI 50 mg i. v. (t = 0 bis t = 10 min) nach vorheriger Gabe von Clenbuterol 0.04 mg p. o. (t = –60 min) appliziert.

Einzelwertkurven: Bei allen Probanden lagen die GH-Werte in beiden Gruppen vor dem Zeitpunkt t = 0 min unter 5.0 ng/ml.
Nach alleiniger Gabe von *DMI 50 mg* kommt es bei den Probanden zu einem GH-Anstieg zwischen 1.6 und 43.1 ng/ml. Demgegenüber liegt der GH-Anstieg nach Gabe von *DMI 50 mg + Clenbuterol* zwischen 0.3 und 14.3 ng/ml (Abb. 69).

Mittelwertkurven: Nach kombinierter Gabe von *DMI 50 mg + Clenbuterol* ist eine sichtbar geringere DMI-bedingte GH-Stimulation (7.7 ± 1.6 ng/ml bei t = 60 min) im Vergleich zu *DMI 50 mg* (15.7 ± 3.4 ng/ml bei t = 60 min) zu beobachten (Abb. 69).

Mittlere Flächenintegrale: Die AUC nach *DMI 50 mg* (1126.7 ± 225.5 ng/ml · 120 min) und die AUC nach *DMI 50 mg + Clenbuterol* (464.4 ± 92.5 ng/ml · 120 min) unterscheiden sich im Student-t-Test statistisch signifikant ($p \leq 0.01$) (Abb. 69).

Nach alleiniger Gabe von DMI trat bei drei Probanden leichte Müdigkeit auf, zwei weitere klagten über Druckgefühl im Kopf und Schweißausbruch. Nach kombinierter Gabe von DMI + Clenbuterol kam es bei allen Probanden zu mehr oder weniger starker Müdigkeit, leichten Kopfschmerzen, Frösteln und Übelkeit. Bei drei Probanden trat kurzzeitige Pulsbeschleunigung und leichter Blutdruckanstieg auf.

Das Resultat dieser Teiluntersuchung zeigt eine signifikante Inhibition der DMI-induzierten GH-Stimulation durch Clenbuterol (Betarezeptoragonist). Berücksichtigt man bei der Beurteilung der Ergebnisse die Untersuchungen mit DMI und Propranolol (Betarezeptorblocker), kann eine entgegengesetzte Wirkung von Betarezeptoragonisten bzw. Betarezeptorblockern auf die DMI-induzierte GH-Stimulation gezeigt werden. Das Ergebnis bestätigt somit die Interpretation eines inhibierenden Effekts von Betarezeptoren auf die DMI-bedingte GH-Stimulation.

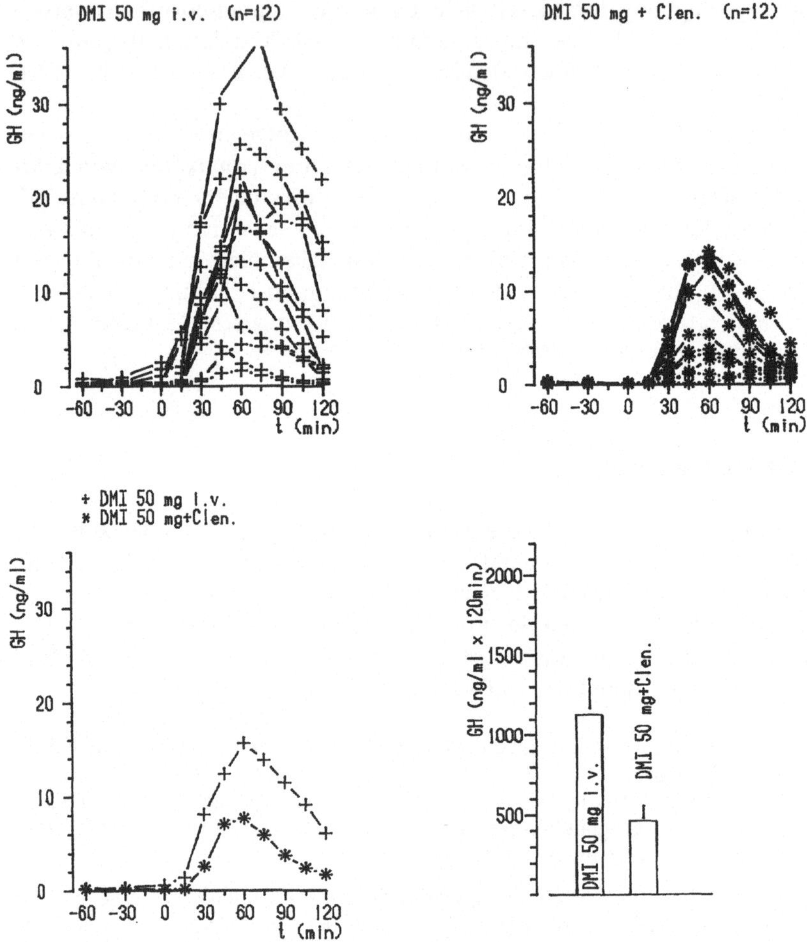

Abb. 69. GH (ng/ml) nach Verabreichung von DMI 50 mg i. v. (n = 12) und DMI 50 mg i. v. + Clenbuterol 0.04 mg p. o. (n = 12) und die dazugehörigen Mittelwertkurven ($\bar{x} \pm$ SE; ng/ml) und Flächenintegrale ($\bar{x} \pm$ SE; ng/ml · 120 min)

3.2.7 Zusammenfassung

Die vorliegenden Untersuchungsergebnisse über die Wirkung verschiedener Rezeptorblocker und -agonisten zeigen deutlich, daß die DMI-induzierte GH-Stimulation primär auf den NA-wiederaufnahmehemmenden Effekt von DMI zurückzuführen ist. Die 5-HT-wiederaufnahmehemmende Wirkung von DMI kann die GH-Stimulation möglicherweise agonistisch beeinflussen, ist aber für die GH-Stimulation nach DMI nicht unbedingt erforderlich, wie die Untersuchungen mit dem 5-HT-Rezeptorblocker Methysergid zeigen.

Besonders deutlich wird die inhibierende Wirkung von Phentolamin (Alpha-1-Alpha-2-Rezeptorblocker) auf die DMI-induzierte GH-Stimulation. Ein ähnliches

Untersuchungsergebnis über die IHT-bedingte GH-Stimulation konnte von Imura et al. (1971) mit Phentolamin erarbeitet werden. Dieses Ergebnis ist von den Autoren so interpretiert worden, daß noradrenerge Neuronen bei der Vermittlung der GH-Stimulation beteiligt sind.

Darüber hinaus konnte in den hier vorliegenden Untersuchungen mit Yohimbin und Prazosin gezeigt werden, daß nicht Alpha-1-, sondern Alpha-2-Rezeptoren die GH-Stimulation vermitteln.

Als weiterer Hinweis auf eine Alpha-2-Rezeptorbeteiligung kann der Clonidintest gewertet werden, da Clonidin (selektiver Alpha-2-Agonist) eine ausgeprägte GH-Stimulation beim Menschen hervorruft (Lal et al. 1975; Matussek et al. 1980). Imura et al. (1971) zeigten eine Erhöhung der IHT-bedingten GH-Stimulation mit Propranolol. Dieser Effekt konnte in den von uns durchgeführten Untersuchungen mit DMI bestätigt werden.

Darüber hinaus gelang es in den vorliegenden Untersuchungen mit Clenbuterol, einem Betarezeptoragonisten, nachzuweisen, daß bei zusätzlicher Aktivierung von Betarezeptoren eine Inhibition der DMI-induzierten GH-Stimulation meßbar ist. Damit kann die Vorstellung einer von Betarezeptoren übertragenen Inhibition und einer mit Alpha-2-Rezeptoren übertragenen GH-Stimulation weiter untermauert werden. Eine agonistisch-antagonistische Wirkung von Alpha-2- und Beta-Rezeptoren auf die DMI-induzierte GH-Stimulation wird somit sichtbar (Schema 3).

Durch die NA-wiederaufnahmehemmende Wirkung von DMI wird bei Probanden sowohl ein stimulierender als auch ein inhibierender Effekt in der Gesamt-GH-Sekretion deutlich. Bemerkenswert erscheint in diesem Zusammenhang, daß die Gesamt-GH-Konzentration über die Aktivierung eines bestimmten Rezeptors keinen Aufschluß gibt, sondern daß lediglich die Summe aus dem stimulierenden Effekt von Alpha-2-Rezeptoren auf die GH-Konzentration und dem inhibierenden Effekt von Beta-Rezeptoren auf die GH-Konzentration feststellbar ist. An der GH-Sekretion wird somit eine funktionelle Balance zwischen stimulierend wirkenden Alpha-2-Rezeptoren und inhibierend wirkenden Betarezeptoren deutlich.

Ähnlich wie bei vielen anderen physiologischen Abläufen scheint die GH-Sekretion durch komplexe agonistisch-antagonistische Interaktionsmechanismen verschiedener neuronaler Systeme beeinflußt bzw. reguliert zu werden.

DMI-induziert.	Praz.	Phentol.	Yohim.	Prop.	Clen.	Methy.
	α_1	⟷	α_2	β	β-Ago.	5-HT
GH ↑	–	▼	▼	▲	▼	–
PRL ↑						
ACTH, Cort. ↑						

Schema 3. Effekt von Rezeptorblockern und -agonisten auf die DMI-induzierte GH-Sekretion

3.3 Einfluß von Rezeptorblockern und -agonisten auf die DMI-induzierte PRL-Stimulation

Da in den vorangegangenen Untersuchungen gezeigt werden konnte, daß das primär NA- und weniger 5-HT-wiederaufnahmehemmende Antidepressivum DMI zu einer dosisabhängigen PRL-Stimulation führt, und daß das primär 5-HT- und weniger NA-wiederaufnahmehemmende Antidepressivum Clomipramin (CI) im Vergleich zu DMI eine signifikant höhere PRL-Stimulation bewirkt, gibt es Hinweise dafür, daß die antidepressivabedingte PRL-Stimulation auf den 5-HT-wiederaufnahmehemmenden Effekt der Substanzen zurückgeführt werden kann. Bezüglich der PRL-Sekretion beim Menschen sei nochmals darauf hingewiesen, daß sie hauptsächlich einer DA-vermittelten tonischen Inhibition unterliegt (del Pozo u. Lancranjan 1978), aber auch durch 5-HT-Agonisten stimulierend beeinflußt werden kann (Wirz-Justice et al. 1976). Es erscheint auch vorstellbar, daß neben dem 5-HT-agonistischen Effekt von DMI die DMI-bedingte PRL-Stimulation durch den DA-rezeptorblockierenden Effekt hervorgerufen wird.

Um zu klären, auf welche zentralnervöse Wirkung die DMI-induzierte PRL-Stimulation zurückzuführen ist, wurde die Wirkung von Methysergid (5-HT-Rezeptorblokker; Graham 1967), Propranolol, (Betarezeptorblocker; Aellig 1976), Phentolamin (Alpha-1-Alpha-2-Rezeptorblocker), Yohimbin (Alpha-2-Rezeptorblocker) und Prazosin (Alpha-1-Rezeptorblocker; Maggi et al. 1980) auf die DMI-induzierte PRL-Stimulation untersucht. Die hierbei erarbeiteten Untersuchungsergebnisse werden im folgenden dargestellt.

3.3.1 PRL, DMI und Methysergid

Zur Klärung der Frage, ob die DMI-induzierte PRL-Stimulation auf einen 5-HT-wiederaufnahmehemmenden Effekt der Substanz zurückgeführt werden kann, wurde die Wirkung von Methysergid, einem 5-HT-Rezeptorblocker, auf die DMI-induzierte PRL-Stimulation untersucht.

Zwölf männliche Probanden bekamen DMI 50 mg i. v. allein verabreicht, und weitere zwölf Probanden DMI 50 mg i. v. + Methysergid 12 mg p. o. DMI wurde mit einem Perfusor zwischen t = 0 und t = 10 min i. v. injiziert und Methysergid p. o. am Tag: -2: 1.5 – 0 – 1.5 mg; am Tag -1: 1.5 – 1.5 – 3.0 mg und am Tag 0: 3.0 mg 120 min vor DMI-Infusionsbeginn den Probanden gegeben.

Einzelwertkurven: Bei allen Probanden beider Gruppen wird vor t = 0 min ein Abfall der PRL-Konzentration deutlich.
Nach *DMI 50 mg* haben alle Probanden einen deutlichen PRL-Anstieg mit Maximalwerten zwischen 181.0 und 456.0 μU/ml. Nach kombinierter Gabe von *DMI 50 mg + Methysergid* ist lediglich bei drei der zwölf Probanden ein PRL-Anstieg zu beobachten (Abb. 70).

Mittelwertkurven: Nach *DMI 50 mg* allein kommt es zu einem mittleren PRL-Maximum von 297.1 ± 25.9 μU/ml, das deutlich über dem nach kombinierter Gabe von *DMI 50 mg + Methysergid* (179.4 ± 37.3 μU/ml) (jeweils bei t = 60 min) liegt (Abb. 70).

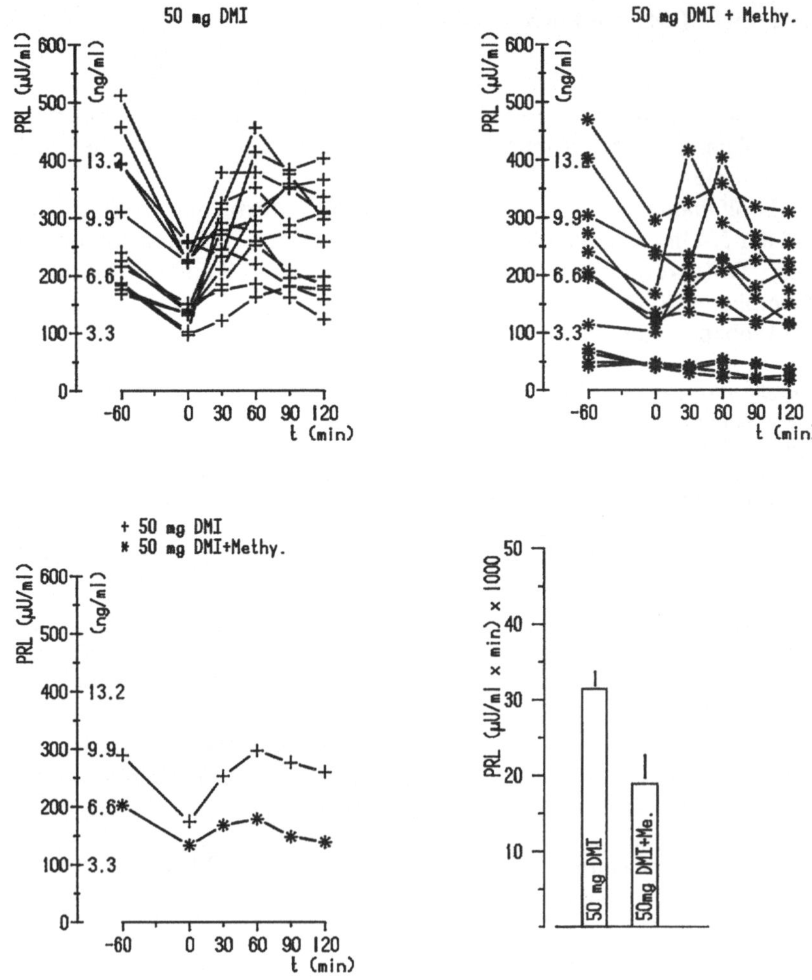

Abb. 70. PRL (µU/ml) nach Verabreichung von DMI 50 mg i. v. (n = 12) und DMI 50 mg i. v. + Methysergid 12 mg p. o. (n = 12) und die dazugehörigen Mittelwertkurven ($\bar{x}$ ± SE; µU/ml) und Flächenintegrale ($\bar{x}$ ± SE; µU/ml · 120 min)

Mittlere Flächenintegrale: Die AUC nach *DMI 50 mg* (31419.2 ± 2319.1 µU/ml · 120 min) und die AUC nach kombinierter Gabe von *DMI 50 mg + Methysergid* (18944.2 ± 2319.1 µU/ml · 120 min) unterscheiden sich im Student-t-Test statistisch hochsignifikant ($p \leq 0.01$) (Abb. 70).

Dieses Untersuchungsergebnis zeigt deutlich, daß die DMI-induzierte PRL-Stimulation nach vorheriger Gabe von Methysergid signifikant geringer ausfällt als nach DMI allein (Laakmann et al. 1986 b). Hieraus kann geschlossen werden, daß die DMI-induzierte PRL-Stimulation mit Hilfe von serotonergen Neuronen vermittelt wird und auf den 5-HT-wiederaufnahmehemmenden Effekt von DMI zurückgeführt werden kann (Laakmann et al. 1986 b).

3.3.2 PRL, DMI und Phentolamin

Zur Bearbeitung der Frage, ob die NA-wiederaufnahmehemmende Wirkung von DMI bei der DMI-induzierten PRL-Stimulation involviert ist, wurde der Einfluß von Phentolamin, einem Alpha-1-Alpha-2-Rezeptorblocker, auf die DMI-induzierte PRL-Stimulation untersucht.

Zwölf männliche Probanden wurden am 1. Untersuchungstag mit DMI 50 mg i. v. und am 2. Untersuchungstag mit DMI 50 mg i. v. + Phentolamin 60 mg i. v. untersucht. DMI wurde mit einem Perfusor zwischen t = 0 und t = 10 min i. v. injiziert. Phentolamin 20 mg i. v. (t = –30 bis 0 min) und 40 mg i. v. (t = 10 bis 100 min) wurde den Probanden infundiert.

Einzelwertkurven: Sowohl in der Untersuchung mit DMI als auch in Kombination von DMI + Phentolamin zeigt sich zwischen t = –60 und t = 0 min ein deutlicher PRL-Konzentrations-Abfall (Abb. 71).
Nach Gabe von *DMI 50 mg* kommt es bei neun der zwölf Probanden zu einem deutlichen PRL-Anstieg mit Maximalwerten zwischen 72.0 und 662.0 μU/ml. Drei Probanden haben während des gesamten Untersuchungszeitraums niedrigere PRL-Konzentrationen als bei t = 0 min. Nach kombinierter Gabe von *DMI 50 mg + Phentolamin* kommt es ebenfalls nur bei neun Probanden zu einer PRL-Konzentrationserhöhung (maximal 166.0 und 598.0 μU/ml) (Abb. 71).

Mittelwertkurven: Die mittlere PRL-Konzentration nach *DMI 50 mg* (Maximum von 240.8 ± 54.8 μU/ml) ist mit der mittleren PRL-Konzentration nach kombinierter Gabe von *DMI 50 mg + Phentolamin* (254.3 ± 47.7 μU/ml) (jeweils bei t = 30 min) weitgehend vergleichbar (Abb. 71).

Mittlere Flächenintegrale: Die AUCs nach *DMI 50 mg* (25412.0 ± 4587.0 μU/ml · 120 min) und *DMI 50 mg + Phentolamin* (25999.3 ± 3899.9 μU/ml · 120 min) unterscheiden sich im Student-t-Test statistisch nicht signifikant (Abb. 71).

Diese Untersuchung zeigt keine Beeinflussung der DMI-induzierten PRL-Stimulation durch Phentolamin (Laakmann et al. 1986 b).

3.3.3 PRL, DMI und Yohimbin

Zur Klärung der Frage, ob durch eine alleinige Blockade von Alpha-2-Rezeptoren die DMI-induzierte PRL-Stimulation beeinflußt wird, wurde der Effekt von Yohimbin (Alpha-2-Rezeptorblocker) auf die DMI-induzierte PRL-Stimulation untersucht. Sechs männlichen Probanden wurde am 1. Untersuchungstag DMI 50 mg i. v. und am 2. Untersuchungstag DMI 50 mg i. v. in Kombination mit Yohimbin 10 mg i. v. appliziert. DMI wurde mit einem Perfusor zwischen t = 0 und t = 10 min i. v. injiziert. Yohimbin 10 mg i. v. wurden den Probanden von t = –30 bis t = 0 min und von t = 10 bis t = 100 min infundiert.

Einzelwertkurven: Vor Verabreichung von DMI kommt es in beiden Untersuchungen zwischen t = –60 und t = 0 min bei den Probanden zu einem Konzentrationsabfall des PRL.
Nach *DMI 50 mg* ist ein deutlicher PRL-Anstieg zu erkennen, der Maximalwerte zwischen 186.0 und 456.0 μU/ml erreicht. Nach kombinierter Gabe von *DMI 50 mg + Yohimbin* kommt es ebenfalls zu einem PRL-Anstieg zwischen 194.0 und 473.0 μU/ml (Abb. 72).

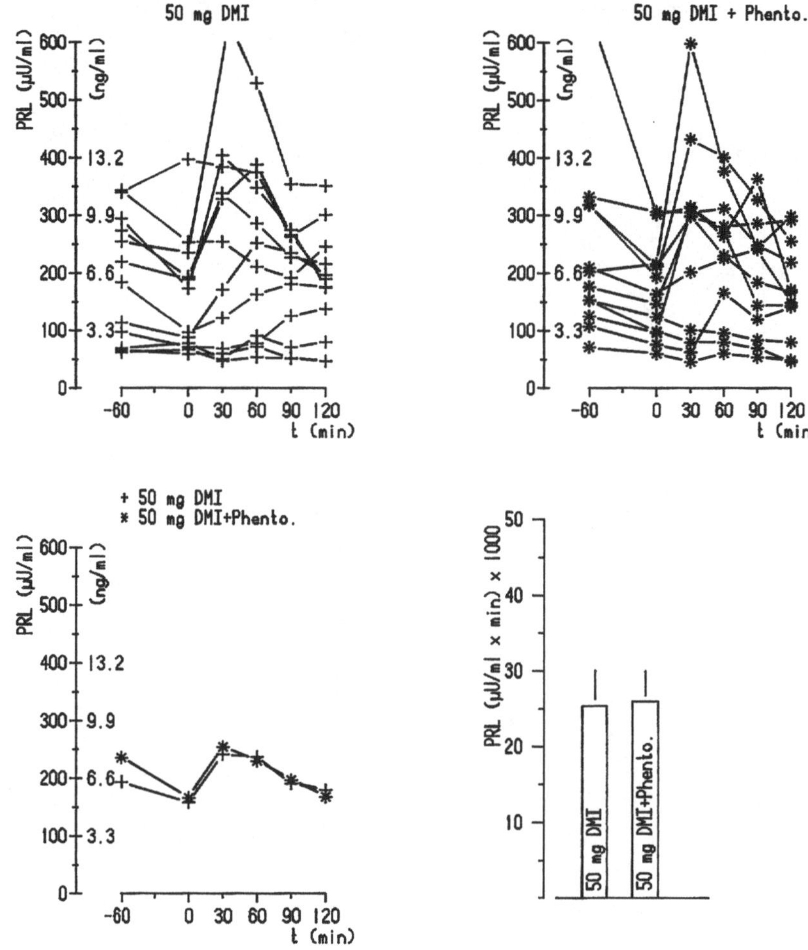

Abb. 71. PRL (μU/ml) nach Verabreichung von DMI 50 mg i. v. (n = 12) und DMI 50 mg i. v. + Phentolamin 60 mg i. v. (n = 12) und die dazugehörigen Mittelwertkurven ($\bar{x}$ ± SE; μU/ml) und Flächenintegrale ($\bar{x}$ ± SE; μg/ml · 120 min)

Mittelwertkurven: Die mittleren PRL-Konzentrationen nach *DMI 50 mg* (291.8 ± 39.4 μU/ml) und nach kombinierter Gabe von *DMI 50 mg + Yohimbin* (326.3 ± 45.5 μU/ml) (jeweils bei t = 60 min) sind im Untersuchungszeitraum vergleichbar (Abb. 72).

Mittlere Flächenintegrale: Die AUC nach *DMI 50 mg* (30366.7 ± 3015.1 μU/ml · 120 min) und die AUC nach kombinierter Gabe von *DMI 50 mg + Yohimbin* (33235.0 ± 4294.0 μU/ml · 120 min) unterscheiden sich im Student-t-Test statistisch nicht signifikant (Abb. 72).

Das Untersuchungsergebnis zeigt sowohl nach alleiniger Gabe von DMI als auch nach kombinierter Gabe von DMI und Yohimbin eine vergleichbare PRL-Stimulation. Das kann als Hinweis gewertet werden, daß noradrenerge Alpha-2-Rezeptoren bei der DMI-induzierten PRL-Stimulation nicht involviert sind (Laakmann et al. 1986 b).

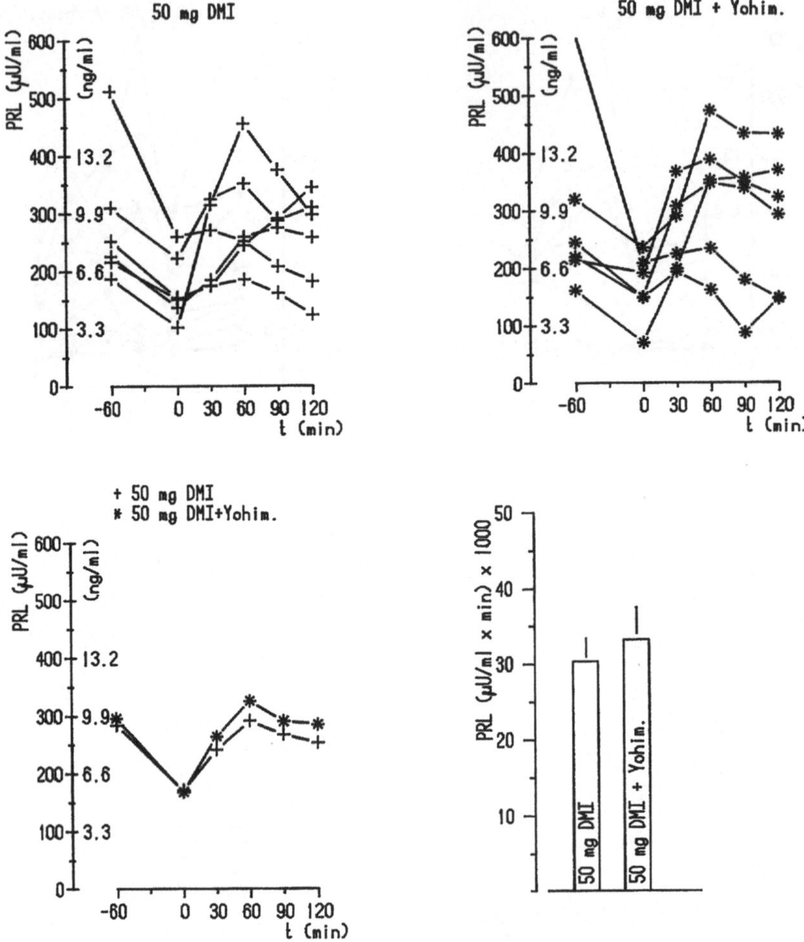

Abb. 72. PRL (µU/ml) nach Verabreichung von DMI 50 mg i. v. (n = 6) und DMI 50 mg i. v. + Yohimbin 10 mg i. v. (n = 6) und die dazugehörigen Mittelwertkurven ($\bar{x} \pm$ SE; µU/ml) und Flächenintegrale ($\bar{x} \pm$ SE; µg/ml · 120 min)

3.3.4 PRL, DMI und Prazosin

Zur Bearbeitung der Frage, ob Alpha-1-Rezeptoren an der DMI-induzierten PRL-Stimulation beteiligt sind, wurde der Effekt von Prazosin (Alpha-1-Rezeptorblocker) auf die DMI-induzierte PRL-Stimulation untersucht.

Bei diesen Untersuchungen wurden zwölf männliche Probanden mit DMI 50 mg i. v. und am 2. Untersuchungstag mit DMI 50 mg i. v. + Prazosin 1 mg p. o. untersucht. DMI wurde mit einem Perfusor zwischen t = 0 und t = 10 min injiziert und Prazosin 1 mg p. o. zum Zeitpunkt t = –60 min verabreicht.

Einzelwertkurven: Die PRL-Konzentration aller Probanden in beiden Untersuchungen zeigt zwischen t = –60 und t = 0 min einen deutlichen Abfall der PRL-Konzentration. Nach Gabe von *DMI 50 mg* zeigt sich ein Anstieg zwischen 181.0 und 746.0 μU/ml. Nach *DMI 50 mg + Prazosin* ist ein PRL-Anstieg zwischen 151.0 und 614.0 μU/ml zu beobachten (Abb. 73).

Mittelwertkurven: Nach *DMI 50 mg* allein ist ein PRL-Maximum von 339.7 ± 51.7 μU/ml (bei t = 60 min) und nach kombinierter Gabe von *DMI 50 mg + Prazosin* ein Maximum von 297.5 ± 37.4 μU/ml (bei t = 30 min) zu beobachten (Abb. 73).

Mittlere Flächenintegrale: Die AUC nach *DMI 50 mg* (35005.0 ± 4233.3 μU/ml · 120 min) und die AUC nach *DMI 50 mg + Prazosin* (30645.8 ± 3783.9 μU/ml · 120 min) sind vergleichbar und unterscheiden sich im Student-t-Test statistisch nicht signifikant (Abb. 73).

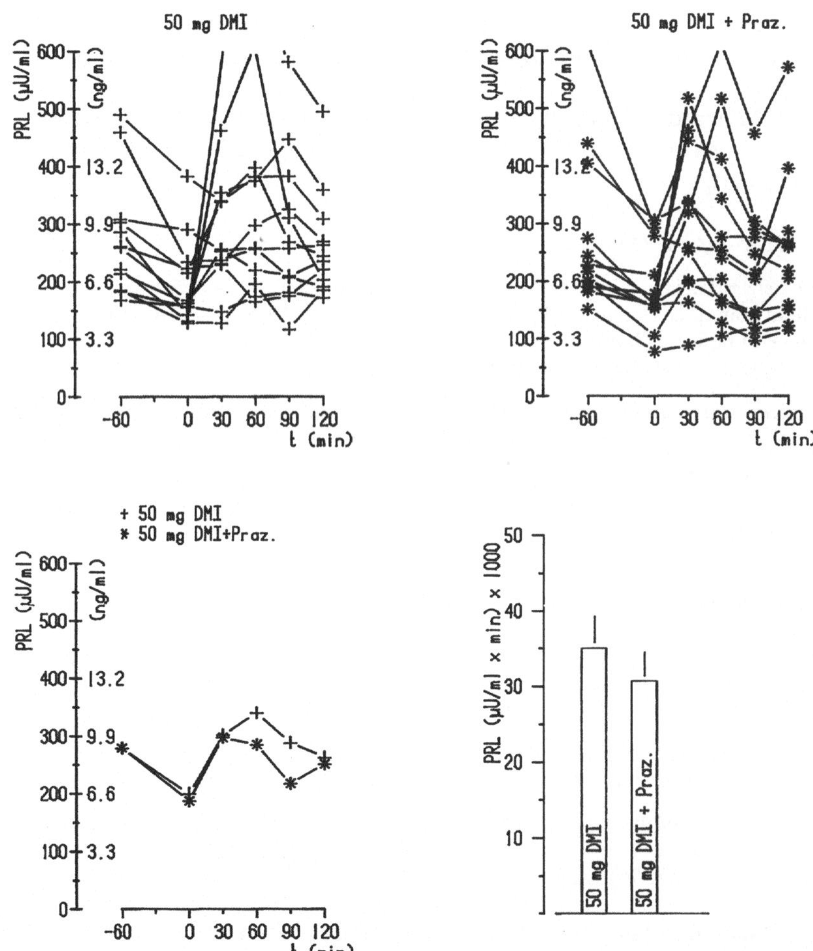

Abb. 73. PRL (μU/ml) nach Verabreichung von DMI 50 mg i. v. (n = 12) und DMI 50 mg i. v. + Prazosin 1 mg p. o. (n = 12) und die dazugehörigen Mittelwertkurven (x̄ ± SE; μU/ml) und Flächenintegrale (x̄ ± SE; μg/ml · 120 min)

Das Untersuchungsergebnis zeigt keinen deutlichen Einfluß von Prazosin auf die DMI-induzierte PRL-Stimulation. Es kann somit weitgehend ausgeschlossen werden, daß noradrenerge Alpha-1-Rezeptoren bei der DMI-induzierten PRL-Stimulation involviert sind (Laakmann et al. 1986 b).

3.3.5 PRL, DMI und Propranolol

Zur Bearbeitung der Frage, ob Betarezeptoren die DMI-induzierte PRL-Stimulation beeinflussen, wurde die Wirkung von Propranolol, einem Betarezeptorblocker, auf die DMI-induzierte PRL-Stimulation untersucht.

Die Untersuchung wurde entsprechend einem inkompletten Blockdesign nach Cox (1940) durchgeführt, wobei die vier verschiedenen Behandlungsformen (DMI 25 mg i.v., DMI 25 mg i.v. + Propranolol 15 mg i.v., DMI 50 mg i.v., DMI 50 mg + Propranolol 15 mg i.v.) in 18 Blöcken mit je zwei Medikationen neunmal wiederholt wurden.

DMI wurde mit einem Perfusor zwischen t = 0 und t = 10 min injiziert, Propranolol 10 mg i. v. (t = –30 bis t = 0 min) und 5 mg i. v. (t = 10 bis t = 100 min) den Probanden infundiert.

DMI 25 mg vs. DMI 25 mg + Propranolol

Einzelwertkurven: Vor t = 0 min ist ein deutlicher PRL-Abfall nachweisbar. Nach *DMI 25 mg* allein kommt es zu einem PRL-Anstieg zwischen 229.0 und 384.0 μU/ml.
Die kombinierte Gabe von *DMI 25 mg + Propranolol* bewirkt einen höheren PRL-Anstieg mit Maxima zwischen 186.0 und 419.0 μU/ml (Abb. 74).

Mittelwertkurven: Das mittlere Maximum nach *DMI 25 mg* ist niedriger als das Maximum nach *DMI 25 mg + Propranolol* (Abb. 74, Tabelle 30).

Mittlere Flächenintegrale: Die AUC nach *DMI 25 mg* und die AUC nach kombinierter Gabe von *DMI 25 mg + Propranolol* unterscheiden sich im Student-t-Test statistisch nicht signifikant (Abb. 74, Tabelle 30).

DMI 50 mg vs. DMI 50 mg + Propranolol

Einzelwertkurven: Nach *DMI 50 mg* wird bei den Probanden ein PRL-Anstieg zwischen 181.0 und 414.0 μU/ml gemessen, wohingegen es nach Gabe von *DMI 50 mg + Propranolol* zu einem PRL-Anstieg zwischen 184.0 und 983.0 μU/ml kommt (Abb.75).

Mittelwertkurven: Nach *DMI 50 mg* allein wird ein niedrigeres mittleres Maximum als nach kombinierter Gabe von *DMI 50 mg + Propranolol* erreicht (Abb. 75, Tabelle 30).

Mittlere Flächenintegrale: Die AUC nach *DMI 50 mg* und die AUC nach kombinierter Gabe von *DMI 50 mg + Propranolol* unterscheiden sich im Student-t-Test statistisch signifikant ($p \leq 0.05$) (Abb. 75, Tabelle 30).

Nach kombinierter Gabe von DMI 25 mg i. v. und Propranolol zeigte sich eine höhere PRL-Stimulation als nach alleiniger Gabe von DMI 25 mg i. v. Die DMI-induzierte PRL-Stimulation nach kombinierter Gabe von DMI 50 mg i. v. und Propranolol ist ebenfalls höher als nach alleiniger Gabe von DMI 50 mg i. v., wobei dieser Unterschied signifikant ist.

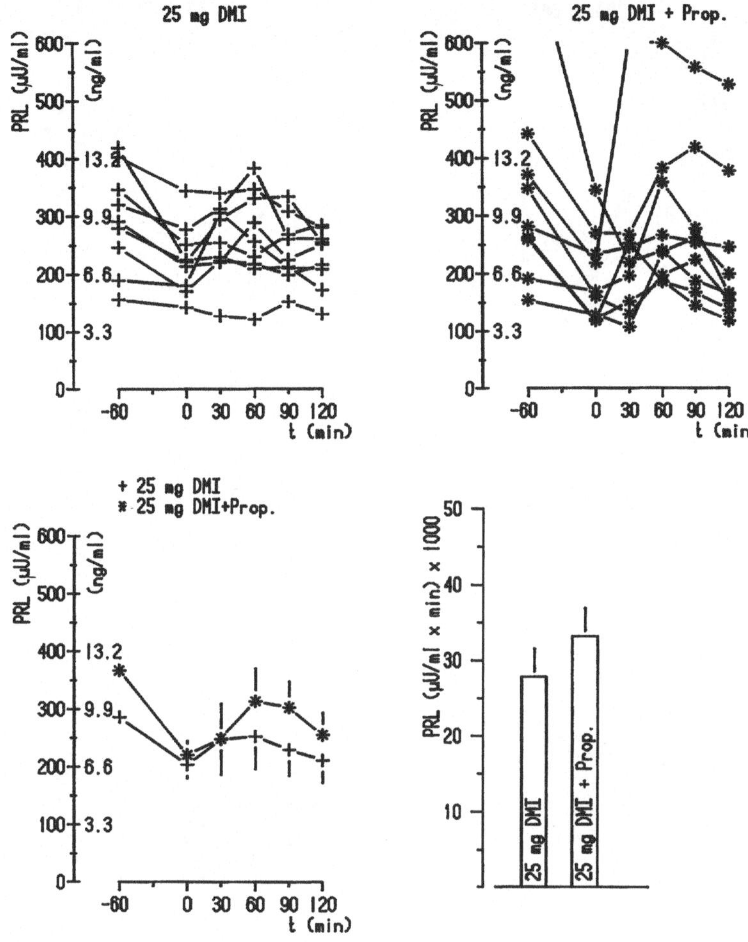

Abb. 74. PRL (μU/ml) nach Verabreichung von DMI 25 mg i. v. (n = 9) und DMI 25 mg i. v. + Propranolol 15 mg i. v. (n = 9) und die dazugehörigen Mittelwertkurven ($\bar{x}$ ± SE; μU/ml) und Flächenintegrale ($\bar{x}$ ± SE; μU/ml · 120 min)

Tabelle 30. PRL-Werte ($\bar{x}$ und AUC) nach Gabe von DMI 25 mg, DMI 25 mg + Propranolol 15 mg, DMI 50 mg und DMI 50 mg + Propranolol 15 mg (n = 9)

	$\bar{x}$ ± SE (μU/ml)	t (min)	AUC / $\bar{x}$ ± SE (μU/ml · 120 min)
DMI 25 mg	252.3 ± 40.5	60	27818.0 ± 3697.0
DMI 25 mg + Propranolol	313.9 ± 40.5	60	33148.0 ± 3697.0
DMI 50 mg	294.4 ± 40.5	60	32106.0 ± 3697.0
DMI 50 mg + Propranolol	470.8 ± 40.5	60	44038.0 ± 3697.0

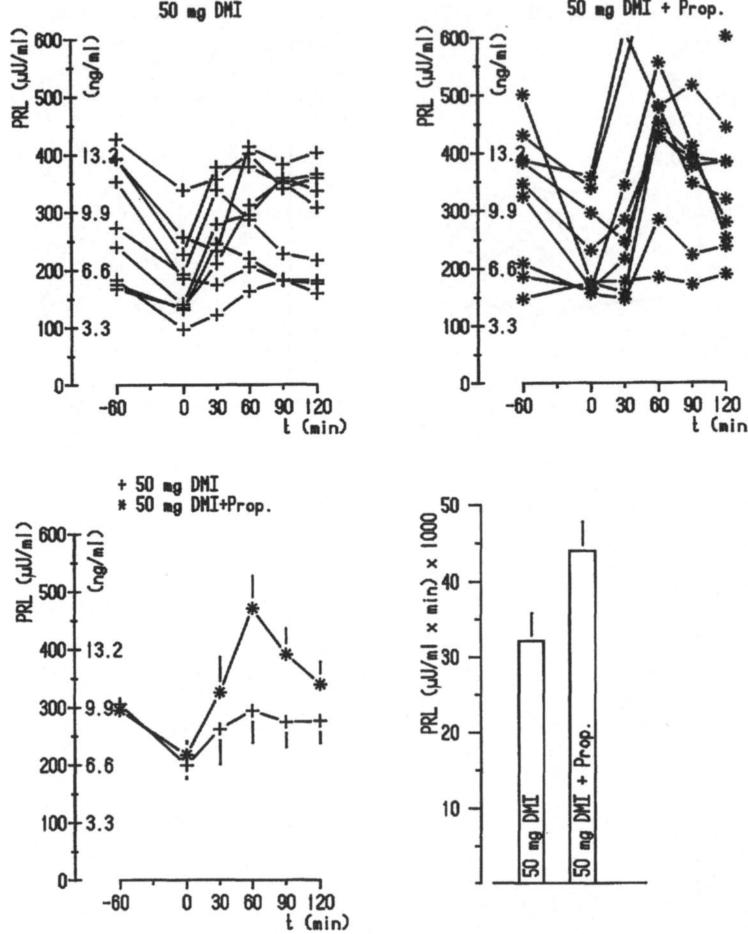

Abb. 75. PRL (µU/ml) nach Verabreichung von DMI 50 mg i. v. (n = 9) und DMI 50 mg i. v. + Propranolol 25 mg i. v. (n = 9) und die dazugehörigen Mittelwertkurven ($\bar{x} \pm$ SE; µU/ml) und Flächenintegrale ($\bar{x} \pm$ SE; µU/ml · 120 min)

Dieses Untersuchungsergebnis zeigt, daß nach Beta-Rezeptor-Blockade die DMI-induzierte PRL-Stimulation signifikant höher ist, und daß Beta-Rezeptoren die PRL-Stimulation inhibieren können (Laakmann et al. 1986 b). Es weist darauf hin, daß neben der bisher bekannten DA- und 5-HT-bedingten Beeinflussung auch eine NA-bedingte PRL-Stimulation möglich ist.

3.3.6 PRL, DMI und Clenbuterol

Zur weiteren Klärung der Frage, welche Wirkung Betarezeptoren auf die DMI-induzierte PRL-Stimulation haben, wurde der Effekt von Clenbuterol (Betarezeptoragonist) auf die DMI-induzierte PRL-Stimulation untersucht.

Zwölf männlichen Probanden wurde am 1. Untersuchungstag DMI 50 mg i. v. (t = 0 bis t = 10 min) und am 2. Untersuchungstag DMI 50 mg i. v. (t = 0 bis t = 10 min) nach vorheriger Gabe von Clenbuterol 0.04 mg p. o. (t = –60 min) appliziert.

Einzelwertkurven: Vor Gabe der Untersuchungssubstanzen ist bei allen Probanden ein PRL-Abfall zu beobachten. Nach alleiniger Gabe von *DMI 50 mg* kommt es dann bei t = 30 min zu PRL-Anstiegen zwischen 128.0 μU/ml und 562.0 μU/ml. Nach Gabe von *DMI 50 mg + Clenbuterol* zeigt sich ein PRL-Anstieg zwischen 100.0 μU/ml und 766.0 μU/ml (bei t = 60 min) (Abb. 76).

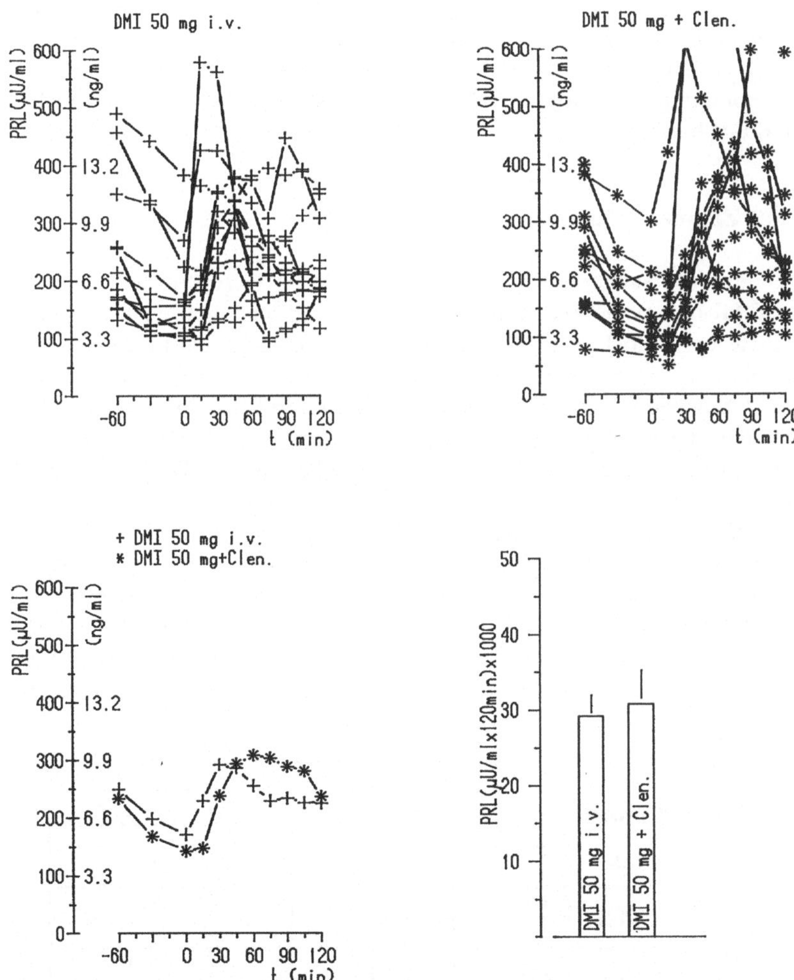

Abb. 76. PRL (μU/ml) nach Verabreichung von DMI 50 mg i. v. (n = 12) und DMI 50 mg i. v. + Clenbuterol 0.04 mg p. o. (n = 12) und die dazugehörigen Mittelwertkurven ($\bar{x} \pm$ SE; μU/ml) und Flächenintegrale ($\bar{x} \pm$ SE; μg/ml · 120 min)

Mittelwertkurven: Die mittlere PRL-Konzentration nach *DMI 50 mg* allein (291.6 ± 35.4 μU/ml bei t = 30 min) ist weitgehend mit dem Wert nach *DMI 50 mg + Clenbuterol* (308.6 ± 52.5 μU/ml bei t = 60 min) vergleichbar (Abb. 76).

Mittlere Flächenintegrale: Die AUC nach *DMI 50 mg* (29187.5 ± 2761.0 μU/ml · 120 min) und die AUC nach *DMI 50 mg + Clenbuterol* (30789.2 ± 4442.3 μU/ml · 120 min) unterscheiden sich im Student-t-Test statistisch nicht signifikant (Abb. 76).

Dieses Untersuchungsergebnis zeigt, daß Clenbuterol (Betarezeptoragonist) die DMI-induzierte PRL-Stimulation nicht beeinflußt. Berücksichtigt man in diesem Zusammenhang die Untersuchungsergebnisse mit Propranolol, das die DMI-induzierte PRL-Stimulation signifikant erhöht, wäre hier zu erwarten, daß nach Gabe von Clenbuterol eine Inhibition der DMI-induzierten PRL-Stimulation nachweisbar sein müßte. Da dieses Untersuchungsergebnis nicht gefunden wird, bestätigt es nicht die Überlegung, daß Betarezeptoren einen inhibierenden Effekt auf die PRL-Stimulation ausüben. Das legt den Schluß nahe, daß eher das Auftreten von Nebenwirkungen bei der kombinierten Gabe von DMI und Propranolol die zusätzlich PRL-stimulierende Wirkung bedingt.

3.3.7 Zusammenfassung

Bei der Untersuchung des Effekts verschiedener Rezeptorblocker und -agonisten auf die DMI-induzierte PRL-Stimulation konnte gezeigt werden, daß Methysergid, ein 5-HT-Rezeptorblocker, die DMI-induzierte PRL-Stimulation signifikant unterdrückt. CI, ein stärker 5-HT-wiederaufnahmehemmendes Antidepressivum, führt bei gleicher Dosierung wie DMI zu einer signifikant höheren PRL-Stimulation. Dies weist darauf hin, daß die DMI-induzierte PRL-Stimulation, die über 5-HT-Neuronen vermittelt wird, primär auf die 5-HT-wiederaufnahmehemmende Wirkung von DMI zurückgeführt werden kann.

Ein spezifischer Einfluß der NA-wiederaufnahmehemmenden Wirkung durch DMI auf die PRL-Stimulation kann weitgehend ausgeschlossen werden, da weder Phentolamin noch Yohimbin noch Prazosin die DMI-bedingte PRL-Stimulation signifikant beeinflussen. Betarezeptoren scheinen einen inhibierenden Einfluß auf die PRL-Stimulation auszuüben, da Propranolol die DMI-induzierte PRL-Stimulation signifikant erhöht (Schema 4). Dieses Ergebnis wird jedoch dadurch relativiert, daß

DMI-induziert.	Praz.	Phentol.	Yohim.	Prop.	Clen.	Methy.
	α_1	⟷	α_2	β	β-Ago.	5-HT
GH ↑						
PRL ↑	–	–	–	▲	–	▼
ACTH, Cort. ↑						

Schema 4. Effekt von Rezeptorblockern und -agonisten auf die DMI-induzierte PRL-Sekretion

der Betarezeptoragonist Clenbuterol keine signifikante Inhibition der DMI-bedingten PRL-Stimulation zeigt, und dadurch, daß Clenbuterol verstärkt Nebenwirkungen, die als Streßfaktoren gewertet werden können, hervorruft.

Die inhibierende Wirkung von Methysergid (5-HT-Rezeptorblocker) auf die DMI-induzierte PRL-Stimulation kann als Hinweis dafür gewertet werden, daß die DA-rezeptorblockierende Wirkung von DMI in den vorliegenden Untersuchungen nicht zur Wirkung kam. Sollte jedoch die DA-rezeptorblockierende Wirkung die DMI-bedingte PRL-Stimulation hervorrufen, bleibt die 5-HT-rezeptorblockierende PRL-Inhibition unverständlich. Weiter kann eine DMI-bedingte DA-wiederaufnahmehemmende Wirkung auf die PRL-Sekretion ausgeschlossen werden, da eher ein DA-agonistischer Effekt zu erwarten ist, der zu einer Inhibition der PRL-Stimulation führen müßte.

Diese Untersuchungen mit verschiedenen Rezeptorblockern und -agonisten zeigen, daß die PRL-Stimulation nach DMI als Parameter für die zentralnervös serotonerge Wiederaufnahmehemmung beim Menschen angesehen werden kann.

3.4 Einfluß von Rezeptorblockern und -agonisten auf die DMI-induzierte Cortisol-ACTH-Stimulation

Im ersten Teil der Untersuchung (Abschnitt 2.4) konnte gezeigt werden, daß DMI zu einer dosisabhängigen Cortisolstimulation führt, die von einer ACTH-Stimulation induziert wird. Andere Antidepressiva wie D-Oxaprotilin, CI und Indalpin bewirken ebenfalls eine Cortisolstimulation, nicht aber Neuroleptika und Benzodiazepinderivate. Dies kann als Hinweis dafür gewertet werden, daß die antidepressivabedingte Cortisol-ACTH-Stimulation auf die NA- und 5-HT-wiederaufnahmehemmende Wirkung dieser Substanzen zurückgeführt werden kann.

Die Untersuchung der Effekte verschiedener Rezeptorblocker bzw. -agonisten auf die DMI-induzierte Cortisol-ACTH-Stimulation sollte klären, ob und in welcher Weise die DMI-induzierte Cortisolstimulation von Rezeptorblockern und -agonisten beeinflußt wird.

Im folgenden werden die Untersuchungsergebnisse der Wirkung von Rezeptorblockern und -agonisten auf die DMI-induzierte Cortisol-ACTH-Sekretion dargestellt. Bei diesen Untersuchungen wurde die Cortisolkonzentration bestimmt, und bei Untersuchung mit DMI und Prazosin wurde auch die ACTH-Konzentration (O. A. Müller et al. 1978) festgestellt.

3.4.1 Cortisol, DMI und Methysergid

Zur Beantwortung der Frage, ob eine DMI-induzierte Cortisolstimulation primär auf die NA- oder 5-HT-wiederaufnahmehemmende Wirkung von DMI zurückzuführen ist, wurde die Wirkung von Methysergid, einem 5-HT-Rezeptorblocker, auf die DMI-induzierte Cortisolstimulation untersucht.

Zwölf männliche Probanden bekamen DMI 50 mg i. v. allein verabreicht, und weitere zwölf Probanden DMI 50 mg i. v. + Methysergid 12 mg p. o. DMI wurde mit einem Perfusor zwischen t = 0 und t = 10 min i. v. injiziert und Methysergid p. o. am Tag –2: 1.5 – 0 –1.5 mg; am Tag –1: 1.5 – 1.5 – 3.0 mg und am Tag 0: 3.0 mg 120 min vor DMI-Infusionsbeginn den Probanden gegeben.

Einzelwertkurven: Die Cortisolkonzentration lag bei allen Probanden vor Beginn der Untersuchung im Normbereich und fällt bei allen Probanden zwischen t = –60 min und t = 0 min deutlich ab. Dies entspricht dem physiologischen, kontinuierlichen Abfall der Cortisolkonzentration während des Vormittags.
Nach Applikation von *DMI 50 mg* wird ein deutlicher Cortisolanstieg mit Maximalwerten zwischen 15.8 und 51.0 μg/100 ml nachweisbar. Bei kombinierter Gabe von *DMI 50 mg + Methysergid* kommt es zu Cortisolanstiegen zwischen 17.6 und 37.6 μg/100 ml (Abb. 77).

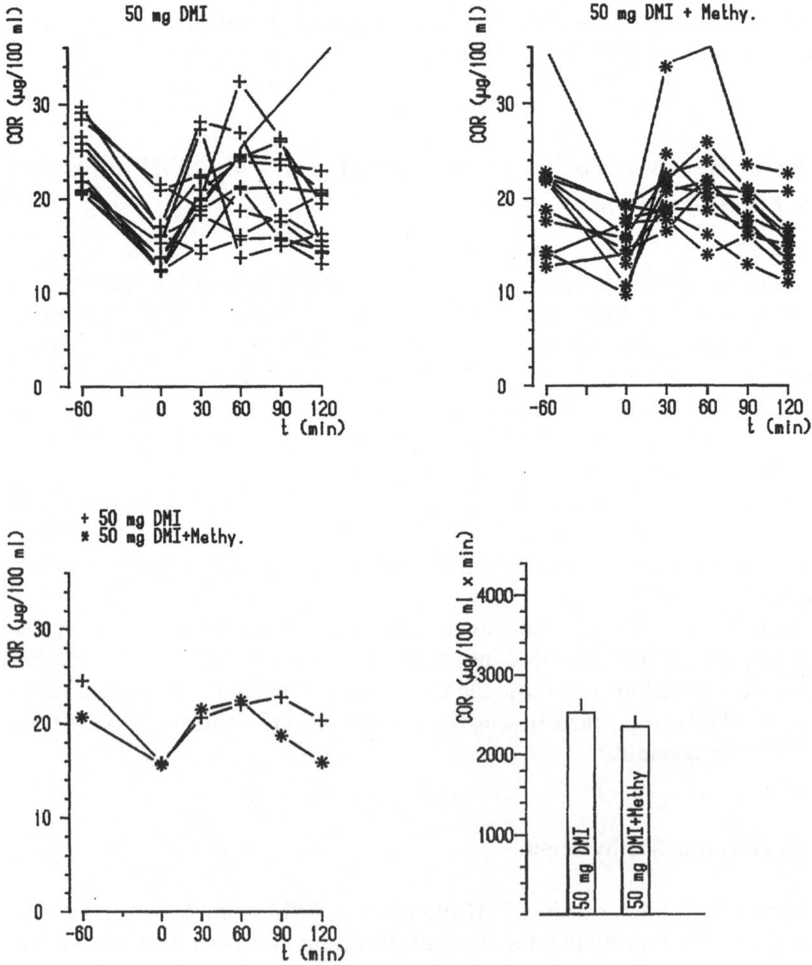

Abb. 77. Cortisol (μg/100 ml) nach Verabreichung von DMI 50 mg i. v. (n = 12) und DMI 50 mg i. v. + Methysergid 12 mg p. o. (n = 12) und die dazugehörigen Mittelwertkurven ($\bar{x} \pm$ SE; μg/100 ml) und Flächenintegrale ($\bar{x} \pm$ SE; μg/100 ml · 120 min)

Mittelwertkurven: Nach alleiniger Applikation von *DMI 50 mg* ist ein mittleres Cortisolmaximum von 22.7 ± 2.8 μg/100 ml (bei t = 90 min) zu beobachten. Nach kombinierter Gabe von *DMI 50 mg + Methysergid* kommt es zu einem Cortisolanstieg auf 22.3 ± 1.7 μg/100 ml (bei t = 60 min) (Abb. 77).

Mittlere Flächenintegrale: Die AUC nach *DMI 50 mg* (2531.7 ± 157.4 μg/100 ml · 120 min) und die AUC nach kombinierter Gabe von *DMI 50 mg + Methysergid* (2356.6 ± 117.9 μg/100 ml · 120 min) unterscheiden sich im Student-t-Test statistisch nicht signifikant (Abb. 77).

Das vorliegende Untersuchungsergebnis zeigt, daß Methysergid die DMI-induzierte Cortisolstimulation nicht hemmt. Dies deutet darauf hin, daß die DMI-induzierte Cortisolstimulation nicht auf den 5-HT-wiederaufnahmehemmenden Effekt von DMI zurückgeführt werden kann (Laakmann et al. 1986 c).

Dies steht nicht im Einklang mit den Untersuchungsergebnissen von Cavagnini et al. (1976), die eine Hemmung der Cortisolstimulation mit Methysergid gezeigt haben. Plonk et al. (1974) fanden eine signifikante Hemmung der Cortisolstimulation im IHT-Test mit Cyproheptadin.

Das Untersuchungsergebnis kann dahingehend interpretiert werden, daß die DMI-bedingte Cortisolstimulation primär nicht auf die 5-HT-Wiederaufnahmehemmung von DMI zurückgeführt werden kann. Die Frage, ob Methysergid in einer zu geringen Dosis gegeben wurde, um den DMI-induzierten Cortisolanstieg zu inhibieren, bleibt letztlich offen. Es ist aber bemerkenswert, daß die DMI-induzierte PRL-Stimulation durch die verabreichte Dosis von Methysergid signifikant gehemmt werden konnte (vgl. Abschnitt 3.3.1).

3.4.2 Cortisol, DMI und Phentolamin

Zur Beantwortung der Frage, ob die DMI-induzierte Cortisolstimulation mit Hilfe von NA-Rezeptoren vermittelt wird und so auf die NA-wiederaufnahmehemmende Wirkung von DMI zurückgeführt werden kann, wurde der Einfluß verschiedener Alpharezeptorblocker auf die DMI-induzierte Cortisolstimulation untersucht.

Zwölf männliche Probanden wurden am 1. Untersuchungstag mit DMI 50 mg i. v. und am 2. Untersuchungstag mit DMI 50 mg i. v. + Phentolamin 60 mg i. v. untersucht. DMI wurde mit einem Perfusor zwischen t = 0 und t = 10 min i. v. injiziert. Phentolamin 20 mg i. v. (t = –30 min bis 0 min) und 40 mg i. v. (t = 10 bis 100 min) wurde den Probanden infundiert.

Einzelwertkurven: Vor Gabe von DMI ist auch hier ein deutlicher Abfall der Cortisolkonzentration in beiden Untersuchungen deutlich.
Nach Gabe von *DMI 50 mg* kommt es zu einem Cortisolanstieg mit Maximalwerten zwischen 16.6 und 34.2 μg/100 ml. Nach der kombinierten Gabe von *DMI 50 mg + Phentolamin* kommt es zu Cortisolanstiegen zwischen 12.8 und 32.8 μg/100 ml (Abb. 78).

Mittelwertkurven: Die mittleren Cortisolkonzentrationen nach *DMI 50 mg* (21.0 ± 1.7 μg/100 ml bei t = 60 min) und nach kombinierter Gabe von *DMI 50 mg + Phentolamin* (21.7 ± 1.8 μg/100 ml bei t = 60 min) sind im Untersuchungszeitraum vergleichbar (Abb. 78).

Mittlere Flächenintegrale: Die AUC nach *DMI 50 mg* (2347.6 ± 177.9 μg/100 ml · 120 min) und die AUC nach *DMI 50 mg + Phentolamin* (2129.8 ± 180.0 μg/100 ml · 120 min) unterscheiden sich im Student-t-Test statistisch nicht signifikant (Abb. 78).

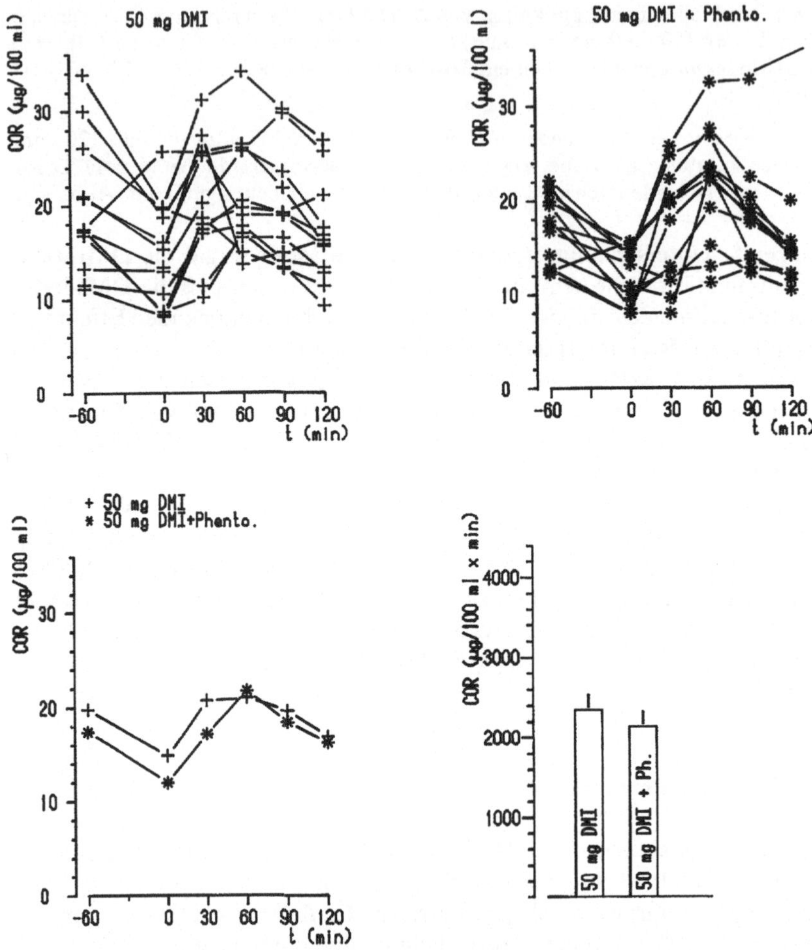

Abb. 78. Cortisol (µg/100 ml) nach Verabreichung von DMI 50 mg i. v. (n = 12) und DMI 50 mg i. v. + Phentolamin 60 mg i. v. (n = 12) und die dazugehörigen Mittelwertkurven ($\bar{x}$ ± SE; µg/100 ml) und Flächenintegrale ($\bar{x}$ ± SE; µg/100 ml · 120 min)

Dieses Untersuchungsergebnis zeigt keine Beeinflussung der DMI-induzierten Cortisolstimulation durch Phentolamin. Da weder Methysergid (5-HT-Rezeptorblokker) noch Phentolamin (Alpha-1-Alpha-2-Rezeptorblocker) die DMI-induzierte Cortisolstimulation signifikant beeinflussen, stellt sich die Frage nach den Mechanismen, mit deren Hilfe DMI die Cortisol-ACTH-Stimulation auslöst (Laakmann et al. 1986 c).

Rees et al. (1970) und Nakai et al. (1973) postulieren den exzitatorischen Einfluß von alphaadrenergen Rezeptoren auf die ACTH-Sekretion. Interessant erscheint in diesem Zusammenhang, daß Nakagawa et al. (1971) mit Phentolamin die IHT-bedingte Cortisolstimulation nicht unterdrücken konnten.

3.4.3 Cortisol, DMI und Yohimbin

Zur Klärung der Frage, ob Alpha-2-Rezeptoren in die DMI-induzierte Cortisolstimulation involviert sind, wurde die Wirkung von Yohimbin, einem Alpha-2-Rezeptorblocker, auf die Cortisolstimulation von Probanden untersucht.

Sechs männlichen Probanden wurde am 1. Untersuchungstag DMI 50 mg i. v. und am 2. Untersuchungstag DMI 50 mg i. v. in Kombination mit Yohimbin 10 mg i. v. appliziert. DMI wurde mit einem Perfusor zwischen t = 0 und t = 10 min i. v. injiziert. Yohimbin 10 mg i. v. wurde von t = –30 bis t = 0 min und von t = 10 bis t = 100 min den Probanden infundiert.

Einzelwertkurven: Sowohl bei DMI als auch bei der Kombination von DMI + Yohimbin zeigen alle Probanden zwischen t = –60 und t = 0 min einen deutlichen Abfall der Cortisolkonzentration.

DMI 50 mg führt nach Applikation zu einem deutlichen Anstieg der Cortisolkonzentration mit Maximalwerten zwischen 15.7 und 28.2 μg/100 ml. Nach kombinierter Gabe von *DMI 50 mg + Yohimbin* werden wesentlich stärkere Cortisolanstiege mit Werten zwischen 20.1 und 38.9 μg/100 ml gemessen (Abb. 79).

Mittelwertkurven: Nach vergleichbarem Cortisolabfall vor Applikation der Untersuchungssubstanzen erreichen die mittleren Cortisolkonzentrationen unter *DMI 50 mg* ein Maximum von 22.9 ± 1.6 μg/100 ml und nach kombinierter Gabe von *DMI 50 mg + Yohimbin* von 30.2 ± 2.5 μg/100 ml (jeweils bei t = 60 min) (Abb. 79).

Mittlere Flächenintegrale: In den AUCs kommt die stärkere Cortisolstimulation nach kombinierter Gabe von *DMI 50 mg + Yohimbin* (3231.6 ± 321.6 μg/100 ml · 120 min) gegenüber *DMI 50 mg* (2452.8 ± 151.3 μg/100 ml · 120 min) deutlich zum Ausdruck, die sich jedoch im Student-t-Test als knapp nicht statistisch signifikant erweist (Abb. 79).

Die Untersuchung zeigt, daß es nach kombinierter Gabe von Yohimbin und DMI zu einer deutlich höheren Cortisolstimulation kommt als nach DMI allein. Der Unterschied ist knapp nicht signifikant, was durch die Streuung der Cortisolwerte und die geringe Probandenzahl bedingt sein könnte. Das Ergebnis dieser Teilstudie weist darauf hin, daß eine Blockade von Alpha-2-Rezeptoren eine stärkere Cortisolsekretion ermöglicht (Laakmann et al. 1986 c).

3.4.4 Cortisol, ACTH, DMI und Prazosin

Zur Beantwortung der Frage, ob Alpha-1-Rezeptoren in die DMI-induzierte Cortisolstimulation involviert sind, wurde die Wirkung von Prazosin, einem Alpha-1-Rezeptorblocker, auf die DMI-induzierte Cortisolstimulation untersucht. Zwölf männliche Probanden wurden am 1. Untersuchungstag mit DMI 50 mg i. v. und am 2. Untersuchungstag mit DMI 50 mg i. v. + Prazosin 1 mg p. o. untersucht. DMI wurde mit einem Perfusor zwischen t = 0 und t = 10 min injiziert und Prazosin 1 mg p. o. zum Zeitpunkt t = –60 min verabreicht.

Einzelwertkurven: In die Untersuchung mit Prazosin wurden zwölf Probanden einbezogen, die alle vor Gabe von DMI einen deutlichen Cortisolabfall zwischen t = –60 und t = 0 min zeigen. Nach alleiniger Gabe von *DMI 50 mg* kommt es zu einem Cortisolanstieg zwischen 18.5 und 24.4 μg/100 ml. Nach Gabe von *DMI 50 mg + Prazosin* kommt es lediglich zu einem Cortisolanstieg zwischen 12.3 und 24.6 μg/100 ml (Abb. 80).

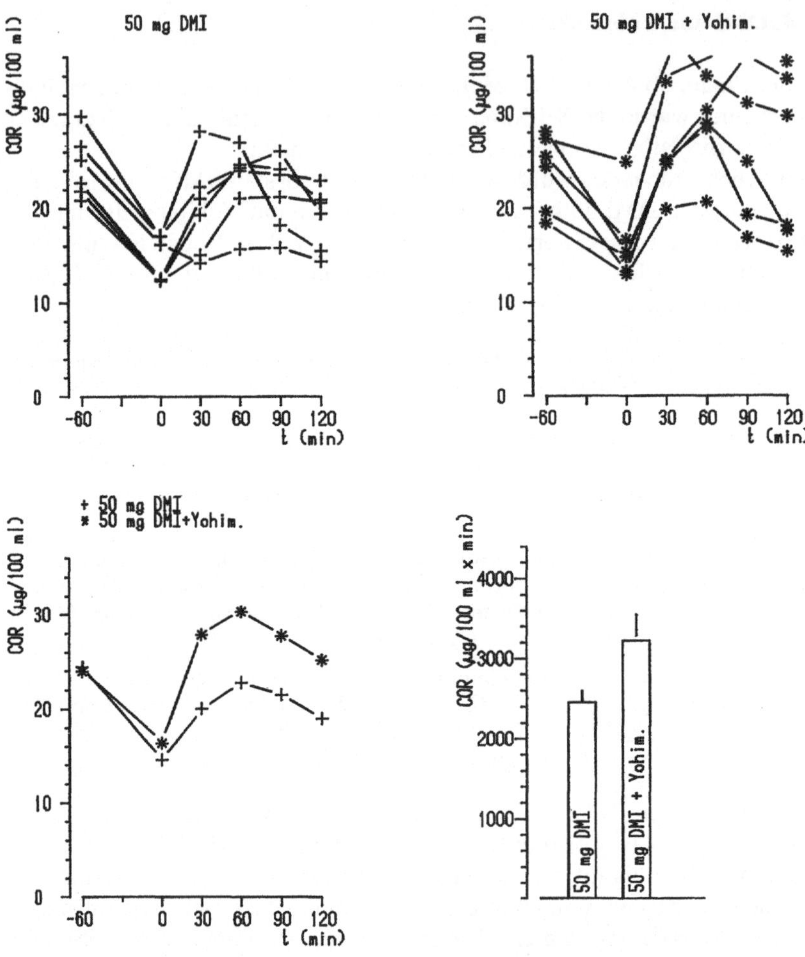

Abb. 79. Cortisol (µg/100 ml) nach Verabreichung von DMI 50 mg i. v. (n = 6) und DMI 50 mg i. v. + Yohimbin 10 mg i. v. (n = 6) und die dazugehörigen Mittelwertkurven ($\bar{x} \pm$ SE; µg/100 ml) und Flächenintegrale ($\bar{x} \pm$ SE; µg/100 ml · 120 min)

Mittelwertkurven: Nach *DMI 50 mg* kommt es bei t = 60 min zu einem mittleren Cortisolmaximum von 20.7 ± 0.8 µg/100 ml, das deutlich über dem nach kombinierter Gabe von *DMI 50 mg + Prazosin* (16.6 ± 1.5 µg/100 ml) (bei t = 60 min) liegt (Abb. 80).

Mittlere Flächenintegrale: Die AUC nach *DMI 50 mg* (2126.9 ± 83.5 µg/100 ml · 120 min) und die AUC nach kombinierter Gabe von *DMI 50 mg + Prazosin* (1716.8 ± 130.5 µg/100 ml · 120 min) unterscheiden sich im Student-t-Test statistisch hochsignifikant ($p \leq 0.01$) (Abb. 80).

Die Untersuchung zeigt, daß es nach kombinierter Gabe von DMI und Prazosin zu einer signifikant geringeren DMI-induzierten Cortisolstimulation kommt als nach alleiniger Gabe von DMI. Dies weist darauf hin, daß Alpha-1-Rezeptoren an der DMI-induzierten Cortisolstimulation beteiligt sind (Laakmann et al. 1986 c).

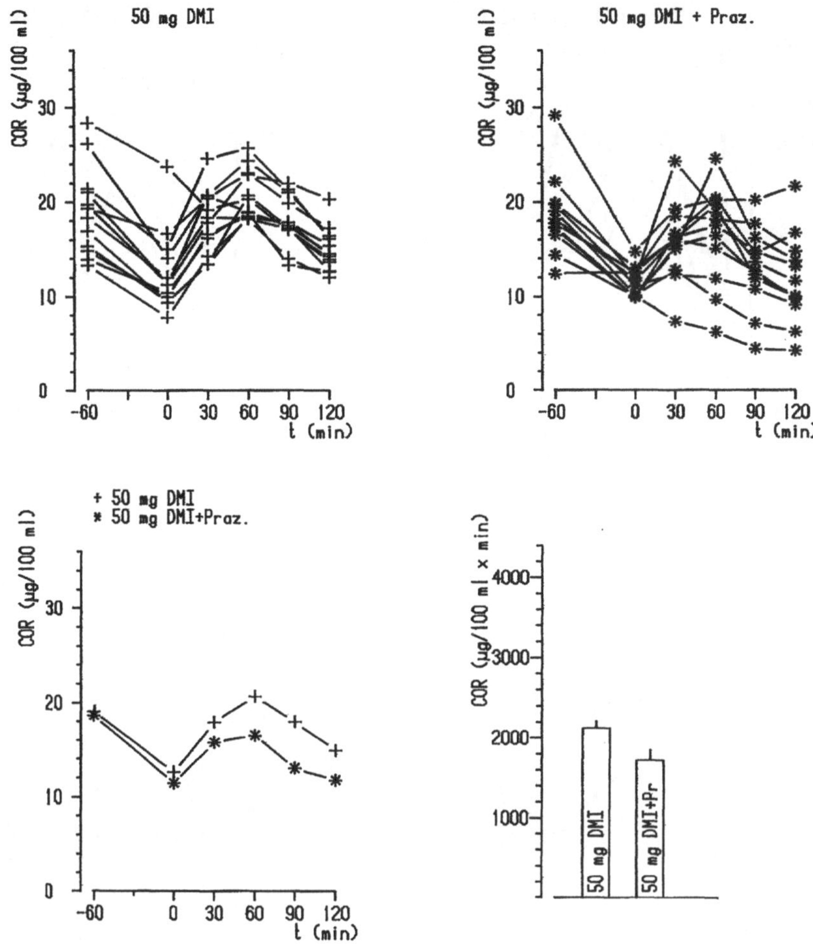

Abb. 80. Cortisol (µg/100 ml) nach Verabreichung von DMI 50 mg i. v. (n = 12) und DMI 50 mg i. v. + Prazosin 1 mg p. o. (n = 12) und die dazugehörigen Mittelwertkurven ($\bar{x} \pm$ SE; µg/100 ml) und Flächenintegrale ($\bar{x} \pm$ SE; µg/100 ml · 120 min)

Einfluß von Prazosin auf die DMI-induzierte ACTH-Stimulation

Da nach Prazosin eine signifikante Inhibition der DMI-induzierten Cortisolstimulation gemessen werden konnte, stellte sich die Frage, ob dieses ein peripherer Effekt von Prazosin ist oder ob es zu einer signifikanten Beeinflussung der ACTH-Sekretion kommt. Daher wurde die ACTH-Konzentration im Serum der Probanden bestimmt.

Einzelwertkurven: Die ACTH-Konzentration der Probanden liegt vor Gabe von DMI bei beiden Untersuchungen im Normbereich. Nach Gabe von *DMI 50 mg* kommt es zu einem ACTH-Anstieg zwischen 32.0 und 252.0 pg/ml, und nach Gabe von *DMI 50 mg + Prazosin* zu einem ACTH-Anstieg zwischen 18.0 und 163.0 pg/ml (Abb. 81).

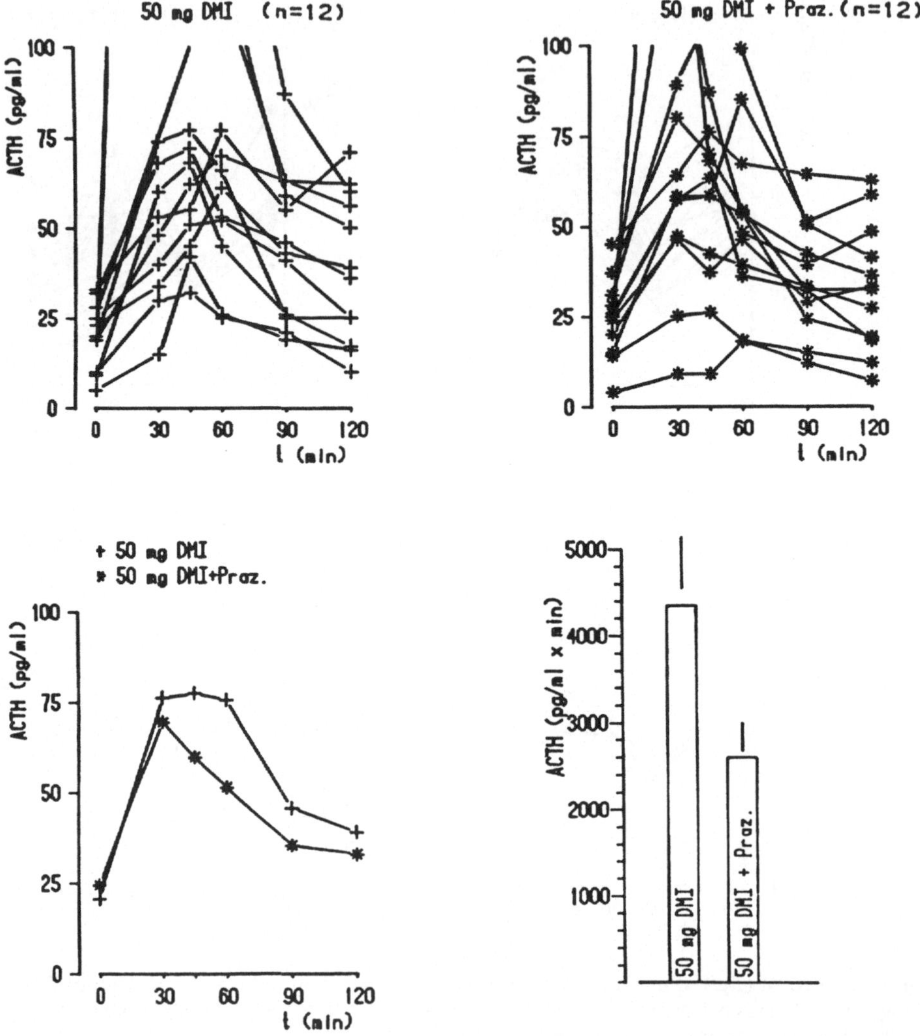

Abb. 81. ACTH (pg/ml) nach Verabreichung von DMI 50 mg i. v. (n = 12) und DMI 50 mg i. v. + Prazosin 1 mg p. o. (n = 12) und die dazugehörigen Mittelwertkurven ($\bar{x}$ ± SE; pg/ml) und Flächenintegrale ($\bar{x}$ ± SE; pg/ml · 120 min)

Mittelwertkurven: Die mittleren ACTH-Maxima betragen nach *DMI 50 mg* 77.3 ± 18.5 pg/ml (bei t = 45 min) und nach kombinierter Gabe von *DMI 50 mg + Prazosin* 69.4 ± 12.6 pg/ml (bei t = 30 min) (Abb. 81).

Mittlere Flächenintegrale: Der Vergleich der AUC nach *DMI 50 mg* (4349.6 ± 1015.4 pg/ml · 120 min) und der AUC nach kombinierter Gabe von *DMI 50 mg + Prazosin* (2599.6 ±396.4 pg/ml · 120 min) läßt eine geringere ACTH-Stimulation nach kombinierter Gabe von DMI + Prazosin erkennen. Dieser Unterschied erweist sich im Student-t-Test als signifikant ($p \leq 0.05$) (Abb. 81).

Die ACTH-Konzentration nach DMI und nach kombinierter Applikation von DMI und Prazosin zeigt deutlich eine signifikante Hemmung der DMI-bedingten ACTH-Stimulation durch Prazosin. Dieses kann damit erklärt werden, daß die DMI-induzierte ACTH-Stimulation auf einen nordadrenergen Effekt von DMI zurückzuführen ist, der durch Alpha-1-Rezeptoren vermittelt wird.

Prazosin (Alpha-1-Rezeptorblocker) bewirkt eine Inhibition der DMI-induzierten Cortisolstimulation, während Yohimbin (Alpha-2-Rezeptorblocker) eine Stimulation induziert (Laakmann et al. 1986 c).

Diese beiden Ergebnisse weisen auf eine DMI-bedingte ACTH-Stimulation hin, die mit Hilfe von Alpha-1-Rezeptoren vermittelt wird und von Alpha-2-Rezeptoren inhibierend beeinflußt wird. In diesem Sinne erscheint es auch verständlich, daß Phentolamin (Alpha-1-Alpha-2-Rezeptorblocker) keinen Einfluß auf die DMI-induzierte Cortisolstimulation ausübt. Es ist vorstellbar, daß durch Phentolamin gleichzeitig sowohl die über Alpha-1-Rezeptoren vermittelten stimulierenden Effekte als auch die über Alpha-2-Rezeptoren vermittelten inhibierenden Effekte unterdrückt werden und sich dieses in einer unveränderten Cortisolstimulation nach Phentolamin ausdrückt.

3.4.5 Cortisol, DMI und Propranolol

Zur Beantwortung der Frage, ob Betarezeptoren in die DMI-induzierte Cortisolstimulation involviert sind, wurde der Effekt von Propranolol, einem Betarezeptorblocker, auf die DMI-induzierte Cortisolstimulation untersucht.

Die Untersuchung wurde entsprechend einem inkompletten Blockdesign nach Cox (1940) durchgeführt, wobei die vier verschiedenen Behandlungsformen (DMI 25 mg i.v., DMI 25 mg i.v. + Propranolol 15 mg i.v., DMI 50 mg i.v., DMI 50 mg i.v. + Propranolol 15 mg i.v.) in 18 Blöcken mit je zwei Medikationen neunmal wiederholt wurden.

DMI wurde mit einem Perfusor zwischen t = 0 und t = 10 min injiziert, Propranolol 10 mg i. v. (t = –30 bis t = 0 min) und 5 mg i. v. (t = 10 bis t = 100 min) den Probanden infundiert.

DMI 25 mg vs. DMI 25 mg + Propranolol

Einzelwertkurven: Nach *DMI 25 mg* zeigen sich Anstiege auf Werte zwischen 13.8 und 40.9 µg/100 ml (zwischen t = 30 und 90 min). Nach kombinierter Applikation von *DMI 25 mg + Propranolol* werden Werte zwischen 17.9 und 32.7 µg/100 ml (bei t = 60 bis 90 min) erreicht (Abb. 82).

Mittelwertkurven: Die mittleren Maximalkonzentrationen von Cortisol nach *DMI 25 mg* liegen geringfügig unter denen nach *DMI 25 mg + Propranolol* (jeweils bei t = 60 min) (Abb. 82, Tabelle 31).

Mittlere Flächenintegrale: Die AUC nach *DMI 25 mg* und die AUC nach kombinierter Gabe von *DMI 25 mg + Propranolol* unterscheiden sich im Student-t-Test statistisch nicht signifikant (Abb. 82, Tabelle 31).

DMI 50 mg vs. DMI 50 mg + Propranolol

Einzelwertkurven: Zwischen t = –60 und t = 0 min zeigt sich ein deutlicher Abfall der Cortisolkonzentration bei allen Probanden. Nach *DMI 50 mg* wird ein Cortisolanstieg zwischen 18.3 und 51.0 µg/100 ml gemessen.

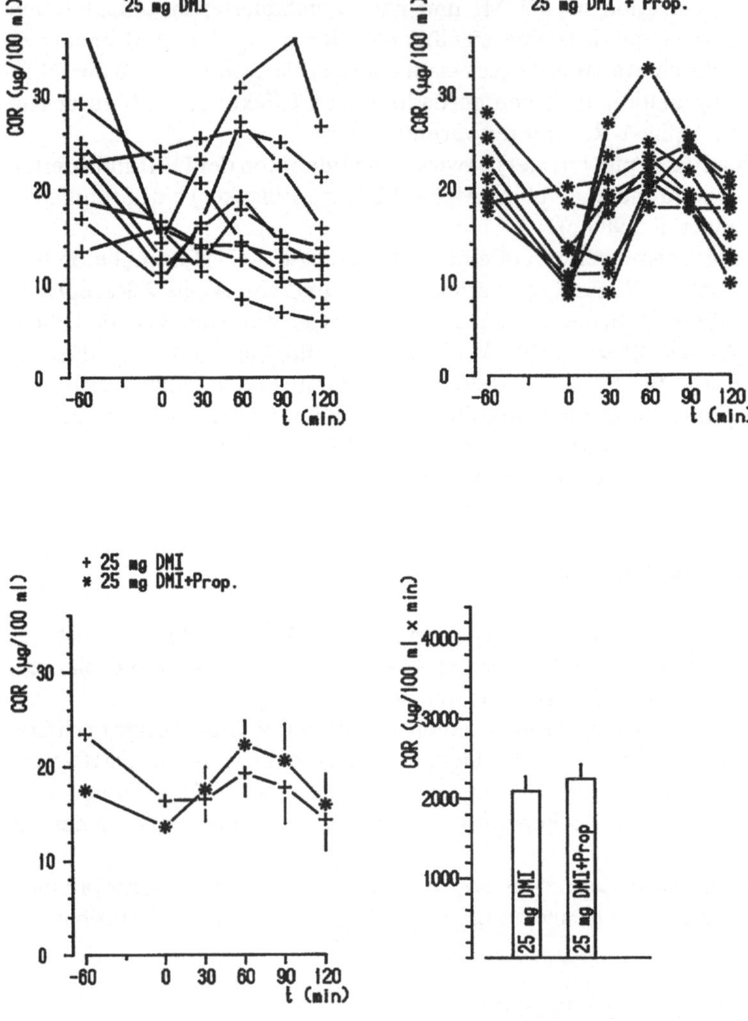

Abb. 82. Cortisol (µg/100 ml) nach Verabreichung von DMI 25 mg i. v. (n = 9) und DMI 25 mg i. v. + Propranolol 15 mg i. v. (n = 9) und die dazugehörigen Mittelwertkurven (x̄ ± SE; µg/100 ml) und Flächenintegrale (x̄ ± SE; µg/100 ml · 120 min)

Tabelle 31. Cortisolwerte (x̄ und AUC) nach Gabe von DMI 25 mg, DMI 25 mg + Propranolol 15 mg, DMI 50 mg und DMI 50 mg + Propranolol 15 mg (n = 9)

	x̄ ± SE (µg/ml)	t (min)	AUC / x̄ ± SE (µg/ml · 120 min)
DMI 25 mg	19.3 ± 1.8	60	2093.0 ± 181.0
DMI 25 mg + Propranolol	22.3 ± 1.8	60	2246.0 ± 181.0
DMI 50 mg	21.8 ± 2.7	90	2352.0 ± 181.0
DMI 50 mg + Propranolol	24.7 ± 1.8	60	2450.0 ± 181.0

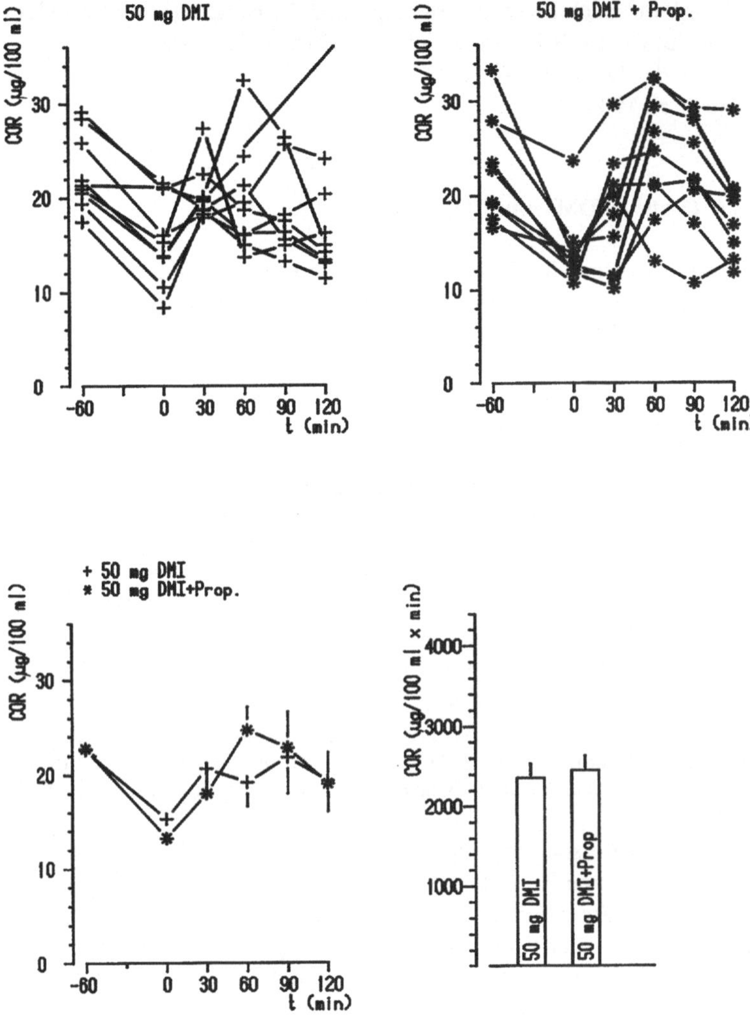

Abb. 83. Cortisol (µg/100 ml) nach Verabreichung von DMI 50 mg i. v. (n = 9) und DMI 50 mg i. v. + Propranolol 15 mg i. v. (n = 9) und die dazugehörigen Mittelwertkurven ($\bar{x} \pm$ SE; µg/100 ml) und Flächenintegrale ($\bar{x} \pm$ SE; µg/100 ml · 120 min)

Nach kombinierter Gabe von *DMI 50 mg + Propranolol* sind Werte zwischen 20.0 und 32.4 µg/100 ml zu beobachten.

Mittelwertkurven: Die mittleren Cortisolkonzentrationen erreichen nach *DMI 50 mg* ein Maximum bei t = 90 min und liegen ebenfalls etwas unter denen nach kombinierter Gabe von *DMI 50 mg + Propranolol* bei t = 60 min (Abb. 83, Tabelle 31).

Mittlere Flächenintegrale: Zwischen der AUC nach *DMI 50 mg* und der AUC nach *DMI 50 mg + Propranolol* zeigt sich im Student-t-Test kein statistisch signifikanter Unterschied (Abb. 83, Tabelle 31).

Das Untersuchungsergebnis zeigt, daß die Blockade von Betarezeptoren die DMI-induzierte Cortisolstimulation nicht beeinflußt, und weist darauf hin, daß Betarezeptoren an der DMI-induzierten Cortisol-ACTH-Stimulation nicht beteiligt sind (Laakmann et al. 1986 c).

3.4.6 Cortisol, DMI und Clenbuterol

Zur Beantwortung der Frage, ob Betarezeptoren in die DMI-induzierte Cortisolstimulation involviert sind, wurde der Effekt von Clenbuterol, einem Betarezeptoragonisten, auf die DMI-induzierte Cortisolstimulation untersucht. Zwölf männlichen Probanden wurde am 1. Untersuchungstag DMI 50 mg i. v. (t = 0 bis t = 10 min) und am 2. Untersuchungstag DMI 50 mg i. v. (t = 0 bis t = 10 min) nach vorheriger Gabe von Clenbuterol 0.04 mg p. o. (t = –60 min) appliziert.

Einzelwertkurven: Bei allen Probanden zeigt sich, mit einer Ausnahme, zwischen t = –60 und t = 0 min ein deutlicher Abfall der Cortisolkonzentration.
Nach *DMI 50 mg* werden Maximalwerte zwischen 8.9 und 27.2 μg/100 ml (bei t = 60 min) erreicht. Nach kombinierter Gabe von *DMI 50 mg + Clenbuterol* liegen die Werte zwischen 11.1 und 28.3 μg/100 ml (bei t = 45 bis 90 min) (Abb. 84).

Mittelwertkurven: Die mittlere Cortisolkonzentration nach *DMI 50 mg* erreicht ein Maximum von 19.6 ± 1.4 μg/100 ml und nach kombinierter Gabe von *DMI 50 mg + Clenbuterol* von 19.2 ± 1.0 μg/100 ml (Abb. 84).

Flächenintegrale: Die mittlere AUC nach *DMI 50 mg* (1966.1 ± 105.0 μg/100 ml · 120 min) und die nach kombinierter Gabe von *DMI 50 mg + Clenbuterol* (1987.9 ± 104.9 μg/100 ml · 120 min) unterscheiden sich statistisch nicht signifikant (Abb. 84).

Dieses Untersuchungsergebnis zeigt deutlich, daß auch Clenbuterol (Betarezeptoragonist) keinen Einfluß auf die DMI-induzierte Cortisolstimulation hat. Es bestätigt somit die Interpretation der Untersuchungsergebnisse mit Propranolol (Betarezeptorblocker) und Clenbuterol (Betarezeptoragonist), daß Betarezeptoren weder einen agonistischen noch einen antagonistischen Einfluß auf die DMI-induzierte Cortisol-ACTH-Sekretion haben.

3.4.7 Zusammenfassung

Die Untersuchung der Wirkung von verschiedenen Rezeptorblockern und -agonisten auf die DMI-induzierte Cortisol-ACTH-Stimulation zeigt deutlich, daß die DMI-bedingte Cortisol-ACTH-Stimulation hauptsächlich auf die NA-wiederaufnahmehemmende Wirkung dieser Substanz zurückgeführt werden kann (Schema 5).

Dieses wird besonders durch den inhibierenden Effekt von Prazosin (Alpha-1-Rezeptorblocker) und den fehlenden Einfluß von Methysergid (5-HT-Rezeptorblokker) auf die DMI-induzierte Cortisolstimulation verständlich. Die fehlende Wirkung von Methysergid auf die DMI-induzierte Cortisolstimulation weist darauf hin, daß 5-HT-Rezeptoren bei der DMI-induzierten Cortisolstimulation nicht involviert sind. In diesem Zusammenhang soll erwähnt werden, daß die IHT-bedingte Cortisolstimula-

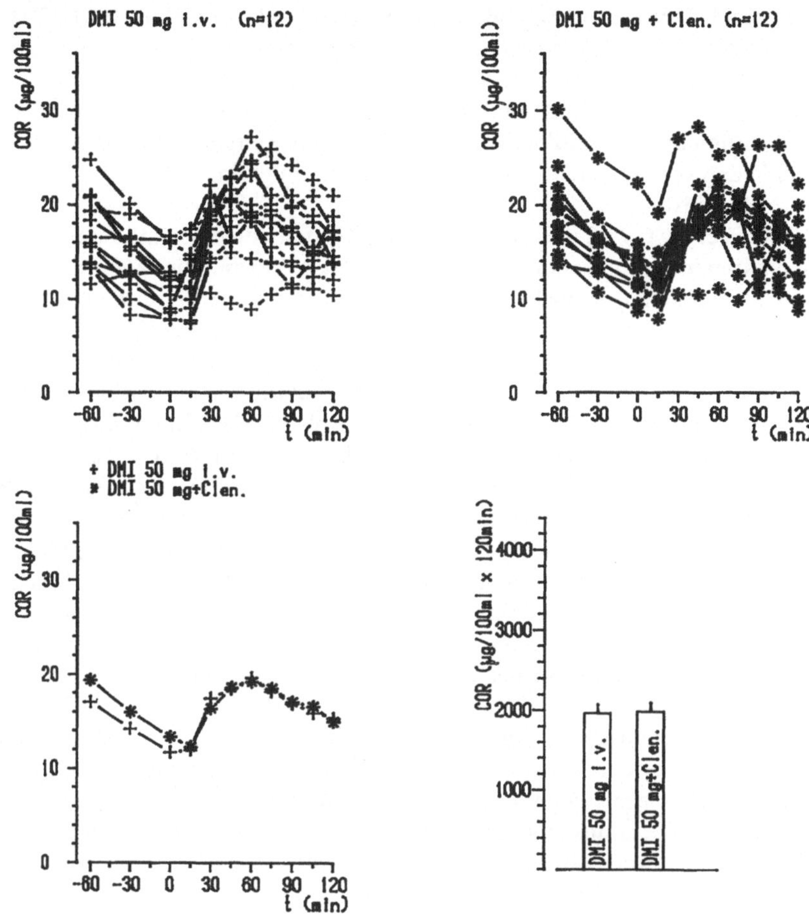

Abb. 84. Cortisol (μg/100 ml) nach Verabreichung von DMI 50 mg i. v. (n = 12) und DMI 50 mg i. v. + Clenbuterol 0.04 mg p. o. (n = 12) und die dazugehörigen Mittelwertkurven ($\bar{x} \pm$ SE; μg/100 ml) und Flächenintegrale ($\bar{x} \pm$ SE; μg/100 ml · 120 min)

	Praz.	Phentol.	Yohim.	Prop.	Clen.	Methy.
DMI-induziert.	α_1	⟷	α_2	β	β-Ago.	5-HT
GH ↑						
PRL ↑						
ACTH, Cort. ↑	↓	–	↑	–	–	–

Schema 5. Effekt von Rezeptorblockern und -agonisten auf die DMI-induzierte ACTH-Cortisol-Sekretion

tion durch Cyproheptadin und durch Methysergid (Plonk et al. 1974; Cavagnini et al. 1976) unterdrückt werden konnte. Wittmann et al. (1982) konnten eine Cortisolstimulation, die mit dem 5-HT-wiederaufnahmehemmenden Antidepressivum CI induziert wurde, mit Methysergid signifikant hemmen. Da Methysergid die DMI-induzierte PRL-Stimulation signifikant unterdrückt, kann weitgehend ausgeschlossen werden, daß in den vorliegenden Untersuchungen eine zu geringe Dosis von Methysergid verabreicht wurde.

Rees et al. (1970) und Nakai et al. (1973) nahmen einen inhibierenden Effekt von betaadrenergen Neuronen auf die ACTH-Sekretion an. Dies konnte in den vorliegenden Untersuchungen nicht bestätigt werden, da weder Propranolol (Betarezeptorblocker) noch Clenbuterol (Betarezeptoragonist) einen signifikanten Einfluß auf die DMI-induzierte Cortisolstimulation haben. Die signifikante Inhibition der DMI-induzierten Cortisol-ACTH-Stimulation durch Prazosin (Alpha-1-Rezeptorblocker) und die Erhöhung der DMI-induzierten Cortisol-ACTH-Stimulation durch Yohimbin (Alpha-2-Rezeptorblocker) kann dahingehend interpretiert werden, daß die DMI-bedingte ACTH-Cortisolstimulation mit Hilfe noradrenerger Alpha-1-Rezeptoren vermittelt wird und daß noradrenerge Alpha-2-Rezeptoren einen inhibierenden Effekt ausüben. Phentolamin ist im Gegensatz zu Prazosin und Yohimbin ein unselektiver Alpha-1 und Alpha-2-Rezeptorblocker, und es ist daher anzunehmen, daß Phentolamin sowohl die stimulierende Wirkung mit Alpha-1-Rezeptoren als auch die inhibierende Wirkung mit Alpha-2-Rezeptoren auf die ACTH-Cortisol-Sekretion unterdrückt, was letztlich zu keiner Beeinflussung der DMI-bedingten Cortisolstimulation führen kann.

Somit wird ein agonistisch-antagonistisches Verhältnis von Alpha-1- und Alpha-2-Rezeptoren bei der Vermittlung der DMI-induzierten Cortisol-ACTH-Stimulation deutlich. Die gemessene Cortisol-ACTH-Konzentration ist dementsprechend als Summationseffekt aus stimulierenden und inhibierenden Effekten zu verstehen, der über Alpha-1-Rezeptoren vermittelt und mit Alpha-2-Rezeptoren inhibiert wird (Laakmann et al. 1986 c).

3.5 Diskussion

Die Untersuchungen der Wirkung verschiedener Rezeptorblocker und -agonisten auf die DMI-induzierte GH-, PRL- und Cortisol-ACTH-Stimulation wurde vor allem unter der Fragestellung durchgeführt, ob die verschiedenen HVL-hormonstimulierenden Effekte von DMI auf einen oder auf mehrere zentralnervöse Effekte der Substanz zurückgeführt werden können. Die Untersuchungen zeigen deutlich, daß die DMI-induzierte GH-Stimulation durch noradrenerge Alpha-2-Rezeptoren, die PRL-Stimulation durch serotonerger Neuronen und die Cortisol-ACTH-Stimulation durch noradrenerge Alpha-1-Rezeptoren vermittelt wird. Somit werden anhand der HVL-Hormonstimulation sowohl noradrenerg als auch serotonerg agonistische Effekte nach DMI deutlich. Diese noradrenerg bzw. serotonerg agonistischen Effekte können auf die NA- bzw. 5-HT-wiederaufnahmehemmende Wirkung von DMI zurückgeführt werden. Aufgrund der hier durchgeführten pharmakoendokrinologischen Untersuchungen können also besonders die GH- und die Cortisol-ACTH-Stimulation als noradrenerger Effekt von DMI und die PRL-Stimulation als serotonerger Effekt von DMI festgestellt werden.

Die Frage, ob neben dem NA- bzw. 5-HT-wiederaufnahmehemmenden Effekt auch die rezeptorblockierende Wirkung von DMI an der HVL-Hormonstimulation beteiligt ist, kann weitgehend verneint werden. Neben der starken NA- und 5-HT-Wiederaufnahmehemmung (Hyttel 1982) hat DMI eine deutliche Affinität zu Alpha-1- (Histamin, Muscarin), Alpha-2- und Betarezeptoren (Hall u. Ögren, 1981). Die stärkste Affinität hat DMI zu Alpha-1-Rezeptoren (vgl. Tabelle 2, S. 7). Sollte diese Alpha-1-Affinität zur Blockade von Alpha-1-Rezeptoren führen, wäre die phentolaminbedingte Inhibition der DMI-induzierten Cortisol-ACTH-Stimulation unverständlich, da Phentolamin als Alpha-1-Rezeptorblocker angesehen werden kann. Auch die Affinität von DMI zu DA-Rezeptoren ist in den vorgenommenen Untersuchungen nicht nachweisbar, da durch eine DA-Rezeptorblockade eigenlich eine PRL-stimulierende Wirkung auftreten müßte (Schema 6).

Die PRL-stimulierende Wirkung von DMI wird aber mit Methysergid (5-HT-Rezeptorblocker) unterdrückt und ist somit nicht auf eine DA-blockierende Wirkung von DMI zurückzuführen. Da in den Untersuchungen eine GH-Stimulation durch DMI und eine Inhibition der GH-Stimulation durch Yohimbin nachgewiesen wurde, kann eine alpha-2-rezeptorblockierende Wirkung von DMI nicht angenommen werden.

Weiter kann aufgrund der Wirkung von Propranolol und Clenbuterol auf die DMI-bedingte GH-Stimulation eine betablockierende Wirkung von DMI weitgehend ausgeschlossen werden.

Diese Überlegungen stehen mit der Rezeptoraffinität von DMI zu den verschiedenen Rezeptoren nicht im Widerspruch, sondern weisen eher darauf hin, daß diese Affinität zu gering ausgeprägt ist, um in den hier durchgeführten Untersuchungen zur Wirkung zu kommen.

Bei der Betrachtung der Effekte der verschiedenen Rezeptorblocker und -agonisten auf die DMI-induzierte GH-, PRL- und Cortisol-ACTH-Sekretion wird deutlich, daß die verschiedenen Hormone von unterschiedlichen zentralnervösen Stimulations- bzw. Inhibitionseffekten beeinflußt werden. Besonders deutlich wird dies für die GH- und Cortisol-ACTH-Stimulation. Imura et al. (1971) konnten die IHT-bedingte GH-Stimulation mit Phentolamin unterdrücken und mit Propranolol signifikant erhöhen, was dahingehend interpretiert wurde, daß die IHT-bedingte GH-Stimulation von

DMI-induziert.	Praz.	Phentol.	Yohim.	Prop.	Clen.	Methy.
	α_1	⟷	α_2	β	β-Ago.	5-HT
GH ↑	–	↓	↓	↑	↓	–
PRL ↑	–	–	–	↑	–	↓
ACTH, Cort. ↑	↓	–	↑	–	–	–

Schema 6. Effekt von Rezeptorblockern und -agonisten auf die DMI-induzierte GH-, PRL- und ACTH-Cortisol-Sekretion

noradrenergen Alpharezeptoren vermittelt und von noradrenergen Betarezeptoren inhibierend beeinflußt werden kann. Einen ähnlichen Untersuchungsbefund ergaben die vorliegenden Untersuchungen zur DMI-induzierten GH-Stimulation. Darüber hinaus war es möglich, eine DMI-bedingte GH-Stimulation, die mit noradrenergen Alpha-2-Rezeptoren vermittelt wird, zu zeigen. Weiterhin konnte die These bestätigt werden, daß Betarezeptoren einen inhibierenden Einfluß auf die GH-Stimulation ausüben, da mit einem Betaagonisten (Clenbuterol) die DMI-induzierte GH-Stimulation unterdrückt wurde. Ähnlich wie bei der Vermittlung der GH-Stimulation scheint bei der Cortisol-ACTH-Stimulation ein agonistisch-antagonistisches Verhältnis von Alpha-1- und Alpha-2-Rezeptoren vorzuliegen.

Vor allem im Rahmen der Rezeptorblockeruntersuchungen mit DMI konnten weitere Hinweise auf die zentralnervöse Steuerung der HVL-Hormonsekretion beim Menschen erarbeitet werden.

4 Desipramin(DMI)-bedingte GH-Stimulation bei depressiven Patienten und Probanden

Die Untersuchung der Wachstumshormon(GH)-Stimulation nimmt in den letzten Jahren im Rahmen der neuroendokrinologischen Erforschung depressiver Erkrankungen neben der Untersuchung der Cortisolsekretion zunehmenden Raum ein.

Besonders intensiv wurde versucht, die Frage zu beantworten, ob bei depressiven Patienten im Vergleich zu gesunden Probanden eine unterschiedliche GH-Stimulation nachgewiesen werden kann.

In diesem Zusammenhang sind Untersuchungen mit dem Insulinhypoglykämietest (IHT), den Amphetamin-, Apomorphin-, L-Dopa-, Clonidin- und Desipramintests zu nennen, die von verschiedenen Arbeitsgruppen durchgeführt wurden und zum Teil unterschiedliche Ergebnisse erbrachten.

Ein Vergleich der Ergebnisse gestaltet sich allerdings schwierig, da Patienten unterschiedlichen Alters und beiderlei Geschlechts in diese Untersuchungen einbezogen wurden und bei der diagnostischen Zuteilung der Patienten nur bedingt vergleichbare Verfahren angewandt wurden. Hier sind besonders die Diagnosen nach der Internationalen Klassifikation der Krankheiten der WHO (International Classification of Diseases, ICD), den Forschungs-Diagnose-Kriterien (Research Diagnostic Criteria, RDC) und dem Diagnostischen und Statistischen Manual Psychischer Störungen (Diagnostic und Statistical Manual of Mental Disorders, DSM-III) zu nennen.

Im folgenden soll ein Überblick über die Literatur der wichtigsten Untersuchungsergebnisse der einzelnen Tests gegeben werden.

Insulinhypoglykämietest (IHT)

Mueller et al. (1969) berichten, daß bei einer Gruppe von manisch depressiven Patienten (1 Mann [M], 5 Frauen [F], diagnostiziert von zwei Psychiatern) und anderen psychologisch depressiven Patienten mit dem IHT eine signifikant geringere GH-Stimulation auslösbar war. Im Vergleich zu einer Probandengruppe fanden Sachar et al. (1971) bei depressiven Patienten (manisch depressiv: 2 M, psychotisch depressiv: 3 M und 5 F, und neurotisch depressiv: 1 M und 2 F, diagnostiziert nach DSI) ebenfalls mit dem IHT eine geringere GH-Stimulation. Sie wiesen darauf hin, daß bei einem ausreichenden IHT-bedingten Blutzuckerabfall bei insgesamt 5 Patienten kein adäquater GH-Anstieg auftrat (4 psychotisch depressive Patienten, 1 neurotisch depressiver Patient), wohingegen es bei allen Probanden zu einer ausreichenden GH-Stimulation kam. In dieser Untersuchung berichteten Sachar et al., daß es bei einer Gruppe von unipolar depressiven Patienten (1 M, 7 F) sowohl im Vergleich zu bipolar depressiven Patienten (5 M; DSI) als auch im Vergleich zu einer Kontrollgruppe zu einer geringeren GH-Stimulation kam. Gruen et al. (1975) bestätigten bei einer homogenen Patientengruppe von zehn unipolar depressiven Frauen (diagnostiziert nach Robins et al.

1972) in der Postmenopause die geringere GH-Stimulation im Vergleich zu zehn gleichaltrigen Probandinnen.

Garver et al. (1975) untersuchten eine Gruppe von bipolar depressiven Patienten während einer manischen bzw. hypomanischen Erkrankung (2 M, 2 F) im Vergleich zu depressiven Patienten (3 M, 5 F) (5 „unipolar major depressive disorders", 3 „dysphoric states with depression", RDC) und fanden bei den depressiven Patienten eine höhere GH-Stimulation als bei den manischen Patienten, die sich aber nicht signifikant unterschied. Dieser Unterschied konnte von Casper et al. (1977) nicht bestätigt werden, die dagegen zeigten, daß bei depressiven und manischen Patienten (RDC) im Vergleich zur Kontrollgruppe eine signifikant geringere GH-Stimulation nach IHT meßbar war.

In einer Untersuchung bei endogen depressiven Patientinnen (ICD) fanden Czernik et al. (1980) im Vergleich zu altersentsprechenden Probandinnen ebenfalls mit dem IHT-Test eine signifikant geringere GH-Stimulierbarkeit. Koslow et al. (1982) untersuchten die IHT-bedingte GH-Stimulation bei depressiven Patienten (RDC) im Vergleich zu Probanden und konnten aufgrund strenger Ein- und Ausschlußkriterien lediglich bei einem Drittel der Patienten die IHT-bedingten GH-Stimulation auswerten. Sie fanden keinen signifikanten Unterschied zwischen IHT-bedingter GH-Stimulation bei monopolar bzw. bipolar endogen depressiven Patienten und Probanden.

Obwohl die Patientengruppen in den einzelnen Untersuchungen nur bedingt vergleichbar sind, da sie hinsichtlich Alter, Geschlecht und diagnostischer Klassifikation erheblich differieren, weist doch die Mehrzahl der Arbeiten darauf hin, daß bei psychotisch depressiven Patienten im Vergleich zu neurotisch depressiven Patienten oder zu Probanden eine geringere GH-Stimulation nach IHT während der Erkrankung vorliegt.

L-Dopa-Test

Obwohl Sachar et al. (1975) bei unipolar depressiven Patienten im Vergleich zu Probanden und im Vergleich zu bipolar depressiven Patienten eine geringere GH-Stimulation nach L-Dopa (500 mg p. o.) fanden, berichteten sie über keine unterschiedliche GH-Stimulation nach L-Dopa bei unipolar depressiven Männern (12) und bipolar depressiven Männern (10) im Vergleich zu Kontrollgruppen. Weiterhin fanden sie keinen Unterschied zwischen unipolar depressiven postmenopausalen Frauen (18) (diagnostiziert nach Rosenthal u. Klerman 1966) und einer Kontrollgruppe (13), sondern lediglich eine geringere GH-Stimulation bei postmenopausalen Frauen im Vergleich zu Männern der gleichen Altersgruppe. Gold et al. (1976) untersuchten eine Gruppe von 20 Patienten („primary affective disorders", RDC) und fanden bei der Gruppe der bipolar depressiven Patienten (4 M, 3 F) im Vergleich zur Gruppe der unipolar depressiven Patienten und einer Kontrollgruppe einen signifikant höheren GH-Anstieg. Mendlewicz et al. (1979) konnten in ihrer Untersuchung diesen Befund bei depressiven Frauen („primary affective disorders"; unipolar depressive Patientinnen, 15 prä- und 15 postmenopausal, diagnostiziert nach Feighner et al., 1972) nicht bestätigen. Bei den prämenopausalen bipolar depressiven Patientinnen (3) wurde zwar ein höherer GH-Anstieg nach L-Dopa gefunden, der sich aber nicht signifikant von den anderen Gruppen unterschied. Maany et al. (1979) fanden, ähnlich wie Mendels et al. (1974), bei einer Gruppe von depressiven Männern (unipolar 5, bipolar I 16, bipolar II 3, „secondary depressive" 6, RDC) nach L-Dopa (250 mg p. o.) keine unterschiedliche GH-Stimulation im Vergleich der Patientengruppen und im Vergleich der einzelnen Gruppen zu Probanden.

Obwohl bei den Untersuchungen mit dem L-Dopatest anfänglich eine unterschiedliche GH-Stimulation bei einzelnen Patientengruppen gefunden wurde, weist doch die Mehrzahl der Untersuchungen darauf hin, daß zwischen den einzelnen Patientengruppen im Vergleich zu Probanden nach L-Dopa keine unterschiedliche GH-Stimulation vorliegt. Es muß allerdings bemerkt werden, daß keine Untersuchung bei Patienten durchgeführt wurde, bei denen die Diagnose nach ICD gestellt wurde.

Apomorphintest

Mendels et al. (1974) fanden mit dem Apomorphintest bei unipolar und bipolar depressiven Männern (RDC) keine unterschiedliche GH-Stimulation. Ebenfalls wurde von Casper et al. (1977) bei depressiven Patienten (13), manischen Patienten (9, RDC) und einer Probandengruppe keine unterschiedliche GH-Stimulation bei den einzelnen Gruppen nach Apomorphin (0.75 mg s. c.) festgestellt. Maany et al. (1979) bestätigten die Befunde mit dem Apomorphintest bei depressiven Patienten („unipolar depressive“ 8, bipolar I 8, bipolar II 8, „secondary depressive“ 8, RDC).

Bei der Einheitlichkeit der Befunde muß davon ausgegangen werden, daß mit dem Apomorphintest entsprechend den vorliegenden Untersuchungsergebnissen bei depressiven oder manischen Patienten keine unterschiedliche GH-Stimulation im Vergleich zu Probanden vorliegt. Es ist allerdings zu bemerken, daß bei den von Maany et al. (1979) untersuchten Patienten ein Teil der Patienten keine GH-Stimulation nach Apomorphin zeigte. Untersuchungen mit dem Apomorphintest bei Patienten, bei denen die Diagnose nach ICD gestellt wurde, liegen nicht vor.

Amphetamintest

Langer et al. (1976) untersuchten eine Gruppe von endogen depressiven Patienten (4 M, 5 F) (ICD) mit dem Amphetamintest (0.1 mg/kg Körpergewicht) und fanden bei der Gruppe der endogen depressiven Patienten eine signifikant geringere und bei der Gruppe der neurotisch depressiven Patienten (3 M, 4 F) eine signifikant höhere GH-Stimulation im Vergleich zu den Probanden (12 M, 9 F). Checkley u. Crammer (1977) und Checkley (1979) untersuchten die GH-Stimulation bei Patienten mit Methylamphetamin (15 mg/75 kg Körpergewicht i. v.) und berichteten, daß sie keinen Unterschied zwischen endogen depressiven (6 M, 14 F) und neurotisch depressiven (3 M, 3 F) Patienten fanden (diagnostiziert nach Carney et al. 1965).

Clonidintest

Matussek et al. (1980) berichteten, daß bei endogen depressiven Patienten (2 M, 8 F) im Vergleich zu neurotisch depressiven Patienten (5 M, 7 F, ICD) und Probanden nach Verabreichung von Clonidin (0.15 mg i. v.) eine signifikant geringere GH-Stimulation auslösbar war. Obwohl bei postmenopausalen Probandinnen im Vergleich zu prämenopausalen Probandinnen eine geringere GH-Stimulation nach Clonidin auftrat, wurde bei prämenopausalen Probandinnen und bei Probanden kein altersabhängiger Unterschied der GH-Stimulation nach Clonidin gefunden. Auch Checkley et al. (1981) konnten bei zehn endogen depressiven Patienten (RDC) im Vergleich zu alters- und geschlechtsentsprechenden Probanden mit Clonidin eine signifikant geringere

GH-Stimulation nachweisen. Charney et al. (1982) fanden ebenfalls bei depressiven Patienten (7 M, 8 F) (RDC) im Vergleich zu gesunden Probanden (7 M, 5 F) mit Clonidin eine signifikant geringere GH-Stimulation. Weiter berichteten Siever et al. (1982 b), daß mit Clonidin bei 19 depressiven Patienten (RDC) im Vergleich zu 20 alters- und geschlechtsentsprechenden Probanden eine signifikant geringere GH-Stimulation gefunden wurde. Ansseau et al. (1984) fanden bei acht Patienten mit Major-depressive-disorder („primary depressive", RDC) keine ausreichende GH-Stimulation mit Clonidin. Boyer et al. (1985) berichten über eine signifikant geringere clonidinbedingte GH-Stimulation bei endogen depressiven Patienten (n = 10) im Vergleich zu neurotisch depressiven Patienten (n = 10) (Newcastle Scale).

Betrachtet man zusammenfassend die Ergebnisse der einzelnen Untersuchungen, so wird deutlich, daß in der Mehrzahl nach IHT eine unterschiedliche GH-Stimulation bei psychotisch unipolar, d. h. endogen depressiven Patienten im Vergleich zu neurotisch depressiven Patienten und Probanden vorliegt. Die Untersuchungen mit Apomorphin deuten auf keine veränderte GH-Stimulierbarkeit bei Patienten hin.

Die Ergebnisse mit Amphetamin bzw. Methylamphetamin sind widersprüchlich.

Die Untersuchungen mit Clonidin zeigen bei endogen Depressiven im Vergleich zu neurotisch Depressiven und Kontrollgruppen eine geringere GH-Stimulation.

Die Befunde weisen somit besonders nach IHT, Amphetamin und Clonidin auf eine Störung im Bereich der hypothalamisch gesteuerten hypophysären GH-Stimulation bei depressiven Patienten hin.

4.1 Fragestellung zur GH-Sekretion nach Desipramin (DMI) bei depressiven Patienten und Probanden

Wie in den vorgenannten Untersuchungen dargestellt wurde, konnte bei männlichen Probanden bis 35 Jahren mit Desipramin (DMI) eine zuverlässige GH-Stimulation gezeigt werden. Es wurde der Frage nachgegangen, ob nach DMI – ähnlich wie mit anderen GH-Stimulationstests (IHT-, L-Dopa-, Apomorphin-, Amphetamin- und Clonidintest) – eine unterschiedliche GH-Sekretion bei depressiven Patienten im Vergleich zu Probanden festgestellt werden kann.

Dudl et al. (1973) und Meites (1982) berichteten, daß besonders nach IHT und nach dem L-Dopatest die GH-Sekretion bei Männern und Frauen unterschiedlich und zum Teil altersabhängig ist. Daher sollte die Frage nach einer geschlechts- und altersabhängigen DMI-induzierten GH-Stimulation untersucht werden.

Anschließend wurde untersucht, ob sich bei depressiven Patienten die GH-Sekretion nach DMI in Abhängigkeit vom Schweregrad des depressiven Syndroms verändert.

Hiernach sollte geklärt werden, ob sich die GH-Sekretion nach DMI bei Patienten, in diagnostische Gruppen nach ICD und DSM-III aufgeteilt, im Vergleich zu Probanden unterscheidet.

4.2 Probanden, Patienten und Methoden

Bei den in diese Studien einbezogenen Probanden und Patienten wurde die GH-Sekretion nach DMI 75 mg i. m. bzw. DMI 0.6 mg/kg KG untersucht (Kap. 2.1). Alle Probanden und Patienten mußten vor Durchführung der Untersuchung ihr informiertes Einverständnis entsprechend den Deklarationen von Helsinki/Tokio (1975) erklären. Durchgeführt wurden die Untersuchungen in dem speziell dafür eingerichteten Labor. Die Probanden kamen direkt von zu Hause zur Untersuchung, die Patienten von der Station der Klinik. Die Untersuchung wurde unter Grundumsatzbedingungen durchgeführt und begann vormittags 8.30 Uhr ± 30 min. Eine Stunde nach Untersuchungsbeginn wurde DMI 75 mg i. m. appliziert ($t = 0$ bis $t = 10$ min). Mit einem Intrakubitalkatheter wurden zu den Zeiten $t = -60$ min und unmittelbar vor DMI-Injektion ($t = 0$ min) und 30, 60, 90 und 120 min nach Beginn der DMI-Injektion Blut entnommen. Aus dem abzentrifugierten Serum wurde mit CIS-Kit radioimmunologisch die GH-Konzentration bestimmt.

4.2.1 GH-Sekretion nach DMI bei Probanden und Probandinnen verschiedenen Alters

Zur Beurteilung einer eventuellen Altersabhängigkeit des Effekts von DMI auf die GH-Sekretion wurden Probanden und Probandinnen (Alter 20–65 Jahre) untersucht. Die Ergebnisse wurden nach Alter und Geschlecht getrennt für Männer und Frauen ausgewertet.

Die Probandinnen über 50 Jahre waren postmenopausal. Zur Klärung einer eventuellen Zyklusabhängigkeit der GH-Sekretion nach DMI wurde der Effekt von DMI 0.6 mg/kg Körpergewicht (KG) i. v. im Vergleich zu Placebo bei sechs Probandinnen (Alter 22–30 Jahre) zwischen dem 2. und 7. Zyklustag, und ein zweites Mal zwischen dem 13. und 20. Zyklustag untersucht.

4.2.2 Befunddokumentation der Patienten

In die Studie wurden Patienten und Patientinnen (Alter 18–65 Jahre) aufgenommen, die sich zur stationären Behandlung eines depressiven Syndroms in der Psychiatrischen Klinik der Universität München aufhielten.

Von allen Patienten wurde ein vollständiger psychiatrischer Befund erhoben und eine Krankengeschichte erstellt.

Neben einer Anamnese wurden eine internistische und neurologische Untersuchung durchgeführt und Laborparameter erhoben (Gesamtblutbild, Gesamtbilirubin, GOT, GPT, Serumkreatinin, Harnstoff, Serumelektrophorese, Elektrolyte, Blutzucker, Urinuntersuchung). Außerdem wurde von allen Patienten ein EEG, ein EKG sowie Röntgenaufnahmen von Thorax und Schädel angefertigt. Das Alter bei Erstmanifestation der depressiven Erkrankung, die Anzahl der depressiven Erkrankungen und Erkrankungen in der Familie wurden tabellarisch dokumentiert (Tabellen 32–35).

Tabelle 32. Daten der männlichen Patienten aus der Analysegruppe (n = 28)

Patienten-nummer	Alter bei Aufnahme	Alter bei Erstmani-festation	Depressive Phase/ Episode (n)	Dauer der Phase/ Episode Wochen	Erbliche Belastung von Familienmitgliedern 1. u. 2. Ordnung	ICD	DSM-III	HAMD-Score (21-Item-lösung) Summe	GH-Konzentrationen (ng/ml) t/min -60	0	30	60	90	120	AUC 0-120
06	22	22	1	26	keine	300.4	309.00	18	0.30	0.39	15.20	30.60	15.20	13.00	1961.90
07	25	25	1	20	Suizid	300.4	300.40	15	0.30	0.84	19.44	60.00	30.00	22.62	3412.20
08	29	29	1	08	keine	300.4	309.00	18	0.84	0.93	18.21	34.00	25.02	11.40	2532.50
09	21	21	1	16	keine	300.4	309.00	17	0.87	0.99	17.01	41.00	30.00	19.93	2909.60
10	21	20	1	52	keine	300.4	309.00	13	0.36	0.42	3.99	17.40	9.21	3.15	911.70
11	55	52	3	12	Suizid	296.1	296.34	43	0.72	1.86	3.12	2.61	1.440	0.63	259.50
12	49	42	4	12	Alkoholismus	296.1	296.33	17	0.54	0.48	0.87	2.52	1.50	0.78	157.80
13	48	44	3	08	Suizid	296.1	296.36	10	0.87	0.81	3.78	3.78	1.11	3.57	263.40
14	32	23	5	03	keine Angabe	296.3	296.53	28	1.27	1.35	1.25	1.14	1.03	1.44	141.90
15	53	48	3	08	keine	296.1	296.34	24	0.90	0.33	2.67	1.77	0.36	0.30	162.90
16	34	21	3	01	Endog. Depression	296.3	296.54	23	4.20	1.08	0.87	0.93	0.81	0.75	104.10
17	37	37	2	24	Aufent. N-kl. Diagnose unbek.	296.1	296.32	37	2.58	0.69	6.06	8.31	3.51	2.13	577.20
19	22	21	1	40	keine	300.4	309.00	15	0.78	0.90	1.41	10.35	11.61	5.19	788.70
20	34	30	2	04	keine	300.4	309.00	24	0.90	0.63	4.98	21.15	7.41	5.28	977.70
23	25	24	1	52	keine Angabe	300.4	309.00	10	1.83	4.23	3.45	1.98	1.26	1.35	283.80
27	35	35	1	13	keine	296.1	296.22	20	1.75	1.46	1.23	1.88	1.10	0.82	153.60
29	33	26	3	24	Behandlung NA Diagnose unbek.	296.3	296.53	35	1.41	1.21	1.57	1.66	1.47	1.25	179.40
31	50	48	1	104	keine	300.4	300.40	24	1.88	17.77	7.17	7.19	3.94	1.01	776.00
32	54	30	3	08	Suizid	296.1	296.33	18	1.01	0.59	1.77	3.23	0.95	0.94	188.70
33	54	25	10	06	keine	296.3	296.54	30	2.63	0.69	5.09	30.00	30.00	17.14	2181.90
34	40	22	3	18	keine	296.1	296.33	24	2.01	0.65	1.33	26.30	19.40	2.39	1385.60
35	38	25	3	24	keine	296.1	296.33	31	1.47	0.30	0.74	5.98	4.48	1.61	347.50
36	49	43	4	17	keine	296.1	296.32	32	0.10	0.20	1.20	8.00	2.80	0.60	328.00
37	32	32	1	12	Endog. Depression	296.1	296.22	30	1.20	2.05	11.91	10.68	5.12	2.10	936.30
38	24	24	1	01	keine	300.4	309.00	20	0.46	0.23	4.43	18.36	17.95	7.72	1341.90
39	43	43	1	12	Suizidversuch	300.4	309.00	11	0.18	0.11	0.61	17.82	15.20	9.60	1085.90
40	38	38	1	14	keine	300.4	309.00	34	0.24	0.24	4.16	24.18	23.82	12.31	1728.30
41	31	16	4	32	Endog. Depression	296.3	296.53	16	5.09	0.82	0.66	5.59	1.58	0.71	216.70

Tabelle 33. Daten der Patientinnen aus der Analysegruppe (n = 26)

Patienten-nummer	Alter bei Aufnahme	Alter bei Erstmani-festation	Depressive Phase/ Episode (n)	Dauer der Phase/ Episode in Wochen	Erbliche Belastung von Familienmitgliedern 1. u. 2. Ordnung	ICD	DSM-III	HAMD-Score (21-Item-lösung) Summe	GH-Konzentrationen (ng/ml) t/min -60	0	30	60	90	AUC 120	0-120
52	30	30	1	16	keine	296.1	296.23	24	1.48	3.60	10.90	9.00	4.50	2.80	860.00
54	44	27	2	04	Depression	296.1	296.33	24	4.23	0.90	7.05	9.06	4.02	1.67	649.70
55	49	25	3	12	Aufent. N-kl. Diagnose unbek.	296.1	296.34	30	2.04	0.84	1.14	0.90	0.90	1.56	123.60
57	34	33	2	06	Depression	296.1	296.53	18	0.39	0.36	7.20	9.96	8.10	1.74	832.20
58	38	19	2	16	Depression	296.1	296.34	32	1.45	0.78	0.54	0.48	0.51	0.66	66.00
61	54	44	3	05	keine	296.1	296.34	48	2.46	1.24	2.01	7.27	2.52	1.20	351.00
63	53	34	6	12	Depression	296.1	296.33	42	4.29	0.81	0.31	5.25	4.21	1.69	310.80
64	41	41	1	04	keine	296.1	296.24	40	1.47	3.21	2.62	1.65	0.99	1.15	221.00
65	53	21	3	20	Depression	296.3	296.54	32	0.69	1.29	0.48	0.39	3.03	4.32	204.30
66	38	26	3	12	keine	296.3	296.54	44	0.61	0.96	1.83	1.81	0.99	1.20	170.60
69	69	63	3	04	keine	296.1	296.33	27	0.72	1.08	0.33	0.30	0.30	0.30	45.00
74	67	63	5	05	Suizid	296.1	296.34	31	3.33	0.93	0.72	1.14	0.87	0.84	104.10
76	61	52	3	13	Depression	296.1	296.33	20	1.41	0.42	0.75	1.65	0.75	0.87	105.90
78	50	43	4	10	keine	296.1	296.32	37	8.61	1.44	0.72	0.63	0.66	0.54	87.60
82	22	21	2	09	Alkoholismus	296.1	296.33	28	8.13	10.68	7.38	5.82	4.77	2.94	738.60
85	49	43	3	30	keine	296.1	296.33	27	1.75	1.46	1.18	1.23	2.71	1.88	213.60
86	34	34	1	26	Depression	296.1	296.24	29	0.81	0.66	0.79	1.59	4.19	7.13	308.90
87	32	32	1	05	Suizid b. Schizoph.	296.1	296.23	28	4.34	0.82	1.57	8.55	15.00	22.44	1066.40
88	23	19	5	08	Depression	296.1	296.32	25	5.22	3.55	2.81	4.18	4.74	4.59	467.00
90	47	44	3	16	keine	296.1	296.34	32	4.80	0.78	0.69	0.90	0.81	1.23	98.10
91	40	25	3	06	keine	296.3	296.53	26	1.83	0.82	1.26	3.93	4.61	2.81	349.70
94	38	38	1	08	Alkoholismus	300.4	309.00	31	0.71	0.61	1.18	5.19	23.34	14.05	1231.20
96	38	37	3	06	keine	296.3	296.52	22	4.34	1.77	2.01	2.39	6.33	27.10	670.10
99	26	17	3	15	keine	300.4	309.00	09	5.29	9.14	5.58	4.76	2.62	1.05	525.10
100	47	34	3	30	keine	296.1	296.33	35	0186	0.12	1.48	4.92	1.07	0.64	208.00
101	45	45	1	30	keine	296.1	296.24	27	3.84	0.36	0.57	3.01	2.04	0.61	174.30

Tabelle 34. Daten der männlichen Patienten, die die Einschlußkriterien nicht erfüllten (n = 14)

Patienten-nummer	Alter bei Aufnahme	Alter bei Erstmani-festation	Depressive Phase/ Episode (n)	Dauer der Phase/ Episode Wochen	Erbliche Belastung von Familienmit-gliedern 1. u. 2. Ordnung	ICD	Ausschlußgründe	HAMD-Score (21-Item lösung) Summe	GH-Konzentrationen (ng/ml) t/min -60	0	30	60	90	120	AUC 0-120
01	30	20	2	06	Suizid	295.7	Schizoaffektive Psychose	35	11.52	13.50	17.88	19.44	15.50	8.90	1948.00
02	32	29	2	08	keine	301.0	Paranoide Persönlichk.	14	0.30	0.30	0.30	0.87	0.57	0.63	61.50
03	37	37	1	01	Schizophrenie	298.3	Akute paran. Reakt.	28	0.30	0.30	0.30	4.08	3.50	0.90	245.60
04	29	29	2	08	keine	295.3	Paran. Schizophrenie	15	0.45	0.30	16.20	30.00	17.58	7.14	2025.60
05	23	23	2	39	keine	307.6 +307.2	Enuresis, Tic	11	0.66	5.50	6.51	4.80	2.64	1.59	532.90
18	48	47	1	02	Suizid, Endogene Depress.	303.	Alkoholabhängigkeit	18	0.57	0.66	0.93	23.19	14.88	6.03	1403.10
21	31	25	3	16	keine	296.1/ 300.4	Unklare Diagnose	12	1.05	0.75	2.13	19.17	14.52	4.20	1098.90
22	65	56	3	05	Aufent.N-kl. Diagnose unbekannt	290.4	Arteriosklerotische Demenz und Stenose Carotis int.	45	1.86	0.93	2.04	7.71	1.51	1.23	318.60
24	66	55	4	12	Suizidversuch	296.1	Elektrokrampftherapie	29	1.17	0.84	30.00	10.53	21.00	13.47	2393.70
25	49	49	1	42	keine	296.1/ 300.4	Unklare Diagnose	20	1.14	0.87	0.84	2.19	0.37	0.81	109.00
26	27	20	3	05	keine	296.1	Elektrokrampftherapie	27	30.00	7.04	2.07	1.09	0.72	0.99	213.70
28	41	32	3	04	Alkoholismus	303.	Alkoholabhängigkeit	16	1.62	1.57	2.84	5.84	4.02	3.03	437.20
30	45	45	3	16	keine	296.1	Organische Erkrankung	35	3.96	2.25	6.32	4.89	2.45	1.92	490.30
42	20	20	1	05	keine	296.1	Unklare Diagnose	11	0.45	0.28	7.44	24.93	13.96	5.08	1408.20

Tabelle 35. Daten der Patientinnen, die die Einschlußkriterien nicht erfüllten (n = 25)

Patienten-nummer	Alter bei Aufnahme	Alter bei Erstmani-festation	Depressive Phase/ Episode (n)	Dauer der Phase/ Episode in Wochen	Erbliche Belastung von Familienmit-gliedern 1. u. 2. Ordnung	ICD	Ausschlußgründe	HAMD-Score (21-Item-lösung) Summe	GH-Konzentrationen (ng/ml) t/min -60	0	30	60	90	120	AUC 0-120
51	27	26	3	24	keine	295.7	Schizoaffektive Psychose	25	2.40	9.03	11.40	10.30	5.60	5.73	1033.60
53	35	25	2	02	keine	295.7	Psychose im Wochenbett	24	0.30	0.30	4.05	5.67	0.96	0.30	319.80
56	39	37	3	03	keine	296.1	Elektrokrampftherapie	26	0.30	0.30	0.30	0.30	0.30	0.30	36.00
59	28	28	1	10	keine Angaben	296.1	Depression im Wochenbett	34	0.37	0.36	3.60	6.60	2.70	0.80	395.60
60	26	26	2	07	Schwangerschafts-Depression	295.7	Psychose im Wochenbett	23	0.33	0.48	8.73	6.72	1.47	0.48	552.00
62	50	21	3	18	keine	296.1	Elektrokrampftherapie	29	15.36	2.95	1.26	1.38	1.02	0.96	157.90
67	26	26	1	20	keine	296.1/ 300.4	Unklare Diagnose	26	8.80	1.70	0.80	1.40	2.00	0.90	166.00
68	47	34	6	14	Suizid, Endogene Depression	296.1	Medikamentös vorbehandelt	12	1.41	1.47	8.70	4.80	1.74	1.41	542.40
70	70	63	2	06	keine	296.1	Organische Erkrank.	28	0.96	0.96	1.26	1.08	1.29	0.60	139.20
71	38	37	2	08	Endogene Depr.	296.1	Medikamentös vorbehandelt	28	0.75	0.75	23.28	30.00	12.90	4.83	2103.00
72	29	25	4	12	keine	296.3	Schwangerschaft	22	9.09	6.69	6.18	6.36	5.25	3.75	688.80
73	26	19	3	52	Paranoide Psychose	295.6	Schizophrenie	18	9.96	2.67	1.53	2.52	1.26	0.81	196.80
75	59	51	3	03	keine	296.1	Medikamentös vorbehandelt	25	2.40	9.03	11.40	10.30	5.60	5.73	1033.60
77	22	22	1	04	keine Angaben	296.1	Depression im Wochenbett	17	2.11	0.58	0.91	3.42	4.05	1.55	288.10
79	40	34	10	08	keine	300.4/ 301.5	Neurotische Depersonalisierung Hyst. Persönlichkeit	32	4.86	0.45	14.94	10.95	2.76	0.96	941.10
80	56	44	5	03	keine	296.1	Elektrokrampftherapie	29	0.54	1.38	7.23	16.83	16.83	12.63	1429.50
81	42	41	2	24	keine	296.1	Organische Erkrankung	32	0.84	0.84	1.74	6.39	6.63	4.17	512.70
83	62	21	3	26	keine	296.1	Medikamentös vorbehandelt	22	4.41	4.41	2.16	1.23	1.26	1.74	222.90
84	28	28	1	26	keine	300.4	Medikamentös vorbehandelt	17	1.32	0.99	0.99	19.23	7.11	2.85	747.00
88	47	41	4	03	keine	296.1	Elektrokrampfthererapie	20	0.92	0.71	0.79	6.03	23.79	11.37	1224.60
92	48	29	4	26	keine	296.3	Medikamentös vorbehandelt	36	10.72	1.00	0.79	1.03	2.00	1.28	156.00
93	42	36	4	06	keine Angaben	295.7	Schizoaffektive Psychose	17	1.32	0.80	1.05	5.28	15.83	21.80	1006.80
95	42	41	1	20	keine Angaben	296.1 300.4	Unklare Diagnose	28	2.10	1.08	0.79	0.72	4.93	13.40	388.00
97	34	33	1	52	keine	296.1/ 300.4	Unklare Diagnose	36	0.61	0.28	2.04	7.15	2.20	0.60	321.40
98	32	32	1	08	Zwillingsschwester-Depression	296.1	Medikamentös vorbehandelt	24	0.42	0.12	2.56	7.34	1.78	0.46	326.20

Am Tag der DMI-Untersuchung wurde für alle Patienten zur Beurteilung der Schwere des depressiven Syndroms ein Hamilton-Depressionsfragebogen ausgefüllt (Tabellen 32–35).

4.2.3 Auswahl der Patienten

Da es Ziel der vorliegenden Arbeit war, die DMI-bedingte GH-Sekretion bei einer möglichst homogenen Patientengruppe im Vergleich zu Probanden zu untersuchen, wurden folgende Kriterien als Voraussetzung für die Aufnahme der Patienten in die Analysegruppe festgelegt. Das depressive Syndrom mußte im Rahmen einer

- monopolar endogenen Depression (ICD 296.1), einer
- bipolar endogenen Depression (ICD 296.3), oder einer
- neurotischen Depression (ICD 300.4) aufgetreten sein

(Tabellen 32 und 33).

Als Ausschlußkriterien wurden festgelegt:

- somatische Erkrankungen
- Suchterkrankungen
- Schwangerschaft und Wochenbett
- andere psychische Erkrankungen
- Elektrokrampfbehandlung in der Vorgeschichte

(Tabellen 34 und 35).

Medikamentenfreie Zeit vor Untersuchungsbeginn
Antidepressiva: 3 Tage
Benzodiazepinderivate: 3 Tage
Neuroleptika: 7 Tage
Depotneuroleptika: 14 Tage.

Bei der Auswertung der Untersuchung wurde zusätzlich verlangt, daß ein an der Studie nicht beteiligter Psychiater anhand der Krankenunterlagen die Entlassungsdiagnose (ICD 296.1/3, 300.4) überprüfte, bestätigte und eine Diagnose nach DSM-III stellte.

4.2.4 Auswertung der Analysegruppe

Bei den Patienten der Analysegruppe wurde als erstes geprüft, ob zwischen dem Schweregrad des depressiven Syndroms (Hamilton-Depressionsskala) und der DMI-induzierten GH-Sekretion eine Beziehung besteht.

Da in den Probandenuntersuchungen eine Alters- und Geschlechtsabhängigkeit der GH-Sekretion gefunden worden war, wurde jedem in die Analysegruppe aufgenommenen Patienten ein in Alter und Geschlecht vergleichbarer Proband zugeordnet. Die Probanden-Patienten-Paare wurden als feste Einheit angesehen und bei den verschiedenen Auswertungsschritten miteinander verglichen.

Bei der deskriptiven Auswertung der GH-Sekretion nach DMI wurden die Patienten entsprechend der ICD-Diagnose in monopolar endogen depressive, bipolar endogen depressive und neurotisch depressive Patienten aufgeteilt.

Vor der Gabe von DMI ($t = -60$ und 0 min) wurde bei einem Teil der Probanden und der Patienten eine GH-Sekretion größer als 5.0 ng/ml gefunden. Daher kann bei diesen Probanden und Patienten die GH-Sekretion nach DMI nicht als alleiniger Effekt des Verums angesehen werden. Bei Patienten und den ihnen zugeordneten Probanden wurde neben der GH-Sekretion nach DMI auch die GH-Stimulation nach DMI verglichen.

Zur Beurteilung der *GH-Sekretion* nach DMI wurde das GH-Flächenintegral (0 – 120 min) verwendet. Bei dieser Auswertung wurden alle Patienten der Analysegruppe berücksichtigt, einschließlich der Patienten, die zum Zeitpunkt t = –60 min und t = 0 min GH-Werte über 5.0 ng/ml aufwiesen (Vorstimulierer).

Bei der Beurteilung der DMI-bedingten *GH-Stimulation* wurden lediglich die Patienten der Analysegruppe berücksichtigt, bei denen vor Gabe von DMI die GH-Konzentration unter 5.0 ng/ml lag (Nicht-Vorstimulierer).

Zur Prüfung eines signifikanten Unterschiedes der GH-Sekretion bzw. -Stimulation nach DMI zwischen den Patienten- und Probandengruppen wurde der Student-t-Test verwendet. Dieser wurde zwischen der Gruppe der Probanden und der endogen depressiven Patienten, der Gruppe der Probanden und der neurotisch depressiven Patienten sowie den Probandinnen und der Gruppe der endogen depressiven Patientinnen gerechnet.

4.3 Ergebnisse

Vor der Auswertung der Patientendaten soll im folgenden die GH-Sekretion nach DMI bei den Probanden und Probandinnen nach Altersdekaden gestaffelt und bei Probandinnen prä- und postmenstruell untersucht werden.

4.3.1 Probanden und Probandinnen

4.3.1.1 GH-Sekretion nach DMI bei Probanden nach Altersdekaden gestaffelt

Zur Klärung einer Altersabhängigkeit der DMI-induzierten GH-Stimulation wurde der DMI-Test bei insgesamt 46 Probanden mit DMI 75 mg i. m. ausgewertet.

Hierbei handelte es sich um 25 Probanden im Alter zwischen 20 und 30 Jahren, zehn im Alter zwischen 31 und 40 Jahren, sieben im Alter zwischen 41 und 50 Jahren und vier über 51 Jahre.

Einzelwertkurven: Bei den Vorstimulierern (n = 7) kommt es, ebenso wie bei den Nicht-Vorstimulierern (n = 39), nur in Einzelfällen zu keiner GH-Stimulation nach DMI (Tabelle 36).

Mittelwertkurven: Mit zunehmendem Alter sinkt die mittlere GH-Stimulierbarkeit, und zwar sowohl bei den Vorstimulierern als auch bei den Nicht-Vorstimulierern (Abb. 85, Tabelle 7).
Mittlere Flächenintegrale: Die AUC nimmt ebenfalls mit zunehmendem Alter ab, und zwar in gleicher Weise für Vorstimulierer, Nicht-Vorstimulierer und die Gesamtgruppe. Obwohl sich die Werte der 20- und 50jährigen deutlich unterscheiden, ergibt die einfaktorielle Varianzanalyse für wiederholte Messungen keinen statistisch signifikanten Unterschied (F = 4.80, df = 3.42) (Abb. 85, Tabelle 7).

Diese Teiluntersuchung macht eine Altersabhängigkeit der DMI-induzierten GH-Stimulation bei Probanden deutlich, wobei mit zunehmendem Alter die GH-Sekretion abnimmt.

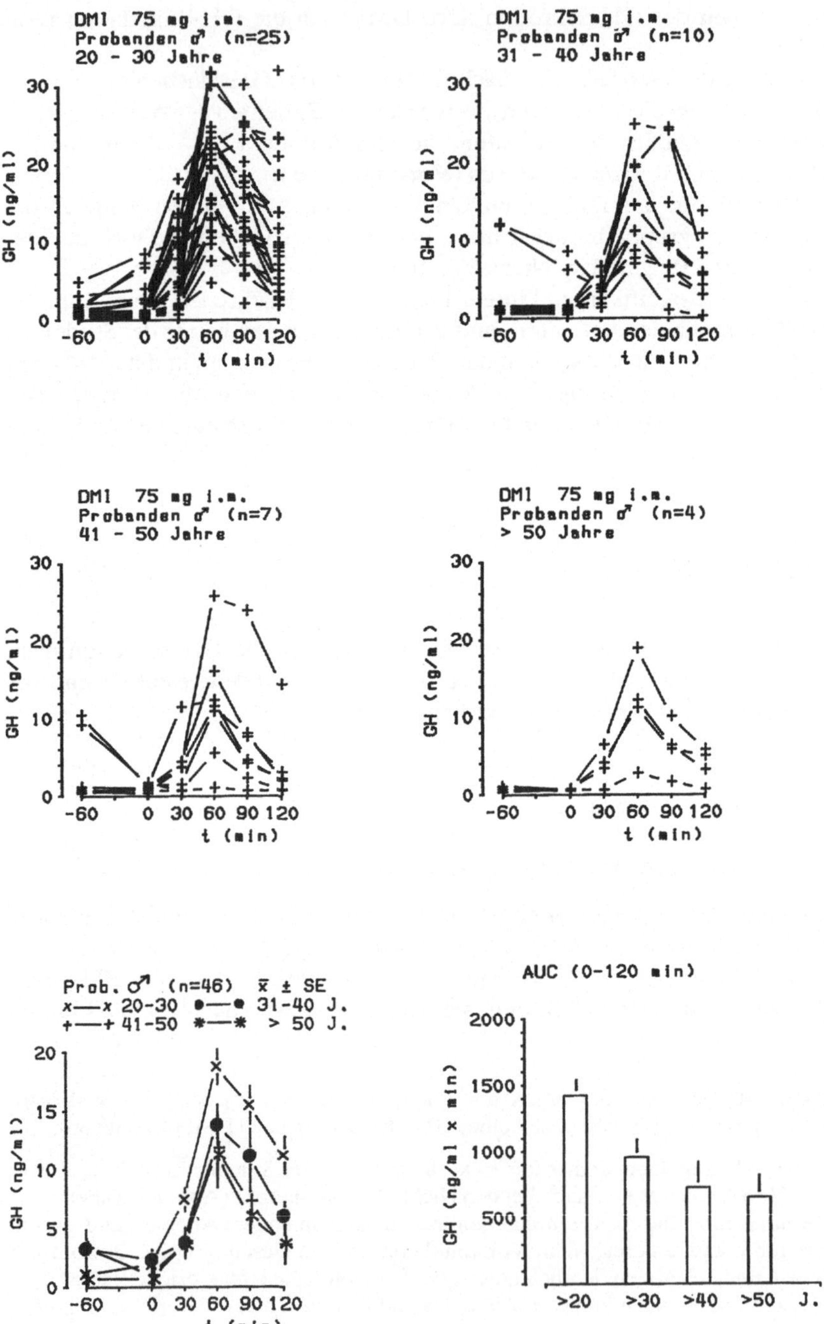

Abb. 85. GH (ng/ml) nach Verabreichung von DMI 75 mg i. m. bei männlichen Probanden nach Altersdekaden aufgeteilt. 20–30 Jahre (n = 25), 31–40 Jahre (n = 10), 41–50 Jahre (n = 7), älter als 50 Jahre (n = 4) und die dazugehörigen Mittelwertkurven (x̄ ± SE; ng/ml) und Flächenintegrale (x̄ ± SE; ng/ml · 120 min)

Tabelle 36. GH-Werte (ng/ml) und AUC ($\bar{x} \pm$ SE; ng/ml · 120 min) bei Probanden (n = 46)

Laufende Nummer	Alter Jahre	t = -60	0	30	60	90	120	AUC
137	21	1.08	0.93	2.13	15.33	5.91	2.64	663.90
145	21	0.96	2.32	9.84	19.38	10.80	9.90	1.335.40
155	21	1.38	2.22	13.11	21.93	18.39	13.68	1.857.60
148	22	3.15	4.02	9.27	12.78	10.62	7.11	1.162.50
168	22	2.06	2.76	1.78	11.24	12.54	2.92	854.20
169	22	1.43	0.92	3.71	11.40	10.10	9.26	882.20
132	23	0.51	0.72	1.95	31.43	25.02	18.51	1.899.70
143	22	0.72	0.78	1.47	9.69	6.97	5.37	592.90
176	24	0.30	0.30	4.60	14.80	16.90	13.70	1.296.00
131	25	1.08	1.29	11.43	29.91	25.32	20.91	2.290.20
134	25	0.87	0.81	11.79	19.68	11.73	8.79	1.430.40
150	25	0.87	0.87	9.54	22.59	17.70	9.54	1.645.50
152	25	0.84	2.68	13.57	21.24	13.02	4.56	1.560.80
153	25	0.60	1.20	10.56	21.88	24.72	23.16	2.092.40
174	25	0.70	0.70	4.90	24.70	20.20	11.70	1.622.00
151	25	1.20	7.35	7.83	10.50	5.70	6.30	887.70
141	26	0.93	0.63	0.75	7.57	8.13	3.63	549.20
173	26	0.70	0.30	15.50	23.30	17.60	4.60	1.839.00
171	26	1.70	6.70	18.06	24.00	15.50	13.70	2.026.40
147	27	0.30	0.30	10.02	15.50	8.52	1.89	1.073.50
170	28	0.97	0.99	4.25	30.00	30.00	23.29	2.212.80
175	28	0.70	0.70	1.60	20.50	23.10	23.30	1.638.00
149	29	0.30	0.30	1.42	4.77	2.16	1.95	261.10
142	29	0.51	0.54	6.69	31.60	35.80	31.87	2.655.70
144	30	4.89	8.50	9.84	12.97	10.69	8.13	1.246.90
129	31	1.56	1.35	3.48	8.64	6.69	3.06	623.70
130	31	1.14	1.05	5.34	11.13	5.37	3.03	691.80
146	31	0.63	0.60	4.32	14.40	9.27	5.52	892.80
154	31	0.84	0.90	2.61	11.10	9.48	5.82	772.80
167	31	1.22	1.43	1.45	7.00	1.10	0.30	259.30
172	32	1.60	1.70	1.90	24.80	24.00	8.30	1.632.00
114	34	11.85	6.21	3.90	7.68	6.54	4.29	676.20
104	36	12.09	8.61	3.84	14.49	14.73	10.77	1.226.40
135	40	0.84	0.54	4.29	19.26	24.36	13.68	1.673.40
136	40	1.20	1.08	6.64	19.59	9.84	5.76	1.119.40
105	41	0.57	0.42	3.66	11.55	7.62	3.09	717.30
108	41	0.78	0.75	0.69	1.08	0.72	0.75	93.00
103	42	0.39	1.02	3.72	25.65	23.79	14.37	1.767.30
110	45	10.41	1.38	1.50	10.89	4.17	2.25	480.90
121	47	1.17	1.05	11.46	12.30	4.59	2.01	918.60
122	47	1.14	1.02	4.38	16.02	8.04	2.16	849.00
102	48	9.18	1.71	0.75	5.49	2.28	0.84	256.50
128	51	1.11	0.69	4.08	11.19	5.85	5.01	678.00
139	52	0.38	0.77	3.34	12.16	6.37	3.24	671.70
112	61	0.48	0.69	0.63	2.76	1.68	0.75	162.00
126	62	0.75	0.57	6.39	18.84	10.11	5.76	1.110.10
$\bar{x}$		1.91	1.79	5.74	15.97	12.47	8.29	1.148.66
SD		2.92	2.16	4.41	7.67	8.42	7.27	624.91
SE		0.43	0.32	0.65	1.13	1.24	1.07	92.14

Tabelle 37. GH-Werte ($\bar{x} \pm$ SE; ng/ml) 60 min nach Gabe von DMI 75 mg i. m. und AUC ($\bar{x} \pm$ SE; ng/ml · min) nach Altersdekaden bei Probanden (n = 46)

Alter		$\bar{x} \pm$ SE (ng/ml)	AUC $\bar{x} \pm$ SE (ng/ml · 120 min)
20–30	Nicht-Vorstimulierer n = 22	19.1 ± 1.6	1428.0 ± 134.0
	Vorstimulierer n = 3	15.8 ± 4.1	1387.0 ± 336.1
	Gesamt n = 25	18.7 ± 1.5	1423.0 ± 122.3
31–40	Nicht-Vorstimulierer n = 8	14.5 ± 2.2	958.1 ± 174.3
	Vorstimulierer n = 2	11.1 ± 3.4	951.3 ± 275.1
	Gesamt n = 10	13.8 ± 1.9	956.8 ± 143.5
41–50	Nicht-Vorstimulierer n = 5	13.3 ± 4.0	869.0 ± 267.9
	Vorstimulierer n = 2	8.2 ± 2.7	368.7 ± 112.2
	Gesamt n = 7	11.8 ± 2.9	726.1 ± 208.0
> 51	Nicht-Vorstimulierer n = 4	11.2 ± 3.3	652.9 ± 191.9
	Vorstimulierer n = 0	–	–
	Gesamt	11.2 ± 3.3	652.9 ± 191.9

4.3.1.2 GH-Sekretion nach DMI bei Probandinnen nach Altersdekaden gestaffelt

Bei insgesamt 29 Probandinnen im Alter von 21 bis 64 Jahren wurde die GH-Sekretion nach DMI 75 mg i. m. untersucht. Hierbei handelte es sich um zwölf Probandinnen im Alter zwischen 20 und 30 Jahren, acht im Alter zwischen 31 und 40 Jahren, vier im Alter zwischen 41 und 50 Jahren und fünf von über 50 Jahren.

Einzelwertkurven: Sowohl in der Gruppe der Vorstimulierer (n = 12) wie der Nicht-Vorstimulierer (n = 17) ist gleichermaßen eine unterschiedliche GH-Stimulation in den einzelnen Altersdekaden zu beobachten (Tabelle 38).

Mittelwertkurven: Die mittleren GH-Konzentrationen in den vier Altersgruppen lassen keine deutliche Altersabhängigkeit der DMI-bedingten GH-Stimulation erkennen. In der Gruppe der 31- bis 40jährigen ist die deutlichste und in der Gruppe der 41- bis 50jährigen die geringste GH-Stimulation zu beobachten. Nur in der Gruppe der 31 bis 40jährigen läßt sich ein Unterschied zwischen Vorstimulierern und Nicht-Vorstimulierern erkennen (Abb. 86, Tabelle 39).

Mittlere Flächenintegrale: Der Vergleich der AUCs in den vier Altersgruppen mittels einfaktorieller Varianzanalyse für wiederholte Messungen über die Gesamtgruppe zeigt keine statistisch signifikanten Unterschiede (F = 2.29, df = 3, 25) (Abb. 86, Tabelle 39).

Bei Probandinnen wird somit keine Altersabhängigkeit der GH-Stimulierbarkeit nach DMI sichtbar.

Tabelle 38. GH-Werte (ng/ml) und AUC ($\bar{x} \pm$ SE; ng/ml · 120 min) bei Probandinnen (n = 29)

Laufende Nummer	Alter Jahre	t = -60	0	30	60	90	120	AUC
163	21	30.00	10.12	12.12	8.67	3.06	1.00	890.80
162	22	7.23	1.17	1.08	3.39	4.41	1.86	317.70
177	22	2.61	7.89	5.85	8.25	7.56	0.30	783.30
164	23	6.39	1.08	2.16	8.79	5.44	2.68	517.40
124	23	13.14	10.71	5.71	1.59	0.84	2.28	423.70
159	23	0.72	10.83	6.30	5.40	2.14	1.11	565.00
166	24	2.73	1.17	1.35	7.23	4.20	2.95	407.80
119	25	0.90	1.59	1.77	8.18	9.33	11.67	740.20
165	25	3.00	4.50	1.62	1.23	4.80	5.25	378.90
157	26	3.36	0.54	1.32	4.92	5.61	1.47	395.70
161	26	3.78	0.96	1.65	3.12	1.77	0.93	218.10
158	26	0.90	7.83	6.30	3.33	0.99	0.60	442.50
113	31	1.23	1.14	11.49	30.00	17.37	6.12	1.827.00
117	31	26.49	7.65	3.21	12.18	7.17	5.43	789.60
116	32	1.08	1.08	2.10	12.18	6.90	3.78	652.20
156	33	6.42	0.99	0.60	2.16	5.73	3.87	345.00
115	34	0.75	0.57	2.40	14.07	6.66	2.61	675.60
125	36	0.84	15.66	9.75	7.47	5.73	3.24	957.60
160	37	7.44	0.84	1.32	5.13	1.89	1.26	252.00
118	38	1.26	1.29	1.29	3.90	3.27	2.82	301.50
109	41	1.02	1.35	0.93	1.71	1.68	1.20	164.10
127	45	6.45	0.48	0.90	4.08	2.58	0.96	235.20
120	46	0.84	1.38	5.13	10.83	3.06	1.65	574.50
111	50	0.72	0.54	0.45	0.51	0.84	0.87	75.90
101	53	0.66	0.69	1.20	4.44	1.47	0.69	209.40
107	55	1.65	1.59	3.33	3.06	1.80	1.23	294.60
138	55	0.80	1.38	6.25	8.86	4.57	1.76	641.40
106	58	2.01	1.80	1.83	5.34	4.32	2.52	396.00
140	64	3.36	0.54	1.32	4.92	5.16	1.74	380.40
$\bar{x}$		4.75	3.35	3.47	6.72	4.49	2.55	512.18
SD		7.14	4.14	3.26	5.71	3.35	2.31	339.12
SE		1.33	0.77	0.61	1.06	0.62	0.43	62.97

Von den 29 Probandinnen der Gesamtgruppe sind insgesamt 12 als Vorstimulierer zu charakterisieren. Weiter kann besonders anhand der Mittelwertkurven und Flächenintegrale gezeigt werden, daß die Probandinnen im Vergleich zu Probanden eine wesentlich geringere GH-Stimulation aufweisen.

4.3.1.3 GH-Sekretion nach DMI bei Probandinnen in Abhängigkeit vom Zyklus

Bei sechs Probandinnen wurde postmenstruell (2.–7. Zyklustag) und prämenstruell (13.–20. Zyklustag) die GH-Sekretion nach DMI 0.6 mg/kg KG i. v. im Vergleich zu Placebo i. v. untersucht.

Tabelle 39. GH-Werte ($\bar{x} \pm SE$; ng/ml) 60 min nach Gabe von DMI 75 mg i. m. und AUC ($\bar{x} \pm SE$; ng/ml · min) nach Altersdekaden bei Probandinnen (n = 29)

Alter		$\bar{x} \pm SE$ (ng/ml)	AUC $\bar{x} \pm SE$ (ng/ml · 120 min)
20–30	Nicht-Vorstimulierer n = 5	4.9 ± 1.3	428.1 ± 85.3
	Vorstimulierer n = 7	5.6 ± 1.1	562.9 ± 77.5
	Gesamt n = 12	5.3 ± 0.8	506.8 ± 58.4
31–40	Nicht-Vorstimulierer n = 4	15.0 ± 5.4	864.1 ± 332.2
	Vorstimulierer n = 4	6.7 ± 2.1	586.0 ± 170.6
	Gesamt n = 8	10.9 ± 3.1	725.1 ± 180.7
41–50	Nicht-Vorstimulierer n = 3	4.3 ± 3.3	271.5 ± 153.6
	Vorstimulierer n = 1	4.1	235.2
	Gesamt n = 4	4.3 ± 2.3	262.4 ± 109.0
> 51	Nicht-Vorstimulierer n = 5	5.3 ± 1.0	384.4 ± 72.4
	Vorstimulierer	–	–
	Gesamt n = 5	5.3 ± 1.0	384.4 ± 72.4

Postmenstruelle Untersuchungen (2.–7. Zyklustag)

Einzelwertkurven: Drei der sechs Probandinnen weisen vor Gabe von *Placebo* erhöhte GH-Basalwerte auf, bei einer Probandin kommt es bei t = 30 min zu einer deutlichen GH-Erhöhung (21.6 ng/ml).
Vor Gabe von *DMI* haben zwei von sechs Probandinnen GH-Werte über 5.0 ng/ml und zum Zeitpunkt t = 60 min GH-Werte von 10.8 bzw. 1.3 ng/ml. Zwei der Nicht-Vorstimulierer zeigen nach DMI eine deutliche GH-Stimulation (von 9.2 bis 29.0 ng/ml). Eine Probandin zeigt während des gesamten Untersuchungszeitraums GH-Werte unter 5.0 ng/ml (Abb. 87).

Mittelwertkurven: Nach *Placebo* ist in der Gesamtgruppe das mittlere Maximum unter 5.0 ng/ml, wobei die Werte der drei Nicht-Vorstimulierer bei 5.1 ng/ml liegen (t = 60 min).
Das mittlere Maximum nach *DMI* liegt deutlich höher, wobei die Werte der Nicht-Vorstimulierer deutlich über den Werten der Vorstimulierer liegen (Abb. 87, Tabelle 40).

Mittlere Flächenintegrale: Die AUC nach *Placebo* (446.5±175.2 ng/ml · 120 min) und die AUC nach *DMI* (802.7 ± 309.9 ng/ml · 120 min) unterscheiden sich im Student-t-Test statistisch nicht signifikant (Abb. 87, Tabelle 40).

Prämenstruelle Untersuchungen (13.–20. Zyklustag)

Einzelwertkurven: Bei drei von sechs Probandinnen kommt es vor Gabe von Placebo zu GH-Werten größer als 5.0 ng/ml. Zwei weitere zeigen nach *Placebo* zu unterschiedlichen Zeiten eine GH-Erhöhung (9.2 bzw. 22.6 ng/ml). Vor Gabe von DMI kommt es bei vier von sechs Pro-

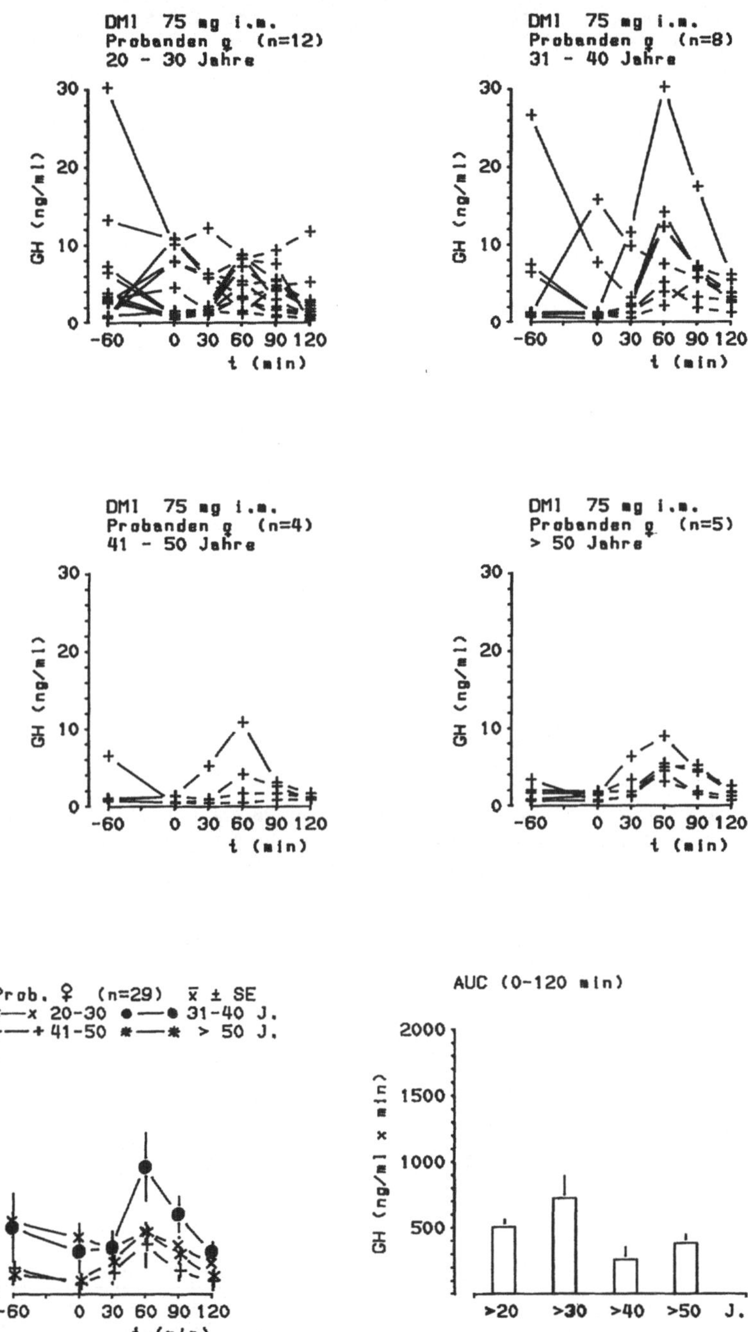

Abb. 86. GH (ng/ml) nach Verabreichung von DMI 75 mg i. m. bei weiblichen Probanden nach Altersdekaden aufgeteilt. 20–30 Jahre (n = 12), 31–40 Jahre (n = 8), 41–50 Jahre (n = 4), älter als 50 Jahre (n = 5) und die dazugehörigen Mittelwertkurven (x̄ ± SE; ng/ml) und Flächenintegrale (x̄ ± SE; ng/ml · 120 min)

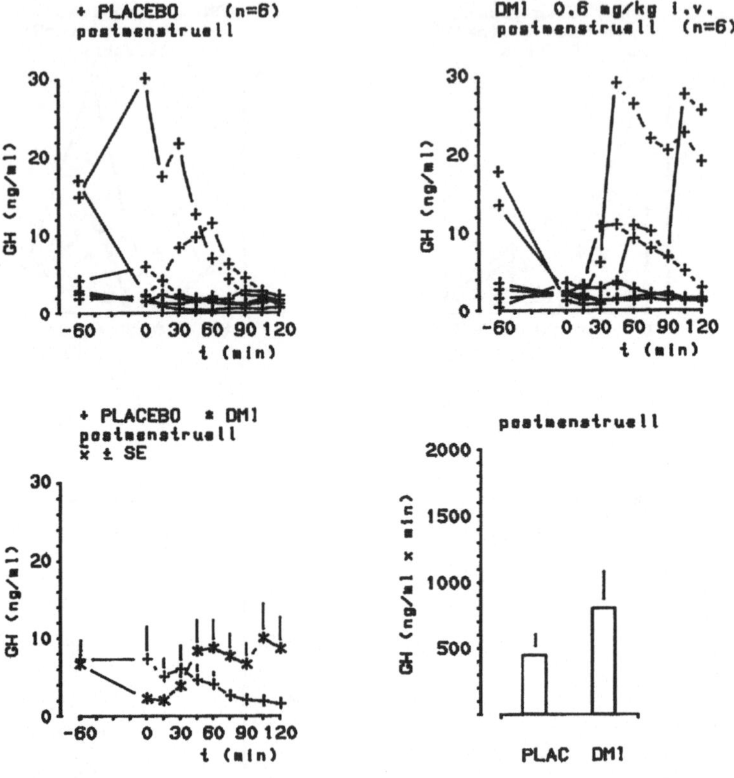

Abb. 87. GH (ng/ml) nach Verabreichung von Placebo und DMI 0.6 mg/kg KG i. v. bei weiblichen Probanden, postmenstruell (n = 6) und die dazugehörigen Mittelwertkurven (x̄ ± SE; ng/ml) und Flächenintegrale (x̄ ± SE; ng/ml · 120 min)

Tabelle 40. GH-Werte (x̄ ± SE; ng/ml) 60 min nach Gabe von Placebo und DMI 0.6 mg/kg KG i. v. und AUC (x̄ ± SE; ng/ml · min) in Abhängigkeit des Zyklus bei Probandinnen postmenstruell (oben) und prämenstruell (unten)

x ± SE	Placebo x̄ ± SE (ng/ml)	AUC x̄ ± SE (ng/ml · 120 min)		DMI x̄ ± SE (ng/ml)	AUC ng/ml · 120 min
Nicht-Vorstimulierer n = 3	5.5 ± 3.2	382.6 ± 170.4	n = 4	10.0 ± 5.7	869.5 ± 443.3
Vorstimulierer n = 3	2.9 ± 2.0	510.3 ± 245.3	n = 2	6.1 ± 4.7	669.2 ± 484.7
Gesamt n = 6	4.0 ± 1.8	446.5 ± 175.2	n = 6	8.7 ± 3.9	802.7 ± 309.9
Nicht-Vorstimulierer n = 3	0.8 ± 0.2	271.1 ± 91.0	n = 2	9.7 ± 8.1	583.0 ± 336.7
Vorstimulierer n = 3	3.1 ± 0.7	502.1 ± 237.4	n = 4	7.2 ± 2.0	980.7 ± 295.6
Gesamt n = 6	2.0 ± 0.6	386.6 ± 124.9	n = 6	8.0 ± 2.5	848.1 ± 222.6

bandinnen zu erhöhten GH-Basalwerten. Im weiteren Verlauf ist lediglich bei zwei Probandinnen eine deutliche GH-Stimulation nach *DMI* (15.1 ng/ml bei t = 45 min; 17.9 ng/ml bei t = 60 min) und bei zwei weiteren Probandinnen eine mittlere GH-Stimulation (8.5 ng/ml bei t = 45 min; 6.0 ng/ml bei t = 60 min) zu beobachten (Abb. 88).

Mittelwertkurven: Die mittleren Konzentrationen nach Placebo liegen unter den Konzentrationen nach *DMI,* wobei die Werte der Nicht-Vorstimulierer über den mittleren Maxima der Vorstimulierer liegen (Abb. 88, Tabelle 40).

Mittlere Flächenintegrale: Die AUC nach *Placebo* (386.6 ± 124.9 ng/ml · 120 min) und die AUC nach *DMI* (848.1 ± 222.6 ng/ml · 120 min) unterscheiden sich in der Gesamtgruppe im Student-t-Test statistisch nicht signifikant. Die AUC der Vorstimulierer liegt über der AUC der Nicht-Vorstimulierer (Abb. 88, Tabelle 40).

Besonders fällt in allen vier Untersuchungsgruppen die große Zahl von Probandinnen mit erhöhten GH-Basalwerten (t = –60 und t = 0 min) auf. Es kann somit nicht

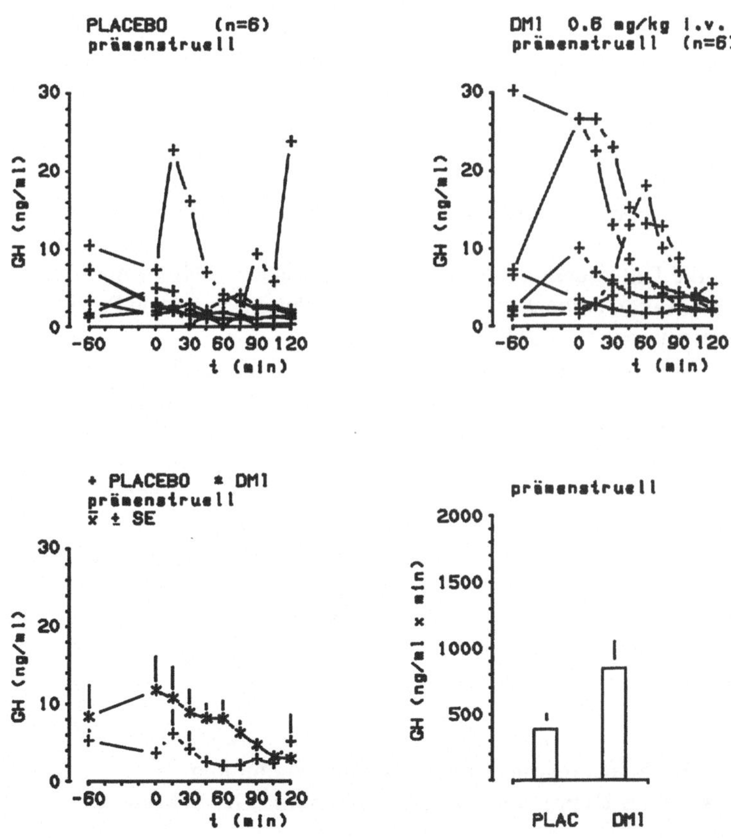

Abb. 88. GH (ng/ml) nach Verabreichung von Placebo und DMI 0.6 mg/kg KG i. v. bei weiblichen Probanden, prämenstruell (n = 6) und die dazugehörigen Mittelwertkurven (x̄ ± SE; ng/ml) und Flächenintegrale (x̄ ± SE; ng/ml · 120 min)

von einer DMI-bedingten GH-Stimulation gesprochen werden, sondern vielmehr von einem Summeneffekt aus Vorstimulation und DMI-bedingter GH-Stimulation. Obwohl diese Einschränkung vorhanden ist, unterscheiden sich die Flächenintegrale nach Placebo post- und prämenstruell nicht wesentlich von denen nach DMI post- und prämenstruell. Eine deutliche Abhängigkeit der DMI-induzierten GH-Stimulation vom Menstruationszyklus kann somit nicht festgestellt werden.

4.3.1.4 Zusammenfassung

Die Untersuchungen der DMI-induzierten GH-Stimulation zeigten bei Probanden eine deutliche Altersabhängigkeit. Bei Probandinnen ergaben die bisher durchgeführten Untersuchungen keine Altersabhängigkeit und keine Zyklusabhängigkeit.

Im Vergleich zu Probandinnen haben Probanden eine höhere DMI-induzierte GH-Stimulation. In der Gesamtgruppe der Probandinnen (n = 29) wurden bei zwölf Probandinnen (41.4 %) erhöhte GH-Basalwerte festgestellt, jedoch nur bei sieben (15.2 %) von den 46 Probanden der Gesamtgruppe.

Einschränkend muß zu diesen Aussagen bemerkt werden, daß sowohl die Gruppe der 40- bis 50jährigen als auch die Gruppe der über 50jährigen Probandinnen relativ klein ist, und daß nur sechs Probandinnen während des Menstruationszyklus prä- und postmenstruell untersucht werden konnten.

4.3.2 GH-Sekretion nach DMI bei Patienten und Patientinnen

In die Untersuchung der GH-Sekretion nach DMI 75 mg i. m. wurden 168 Männer und Frauen einbezogen: 42 depressive Patienten und 46 Probanden und 51 depressive Patientinnen und 29 Probandinnen.

Von den insgesamt 93 Patienten und Patientinnen erfüllten 54 Patienten und Patientinnen die Einschlußkriterien für die Analysegruppe.

39 Patienten (14 Männer, 25 Frauen) mußten aus verschiedenen Gründen (Tabellen 34 und 35) aus der Analysegruppe ausgeschlossen werden. Wegen der Inhomogenität der Gruppen und der geringen Fallzahl der Patienten pro Ausschlußgrund kann eine allgemeine Aussage für die Patientengruppen hinsichtlich ihrer GH-Sekretion nicht gemacht werden. Es sei lediglich erwähnt, daß es sich hierbei um Patienten handelt, die an einer somatischen oder Suchterkrankung litten, mit Elektrokrampf vorbehandelt waren oder bei denen keine genügende diagnostische Sicherheit zur Zuteilung in die Analysegruppe vorlag. Weitere Einzelheiten sind Abb. 89 a, b und den Tabellen 34 und 35 zu entnehmen.

4.3.2.1 Schweregrad der depressiven Erkrankung (Hamilton-Depressionsskala, HAMD) und GH-Sekretion

Bei den 54 Patienten der Analysegruppe soll untersucht werden, ob und wieweit eine Beziehung zwischen der DMI-induzierten GH-Sekretion und dem Schweregrad des depressiven Syndroms (Hamilton-Depressionsskala) besteht.

Sowohl bei der Gruppe der Patienten als auch bei der Gruppe der Patientinnen zeigt die DMI-bedingte GH-Stimulation anhand der Flächenintegrale ($\bar{x} \pm$ SE; ng/ml · 120 min) sowie der GH-Werte nach DMI 75 mg i. m. zum Zeitpunkt t = 60 min ($\bar{x} \pm$ SE; ng/ml) keine Beziehung zum Schweregrad des depressiven Syndroms (Abb. 90 a, b).

Auffällig ist, daß bei den Patienten zum Teil wesentlich höhere Flächenintegrale und GH-Werte (t = 60 min) ermittelt werden als bei den Patientinnen. Die Berechnung der linearen Korrelation zwischen HAMD-Wert und dem Flächenintegral ergibt bei den Patienten einen Wert von –0.17 und bei den Patientinnen von –0.32, so daß keine Abhängigkeit der beiden Parameter vorliegt.

Es kann somit festgestellt werden, daß zwischen dem Schweregrad des depressiven Syndroms und der GH-Sekretion nach DMI 75 mg i. m. keine Korrelation besteht.

4.3.2.2 GH-Sekretion nach DMI bei depressiven Patienten (aufgeteilt nach Diagnosen) im Vergleich zu Probanden

Die Gesamtgruppe der Patienten besteht aus 28 Patienten und 26 Patientinnen. Die diagnostische Aufteilung dieser Patienten nach ICD und DSM-III wird im folgenden tabellarisch wiedergegeben (Tabellen 41 und 42).

4.3.2.2.1 Monopolar endogen depressive Patienten (ICD 296.1)

Bei elf monopolar endogen depressiven Patienten (ICD 296.1, Alter 44.5 Jahre) wurde die GH-Sekretion nach DMI 75 mg i. m. untersucht und mit altersentsprechenden Probanden (Alter 44.1 Jahre) verglichen.

Tabelle 41. Diagnosen der Patienten

ICD			DSM-III		
296	**Affektive Psychosen**			**Affektive Ströungen**	
				Typische Depression	
296.1	Endogene Depression, bisher nur monopolar	n = 11	296.22	Ersterkrankung, ohne Melancholie	n = 2
			296.32	rezidivierend, ohne Melancholie	n = 2
			296.33	rezidivierend, mit Melancholie	n = 4
			296.34	rezidivierend, psychotisch	n = 2
			296.36	rezidivierend, in Remission	n = 1
				Bipolare Störung	
296.3	Depression im Rahmen einer zirkulären Verlaufsform einer manisch-depressiven Psychose	n = 5	296.53	rezidivierend, mit Melancholie	n = 3
			296.54	rezidivierend, psychotisch	n = 2
300	**Neurosen**				
300.4	Neurotische Depression	n = 12	300.40	Dysthyme Störung	n = 2
			309.00	Anpassungsstörung mit depressiver Stimmung	n = 10

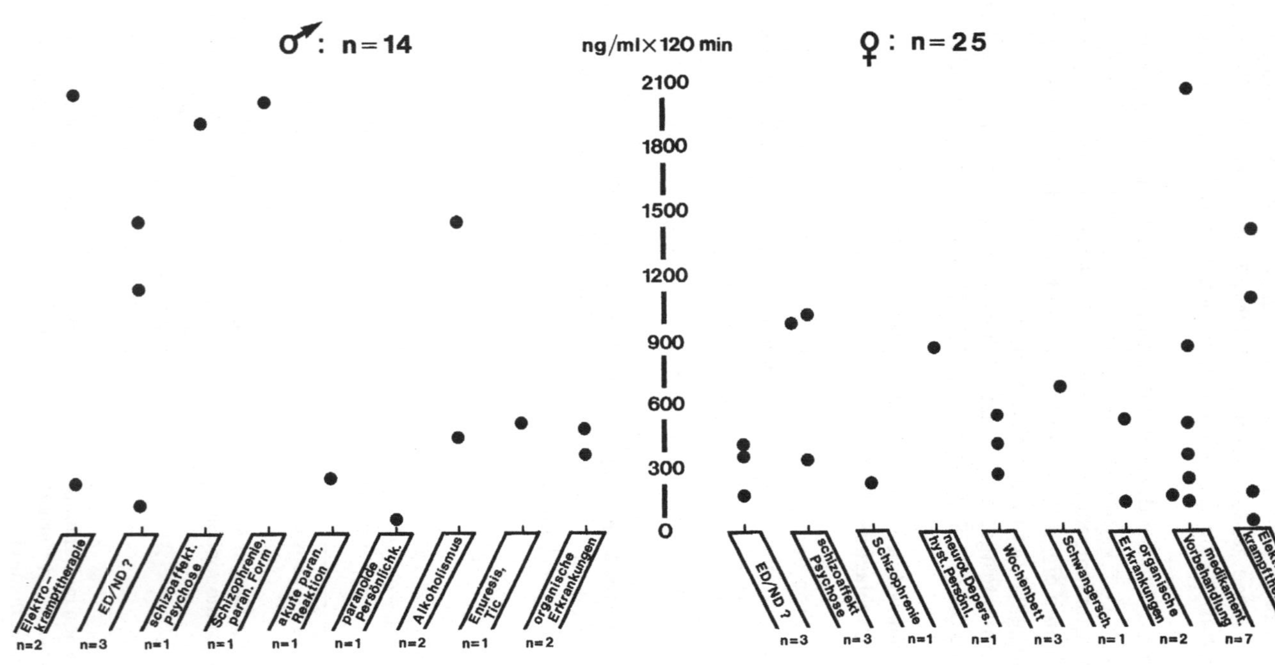

89. **a** GH-Sekretion ($\bar{x} \pm$ SE; ng/ml · 120 min) nach Verabreichung von DMI 75 mg i. m. bei verschiedenen depressiven Patienten (n = 14) und Patientinnen (n = 25)

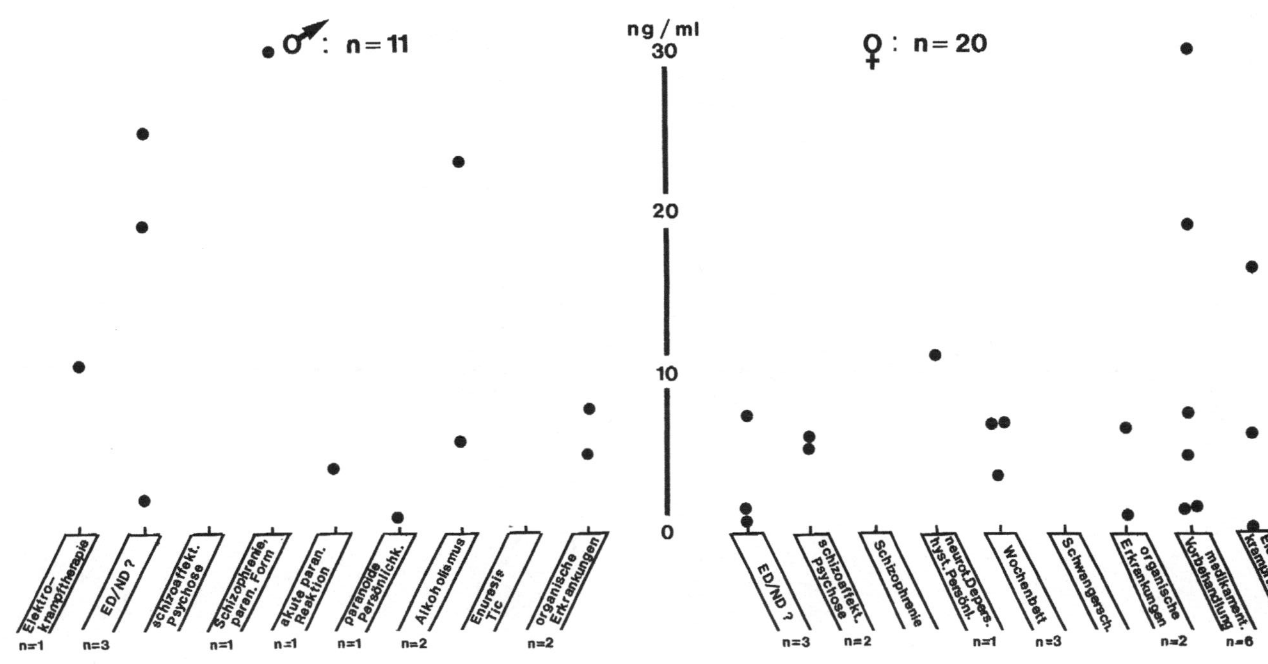

Abb. 89. **b** GH-Stimulation (ng/ml) 60 min nach DMI bei Patienten (n = 11) und Patientinnen (n = 20)

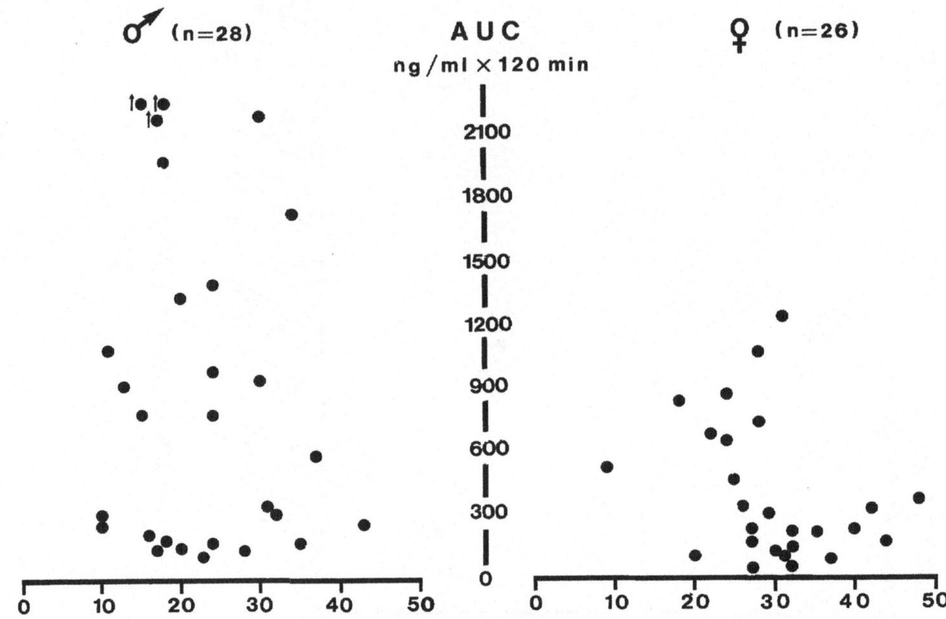
GH-Sekretion vs. HAMD
♂ (n=28)
AUC
ng/ml × 120 min
♀ (n=26)
2100
1800
1500
1200
900
600
300
0
0 10 20 30 40 50
0 10 20 30 40 50
Gesamt – Scores

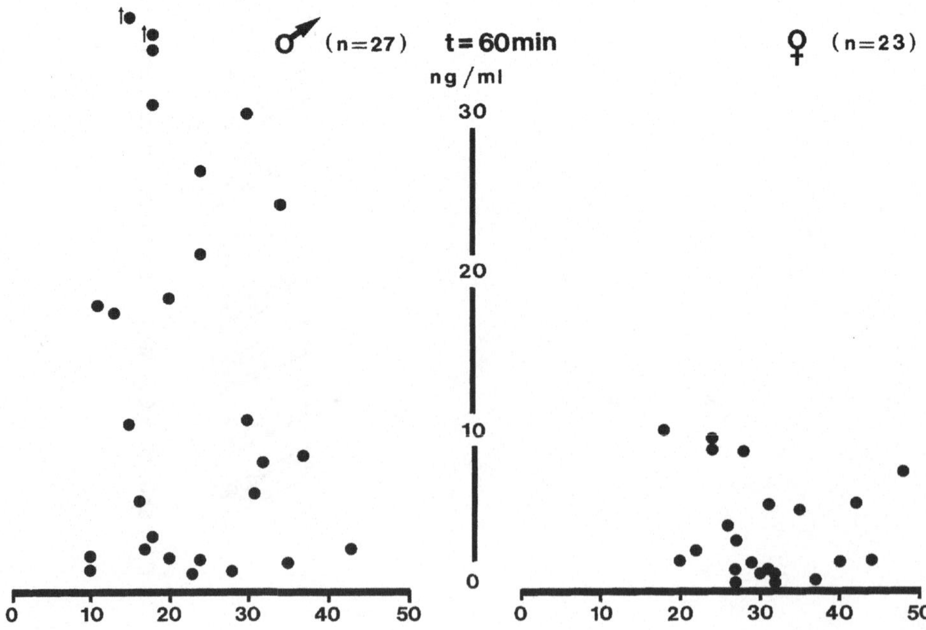
GH-Sekretion vs. HAMD
♂ (n=27)
t=60min
ng/ml
♀ (n=23)
30
20
10
0
0 10 20 30 40 50
0 10 20 30 40 50
Gesamt – Scores

Tabelle 42. Diagnosen der Patientinnen

ICD			DSM-III		
296	**Affektive Psychosen**			**Affektive Störungen**	
				Typische („major") depressive Störung	
296.1	Endogene Depression, bisher nur monopolar	n = 20	296.23	Ersterkrankung, mit Melancholie	n = 2
			296.24	Ersterkrankung, psychotisch	n = 3
			296.32	rezidivierend, ohne Melancholie	n = 2
			296.33	rezidivierend, mit Melancholie	n = 8
			296.34	rezidivierend, psychotisch	n = 5
				Bipolare Störung	
296.3	Depression im Rahmen einer zirkulären Verlaufsform einer manisch-depressiven Psychose	n = 4	296.52	rezidivierend, ohne Melancholie	n = 1
			296.53	rezidivierend, mit Melancholie	n = 1
			296.54	rezidivierend, psychotisch	n = 2
300	**Neurosen**				
300.4	Neurotische Depression	n = 2	309.00	Anpassungsstörung mit depressiver Stimmung	n = 2

Einzelwertkurven: Vor Applikation von DMI lagen die GH-Werte bei allen elf *monopolar endogen depressiven Patienten* unter 5.0 ng/ml.
Nach Gabe von DMI wurden bei den Patienten unterschiedliche GH-Konzentrationen gemessen. Bei sechs der monopolar depressiven Patienten lag die GH-Konzentration während des gesamten Untersuchungszeitraums unter 5.0 ng/ml. Bei den anderen fünf Patienten kam es zu einer DMI-bedingten GH-Stimulation von 6.0 bis 26.3 ng/ml.
Die Gruppe der altersgepaarten *Probanden* hatte vor Durchführung des DMI-Tests (t = -60 und 0 min) ebenfalls GH-Werte unter 5.0 ng/ml.
Nach Gabe von DMI kam es bei zehn Probanden zu einer GH-Stimulation (zwischen 7.0 und 25.6 ng/ml), so daß schon in den Einzelwertvergleichen bei den Patienten eine geringere GH-Stimulation als bei den Probanden deutlich wird (Abb. 91).

Mittelwertkurven: Die mittlere GH-Ausschüttung liegt bei den *monopolar endogen depressiven Patienten* bei einem Maximum von 6.6 ± 2.2 ng/ml (bei t = 60 min), wohingegen die mittlere GH-Stimulation bei gleichaltrigen Probanden bei einem Maximum von 14.4 ± 2.2 ng/ml liegt (Abb. 91).

Mittlere Flächenintegrale: Die AUC der *monopolar endogen depressiven Patienten* (432.8 ± 118.5 ng/ml · 120 min) ist wesentlich geringer als die AUC der gesunden *Probanden* (893.3 ± 150.5 ng/ml · 120 min) (Abb. 91. Statistische Auswertung vgl. Abschnitt 4.3.3).

Anhand der GH-Einzelwerte, der Mittelwerte und der Flächenintegrale wird bei den monopolar endogen depressiven Patienten (ICD 296.1) im Vergleich zu altersentsprechenden Probanden eine geringere GH-Sekretion nach DMI deutlich.

◄ **Abb. 90. a** GH-Sekretion ($\bar{x}$ ± SE; ng/ml · 120 min) nach Verabreichung von DMI 75 mg i. m. bei männlichen (n = 28) und weiblichen Patienten (n = 26) und **b** GH-Stimulation 60 min nach DMI 75 mg i. m. bei männlichen (n = 27) und weiblichen Patienten (n = 23), bezogen auf den Schweregrad der Erkrankung anhand der HAMD

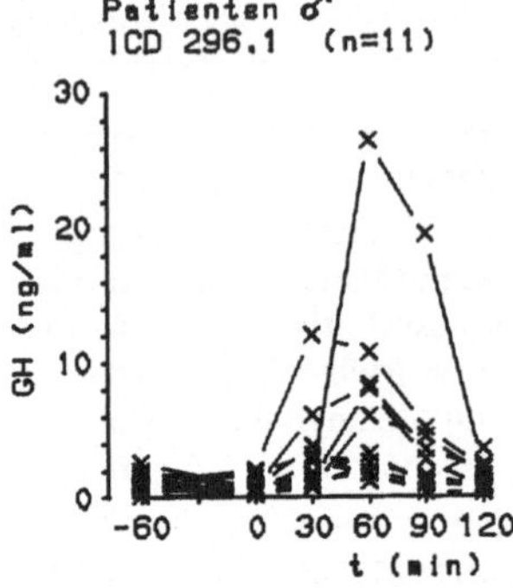

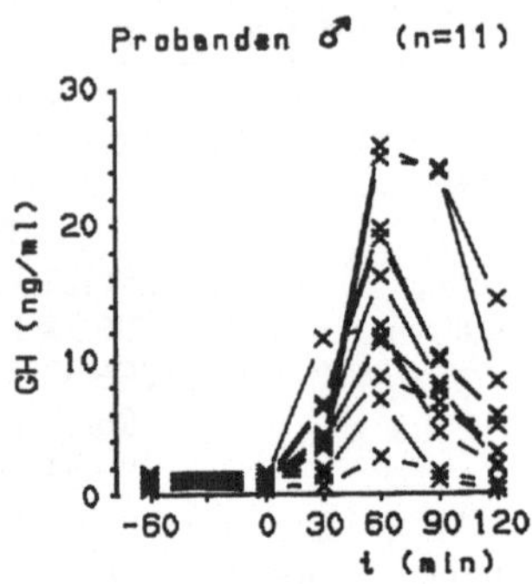

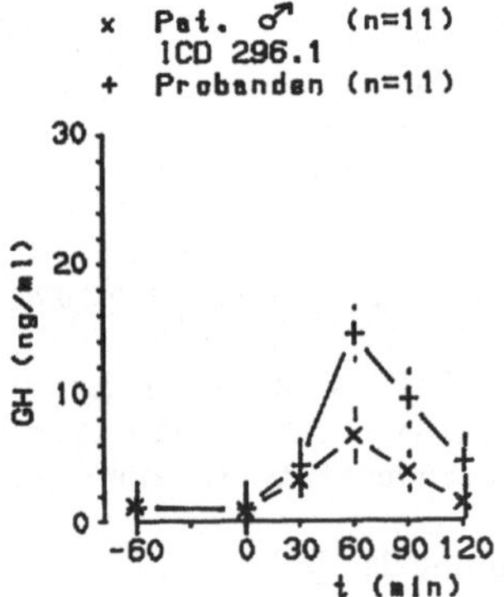

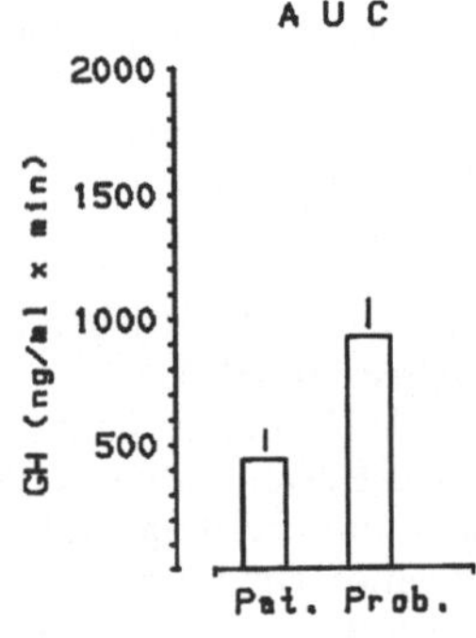

Abb. 91. GH (ng/ml) nach Verabreichung von DMI 75 mg i. m. bei männlichen Patienten (ICD 296.1, n = 11) und Probanden (n = 11) und die dazugehörigen Mittelwertkurven ($\bar{x} \pm$ SE; ng/ml) und Flächenintegrale ($\bar{x} \pm$ SE; ng/ml · 120 min)

4.3.2.2.2 Bipolar endogen depressive Patienten (ICD 296.3)

Bei fünf bipolar endogen depressiven Patienten (ICD 296.3, Alter 36.8 Jahre) wurde die GH-Sekretion nach DMI 75 mg i. m. untersucht und mit altersentsprechenden Probanden (Alter 34.4 Jahre) verglichen.

Einzelwertkurven: Vor Gabe von DMI haben alle fünf *bipolar depressiven Patienten* GH-Werte unter 5.0 ng/ml. Nach Gabe von DMI zeigen drei Patienten keine Veränderung der GH-Konzentration während des gesamten Untersuchungszeitraums. Einer erreicht einen Wert von 5.6 ng/ml (bei t = 60 min), ein anderer von 30.0 ng/ml.

In der Gruppe der gesunden *Probanden* (n = 5) haben vor Gabe von DMI alle eine GH-Konzentration unter 5.0 ng/ml. Nach DMI zeigen vier Probanden eine GH-Stimulation zwischen 11.1 und 31.6 ng/ml (Abb. 92).

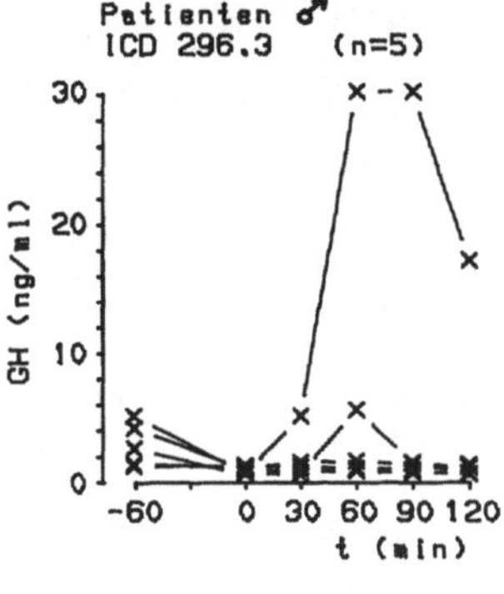

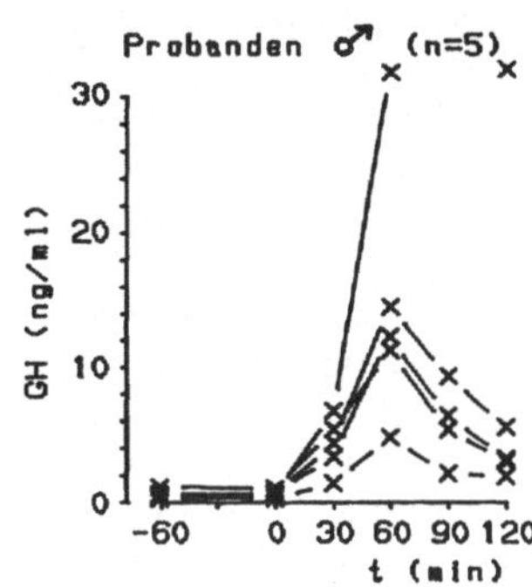

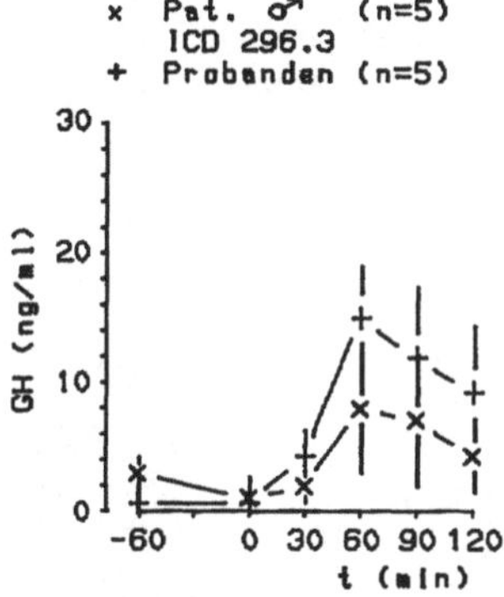

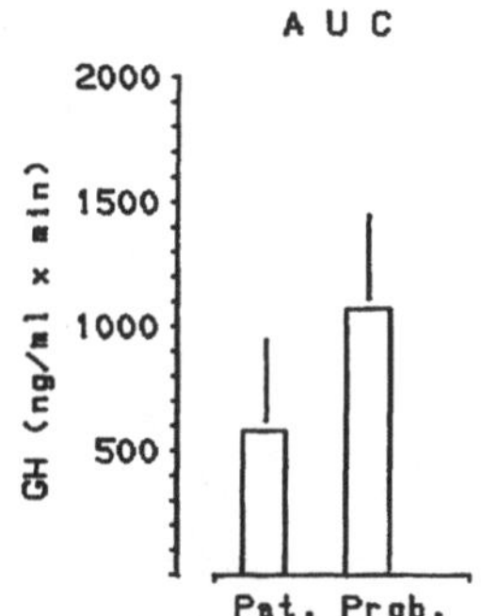

Abb. 92. GH (ng/ml) nach Verabreichung von DMI 75 mg i. m. bei männlichen Patienten (ICD 296.3, n = 5) und Probanden (n = 5) und die dazugehörigen Mittelwertkurven ($\bar{x} \pm$ SE; ng/ml) und Flächenintegrale ($\bar{x} \pm$ SE; ng/ml · 120 min)

Mittelwertkurven: Bei den *bipolar endogen depressiven Patienten* zeigt sich eine mittlere GH-Konzentration von 7.9 ± 5.6 ng/ml (bei t = 60 min) und bei gesunden *Probanden* von 14.8 ± 4.5 ng/ml (Abb. 92).

Mittlere Flächenintegrale: Die AUC der *bipolar endogen depressiven Patienten* (564.8 ± 404.7 ng/ml · 120 min) ist wesentlich geringer als die AUC der altersvergleichbaren *Probanden* (1034.6 ± 418.1 ng/ml · 120 min) (Abb. 92; Statistische Auswertung vgl. Abschnitt 4.3.3).

Auch die Gruppe der bipolar endogen depressiven Patienten (ICD 296.3) zeigt im Vergleich zu altersentsprechenden Probanden eine deutlich geringere GH-Sekretion nach DMI.

4.3.2.2.3 Neurotisch depressive Patienten (ICD 300.4)

Bei zwölf neurotisch depressiven Patienten (ICD 300.4, Alter 29.5 Jahre) wurde die GH-Sekretion nach DMI 75 mg i. m. untersucht und mit altersentsprechenden Probanden (Alter 29.2 Jahre) verglichen.

Einzelwertkurven: Mit Ausnahme eines neurotisch depressiven Patienten (Patient 31: 17.8 ng/ml bei t = 0 min) hatten alle vor Gabe von DMI GH-Konzentrationen unter 5.0 ng/ml.
Nach Gabe von DMI kommt es bei allen *neurotisch depressiven Patienten* mit einer Ausnahme zu einer deutlichen GH-Stimulation, wobei GH-Maximalwerte von 7.2 bis 60.0 ng/ml (bei t = 60 min) ermittelt werden.
Auch in der Gruppe der gesunden *Probanden* kommt es bei einem Probanden vor Gabe von DMI zu einem GH-Wert von 9.2 ng/ml (t = –60 min), alle anderen haben GH-Konzentrationen unter 5.0 ng/ml.
Nach DMI zeigen die Probanden, mit zwei Ausnahmen, eine deutliche GH-Stimulation mit Maximalwerten bis zu 30.0 ng/ml (Abb. 93).

Mittelwertkurven: Bei den *neurotisch depressiven Patienten* liegt die maximale GH-Stimulation bei einem Wert von 23.7 ± 4.6 ng/ml (bei t = 60 min), bei der *Probanden*gruppe bei 18.8 ± 2.8 ng/ml (bei t = 60 min) (Abb. 93).

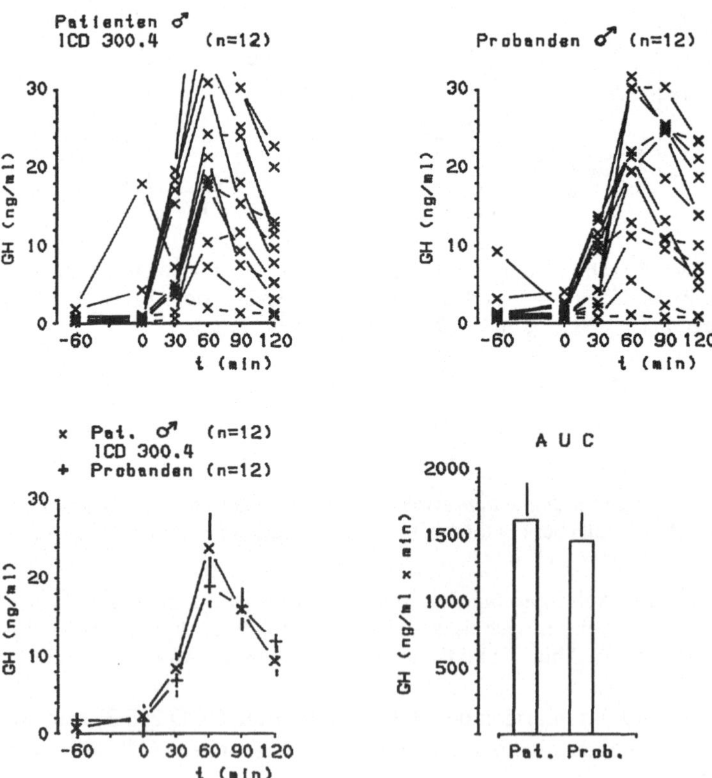

Abb. 93. GH (ng/ml) nach Verabreichung von DMI 75 mg i. m. bei männlichen Patienten (ICD 300.4, n = 12) und Probanden (n = 12) und die dazugehörigen Mittelwertkurven ($\bar{x} \pm$ SE; ng/ml) und Flächenintegrale ($\bar{x} \pm$ SE; ng/ml · 120 min)

Mittlere Flächenintegrale: Die AUC der *neurotisch depressiven Patienten* (1559.2 ± 278.8 ng/ml · 120 min) und die AUC der *Probanden* (1433.9 ± 212.3 ng/ml · 120 min) sind vergleichbar (Abb. 93; Statistische Auswertung vgl. Abschnitt 4.3.3).

Neurotisch depressive Patienten (ICD 300.4) zeigen im Vergleich zu einer altersentsprechenden Probandengruppe eine gleich starke bzw. sogar stärkere GH-Stimulation nach DMI.

4.3.2.2.4 Monopolar endogen depressive Patientinnen (ICD 296.1)

Bei 20 monopolar endogen depressiven Patientinnen wurde die GH-Sekretion nach DMI 75 mg i. m. untersucht und mit altersentsprechenden Probandinnen verglichen.

Von den 20 monopolar endogen depressiven Patientinnen waren 15 in der Prämenopause (Alter 39.0 Jahre) und fünf in der Postmenopause (Alter 60.8 Jahre).

Von den 20 Probandinnen waren 15 in der Prämenopause (Alter 33.6 Jahre) und fünf in der Postmenopause (Alter 57.0 Jahre).

Prämenopausale monopolar endogen depressive Patientinnen (ICD 296.1)

Einzelwertkurven: Von den 15 prämenopausalen *endogen depressiven Patientinnen* kommt es bei drei Patientinnen vor Gabe von DMI zu GH-Werten größer als 5.0 ng/ml, fünf Patientinnen haben eine GH-Stimulation zwischen 5.8 und 10.0 ng/ml. Bei fünf *Probandinnen* kommt es vor Gabe von DMI zu einer GH-Konzentration über 5.0 ng/ml, im weiteren Verlauf kommt es bei acht Probandinnen zu einer GH-Stimulation zwischen 5.1 und 14.1 ng/ml (Abb. 94).

Mittelwertkurven: Es zeigt sich bei den *endogen depressiven Patientinnen* während des gesamten Untersuchungszeitraums eine weitgehend stabile GH-Konzentration unter 5.0 ng/ml, die zum Zeitpunkt t = 60 min auf einen maximalen Wert von 4.1 ± 0.9 ng/ml ansteigt.
Die Gruppe der *Probandinnen* hat eine DMI-bedingte GH-Stimulation von 6.1 ± 1.1 ng/ml (bei t = 60 min) (Abb. 94).

Mittlere Flächenintegrale: Die AUC der *monopolar endogen depressiven Patientinnen* (407.7 ± 86.3 ng/ml · 120 min) und die AUC der *Probandinnen* (467.9 ± 65.3 ng/ml · 120 min) liegen nur geringfügig auseinander (Abb. 94; Statistische Auswertung vgl. Abschnitt 4.3.3).

Bei den prämenopausalen endogen depressiven Patientinnen kommt es im Vergleich zu den Probandinnen zu einer etwas geringeren GH-Sekretion nach DMI. Dieser Unterschied ist aber nicht so deutlich wie bei den endogen depressiven Patienten im Vergleich zu der Probandengruppe.

Bemerkenswert ist, daß fünf Probandinnen vor Gabe von DMI erhöhte GH-Basalwerte haben, und daß insgesamt bei den Probandinnen eine geringere GH-Sekretion nach DMI im Vergleich zu den Probanden auftritt.

Postmenopausale monopolar endogen depressive Patientinnen (ICD 296.1)

Bei den fünf postmenopausal endogenen Patientinnen (ICD 296.1, Alter 60.8 Jahre) und den altersentsprechenden Probandinnen (Alter 57.0 Jahre) liegt die GH-Konzentration nach DMI 75 mg i. m. unter 5.0 ng/ml.

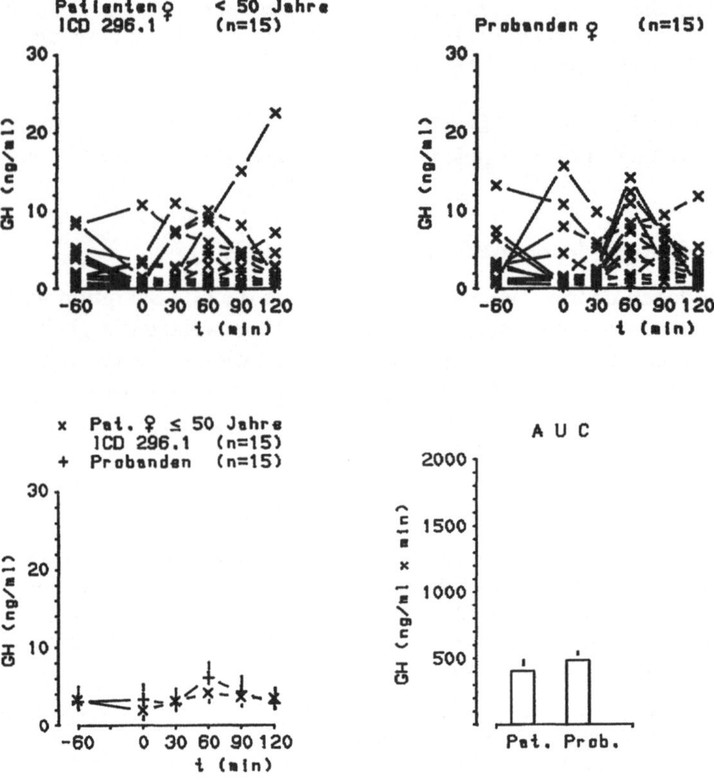

Abb. 94. GH (ng/ml) nach Verabreichung von DMI 75 mg i. m. bei weiblichen prämenopausalen Patienten (ICD 296.1, n = 15) und Probanden (n = 15) und die dazugehörigen Mittelwertkurven ($\bar{x} \pm$ SE; ng/ml) und Flächenintegrale ($\bar{x} \pm$ SE; ng/ml · 120 min)

Einzelwertkurven: Nach Gabe von DMI kommt es bei zwei *monopolar endogen depressiven Patientinnen* zu einer geringfügigen GH-Stimulation von 5.3 bzw. 7.3 ng/ml. Drei Patientinnen zeigen keine Beeinflussung der GH-Konzentration während des Untersuchungszeitraums.
Bei der Vergleichsgruppe der *Probandinnen* liegt die GH-Konzentration vor Gabe von DMI unter 5.0 ng/ml, danach kommt es bei zwei Probandinnen zu einer leichten GH-Stimulation zwischen 5.3 und 8.9 ng/ml (Abb. 95).

Mittelwertkurven: Es zeigt sich bei den postmenopausalen *monopolar endogen depressiven Patientinnen* nach Gabe von DMI eine maximale GH-Konzentration von 3.1 ± 1.3 ng/ml (bei t = 60 min). Demgegenüber liegt der Wert der *Probandinnen* bei 5.3 ± 1.0 ng/ml (bei t = 60 min) (Abb. 95).

Mittlere Flächenintegrale: Die AUC der *Patientinnen* (183.4 ± 61.6 ng/ml · 120 min) liegt unter der AUC der *Probandinnen* (384.4 ± 72.4 ng/ml · 120 min) (Abb. 95; Statistische Auswertung vgl. Abschnitt 4.3.3).

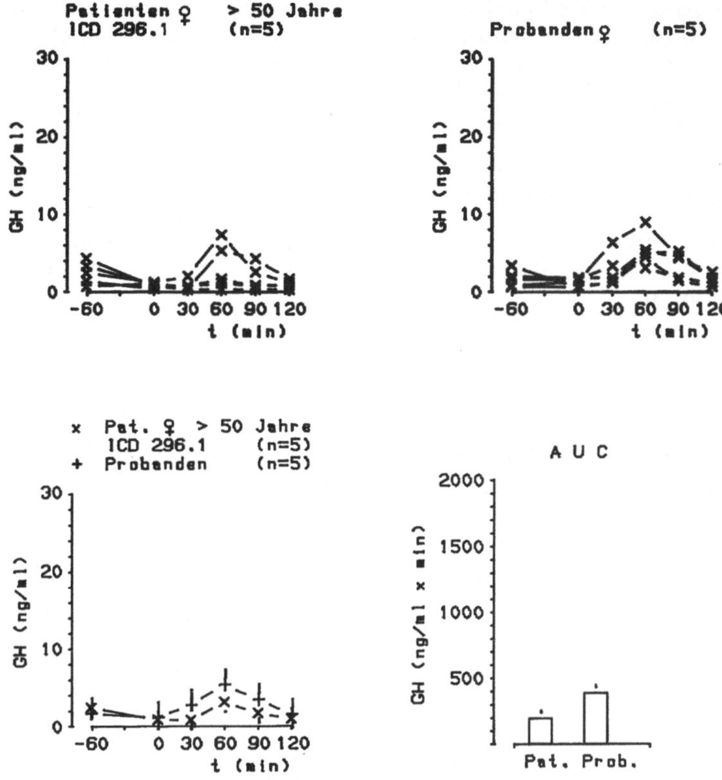

Abb. 95. GH (ng/ml) nach Verabreichung von DMI 75 mg i. m. bei weiblichen postmenopausalen Patienten (ICD 296.1, n = 5) und Probanden (n = 5) und die dazugehörigen Mittelwertkurven ($\bar{x} \pm$ SE; ng/ml) und Flächenintegrale ($\bar{x} \pm$ SE; ng/ml · 120 min)

Die postmenopausalen monopolar endogen depressiven Patientinnen zeigen im Vergleich zu den Probandinnen ebenfalls eine geringere GH-Sekretion. Auch hier fällt bei den Probandinnen eine deutlich geringere GH-Sekretion nach DMI im Vergleich zu Probanden auf.

4.3.2.2.5 Bipolar endogen depressive Patientinnen (ICD 296.3)

Bei vier bipolar endogen depressiven Patientinnen wurde die GH-Sekretion nach DMI 75 mg i. m. untersucht und mit Probandinnen verglichen.

Von den vier bipolar endogen depressiven Patientinnen waren drei in der Prämenopause (Alter 38.7 Jahre) und eine in der Postmenopause (Alter 53 Jahre). Es konnten drei Probandinnen der Prämenopause (Alter 30.0 Jahre) zugeordnet werden. Die GH-Werte der Patientin in der Postmenopause werden ohne die Werte einer entsprechenden Probandin ausgewertet.

Einzelwertkurven: Vor Gabe von DMI 75 mg i. m. lag die GH-Konzentration bei den prämenopausalen *bipolar endogen depressiven Patientinnen* unter 5.0 ng/ml.
Bei der Vergleichsgruppe der *Probandinnen* (Alter 30 Jahre) hatte vor Gabe von DMI eine Probandin eine GH-Konzentration unter 5.0 ng/ml, nach DMI stieg die Konzentration bei einer Probandin deutlich auf 30.0 ng/ml an, die anderen beiden hatten nur geringfügige GH-Anstiege.
Die postmenopausale Patientin hatte während des gesamten Untersuchungszeitraums GH-Werte unter 5.0 ng/ml (Abb. 96).

Mittelwertkurven: Bei den *bipolar endogen depressiven Patientinnen* wird ein Wert von 2.7 ± 0.6 ng/ml und bei der Vergleichsgruppe von 11.8 ± 9.1 ng/ml (bei t = 60 min) ermittelt (Abb. 96).

Mittlere Flächenintegrale: Die AUC der *Patientinnen* (396.8 ± 146.1 ng/ml · 120 min) liegt deutlich unter der AUC der *Probandinnen* (796.7 ± 516.4 ng/ml · 120 min) (Abb. 96; Statistische Auswertung vgl. Abschnitt 4.3.3).

Die bipolar endogen depressiven Patientinnen zeigen im Vergleich zu den Probandinnen eine geringere GH-Sekretion nach DMI.

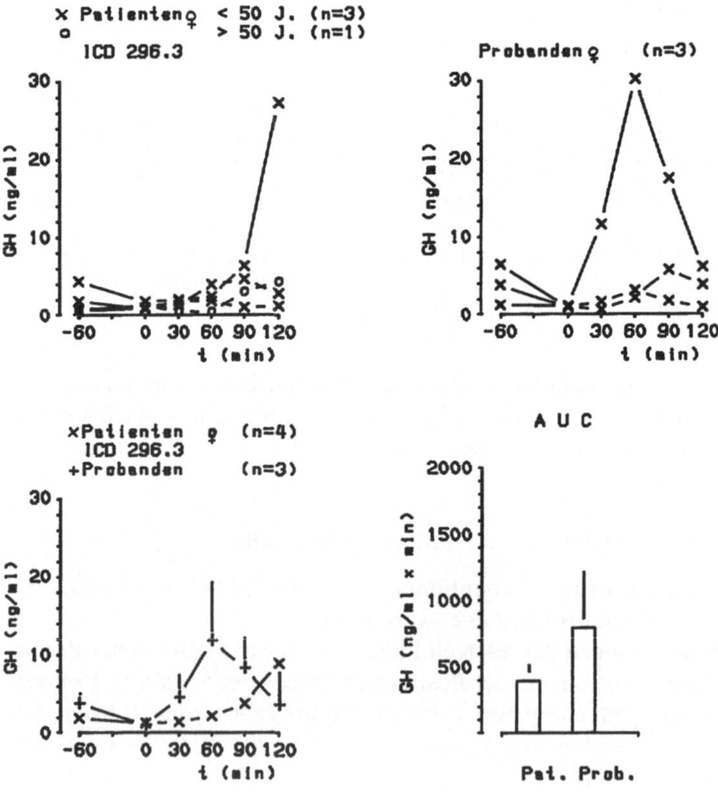

Abb. 96. GH (ng/ml) nach Verabreichung von DMI 75 mg i. m. bei weiblichen prä- und postmenopausalen Patienten (ICD 296.3, n = 3 und n = 1) und Probanden (n = 3) und die dazugehörigen Mittelwertkurven ($\bar{x}$ ± SE; ng/ml) und Flächenintegrale ($\bar{x}$ ± SE; ng/ml · 120 min)

4.3.2.2.6 Neurotisch depressive Patientinnen (ICD 300.4)

Bei zwei neurotisch depressiven Patientinnen (Alter 32.0 Jahre) wurde die GH-Sekretion nach DMI 75 mg i. v. untersucht und mit zwei Probandinnen (Alter 27.0 Jahre) verglichen.

Einzelwertkurven: Vor Gabe von DMI lagen die Werte der *neurotisch depressiven Patientinnen* bei 5.3 ng/ml bzw. 9.1 ng/ml. Danach erreichte eine Patientin eine deutliche Stimulation mit einem Maximum von 23.3 ng/ml (bei t = 90 min).
Eine der zugeordneten *Probandinnen* (Alter 27.0 Jahre) hatte vor Gabe von DMI erhöhte GH-Werte (26.5 ng/ml bei t = –60 min). Diese Probandin zeigte nach Verumgabe eine DMI-induzierte GH-Stimulation mit einem Maximum von 12.1 ng/ml (bei t = 60 min). Die andere Probandin hatte zum Zeitpunkt t = 0 min ebenfalls einen erhöhten GH-Wert von 10.8 ng/ml und zeigte im weiteren Verlauf keine deutliche GH-Stimulation (5.4 ng/ml bei t = 60 min) (Abb. 97).

Aufgrund der geringen Fallzahl wurde auf eine weitere statistische Auswertung verzichtet.

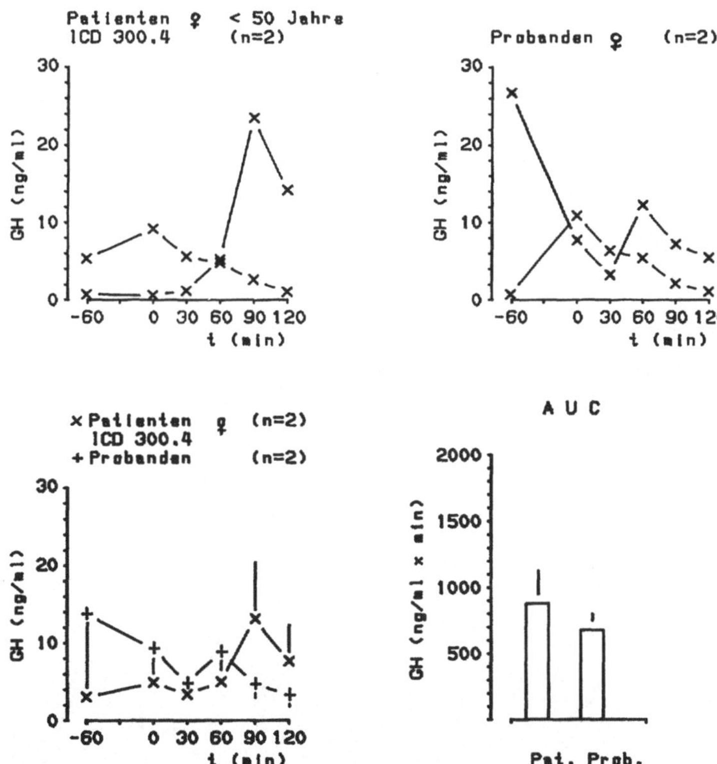

Abb. 97. GH (ng/ml) nach Verabreichung von DMI 75 mg i. m. bei weiblichen prämenopausalen Patientinnen (ICD 300.4, n = 2) und Probanden (n = 2) und die dazugehörigen Mittelwertkurven ($\bar{x} \pm$ SE; ng/ml) und Flächenintegrale ($\bar{x} \pm$ SE; ng/ml · 120 min)

4.3.2.3 Zusammenfassung

Es kann festgehalten werden, daß in der Gruppe der monopolar endogen depressiven Patienten (296.1) und der bipolar endogen depressiven Patienten (296.3) im Vergleich zu altersentsprechenden Probanden eine deutlich geringere GH-Sekretion nach DMI 75 mg i. m. vorliegt.

Neurotisch depressive Patienten (300.4) haben im Vergleich zu ihrer altersentsprechenden Probandengruppe eine gleich gute GH-Sekretion nach DMI 75 mg i. m.

Bei den Patientinnen wird, wie bei den Patienten, bei der Gruppe der monopolar und der bipolar endogen depressiven Patientinnen (ICD 296.1/3) im Vergleich zu altersentsprechenden Probandinnen eine geringere GH-Sekretion nach DMI 75 mg i. m. gesehen.

Erwähnenswert ist aber, daß die GH-Sekretion besonders bei den Probandinnen im Vergleich zu den Probanden wesentlich geringer ist. Es kommt hinzu, daß eine wesentlich größere Anzahl von Probandinnen als Probanden vor Gabe von DMI eine erhöhte GH-Konzentration aufweist.

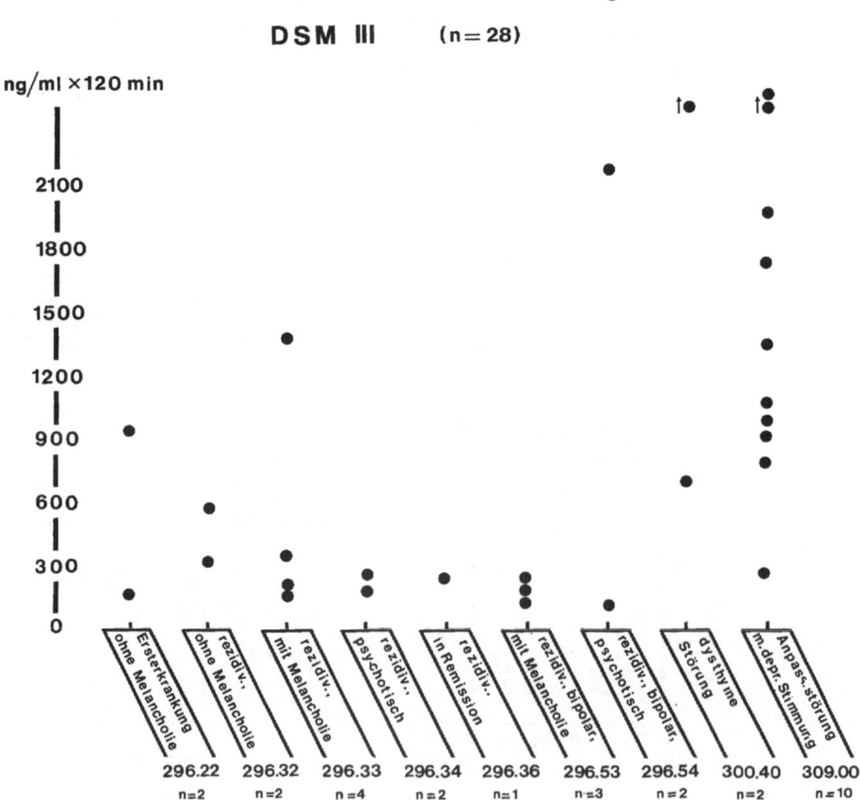

Abb. 98. a GH-Sekretion ($\bar{x} \pm$ SE; ng/ml · 120 min) nach Verabreichung von DMI 75 mg i. m. bei Patienten (n = 28)

Da weder bei den Patienten noch den Patientinnen zwischen der monopolar und der bipolar endogen depressiven Gruppe eine deutlich unterschiedliche GH-Stimulation nachweisbar ist, erscheint es gerechtfertigt, bei einem Gruppenvergleich der Patienten mit Probanden die monopolar und die bipolar endogen depressiven Patienten und Patientinnen zusammenzufassen und mit der entsprechenden Probandengruppe hinsichtlich ihrer GH-Sekretion bzw. -Stimulation zu vergleichen (Laakmann 1981).

Bei der Gruppe der monopolar und bipolar endogen depressiven Patienten (nach ICD 296.1/3) wurde auch nach DSM-III die Diagnose einer Typischen („major") Depression (296.) gestellt. Daher kann ein Gruppenvergleich zwischen Patienten und Probanden für beide Diagnosegruppen gemeinsam geführt werden.

Die Aufteilung der Patienten nach DSM-III in weitere Untergruppen ergibt pro Untergruppe eine relativ geringe Patientenzahl, so daß für diese eine allgemeine Aussage zur GH-Sekretion bzw. -Stimulation fragwürdig erscheint (Abb. 98 und 99). Auf eine weitere Auswertung soll an dieser Stelle verzichtet werden.

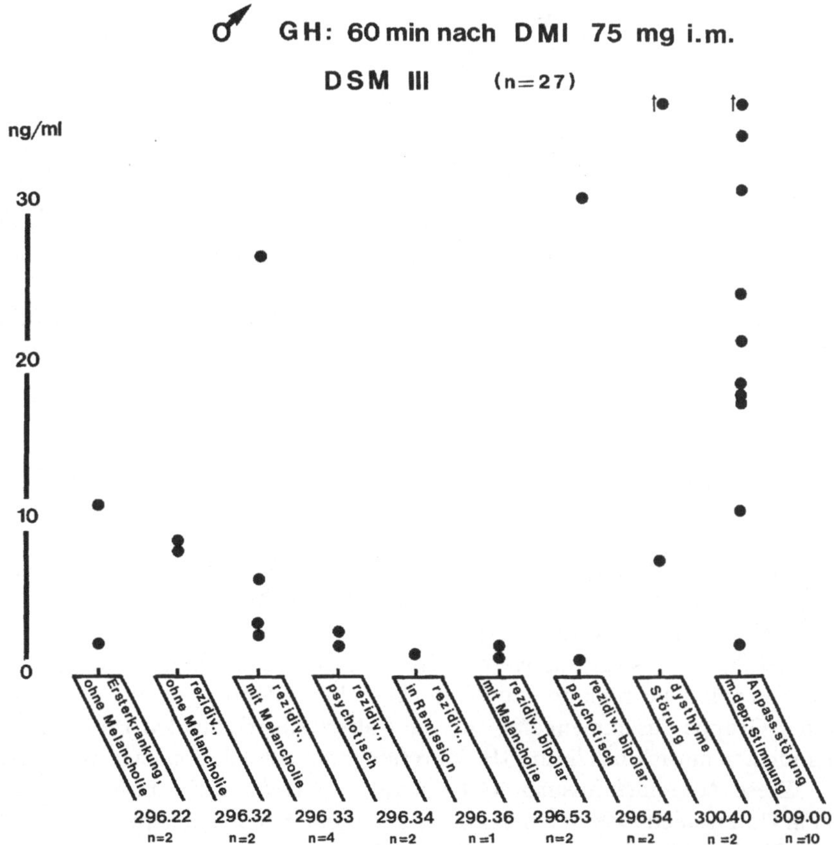

Abb. 98. b GH-Stimulation (ng/ml) 60 min nach DMI 75 mg i. m. (n = 27) aufgeteilt nach DSM-III Diagnosen

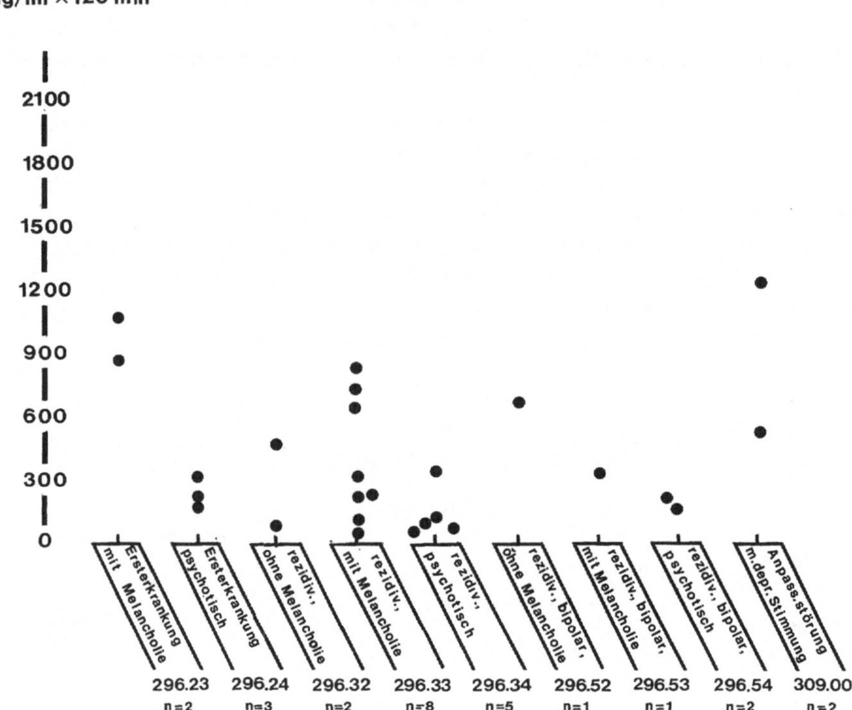

Abb. 99. a GH-Sekretion ($\bar{x} \pm$ SE; ng/ml · 120 min) nach Verabreichung von DMI 75 mg i. m. bei Patientinnen (n = 26)

4.3.3 Gruppenvergleich der GH-Sekretion nach DMI und der DMI-bedingten GH-Stimulation bei Patienten und Probanden

Im folgenden soll das Ergebnis des Gruppenvergleichs zwischen Patienten und Probanden hinsichtlich ihrer GH-*Sekretion* nach DMI 75 mg i. m. und der DMI-bedingten GH-*Stimulation* getrennt wiedergegeben werden.

Bei dieser Auswertung werden die monopolar und bipolar endogen depressiven Patienten und die monopolar und bipolar endogen depressiven Patientinnen jeweils in einer Gruppe zusammengefaßt und mit altersentsprechenden Probanden und Probandinnen hinsichtlich ihrer GH-Sekretion bzw. -Stimulation nach DMI verglichen.

Diese Zusammenfassung erscheint vertretbar, da bei der bisherigen Auswertung kein Unterschied zwischen monopolar und bipolar endogen depressiven Patienten bei der GH-Sekretion bzw. -Stimulation gesehen wurde.

Beim Vergleich der DMI-bedingten GH-*Sekretion* werden die GH-Flächenintegrale (0–120 min) berücksichtigt und alle Patienten der Analysegruppe ausgewertet

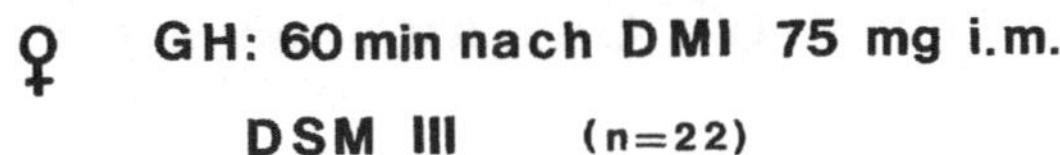

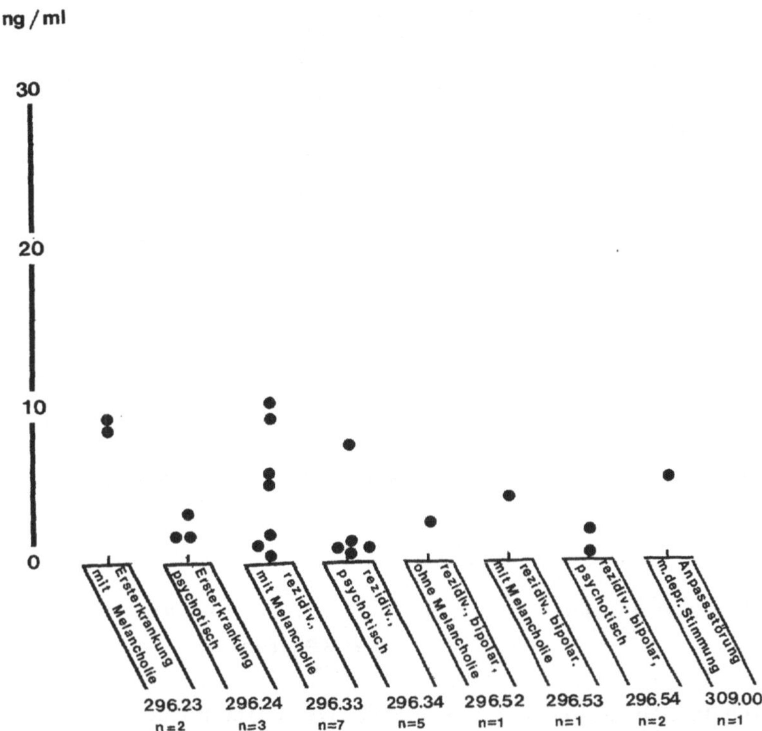

Abb. 99. b GH-Stimulation (ng/ml) 60 min nach DMI 75 mg i. m. (n = 22) aufgeteilt nach DSM-III Diagnosen

(einschließlich der Patienten und Probanden, die vor DMI-Gabe GH-Werte über 5.0 ng/ml aufwiesen).

Zum Vergleich der DMI-bedingten GH-*Stimulation* der Patienten und Probanden wird die GH-Konzentration 60 min nach Gabe von DMI herangezogen. Bei dieser Auswertung werden lediglich die Patienten der Analysegruppe berücksichtigt, bei denen vor Gabe von DMI GH-Werte unter 5.0 ng/ml vorlagen, so daß insgesamt 27 Patienten und 31 Patientinnen in die Auswertung einbezogen werden.

4.3.3.1 GH-Sekretion nach DMI bei Patienten und Probanden anhand der Flächenintegrale

Die Gesamtgruppe der Patienten (n = 16) besteht aus elf monopolar endogen depressiven (ICD 296.1) und fünf bipolar endogen depressiven (ICD 296.3) Patienten. Allen Patienten wurde nach DSM-III die Diagnose einer Typischen („major“) Depression gestellt, so daß der Gruppenvergleich für beide Diagnoseverfahren gleichzeitig durchgeführt werden kann.

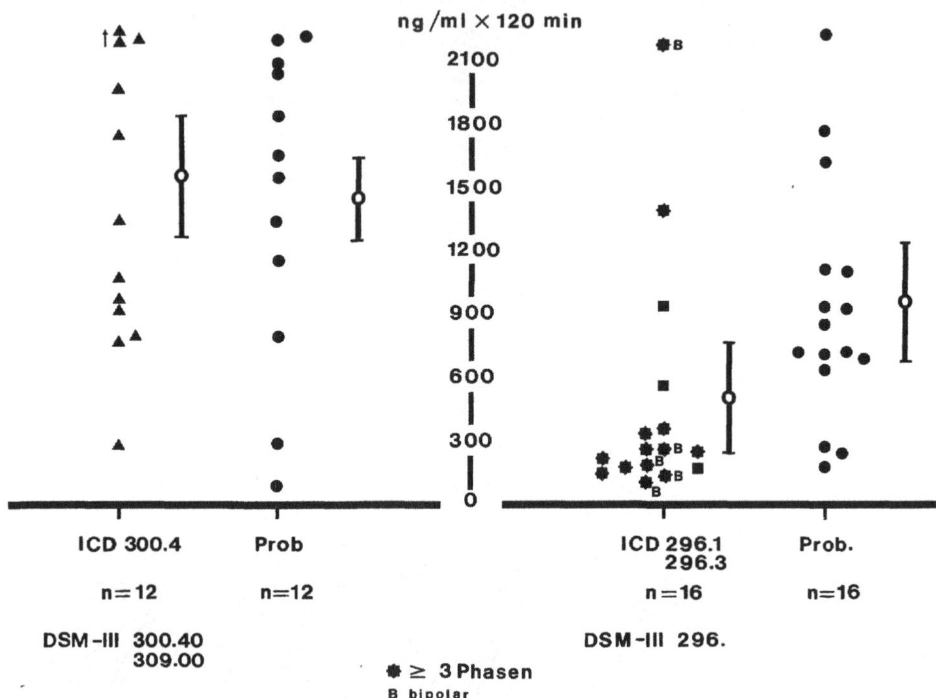

Abb. 100. GH-Sekretion ($\bar{x} \pm$ SE; ng/ml · 120 min) nach Verabreichung DMI 75 mg i. m. bei Patienten aufgeteilt nach ICD-Diagnosen (ICD 300.4, n = 12 und ICD 296.1/3 n = 16) und Probanden (n = 12 und n = 16)

Bei den *Patienten* beträgt die mittlere GH-Sekretion nach Gabe von DMI 474.0 ± 142.6 ng/ml · 120 min. Die Vergleichsgruppe der gesunden *Probanden* hat eine mittlere GH-Sekretion von 937.5 ± 158.9 ng/ml · 120 min. Die mittlere GH-Sekretion der Patienten ist also geringer als die der Probanden und unterscheidet sich statistisch signifikant ($p \leq 0.05$) (Abb.100 und 101).

Bei der Gruppe der *neurotisch depressiven Patienten* (n =12) (ICD 300.4 bzw. DSM-III 300.40 und 309.00) wird 60 min nach Gabe von DMI ein GH-Flächenintegral von 1559.2 ± 278.8 ng/ml ermittelt, bei den altersentsprechenden Probanden von 1433.9 ± 212.3 ng/ml. Es wird somit eine vergleichbare mittlere GH-Sekretion bei beiden Gruppen errechnet, die sich nicht signifikant unterscheidet (Abb. 100).

4.3.3.2 GH-Sekretion nach DMI bei Patientinnen und Probandinnen anhand der Flächenintegrale

Die Gesamtgruppe der Patientinnen (n = 24) besteht aus 20 monopolar endogen depressiven (ICD 296.1) und vier bipolar endogen depressiven (ICD 296.3) Patientinnen. Bei allen Patientinnen wurde nach DSM-III die Diagnose einer Typischen („major“) Depression gestellt.

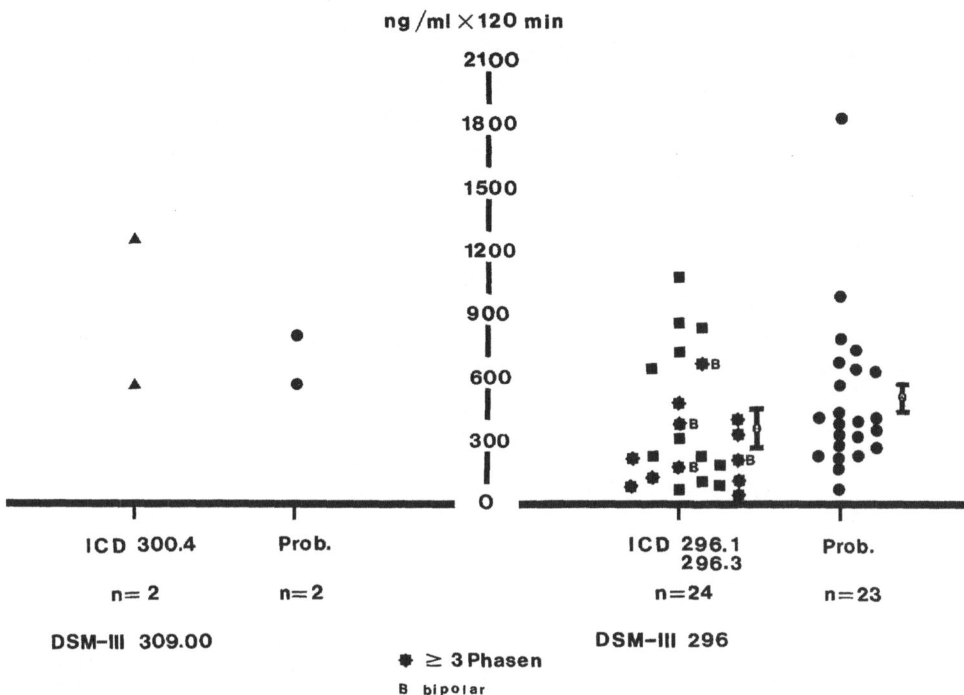

Abb. 101. GH-Sekretion ($\bar{x} \pm SE$; ng/ml · 120 min) nach Verabreichung von DMI 75 mg i. m. bei Patientinnen aufgeteilt nach ICD-Diagnosen (ICD 300.4, n = 2 und ICD 296.1/3, n = 24) und Probandinnen (n = 2 und n = 23)

Für die Gesamtgruppe der endogen depressiven Patientinnen wird nach DMI 75 mg i. m. ein GH-Flächenintegral von 488.3 ± 91.9 ng/ml · 120 min errechnet. Die Vergleichsgruppe der Probandinnen (n = 23) erreicht ein Flächenintegral von 671.1 ± 86.8 ng/ml · 120 min. Es zeigt sich somit eine geringere GH-Sekretion im Vergleich zu den Probandinnen. Dieser Unterschied ist jedoch nicht signifikant (Abb. 101).

Zusammenfassung

Der Vergleich der GH-Sekretion nach DMI anhand der Flächenintegrale zeigt, daß es bei den endogen depressiven Patienten und Patientinnen im Vergleich zu den alters- und geschlechtsentsprechenden Probandengruppen zu einer geringeren GH-Sekretion kommt, wobei lediglich der Unterschied zwischen den Patienten und Probanden signifikant ist.

4.3.3.3 Vergleich der GH-Stimulation 60 min nach DMI bei Patienten und Probanden

Beim Vergleich der DMI-bedingten GH-Stimulation 60 min nach Gabe von DMI konnte die Gesamtgruppe der Patienten berücksichtigt werden, da keiner eine GH-Sekretion größer als 5.0 ng/ml zu den Zeitpunkten t = –60 min und t = 0 min aufwies.

Bei den endogen depressiven Patienten (ICD 296.1/3, n = 16, Alter 42.1 Jahre) kommt es 60 min nach DMI zu einer mittleren GH-Stimulation von 7.0 ± 2.2 ng/ml. Bei den altersentsprechenden Probanden (Alter 41.1 Jahre) wird eine mittlere DMI-bedingte GH-Stimulation von 14.5 ± 2.0 ng/ml errechnet. Die DMI-bedingte GH-Stimulation bei depressiven Patienten ist signifikant geringer als bei der altersentsprechenden Probandengruppe ($p \leq 0.05$).

Bei der Gruppe der elf neurotisch depressiven Patienten (ICD 300.4, Alter 27.6 Jahre) wird eine mittlere DMI-induzierte GH-Stimulation von 25.2 ± 4.8 ng/ml errechnet, die geringfügig, aber nicht signifikant höher ist als die GH-Stimulation der Probandengruppe (20.0 ± 2.7 ng/ml, Alter 27.4 Jahre; Abb. 102).

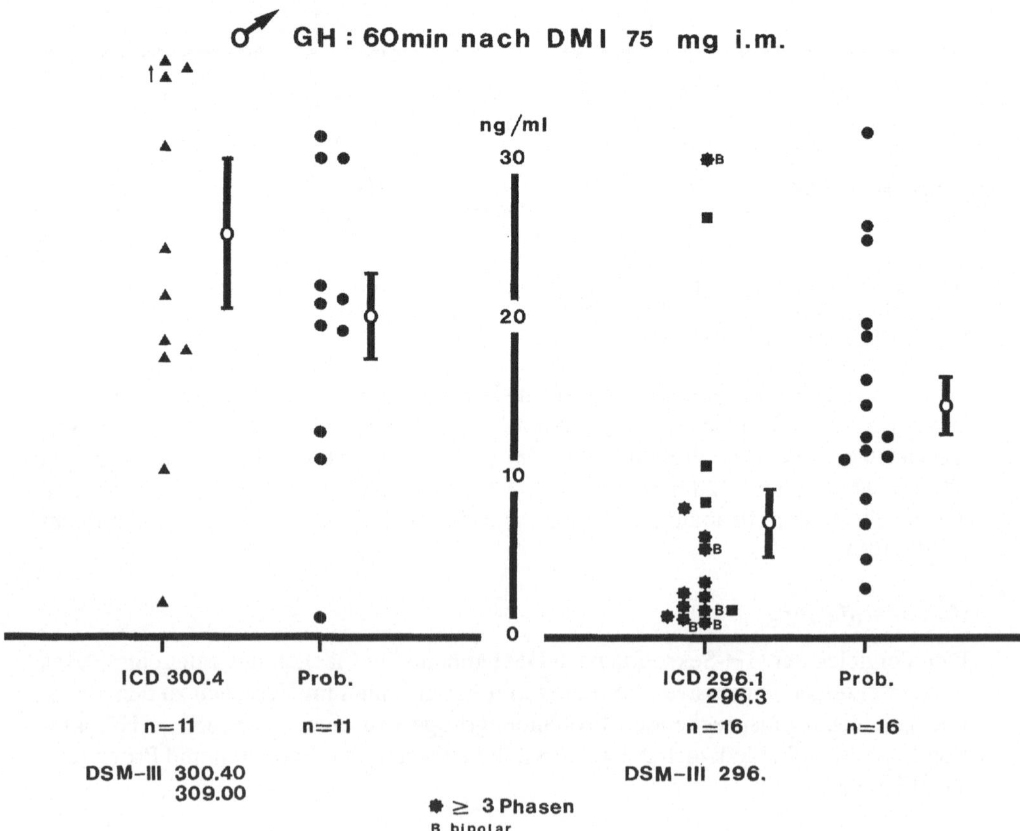

Abb. 102. GH-Stimulation (ng/ml) 60 min nach Verabreichung von DMI 75 mg i. m. bei Patienten aufgeteilt nach ICD-Diagnosen (ICD 300.4, n = 11 und ICD 296.1/3, n = 16) und Probanden (n = 11 und n = 16)

4.3.3.4 Vergleich der GH-Stimulation 60 min nach DMI bei Patientinnen und Probandinnen

Beim Vergleich der DMI-bedingten GH-Stimulation 60 min nach Gabe von DMI bei endogen depressiven Patientinnen (ICD 296.1/3, Alter 45.9 Jahre) und Probandinnen (Alter 45.3 Jahre) konnten 21 Patientinnen der Analysegruppe berücksichtigt werden. Drei Patientinnen wurden bei dieser Auswertung aus der Analysegruppe ausgeschlossen, da sie vor Gabe von DMI GH-Werte über 5.0 ng/ml aufwiesen. Bei den endogen depressiven Patientinnen wird 60 min nach Gabe von DMI eine GH-Konzentration von 3.6 ± 0.7 ng/ml errechnet. Für die altersentsprechende Probandinnengruppe wird ein Wert von 7.3 ± 1.7 ng/ml ermittelt, der signifikant größer ist als der der Patientinnen ($p \leq 0.05$) (Abb. 103).

Zusammenfassung

Der Vergleich der DMI-bedingten GH-Stimulation zwischen endogen depressiven Patienten und Patientinnen zeigt, daß für beide Gruppen eine signifikant geringere DMI-bedingte GH-Stimulation im Vergleich zur altersentsprechenden Probandengruppe nachweisbar ist. Bei der Gruppe der neurotisch depressiven Patienten im Vergleich zu der Probandengruppe ist dieser Unterschied nicht feststellbar. Es kann fest-

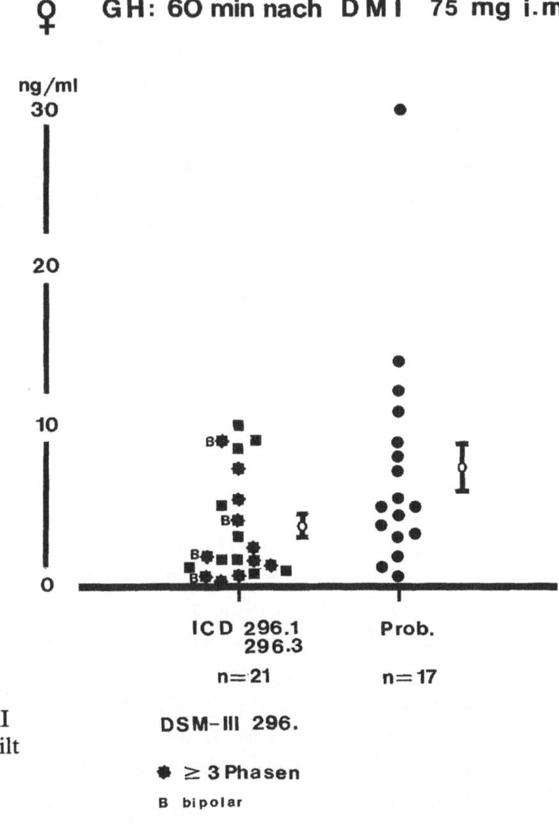

Abb. 103. GH-Stimulation (ng/ml) 60 min nach Verabreichung von DMI 75 mg i. m. bei Patientinnen aufgeteilt nach ICD-Diagnosen (ICD 296.1/3, n = 21) und Probandinnen (n = 17)

gehalten werden, daß in der vorliegenden Untersuchung endogen depressive Patienten im Vergleich zu gesunden Probanden eine signifikant geringere DMI-bedingte GH-Stimulation zeigen, nicht aber neurotisch depressive Patienten.

4.4 Zusammenfassung und Diskussion

Das Hauptergebnis der Patientenuntersuchung kann darin gesehen werden, daß bei endogen depressiven Patienten (ICD 296.1/3 bzw. Typische [„major"] Depression DSM-III 296.) im Vergleich zu altersentsprechenden Probanden eine signifikant geringere GH-Sekretion nach DMI vorliegt. Diese unterschiedliche GH-Sekretion findet sich bei neurotisch depressiven Patienten (ICD 300.4 bzw. DSM-III 309.00, Anpassungsstörung mit depressiver Stimmung, und DSM-III 300.40, Dysthyme Störung) im Vergleich zu altersentsprechenden Probanden nicht.

Bei endogen depressiven Patientinnen (ICD 296.1/3 bzw. Typische [„major"] Depression DSM-III 296.) wird im Vergleich zu altersentsprechenden Probandinnen ebenfalls eine signifikant geringere GH-Sekretion nach DMI ermittelt.

Diese geringere GH-Sekretion nach DMI bei endogen depressiven Patienten und Patientinnen weist auf eine Störung im Bereich der GH-Sekretion hin.

Die Auswertung der DMI-bedingten GH-Stimulation zeigt, daß bei endogen depressiven Patienten und Patientinnen im Vergleich zu altersentsprechenden Probandengruppen eine signifikant geringere GH-Stimulation vorliegt. Bei neurotisch depressiven Patienten wird eine gleich gute, DMI-bedingte GH-Stimulation im Vergleich zu Probanden gesehen.

Die Auswertung der DMI-bedingten GH-Stimulation (GH-Werte 60 min nach DMI) zeigt somit einen deutlicheren Unterschied zwischen den Patienten- und Probandengruppen als bei Auswertung der GH-Sekretion (Gesamtsekretion AUC 0–120 min). Die signifikant geringere GH-Stimulation nach DMI bei endogen depressiven Patienten und Patientinnen im Vergleich zu Probanden und Probandinnen kann als Hinweis auf eine zentralnervöse Störung im Bereich der GH-Stimulationsabläufe gewertet werden. Die vorliegenden Ergebnisse bestätigen somit die bereits in früheren Untersuchungen festgestellte, geringere DMI-bedingte GH-Stimulation bei endogen depressiven Patienten bei einem größeren Patientenkollektiv (Laakmann 1980 c; 1981).

Sawa et al. (1982) konnten einen ähnlichen Befund erarbeiten und bestätigten so unsere Ergebnisse. Meesters et al. (1983) führten in den letzten Jahren ebenfalls eine Untersuchung mit dem DMI-Test durch und fanden keine signifikanten Unterschiede in der GH-Stimulation bei endogen und nicht endogen depressiven Patienten im Vergleich zu Probanden. Bei prämenopausalen, endogen depressiven Patientinnen fanden sie eine signifikant geringere GH-Stimulation nach DMI im Vergleich zu gesunden Probandinnen und bestätigten somit nur teilweise die von uns erarbeiteten Untersuchungsergebnisse. Hinzugefügt werden muß, daß Meesters et al. (1983) die Patienten nach den Forschungs-Diagnose-Kriterien (RDC) diagnostizierten.

Es bleibt offen, wieweit verschiedene Diagnosekriterien die unterschiedlichen Ergebnisse bedingen.

Potter et al. (1981) und Calil et al. (1984) fanden bei einer kleinen Patientenzahl ebenfalls eine signifikant geringere DMI-bedingte GH-Stimulation als bei Probanden.

Trotz der nicht ganz einheitlichen Untersuchungsbefunde kann festgehalten werden, daß bei der Mehrzahl der Untersuchungen bei endogen depressiven Patienten nach DMI eine signifikant geringere GH-Stimulation nach DMI im Vergleich zu gesunden Probanden gefunden wurde. Dies kann als Hinweis auf eine Störung im Bereich der GH-Stimulierbarkeit bei einem Teil der endogen depressiven Patienten gewertet werden.

Zur Interpretation einer gestörten GH-Stimulierbarkeit bei endogen depressiven Patienten sind besonders die Untersuchungsergebnisse bei den Probanden von Interesse. Da bei den Probanden nachgewiesen werden konnte, daß die DMI-bedingte GH-Stimulation auf die NA-wiederaufnahmehemmenden Effekte von DMI zurückgeführt werden kann, könnte unter Berücksichtigung der Catecholaminmangelhypothese die bei endogen depressiven Patienten gefundene geringere DMI-bedingte GH-Stimulierbarkeit auf einen zentralnervösen NA-Mangel hinweisen. Gegen eine solche Vorstellung eines Catecholaminmangels spricht aber besonders, daß die antidepressiv therapeutische Wirkung von Psychopharmaka oft erst nach längerfristiger Behandlung von zwei bis drei Wochen auftritt und die NA-Transmitterwiederaufnahmehemmung unmittelbar nach Applikation der Antidepressiva zur Wirkung kommt.

Aufgrund von Untersuchungen der Wirkung von Rezeptorblockern auf die DMI-bedingte GH-Stimulation und unter Berücksichtigung der primär von Sulser (1982) aufgestellten These einer Supersensitivität von Beta-Rezeptoren erscheint eine andere Interpretation der geringeren GH-Stimulation bei endogen depressiven Patienten möglich. Da die Probandenuntersuchungen zeigten, daß Propranolol (Betarezeptorblocker) die DMI-bedingte GH-Stimulation signifikant erhöht, Clenbuterol (Betarezeptoragonist) diese aber inhibiert, kann davon ausgegangen werden, daß Betarezeptoren einen inhibierenden Einfluß auf die DMI-bedingte GH-Stimulation ausüben. Sollte nun, wie von Sulser angenommen, bei endogen depressiven Patienten eine Überfunktion von Betarezeptoren vorliegen, könnte ein inhibierender Effekt auf die DMI-bedingte GH-Stimulation bei diesen Patienten vorliegen und die geringere DMI-bedingte GH-Stimulation erklären.

Eine andere Interpretationsmöglichkeit wird ebenfalls aufgrund der Probandenuntersuchungen deutlich, in denen gezeigt werden konnte, daß Yohimbin (Alpha-2-Rezeptorblocker) und Phentolamin (Alpha-1-Alpha-2-Rezeptorblocker) die DMI-bedingte GH-Stimulation signifikant unterdrücken, nicht aber Prazosin (selektiver Alpha-1-Rezeptorblocker). Es kann daher angenommen werden, daß die positive DMI-bedingte GH-Stimulation mit Hilfe von Alpha-2-Rezeptoren vermittelt wird. Eine gestörte Funktion von Alpha-2-Rezeptoren bei endogen depressiven Patienten würde dementsprechend auch eine fehlende DMI-bedingte GH-Stimulation erklären (Matussek u. Laakmann 1981). In diesem Sinne wurde auch von Matussek et al. (1980) die fehlende GH-Stimulation nach Clonidin (selektiver Alpha-2-Rezeptoragonist) bei endogen depressiven Patienten interpretiert.

Die Ergebnisse aus den Probandenuntersuchungen zeigen, daß sowohl durch einen Betaagonisten wie Clenbuterol als auch durch einen Alpha-2-Rezeptorblocker wie Yohimbin letztlich eine Inhibition der DMI-bedingten GH-Stimulation auftritt. Aufgrund der Untersuchungen mit DMI bleibt die Frage einer Überfunktion von Betarezeptoren bzw. einer Unterfunktion von Alpha-2-Rezeptoren offen und könnte auch als Hinweis auf eine gestörte funktionelle Balance zwischen diesen Rezeptoren gewertet werden. Einschränkend zu diesen Interpretationsversuchen muß bemerkt werden, daß hier eher von einem statisch-mechanistischen Modell ausgegangen wird, das vermutlich einzelne Komponenten dieser komplexen hormonellen Sekretionsvorgänge und deren neuronale Beeinflussung nicht hinreichend berücksichtigt.

Es kann festgehalten werden, daß in den vorliegenden Patientenuntersuchungen mit DMI – ähnlich wie mit dem IHT, dem Amphetamin- und dem Clonidintest –, Hinweise auf eine Störung im Bereich der GH-Sekretion bei endogen depressiven Patienten erarbeitet wurden.

5 Zusammenfassung

Die der Gesamtuntersuchung zugrundeliegende Frage nach dem Einfluß verschiedener Psychopharmaka auf die HVL-Hormonsekretion kann abschließend dahingehend beantwortet werden, daß sich aufgrund der im Rahmen des Gesamtprojektes durchgeführten Untersuchungen eine Beeinflussung der HVL-Hormonsekretion beim Menschen durch unterschiedlich wirkende Psychopharmaka in einer unterschiedlichen Wirkung auf die HVL-Hormone niederschlägt.

So gelang es zu zeigen, daß besonders Antidepressiva zum Teil zu einer GH-, PRL- und Cortisol-ACTH-Stimulation beim Menschen führen können. Hierbei bewirken besonders stark NA-wiederaufnahmehemmende Substanzen eine ausgeprägte GH-Stimulation, wohingegen stark 5-HT-wiederaufnahmehemmende Substanzen zu einer deutlichen PRL-Stimulation führen. Sowohl NA- als auch 5-HT-wiederaufnahmehemmende Antidepressiva bewirken eine Cortisol-ACTH-Stimulation. DA-rezeptorblockierende Neuroleptika führen lediglich zu einer Stimulation der PRL-Sekretion, ohne die GH- und Cortisolsekretion zu beeinflussen. Benzodiazepinderivate führen nur zu einer geringfügigen Beeinflussung der GH-, PRL- und Cortisolsekretion.

Die einleitend gestellte Frage, ob und wieweit die verschiedenen Psychopharmaka die HVL-Hormonsekretion beeinflussen, kann somit dahingehend beantwortet werden, daß einzelne Substanzen aus den drei Psychopharmakagruppen die GH-, die PRL- und die Cortisol-ACTH-Sekretion beim Menschen unterschiedlich beeinflussen und sich somit anhand der HVL-Hormonstimulations-Profile ein humanpharmakoendokrinologisches Untersuchungsmodell abzeichnet, das Rückschlüsse auf die zentralnervöse Wirkung einzelner Psychopharmaka ermöglicht. Bei der Beurteilung des Effekts von Psychopharmaka auf die HVL-Hormonsekretion ist es aber notwendig, Dosierung und Applikationsweise der Substanz zu berücksichtigen.

Besonders die Untersuchung der Wirkung von Rezeptorblockern und -agonisten auf die DMI-induzierte GH-, PRL- und Cortisol-ACTH-Sekretion erweist, daß die endokrinen Effekte einer Substanz beim Menschen mittels verschiedener zentralnervöser Mechanismen ausgelöst werden. Derartige Untersuchungen scheinen besonders geeignet, um genauere Hinweise auf die zentralnervöse Wirkung von Pharmaka beim Menschen zu erarbeiten. Weiter gelang es in diesen Untersuchungen zu zeigen, daß die peripher gemessene HVL-Hormonkonzentration letztlich einen Summationseffekt zentralnervöser Wirkungen einzelner Substanzen bzw. agonistisch-antagonistisch wirkender Systeme darstellen. Derartige Untersuchungen können aber auch zur Aufklärung der Regulationsmechanismen für die sekretorische Beeinflussung der HVL-Hormone beitragen.

Die bei Patienten durchgeführten Untersuchungen zeigen, daß bei endogen depressiven Patienten im Vergleich zu gesunden Probanden eine geringere GH-Stimulierbarkeit vorliegt, die auf eine zentralnervöse funktionelle Störung bei endogen depressiven Patienten hinweist.

Abschließend sei erwähnt, daß im Rahmen der hier durchgeführten pharmakoendokrinologischen Untersuchungen ein Untersuchungsansatz erarbeitet wurde, der geeignet erscheint, im Rahmen der biologisch-psychiatrischen Forschung zentralnervöse Wirkungen von Psychopharmaka beim Menschen zu untersuchen. Zudem scheint es möglich, den Ablauf einzelner zentralnervöser Funktionsabläufe bei Patienten und Probanden zu vergleichen und genauere Hinweise auf eine eventuell vorhandene funktionelle Störung bei psychiatrischen Patienten zu erhalten.

Literatur

Aellig WH (1976) Beta-adrenoceptor blocking activity and duration of action of pindolol and propranolol in healthy volunteeers. Br J Clin Pharmacol 3:251–257

Ajlouni K, el-Khateeb M (1980) Effect of glucose on growth hormone, prolactin and thyroid-stimulating hormone response to diazepam in normal subjects. Horm Res 13:160–164

Alagna S, Masala A (1979) Cortisol secretion following nomifensine administration in normal subjects. Biomedicine 31:189–191

Anden NE, Roos BE, Werdinius B (1964) Effects of chlorpromazine, haloperidol and reserpine on the levels of phenolic acids in rabbit corpus striatum. Life Sci 3:149–158

Ansseau M, Scheyvaerts M, Doumont A, Poirrier R, Legros JJ, Franck G (1984) Concurrent use of REM latency, dexamethasone suppression, clonidine, and apomorphine tests as biological markers of endogenous depression: A pilot study. Psychiatry Res 12:261–272

Aszpis S, Romo A, Espinola B, Guitelman A (1981) Nomifensine: Diagnostic test in hyperprolactinemic syndromes. Neuroendocrinol Lett 3:355–363

Axelrod J, Whitby LG, Hertting G (1961) Effect of psychotropic drugs on the uptake of 3H-norepinephrine by tissues. Science 133:383–384

Balestreri R, Bertolini S, Costello C (1979) The neural regulation of ACTH secretion in man. In: Polleri A, MacLeod RM (eds) Neuroendocrinology: biological and clinical aspects. Academic Press, London, pp 155–185

Banerjee SP, Kung LS, Riggi SJ, Chanda SK (1977) Development of β-adrenergic receptor subsensitivity by antidepressants. Nature 268:455–456

Beary MD, Lacey JH, Bhat AV (1983) The neuro-endocrine impact of 3-hydroxy-diazepam (temazepam) in women. Psychopharmacology 79:295–297

Benedetti MS, Eschalier A, Lesage A, Dordain G, Rovei V, Zarifian E, Dostert P (1984) Effect of a reversible and selective MAO-A inhibitor (cimoxatone) on diurnal variation in plasma prolactin level in man. Eur J Clin Pharmacol 26:71–77

Benkert O, Laakmann G, Souvatzoglou A, Werder K v (1973) Missing indicator function of growth hormone and luteinizing hormone blood levels for dopamine and serotonin concentration in the human brain. J Neural Transm 34:291–299

Besser GM, Butler PWP, Landon J, Rees L (1969) Influence of amphetamines on plasma corticosteroid and growth hormone levels in man. Br J Med 4:528–530

Beumont PJV, Corker CS, Friesen HG et al. (1974 a) The effects of phenothiazines on endocrine function: II. Effects in men and post-menopausal women. Br J Psychiatry 124:420–430

Beumont PJV, Gelder MG, Friesen HG et al. (1975 b) The effect of phenothiazines on endocrine function: I. Patients with inappropriate lactation and amenorrhea. Br J Psychiatry 124:413–419

Biosigma (1982) J-125 Prolaktin RIA. Biosigma Broschüre

Bjorum N, Kirkegaard C (1979) Thyrotropin-releasing hormone test in unipolar and bipolar depression. Lancet II:694

Box GEP (1954 a) Some theorems on quadratic forms applied in the study of analysis of variance problems. I. Effects on inequality of variance and of correlation between errors in the one-way classification. Ann Math Stat 25:290–302

Box GEP (1954 b) Some theorems on quadratic forms applied in the study of analysis of variance problems. II. Effects of inequality of variance and of correlation between errors in the two-way classification. Ann Math Stat 25:484–498

Boyd AE, Lebovitz HE, Pfeiffer JB (1970) Stimulation of human-growth-hormone secretion by L-dopa. New Engl J Med 283:1425–1429

Boyer P, Schaub C, Guelfi JD, Nassiet J, Pichot P (1983) Growth hormone response to hypothalamic α receptor stimulation in depressive states. VII World Congress Psychiatry, Vienna, 1983, Abstract F33

Bronstein IN, Semendjajew KA (1970) Taschenbuch der Mathematik. Harri Deutsch, Zürich Frankfurt

Brown WA, Qualis CB (1981) Pituitary-adrenal disinhibition in depression: Marker of a subtype with characteristic clinical features and response to treatment? Psychiatry Res 4:115–128

Brown WA, Shuey I (1980) Response to dexamethasone and subtype of depression. Arch Gen Psychiatry 37:747–751

Brown WA, Williams BW (1976) Methylphenidate increases serum growth hormone concentrations. J Clin Endocrinol Metab 43:937–939

Brown WA, Krieger DT, Woert MH van, Ambani LM (1974) Dissociation of growth hormone and cortisol release following apomorphine. J Clin Endocrinol Metab 38:1127–1130

Bunney WE, Davis JM (1965) Norepinephrine in depressive reactions. A review. Arch Gen Psychiatry 13:483–494

Burt DR, Enna SJ, Creese I, Snyder SH (1975) Dopamine receptor binding in the corpus striatum of mammalian brain. Proc Natl Acad Sci USA 72:4655–4659

Butler PWP, Besser GM, Steinberg H (1968) Changes in plasma cortisol induced by dexamphetamine and chlordiazepoxide given alone and in combination in man. J Endocrinol 40:391–392

Calil HM, Lesieur P, Gold PW, Brown GM, Zavadil, AP III, Potter WZ (1984) Hormonal responses to zimelidine and desipramine in depressed patients. Psychiatry Res 13:231–242

Camanni F, Massara F, Belforte L, Molinatti GM (1975) Changes in plasma growth hormone levels in normal and acromegalic subjects following administration of 2-bromo-α-ergocryptine. J Clin Endocrinol Metab 40:363–366

Carlsson A, Lindqvist M (1963) Effect of chlorpromazine or haloperidol on formation of 3-methoxytyramine and normetanephrine in mouse brain. Acta Pharmacol Toxicol 20:140–144

Carlsson A, Fuxe K, Hamberger B, Lindqvist M (1966) Biochemical and histochemical studies on the effects of imipramine-like drugs and (+)-amphetamine on central and peripheral catecholamine neurons. Acta Physiol Scand 67:481–497

Carlsson A, Corrodi H, Fuxe K, Hökfelt T (1969 a) Effect of antidepressant drugs on the depletion of intraneuronal brain 5-hydroxytryptamine stores caused by 4-methyl-α-ethyl-meta-tyramine. Eur J Pharmacol 5:357–366

Carlsson A, Corrodi H, Fuxe K, Hökfelt T (1969 b) Effects of some antidepressant drugs on the depletion of intraneuronal brain catecholamine stores caused by 4, α-dimethyl-meta-tyramine. Eur J Pharmacol 5:367–373

Carlsson A, Persson T, Roos BE, Walinder J (1972) Potentiation of phenothiazines by alpha-methyltyrosine in treatment of chronic schizophrenia. J Neur Transmission 33:83–90

Carlsson A, Kehr W, Lindqvist M, Magnusson T, Atack CV (1974) Regulation of monoamine metabolism in the central nervous system. Pharmacol Rev 24:371–381

Carney MWP, Roth M, Garside RF (1965) The diagnosis of depressive syndromes and the prediction of ECT response. Br J Psychiatry 111:659–674

Carroll BJ (1982) The dexamethasone suppression test for melancholia. Br J Psychiatry 140:292–304

Carroll BJ, Greden JF, Rubin RT, Haskett E, Feinberg M, Schteingart D (1978) Neurotransmitter mechanism of neuroendocrine disturbance in depression. Standardization, validation and clinical utility. Acta Endocrinol Suppl 220:14

Carroll BJ, Feinberg M, Greden JF et al. (1981) A specific laboratory test for the diagnosis of melancholia. Arch Gen Psychiatry 38:15–22

Casper RC, Davis JM, Pandey GN, Garver DL, Dekirmenjian H (1977) Neuroendocrine and amine studies in affective illness. Psychoneuroendocrinology 2:105–113

Cavagnini F, Raggi U, Micossi P, di Landro A, Invitti C (1976) Effect of an antiserotonergic drug, metergoline, on the ACTH and cortisol response to insulin hypoglycemia and lysine-vasopressin in man. J Clin Endocrinol Metab 43:306–312

Charney DS, Heninger GR, Sternberg DE (1982) Failure of chronic antidepressant treatment to alter growth hormone response to clonidine. Psychiatry Res 7:135–138

Checkley SA (1979) Corticosteroid and growth hormone responses to methylamphetamine in depressive illness. Psychol Med 9:107–115

Checkley SA, Crammer JL (1977) Hormone responses to methylamphetamine in depression: A new approach to the noradrenaline depletion hypothesis. Br J Psychiatry 131:582–586

Checkley SA, Slade AP, Shur E (1981) Growth hormone and other responses to clonidine in patients with endogenous depression. Br J Psychiatry 138:51–55

Clemens JA, Smalstig EB, Sawyer BD (1974) Antipsychotic drugs stimulate prolactin release. Psychopharmacologia 40:123–127

Cole EN, Groom GV, Link J, O'Flanagan PM, Seldrup J (1976) Plasma prolactin concentrations in patients on clomipramine. Postgrad Med J 52:93–100

Coppen A (1967) The biochemistry of affective disorders. Br J Psychiatry 113:1237–1264

Costa E, Guidotti A, Toffano G (1978) Molecular mechanisms mediating the action of diazepam on GABA receptors. Br J Psychiatry 133:239–248

Cox GM (1940) Enumeration and construction of balanced incomplete block configurations. Ann Math Stat 11:72–85

Czernik A, Kleesiek K, Steinmeyer EM (1980) Änderungen neuroendokrinologischer Parameter im Verlauf von Depressionen. Nervenarzt 51:662–667

D'Armiento M, Bisignani G, Reda G (1981) Effect of bromazepam on growth hormone and prolactin secretion in normal subjects. Hormone Res 15:224–227

Deklaration von Helsinki/Tokio (1976) Weltärztebund, 29. Generalversammlung des Weltärztebundes, Tokio 1975. Deutsches Ärzteblatt 131–133

Diagnostic Products Corporation (DPC) (1983) Cortisol – RIA (J-125). DPC Broschüre

DSM-III (1984) Diagnostisches und Statistisches Manual Psychischer Störungen DSM-III. Beltz, Weinheim Basel

Dudl RJ, Ensinck JW, Palmer HE, Williams RH (1973) Effect of age on growth hormone secretion in man. J Clin Endocrinol Metab 37:11–16

Dunne MJ, Walker J, Cowden EA, Ratcliffe JG (1979) Nomifensine test for investigation of hyperprolactinaemia. Lancet I:1243

Eddy RL, Jones AL, Chakmakjian ZH, Silverthorne MC (1971) Effect of levodopa (L-dopa) on human hypophyseal trophic hormone release. J Clin Endocrinol Metab 33:709–712

Feighner JP, Robins E, Guze SB, Woodruff Jr RA, Winokur G, Munoz R (1972) Diagnostic criteria for use in psychiatric research. Arch Gen Psychiatry 26:57–63

Fioretti P, Melis GB, Paoletti AM, Parodo G, Caminiti F, Corsini GU, Martini L (1978) γ-amino-β-hydroxybutyric acid stimulates prolactin and growth hormone release in normal women. J Clin Endocrinol Metab 47:1336–1340

Francis AF, Williams R, Cole EN, Williams P, Link J, Hughes D (1976) The effect of clomipramine on prolactin levels – pilot studies. Postgrad Med J 52:Suppl 3, 87–91

Frantz AG, Kleinberg DL, Noel GL, Suh K (1972) Effects of neuroleptics on the secretion of prolactin and growth hormone. In: Ebling ETG, Henderson TW (eds) Endocrinology. Elsevier, New York, pp 144–149

Frohmann LA, Stachura ME (1975) Neuropharmacological control of neuroendocrine function in man. Metabolism 24:211–234

Fuxe K, Hökfelt T (1969) Catecholamines in the hypothalamus and the pituitary gland. In: Ganong WF, Martini L (eds) Frontiers in neuroendocrinology. Oxford University, New York, pp 47–96

Gäde EB, Heinrich K (1955) Klinische Beobachtungen bei Megaphenbehandlung in der Psychiatrie. Nervenarzt 26:49–54

Garver DL, Pandey GN, Dekirmenjian H, DeLeon-Jones F (1975) Growth hormone and catecholamines in affective disease. Am J Psychiatry 132:1149–1153
Gerhards HJ, Carenzi A, Costa E (1974) Effect of nomifensine on motor activity, dopamine turnover rate and cyclic 3', 5'-adenosine monophosphate concentrations of rat striatum. Arch Pharmacol 286:49–63
Ghose K, Gupta R, Coppen A, Lund J (1977) Antidepressant evaluation and the pharmacological action of FG-4963 in depressive patients. Eur J Pharmacol 42:31–37
Gibbons JL (1964) Cortisol secretion rate in depressive illness. Arch Gen Psychiatry 10:572–575
Glowinsky J, Axelrod J (1964) Inhibition of uptake of tritiated-noradrenaline in the intact rat brain by imipramine and structurally related compounds. Nature 204:1318–1319
Gold PW, Goodwin FK, Wehr T, Rebar R, Sack R (1976) Growth hormone and prolactin response to levodopa in affective illness. Lancet II:1308–1309
Graham JR (1967) Current therapeutics CCXXX – Methysergide. Practitioner 198:302–311
Gruen PH, Sachar EJ, Altman N, Sassin J (1975) Growth hormone responses to hypoglycemia in postmenopausal depressed women. Arch Gen Psychiatry 32:31–33
Haefely WE (1978) Central actions of benzodiazepines: General introduction. Br J Psychiatry 133:231–238
Halaris AE, Belendiuk KT, Freedman DX (1975) Antidepressant drugs affect dopamine uptake. Biochem Pharmacol 24:1896–1898
Halbreich U, Assael M, Ben-David M (1978) Prolactin secretion during and after noveril infusions to depressive patients. Psychopharmacology 56:167–171
Hall H, Ögren SO (1981) Effects of antidepressant drugs on different receptors in the rat brain. Eur J Pharmacol 70:393–407
HAMD – Hamilton-Depressions-Skala (1981) In: CIPS, Arbeitsgemeinschaft für Methodik und Dokumentation in der Psychiatrie. Collegium Internationale Psychiatriae Scalarum. Beltz, Weinheim Basel
Handwerger S, Plonk JW, Lebovitz HE, Bivens CH, Feldman JM (1975) Failure of 5-hydroxytryptophan to stimulate prolactin and growth hormone secretion in man. Horm Metab Res 7:214–216
Heptner W, Badian MJ, Baudner S et al. (1977) Determination of nomifensine by a sensitive radioimmunoassay. Br J Clin Pharmac 4:123–127
Holm S (1979) A simple sequentially rejective multiple test procedure. Scand Statist 6:65–70
Holsboer F, Bender W, Benkert O, Klein HE, Schmauß M (1980) Diagnostic value of dexamethasone suppression test in depression. Lancet II:706
Hughes D (1973) Clomipramine (Anafranil) and prolactin secretion. J Intern Med Res 1:317–320
Huws D und Groom GV (1977) Luteinizing hormone-releasing hormone and thyrotropin-releasing hormone stimulation studies in patients given clomipramine or 'depot' neuroleptics. Postgrad Med J 53:Suppl 4, 175–181
Hyttel J (1982) Citalopram – pharmacological profile of a specific serotonin uptake inhibitor with antidepressant activity. Prog Neuropsychopharmacol Biol Psychiatry 6:277–295
ICD (1978) International Classification of Diseases, 9th edn. World Health Organization, Geneva. Springer, Berlin Heidelberg New York
Imura H, Kato Y, Ikeda M, Morimoto M, Yawata M (1971) Effect of adrenergic-blocking or -stimulating agents on plasma growth hormone, immunoreactive insulin, and blood free fatty acid levels in man. J Clin Invest 50:1069–1079
Imura H, Nakai K, Yoshimi T (1973) Effect of 5-hydroxytryptophan (5-HTP) on growth hormone and ACTH release in man. J Clin Endocrinol Metab 36:204–206
Imura H, Nakai Y, Nakao K, Oki S, Tanaka I (1982) Control of biosynthesis and secretion of ACTH, endorphins and related peptides. In: Müller EE, MacLeod RM (eds) Neuroendocrine perspectives, vol 1. pp 137–167
Invitti C, di Landro A, Pinto M, Cavagnini F (1976) Atti XVI Congr Naz Soc It Endocrinol, Abstract 33

Iversen LL, Glowinski J, Axelrod J (1965) The uptake and storage of 3H-norepinephrine in the reserpine-pretreated rat heart. J Pharmacol Exp Ther 150:173–183

Jones MT, Brush FR, Neame RLB (1972) Characteristics of fast feedback control of corticotropin release by corticosteroids. J Endocrinol 55:489–497

Jones MT, Gillham B, Greenstein BD, Beckford U, Holmes MC (1983) Feedback actions of adrenal steroid hormones. In: Current topics on neuroendocrinology, vol 1. Springer, Berlin Heidelberg New York, pp 45–68

Jones RB, Luscombe DK, Groom GV (1977) Plasma prolactin concentrations in normal subjects and depressive patients following oral clomipramine. Postgrad Med J 53:Suppl 4, 166–171

Jungkunz G, Kuss HJ, Dieterle D, Laakmann G, Schmauß M, Wittmann M (1984) Vergleich der Infusionsbehandlung mit der peroralen Applikation von Clomipramin bei endogen depressiven Patienten. In: Kielholz P, Adams C (Hrsg) Tropfinfusionen in der Depressionsbehandlung. Thieme, Stuttgart New York, pp 38–52

Kannan V (1981) Diazepam test of growth hormone secretion. Horm Metab Res 13:390–393

Kanof PD, Greengard P (1978) Brain histamine receptors as targets for antidepressant drugs. Nature 272:329–332

Karobath M (1979) Biochemische Wirkungsmechanismen der Psychopharmaka im Zentralnervensystem. Klin Wochenschr 57:599–605

Kastin AJ, Ehrenberg RH, Schalch DS, Anderson MS (1972) Improvement in mental depression with decreased thyrotropin response after administration of thyrotropin-releasing hormone. Lancet II:740

Kirkegaard C (1981) The thyrotropin response to thyrotropin-releasing hormone in endogenous depression. Psychoneuroendocrinology 3:189–212

Klein JJ, Segal RL, Warner RRP (1964) Galactorrhea due to imipramine. New Engl J Med 510–512

Kleinberg DL, Noel GL, Frantz AG (1971) Chlorpromazine stimulation and L-dopa suppression of plasma prolactin in man. J Clin Endocrinol 33:873–876

Kolakowska T, Wiles DH, McNeilly AS, Gelder MG (1975) Correlation between plasma levels of prolactin and chlorpromazine in psychiatric patients. Psychol Med 5:214–216

Koslow SH, Stokes PE, Mendels J, Ramsey A, Casper RC (1982) Insulin Tolerance Test: Human growth hormone response and insulin resistance in primary unipolar depressed, bipolar depressed and control subjects. Psychol Med 12:45–55

Koulu M, Lammintausta R, Kangas L, Dahlström S (1979 a) The effect of methysergide, pimozide, and sodium valproate on the diazepam-stimulated growth hormone secretion in man. J Clin Endocrinol Metab 48:119–122

Koulu M, Lammintausta R, Dahlström S (1979 b) Stimulatory effect of acute baclofen administration on human growth hormone secretion. J Clin Endocrinol Metab 48:1038–1040

Koulu M, Lammintausta R, Dahlström S (1980) Effects of some γ-aminobutyric acid (GABA)-ergic drugs on the dopaminergic control of human growth hormone secretion. J Clin Endocrinol Metab 51:124–129

Koulu M, Aaltonen L, Kanto J (1982) The effect of oral flunitrazepam on the secretion of human growth hormone. Acta Pharmacol Toxicol 50:316–317

Krieger DT (1973) Lack of responsiveness to L-dopa in Cushing's disease. J Clin Endocrinol Metab 36:277–284

Kuhn R (1957) Über die Behandlung depressiver Zustände mit einem Iminodibenzyl-Derivat (G22355). Schweiz Med Wochenschr 87:1135–1140

Laakmann G (1979) Neuroendocrine differences between endogenous and neurotic depression as seen in stimulation of growth hormone secretion. In: Müller EE, Agnoli A (eds) Neuroendocrine correlates in neurology and psychiatry. Elsevier-North Holland, Amsterdam New York Oxford, pp 263–271

Laakmann G (1980 a) Mechanism of HGH response to DMI in volunteers and depressed patients: In: Radouco-Thomas C, Garcin F (eds) Abstracts 12th CINP Congress 1980, Göteborg. No. 374. Pergamon, Oxford New York Toronto, p 214

Laakmann G (1980 b) Prolactin stimulation after chlorimipramine i. v. in healthy subjects and depressive patients. Neurosci Lett 5. Abstracts of the 4th European Neuroscience Meeting, Brighton. Elsevier-North Holland, Amsterdam New York Oxford, p 20

Laakmann G (1980 c) Beeinflussung der Hypophysenvorderlappen-Hormonsekretion durch Antidepressiva bei gesunden Probanden, neurotisch und endogen depressiven Patienten. Nervenarzt 51:725–732

Laakmann G (1980 d) Mechanisms of mianserin and other antidepressants studied in their effects on the pituitary hormone secretion in man. Simposio su recenti acquisizioni in tema di depressioni. XXXIV Congresso SIP, Catania. Tipo-Litografia Monforte, Catania, pp 69–78

Laakmann G (1981) Diagnostic application of provocative stimuli for growth hormone release, with particular reference to the desimipramine test. In: Perris C, Struwe G, Jansson B (eds) Biological psychiatry 1981. Proc III. World Congress of Biological Psychiatry, Stockholm. Elsevier-North Holland, Amsterdam New York Oxford, p 321–324

Laakmann G (1984) Wachstumshormonstimulation und Depressionsforschung: Möglichkeiten und Grenzen. In: Hopf A, Beckmann H (eds), Forschungen zur Biologischen Psychiatrie. Springer, Berlin Heidelberg New York, pp 117–121

Laakmann G, Benkert O (1978 a) Effects of antidepressants on pituitary hormones. In: Depressive disorders. Symposia Medica Hoechst 13. Symposium Rome. Schattauer, Stuttgart New York, pp 255–266

Laakmann G, Benkert O (1978 b) Neuroendokrinologie und Psychopharmaka. Arzneimittelforsch 28:1277–1280

Laakmann G, Schumacher G, Benkert O, Werder K von (1977) Stimulation of growth hormone secretion by desimipramin and chlorimipramin in man. J Clin Endocrinol Metab 44:1010–1013

Laakmann G, Benkert O, Neulinger E, Werder K von, Erhardt F (1978) Beeinflussung der Hypophysen-Vorderlappen-Hormon-Sekretion nach akuter und chronischer Gabe von Desipramin. Arzneimittelforsch 28:1292–1294

Laakmann G, Guillery T, Benkert O, Eversmann T (1979) Influence of nomifensine on growth hormone, prolactin, luteinising hormone and thyreotropin in healthy subjects and hyperprolactinaemic patients. In: Obiols J, Ballus C, Monclus EG, Pujol J (eds) Biol Psychiatry Today. Proc II World Congr Biol Psychiatry 1978. Elsevier-North Holland, Amsterdam New York Oxford, pp 705–710

Laakmann G, Schön HW, Wittmann M (1981) Desipramine and growth hormone secretion. Lancet II:996

Laakmann G, Hoffmann N, Hofschuster E (1982 a) The lack of effect of bupropion HCl (Wellbatrin) on the secretion of growth hormone and prolactin in humans. Life Sci 30:1725–1732

Laakmann G, Treusch J, Schmauß M, Schmitt E, Treusch U (1982 b) Comparison of growth hormone stimulation induced by desimipramine, diazepam and metaclazepam in man. Psychoneuroendocrinology 7:141–146

Laakmann G Treusch J, Eichmeier A, Schmauß M, Treusch U, Wahlster U (1982 c) Inhibitory effect of phentolamine on diazepam-induced growth hormone secretion and lack of effect of diazepam on prolactin secretion in man. Psychoneuroendocrinology 7:135–139

Laakmann G, Chuang I, Gugath M, Ortner M, Schmauß M, Wittmann M (1983) Prolactin and antidepressants. In: Tolis G et al. (eds), Prolactin and prolactinomas. Raven, New York, pp 151–161

Laakmann G, Gugath M, Kuss HJ, Zygan K (1984 a) Comparison of growth hormone and prolactin stimulation induced by chlorimipramine and desimipramine in man in connection with chlorimipramine metabolism. Psychopharmacology 82:62–67

Laakmann G, Wittmann M, Gugath M et al. (1984 b) Effects of psychotropic drugs (desimipramine, chlorimipramine, sulpiride and diazepam) on the human HPA axis. Psychopharmacology 84:66–70

Laakmann G, Wittmann M, Neulinger E, Meissner R (1984 c) Effects of psychotropic drugs on neuroendocrine regulation of pituitary hormones in man. In: Racagni G, Paoletti R, Kielholz P (eds) Clinical neuropharmacology, vol 7. Raven, New York, pp 156–157

Laakmann G, Schön HW, Blaschke D, Wittmann M (1985) Dose-dependent growth hormone, prolactin and cortisol stimulation after i. v. administration of desimipramine in human subjects. Psychoneuroendocrinology 10:83–93

Laakmann G, Zygan K, Schön HW et al. (1986 a) Effect of receptor blockers (methysergide, propranolol, phentolamine, yohimbine and prazosin) on desimipramine-induced pituitary hormone stimulation in humans. I: Growth hormone. Psychoneuroendocrinology 11:447–461

Laakmann G, Schön HW, Zygan K, Weiss A, Wittmann M, Meissner R (1986 b) Effects of receptor blockers (methysergide, propranolol, phentolamine, yohimbine and prazosin) on desimipramine-induced pituitary hormone stimulation in humans. II: Prolactin. Psychoneuroendocrinology 11:465–474

Laakmann G, Wittmann M, Schön HW et al. (1986 c) Effects of receptor blockers (methysergide, propranolol, phentolamine, yohimbine and prazosin) on desimipramine-induced pituitary hormone stimulation in humans. III: Hypothalamo-pituitary-adrenocortical axis. Psychoneuroendocrinology 11:475–489

Lal S, Vega CE de la, Sourkes TL, Friesen HG (1973) Effect of apomorphine on growth hormone, prolactin, luteinizing hormone and follicle-stimulating hormone levels in human serum of normal men. J Clin Endocrinol Metab 37:719–724

Lal S, Tolis G, Martin JB, Brown GM, Guyda H (1975) Effect of clonidine on growth hormone, prolactin, luteinizing hormone, follicle-stimulating hormone and thyroid-stimulating hormone in the serum. J Clin Endocrinol Metab 41:827–832

Langer G, Heinze G, Reim B, Matussek N (1976) Reduced growth hormone responses to amphetamine in "endogenous" depressive patients. Arch Gen Psychiatry 33:1471–1475

Langer G, Sachar EJ, Gruen PH, Halpern FS (1977 a) Human prolactin responses to neuroleptic drugs correlate with antischizophrenic potency. Nature 266:639–640

Langer G, Sachar EJ, Halpern FS, Gruen PH, Solomon M (1977 b) The prolactin response to neuroleptic drugs. A test of dopaminergic blockade: Neuroendocrine studies in normal men. J Clin Endocrinol Metab 45:996–1002

Lapin IP, Oxenkrug GF (1969) Intensification of the central serotonergic processes as a possible determinant of the thymoleptic effect. Lancet I:132–136

Levin ER, Sharp B, Carlson HE (1984) Failure to confirm consistent stimulation of growth hormone by diazepam. Hormone Res 19:86–90

Leyson JE (1982) Review on neuroleptic receptors, specifity and multiplicity of in vitro binding relates to pharmacological activity. In: Usdin E, Dahl S, Gram LF, Lingjaerde O (eds) Clinical pharmacology in psychiatry: Neuroleptic and antidepressant research. MacMillan, London, pp 35–62

Lidbrink P, Jonsson G, Fuxe K (1971) The effect of imipramine-like drugs and antihistamine drugs on uptake mechanisms in the central noradrenaline and 5-hydroxytryptamine neurons. Neuropharmacology 10:521–536

Lisansky J, Fava GA, Buckman MT et al. (1984) Prolactin, amitriptyline, and recovery from depression. Psychopharmacology 84:331–335

Lotti G, Masala A, Devilla L, Alagna S, Rovasio PP, Delitala G (1979) Inhibition of prolactin secretion by nomifensine, an inhibitor of catecholamines reuptake. Acta Endocrinol 91, Suppl 225:162

Maany I, Mendels J, Frazer A, Brunswick D (1979) A study of growth hormone release in depression. Neuropsychobiology 5:282–289

MacIndoe JH und Turkington RW (1973) Stimulation of human prolactin secretion by intravenous infusion of L-tryptophan. J Clin Invest 52:1972–1978

MacLeod RM (1976) Regulation of prolactin secretion. In: Ganong WF, Martini L (eds) Frontiers in neuroendocrinology, vol 4. Elsevier, New York, pp 169–194

Maeda K, Kato Y, Ohgo S et al. (1975) Growth hormone and prolactin release after injection of thyrotropin-releasing hormone in patients with depression. J Clin Endocrinol Metab 40:501–505

Maggi A, U'Prichard DC, Enna SJ (1980) Differential effects of antidepressant treatment on brain monoaminergic receptors. Eur J Pharmacol 61:91–98

Maj J, Przegalinski E, Mogilnicka E (1984) Hypotheses concerning the mechanism of action of antidepressant drugs. Rev Physiol Biochem Pharmacol 100:1–74

Martin JB, Lal S, Tolis G, Friesen HG (1974) Inhibition by apomorphine of prolactin secretion in patients with elevated serum prolactin. J Clin Endocrinol Metab 39:180–182

Martin JB, Reichlin S, Brown GM (eds) (1977) Clinical Neuroendocrinology, chapter 6: Regulation of prolactin secretion and its disorder. Davis, Philadelphia, pp 129–145

Martin-du Pan R, Baumann P, Magrini G, Felber JP (1979) Neuroendocrine effects of chronic neuroleptic therapy in male psychiatric patients. Psychoneuroendocrinology 3:245–252

Matussek N (1966) Neurobiologie und Depression. Med Monatsschr 20:109–112

Matussek N, Laakmann G (1981) Growth hormone response in patients with depression. In: Carlsson A et al. (eds) Recent advances in the treatment of depression. Acta Psychiat Scand 63, Suppl 290: pp 122–126

Matussek N, Ackenheil M, Hippius H, Müller F, Schröder HT, Schultes H, Wasilewski B (1980) Effect of clonidine on growth hormone release in psychiatric patients and controls. Psychiatry Res 2:25–36

McCann SM, Kalra PS, Donoso AE et al. (1972) The role of monoamines in the control of gonadotropin and prolactin secretion. In: Knigge KM, Scott DE, Weindl A (eds) Brain-endocrine interaction. Median eminence: Structure and function. Karger, Basel, pp 224–235

Meesters P, Linkowski P, Hoffmann G et al. (1983) Growth hormone stimulation by desipramine in depression. VII World Congr Psychiatry, Vienna, 1983 Abstract F 40

Meesters P, Kerkhofs M, Charles G, Decoster C, Vanderelst M, Mendlewicz J (1985) Growth hormone release after desimipramine in depressive illness. Eur Arch Psychiatr Neurol Sci 235:140–142

Meites J (1982) Changes in neuroendocrine control of anterior pituitary function during aging. Neuroendocrinology 34:151–156

Meltzer HY, Fang VS (1976) The effect of neuroleptics on serum prolactin in schizophrenic patients. Arch Gen Psychiatry 33:279–286

Meltzer HY, Piyakalmala S, Schyve P, Fang VS (1977) Lack of effect of tricyclic antidepressants on serum prolactin levels. Psychopharmacology 51:185–187

Meltzer HY, Young M, Metz J, Fang VS, Schyve PM, Arora RC (1979) Extrapyramidal side effects and increased serum prolactin following fluoxetine, a new antidepressant. J Neural Transm 45:165–175

Mendels J, Frazer A, Carroll BJ (1974) Growth hormone response in depression. Am J Psychiatry 131:1154–1155

Mendlewicz J, Youdim MBH (1977) Monoamine-oxidase inhibitors and prolactin secretion. Lancet 507

Mendlewicz J, Linkowski P, Cauter E van (1979) Some neuroendocrine parameters in bipolar and unipolar depression. J Affect Dis 1:25–32

Modlinger RS, Schonmuller JM, Arora SP (1980) Adrenocorticotropin release by tryptophan in man. J Clin Endocrinol Metab 50:360–363

Möhler H, Okada T (1978) Biochemical identification of the site of action of benzodiazepines in human brain by 3H-diazepam binding. Life Sci 22:985–996

Moerck HJ, Magelund G (1979) Gynecomastia and diazepam abuse. Lancet I:1344–1345

Müller EE, Brambilla F, Cavagnini F, Peracchi M, Panerai A (1974) Slight effect of L-tryptophan on growth hormone release in normal human subjects. J Clin Endocrinol Metab 39:1–5

Müller EE, Genazzani AR, Murru S (1978) Nomifensine: Diagnostic test in hyperprolactinemic states. J Clin Endocrinol Metab 47:1352–1357

Mueller GP, Simpkins J, Meites J, Moore KE (1976) Differential effects of dopamine agonists and haloperidol on release of prolactin, thyroid stimulating hormone, growth hormone and luteinizing hormone. Neuroendocrinology 20:121–135

Müller OA, Fink R, Baur X, Ehbauer M, Madler M, Scriba PC (1978) ACTH im Plasma: Extraktion und Bestimmung. GIT-Labormed 2:117–124

Mueller PS, Heninger GR, McDonald RK (1969) Insulin tolerance test in depression. Arch Gen Psychiatry 21:587–594

Naber D, Ackenheil M, Laakmann G, Fischer H, Werder K von (1980) Basal and stimulated levels of prolactin, TSH and LH in serum of chronic schizophrenic patients, long-term treated with neuroleptics. Pharmacopsychiatria 13:325–330

Nakagawa K, Hariuchi Y, Mashimo K (1971) Further studies on the relation between growth hormone and corticotropin secretion in insulin-induced hypoglycemia. J Clin Endocrinol Metab 32:188–191

Nakai Y, Imura H, Yoshimi T, Matsukura S (1973) Adrenergic control mechanism for ACTH secretion in man. Acta Endocrinol 74:263–270

Nielsen JL (1980) Plasma prolactin during treatment with nortriptyline. Neuropsychobiology 6:52–55

Noel GL, Suh HK, Stone JG, Frantz AG (1972) Human prolactin and growth hormone release during surgery and other conditions of stress. J Clin Endocrinol Metab 35:840–851

Peroutka SJ, Snyder SH (1980) Long-term antidepressant treatment decreases spiroperidol-labeled serotonin receptor binding. Science 210:88–90

Peroutka SJ, U'Prichard DC, Greenberg DA, Snyder SH (1977) Neuroleptic drug interactions with norepinephrine alpha-receptor binding sites in rat brain. Neuropharmacology 16:549–556

Plonk JW, Bivens CH, Feldman JM (1974) Inhibition of hypoglycemia-induced cortisol secretion by the serotonin antagonist cyproheptadine. J Clin Endocrinol Metab 38:836–840

Polishuk WZ, Kulcsar S (1956) Effects of chlorpromazine on pituitary function. J Clin Endocrinology 16:292–293

Post RM, Kopin J, Goodwin FK (1974) The effects of cocaine on depressed patients. Am J Psychiatry 131:511–517

Potter WZ, Calil HM, Extein I, Gold PW, Wehr TA, Goodwin FK (1981) Specific norepinephrine and serotonin uptake inhibitors in man: A crossover study with pharmacokinetic, biochemical, neuroendocrine and behavioral parameters. Acta Psychiat Scand 63, Suppl 290:152–165

Pozo E del, Lancranjan I (1978) Clinical use of drugs modifying the release of anterior pituitary hormones. In: Ganong WF, Martini L (eds) Frontiers in neuroendocrinology, vol 5. Elsevier, New York, pp 207–247

Pozo E del, Re RB del, Varga L, Friesen H (1972) The inhibition of prolactin secretion in man by CB-154 (2-Br-α -ergocryptine). J Clin Endocrinol Metab 35:768–771

Praag HM van (1969) Monoamines and depression. Pharmacopsychiatria 2:151–160

Prange AJ, Wilson IC, Lara PP, Alltop LB, Breese GR (1972) Effects of thyrotropin-releasing hormone in depression. Lancet II:999–1002

Quattrone A, Tedeschi G, Aguglia U, Scopacasa F, di Landro GF, Annunziato L (1983) Prolactin secretion in man: A useful tool to evaluate the activity of drugs on central 5-hydroxytryptaminergic neurones. Studies with fenfluramine. Br J Clin Pharm 16:471–475

Randrup A, Braestrup C (1977) Uptake inhibition of biogenic amines by newer antidepressant drugs: Relevance to the dopamine hypothesis of depression. Psychopharmacology 53:309–314

Randrup A, Munkvad I, Fog R, Gerlach J, Molander L, Kjellberg B, Scheel-Krüger J (1975) Mania, depression and brain dopamine. In: Essman WB, Valzelli L (eds) Current developments in psychopharmacology, vol 2. Spectrum, New York, pp 206–248

Rees L, Butler PWP, Gosling C, Besser GM (1970) Adrenergic blockade and the corticosteroid and GH response to methylamphetamine. Nature 228:565–566

Rivera JL de, Lal S, Ettigi P, Hontela S, Muller HF, Friesen HG (1976) Effect of acute and chronic neuroleptic therapy on serum prolactin levels in men and women of different age groups. Clin Endocrinol 5:273–282

Robins E, Guze S (1972) Classification of affective disorders: The primary-secondary, endogenous-reactive and the neurotic-psychotic concepts. In: Williams TA, Katz MM, Shield JA (eds) Recent advances in psychobiology of depressive illnesses. Dept of Health, Education and Welfare, Washington/DC, pp 283–293

Roccatagliata G, De Cecco L, Rossato P, Albano C (1979) Trazodone intravenously administered and plasma prolactin levels. Int Pharmacopsychiat 14:260–263

Rolandi E, Perria C, Magnani G, Marabini A, Francaviglia N, Barreca T (1983) Prolactin changes induced by the acute administration of a tetracyclic antidepressant, mianserin. Curr Ther Res 33:238–242

Rosenthal SH, Klerman G (1966) Content and consistency in the endogenous depressive pattern. Br J Psychiatry 112:471–484

Roth M, Garside RF, Gurney C (1974) Classification of depressive disorders. In: Angst J (ed) Classification and prediction of outcome of depression. Schattauer, Stuttgart New York, pp 3–26

Rubin RT, Poland RE, Tower BB (1976) Prolactin-related testosterone secretion in normal adult men. J Clin Endocrinol Metab 42:112–116

Sachar EJ, Finkelstein J, Hellman L (1971) Growth hormone responses in depressive illness I. Response to insulin tolerance test. Arch Gen Psychiatry 25:263–269

Sachar EJ, Altman N, Gruen PH, Glassman A, Halpern FS, Sassin J (1975) Human growth hormone response to levodopa: Relation to menopause, depression and plasma dopa concentration. Arch Gen Psychiatry 32:502–503

Sachar EJ, Gruen PH, Altman N, Halpern FS, Frantz AG (1976 a) Use of neuroendocrine techniques in psychopharmacological research. In: Sachar EJ (ed) Hormones, behavior and psychopathology. Raven, New York, pp 161–176

Sachar EJ, Roffwarg HP, Gruen PH, Altman N, Sassin J (1976 b) Neuroendocrine studies of depressive illness. Pharmacopsychiatria 9:11–17

Sawa Y, Odo SV, Nakazawa T (1982) Growth hormone secretion by tricyclic and non-tricyclic antidepressants in healthy volunteers and depressives. In: Langer SZ, Takahashi R, Segawa T, Briley M (eds) New vistas in depression. Pergamon, Oxford New York (Adv Biosci, vol 40, pp 309–315)

Scanlon MF, Gomez-Pan A, Mora B et al. (1977) Effects of nomifensine, an inhibitor of endogenous catecholamine re-uptake, in acromegaly, in hyperprolactinaemia, and against stimulated prolactin release in man. Br J Clin Pharmac 4:191S–197S

Schacht U, Leven M, Bäcker G (1977) Studies on brain metabolism of biogenic amines. Br J clin Pharmacol 4:77S–87S

Schildkraut JJ (1965) The catecholamine hypothesis of affective disorders: a review of supporting evidence. Am J Psychiatry 121:509–522

Schmauß M, Laakmann G (1981) Prolactin stimulation after chlorimipramine i. v. in depressed patients and its relation to clinical parameters. Neuroendocrinol Lett 3:100

Schulz P, Reaven GM, Blaschke TF (1982) Growth hormone release after acute amitriptyline administration to normal human subjects. Psychopharmacology 76:299–301

Sherman L, Kim S, Benjamin F, Kolodny HD (1971) Effect of chlorpromazine on serum growth hormone concentrations in man. New Engl J Med 284:72–74

Shur E, Petursson H, Checkley S, Lader M (1983) Long-term benzodiazepine administration blunts growth hormone response to diazepam. Arch Gen Psychiatry 40:1105–1108

Siever LJ, Uhde TW, Insel TR, Roy BF, Murphy DL (1982 a) Growth hormone response to clonidine unchanged by chronic clorgyline treatment. Psychiatry Res 7:139–144

Siever LJ, Uhde TW, Silberman EK et al. (1982 b) Growth hormone response to clonidine as a probe of noradrenergic receptor responsiveness in affective disorder patients and controls. Psychiatry Res 6:171–183

Siever LJ, Uhde TW, Jimerson DC et al. (1984) Differential inhibitory noradrenergic responses to clonidine in 25 depressed patients and 25 normal control subjects. Am J Psychiatry 141:733–741

Slater S, Lipper S, Shiling DJ, Murphy DL (1977) Elevation of plasma-prolactin by monoamine-oxidase inhibitors. Lancet II:275–276

Smith CB, Garcia-Sevilla JA, Hollingsworth PJ (1981) α-2-adrenoceptors in rat brain are decreased after long-term tricyclic antidepressant drug treatment. Brain Res 210:413–418

Snyder SH, Yamamura HI (1977) Antidepressants and the muscarinic acetylcholine receptors. Arch Gen Psychiatry 34:236–239

Soroko FE, Mehta NB, Maxwell RA, Ferris RM, Schroeder DH (1977) Bupropion hydrochloride ($\pm\alpha$-2-butylamino-3-chloropropiophenone HCl): A novel antidepressant agent. J Pharm Pharmacol 29:767–770

Spitzer RL (1982) Forschungs-Diagnose Kriterien (RDC) (dt Bearb Klein HE). Beltz, Weinheim Basel

Squires RF, Braestrup C (1977) Benzodiazepine receptors in rat brain. Nature 266:732–734

Starke K (1977) Regulation of noradrenaline release by presynaptic receptor systems. Rev Physiol Biochem Pharmacol 77:1–124

Starke K (1979) Neues Prinzip in der Neuropharmakologie: Präsynaptische Rezeptoren. Dtsch Apothekerzeitung 119:1369–1373

Starke K, Reimann W, Zumstein A, Hertting G (1978) Effect of dopamine receptor agonists and antagonists on release of dopamine in the rabbit caudate nucleus in vitro. Arch Pharmacol 305:27–36

Stern WC, Rogers J, Fang V, Meltzer H (1979) Influence of bupropion HCl (Wellbatrin), a novel antidepressant, on plasma levels of prolactin and growth hormone in man and rat. Life Sci 25:1717–1724

Sulser F (1981) New perspectives on the action of antidepressant drugs: Regulation of central adrenergic receptor function. Advances in biological psychiatry, vol 7. Karger, Basel, pp 90–99

Sulser F (1982) Antidepressant drug research: Its impact on neurobiology and psychobiology. In: Costa E, Racagni G (eds) Typical and atypical antidepressants molecular mechanisms. Raven, New York, pp 1–20

Syvälahti E, Kanto JH (1975) Serum growth hormone, serum immunoreactive insulin and blood glucose response to oral and intravenous diazepam in man. Int J Clin Pharmacol Biopharm 12:74–82

Syvälahti E, Eneroth P, Ross SB (1979 a) Acute effects of zimelidine and alaproclate, two inhibitors of serotonin uptake, on neuroendocrine function. Psychiatry Res 1:111–120

Syvälahti E, Nagy A, Praag HM van (1979 b) Effects of zimelidine, a selective 5-HT-uptake inhibitor, on serum prolactin levels in man. Psychopharmacology 64:251–253

Takahara J, Yunoki S, Yakushiji W, Yamauchi J, Yamane Y, Ofuji T (1977) Stimulatory effects of γ-hydroxybutyric acid on growth hormone and prolactin release in humans. J Clin Endocrinol Metab 44:1014–1017

Takahara J, Yunoki S, Yakushiji W, Yamauchi J, Hosogi H, Ofuji T (1980) Stimulatory effects of γ-aminohydroxybutyric acid (GABOB) on growth hormone, prolactin and cortisol release in man. Horm Metab Res 12:31–34

Takahashi S, Kondo H, Yoshimura M, Ochi Y (1974) Growth hormone responses to administration of L-5-hydroxytryptophan (L-5-HTP) in manic depressive psychoses. In: Mieken (ed) Psychoneuroendocrinology. Workshop Conf Int Soc Psychoneuroendocrinology. Karger, Basel, pp 32–38

Takahashi S, Kondo H, Yoshimura M, Ochi Y (1975) Thyroid function levels and thyrotropin responses to TRH administration in manic patients receiving lithium carbonate. Folia Psychiat Neurol Jap 29:231–237

Tamminga CA, Crayton JW, Chase TN (1978) GABA-agonist therapy in schizophrenia. Am J Psychiatry 135:746–747

Thorner MO, Ryan SM, Wass JAH et al. (1978) Effect of the dopamine agonist, lergotrile mesylate, on circulating anterior pituitary hormones in man. J Clin Endocrinol Metab 47:372–378

Tran VT, Chang RSL, Snyder SH (1978) Histamine H1 receptors identified in mammalian brain membranes with (3H)mepyramine. Proc Natl Acad Sci USA 75:6290–6294

Turkington RW (1972 a) Serum prolactin levels in patients with gynecomastia. J Clin Endocrinol 34:62–66

Turkington RW (1972 b) Prolactin secretion in patients treated with various drugs. Arch Intern Med 130:349–354

Vetulani J (1984) Complex action of antidepressant treatment on central adrenergic system: possible relevance to clinical effects. Pharmacopsychiat 17:16–21

Vetulani J, Sulser F (1975) Action of various antidepressant treatments reduces reactivity of noradrenergic cyclic AMP-generating system in limbic forebrain. Nature 257:495–496

Vetulani J, Stawarz RJ, Dingell JV, Sulser F (1976) A possible common mechanism of action of antidepressant treatments. Reduction in the sensitivity of the noradrenergic cyclic AMP generating system in the rat limbic forebrain. Arch Pharmacol 293:109–114

Waldmeier P (1981 a) Stimulation of central serotonin turnover by β-adrenoceptor agonists. Arch Pharmacol 317:115–119

Waldmeier P (1981 b) Noradrenergic transmission in depression: under- or overfunction? Pharmacopsychiatria 14:3–9

Waldmeier P (1983) Neurobiochemische Wirkungen antidepressiver Substanzen. In: Langer G, Heimann H (Hrsg) Psychopharmaka. Springer, Wien New York, pp 65–81

Waldmeier P, Baumann PA, Hauser K, Maitre L, Storni A (1982) Oxaprotiline, a noradrenaline uptake inhibitor with an active and an enantiomer. Biochem Pharmacol 31:2169–2176

Weitzmann ED, Fukushima D, Nogeire C, Roffwarg H, Gallagher TF, Hellman L (1971) Twenty-four hour pattern of the episodic secretion of cortisol in normal subjects. J Clin Endocrinol Metab 33:14–22

Werder K v (1975) Wachstumshormone und Prolactin-Sekretion des Menschen. Urban & Schwarzenberg, München

Whiteman PD, Peck AW, Fowle ASE, Smith PR (1983) Failure of bupropion to affect prolactin or growth hormone in man. J Clin Psychiatry 44:209–210

Widerlöv E, Wide L, Sjöström R (1978) Effects of tricyclic antidepressants on human plasma levels of TSH, GH and prolactin. Acta Psychiat Scand 58:449–456

Wilcox CS, Aminoff MJ, Millar JGB, Keenan J, Kremer M (1975) Circulating levels of corticotropin and cortisol after infusion of L-dopa, dopamine and noradrenaline in man. Clin Endocrinol 4:191–198

Wilson JD, King DJ, Sheridan B (1979) Tranquilizers and plasma prolactin. Br Med J 1:123–124

Wilson RG, Hamilton JR, Boyd WD et al. (1975) The effect of long term phenothiazine therapy on plasma prolactin. Br J Psychiatry 127:71–74

Wirz-Justice A, Pühringer W, Lacoste V, Graw P, Gastpar M (1976) Intravenous L-5-hydroxytryptophan in normal subjects: an interdisciplinary precursor loading study. Pharmacopsychiatria 9:277–288

Wittmann M, Laakmann G, Chuang I, Gugath M (1982) Effect of receptor blockers on the chlorimipramine-induced cortisol secretion. Neuroendocrinol Lett 4:208

Woolf PD, Lee L (1977) Effect of the serotonin precursor, tryptophan, on pituitary hormone secretion. J Clin Endocrinol Metab 45:123–133